普通高等教育“十三五”规划教材

FENLI GONGCHENG

分离工程

刘丽华　张顺泽　主编

化学工业出版社

·北京·

内容简介

《分离工程》共分五章，第一章扼要介绍了分离操作过程在化工操作中的重要性、用途及分类，化工分离过程物料衡算方法及所需的工程数学基础；第二章至第四章详细介绍了多组分精馏、特殊精馏、多组分吸收和汽提等单元操作的基本原理、流程、简捷计算和严格计算；第五章介绍了吸附现象、吸附分类及用途、吸附原理、吸附平衡、吸附速率和吸附等温线、变温吸附和变压吸附过程的设计计算。本书还有拓展阅读，可扫二维码获取。

本书为高等院校化学工程与工艺专业及相关专业本科生的教材，同时也可作为从事化工、制药及相关工业过程工程技术人员的参考书。

图书在版编目（CIP）数据

分离工程/刘丽华，张顺泽主编. —北京：化学工业出版社，2020.8（2025.6 重印）
普通高等教育“十三五”规划教材
ISBN 978-7-122-36914-7

Ⅰ.①分… Ⅱ.①刘…②张… Ⅲ.①分离-化工过程-高等学校-教材 Ⅳ.①TQ028

中国版本图书馆 CIP 数据核字（2020）第 083844 号

责任编辑：刘丽菲　　文字编辑：汲永臻
责任校对：王鹏飞　　装帧设计：韩　飞

出版发行：化学工业出版社（北京市东城区青年湖南街 13 号　邮政编码 100011）
印　　装：北京科印技术咨询服务有限公司数码印刷分部
787mm×1092mm　1/16　印张 18　字数 460 千字　2025 年 6 月北京第 1 版第 5 次印刷

购书咨询：010-64518888　　售后服务：010-64518899
网　　址：http://www.cip.com.cn
凡购买本书，如有缺损质量问题，本社销售中心负责调换。

定　　价：52.00 元

前言

自化学工程这门科学诞生，研究物质分离的分离技术就成为其重要分支。随着计算机程序设计在化工设计上的应用，传质过程复杂的数学模型求解已经变得容易，现代化工中分离单元的工程设计已逐渐摒弃传统的经验参数模式，取而代之的是采用数学模型进行工程设计。因此，掌握分离过程中的分离原理及设计方法，对将要从事化工生产的技术人员来说有重要意义。

随着科学技术高速的发展，分离技术也今非昔比。除了传统的精馏、吸收和萃取等仍在广泛使用外，新型分离技术——吸附和膜分离也愈来愈被广泛应用。另外，对于化工专业大学生来说，数学是最重要的工具，大学生们必须掌握必要的数学手段才能解决有关化工设计计算问题。在充分考虑上述因素之后，编排上在第一章绪论中重点介绍化工数学的相关内容，在后面章节中依次介绍化学工业最常用精馏、特殊精馏、吸收和汽提、吸附等分离单元操作。对于所介绍的各单元操作，不仅详细介绍了各单元操作简捷计算的方法步骤，还扼要介绍了化工设计计算中通用的严格计算如泡点法、流量加和法和 N-R 法。由于本书注意到了工程化计算问题，故冠以《分离工程》书名。

编写本书的作者从事分离工程课程理论教学和化工专业实践教学多年，在编写本书过程中，查阅和消化了大量国内外分离过程方面先进的教材和化学工程方面的权威设计手册，并针对本书的阅读对象特点对内容和结构进行优化，每一章内容力求做到：层次清晰、前后呼应，由浅入深、逐层递进，理论扼要，联系实际，公式推导简要、例题讲解详尽。

虽然化工软件可以帮助设计人员进行化工单元设计，但对于大学生和初学者而言，既要懂得严谨的化工单元操作设计方法原理，也要掌握其设计计算步骤过程，并且能进行熟练计算。为此本书在介绍各类方法的原理和步骤的同时，不惜使用大量篇幅介绍各类方法的计算实例。另有拓展阅读内容可扫二维码获取。

本书内容较多，但各章节相对独立，作为教材使用时可根据学时灵活选择相关章节进行教学。其中，刘丽华完成了第一章、第二章和第三章第一节至第四节的内容，张顺泽完成了第三章第五节、第四章和第五章的内容。

本书可作为高等院校化学工程与工艺专业及相关专业本科生的教材，亦可作为从事化工、制药及相关工业过程工程技术人员的参考书。

本书的出版得到了河南城建学院材料与化工学院的支持，在此表示衷心的感谢。汪迟意、刘宇、姚亚楠、翟爱虎、梁秀凤等同学协助完成了第二章、第三章部分习题的核算工作，在此一并表示感谢。

由于作者水平有限，疏漏和谬误之处不可避免，敬请读者批评指正。

编者

2020 年 10 月

目 录

第一章 绪论

现代人们渴望拥有更多新的丰富多彩的物质以满足生活和工作的需要，获取新物质可通过拆分原物质并重新组合实现，或由化学反应产生。然而这一切都离不开化学工业，化学工业最重要的生产过程之一就是对多组分物系进行分离和提纯。自然界存在的绝大多数物质如空气、煤、石油、天然气、矿石通常是富含多种成分的混合物。当需要其中的某一或某些组分时，往往要打破原物系的状态，采用某种方法将其中的组分进行分离提纯才能得到，如石油炼制、选矿、冶炼、食盐制取等。因此需要探讨多组分的分离原理及设计方法。

第一节　分离操作概述

化学工程理论以及单元操作理念的诞生是与化工生产的形成和发展分不开的。我们首先对化工生产过程进行概括，得到单元操作的概念，然后对其扼要介绍。

一、化工过程及分离单元操作

如果对所有的化学工业生产过程进行分析，不难得到如下的结果，即任何化工生产都可以概括分为：预处理过程、化学反应过程、分离和提纯过程、物料输送过程。所谓预处理过程，是使原料达到化学反应所需要的条件要求所采取的必要措施，如加热或冷却、破碎及粉碎、杂质的去除分离等；化学反应过程即经预处理达到反应要求的原料通过化学反应而生成目标产物（包括中间品、产品）；而分离和提纯过程是对化学反应得到的产物进行分离和提纯，以得到目的产物和副产品；物料输送过程则是将原料、添加剂或产物等输送到所需的位置或设施内，以实现原料的预处理、反应和产物的提纯和分离等项操作。以上四个环节中，化学反应过程是产物的产生过程，是化学工业最核心的过程；物料输送过程相当于人体循环系统，将物料或产品等输送至所需要的场所；对于预处理的必要性，可以认为任何化学反应对原料和操作条件都有一定的要求，如要求原料具有一定的纯度和温度等，否则难以达到化学反应的条件要求；由于工业上的化学反应不可能完全进行，在生成产物中必然混有原料成分，或生成副产物，因此分离提纯过程也是所有化学工业过程所必需的。综上所述，在化工生产过程中，化学反应过程是整个化工生产的核心过程，这一点不容置疑，而其他三个过程也是所有化工生产过程所不可缺少的和不可替代的，没有预处理、分离和提纯及物料输送三个过程，仅靠化学反应实现化工生产是不可想象的。在化学工程理论中，称预处理、分离和提纯及物料输送工序为单元操作。

根据上面所述，化工生产过程可分解为三类典型过程，即化学反应过程、原料及产物处置过程和物料输送过程。化学反应过程有它自身的特殊规律，它是化学规律和物理规律的共同反映，因此，对于化学工业中的化学反应规律设有专门的学科——化学反应工程，本书不再赘述；而对原料及产物的处置和物料的输送，其共同点是物理规律表现突出，主要涉及能量、质量和动量传递规律，所以化学工程专门设置研究其规律的学科，研究传递过程和分离过程的原理和设计方法。其中对于传递过程重点研究能量、质量和动量传递规律，对于分离过程则研究不同性质的物系在传递过程中所呈现的平衡关系和传质规律。国内院校将传递过程和分离过程内容划分在化工原理和分离工程两门课程中，其中化工原理主要阐述化工过程所涉及的物料输送、传热、气液固非均相物系分离、二元均相物系分离等单元操作规律和设计方法；分离工程作为专门研究多组分混合物分离成为两种或两种以上的较纯物质的一门工程学科，是化学工程学科的一个重要分支。分离工程是在已经掌握双组分分离操作基础上，研究多组分物系分离规律、影响因素和设计计算方法的学科，主要包括多组分精馏和吸收、特殊精馏、萃取、吸附和膜分离等单元操作。

分离过程可以追溯到公元前 3000 年，那时起人类就能运用化学方法制作一些生活必需品，如制陶、酿造、染色、冶金、制漆、造纸及制造火药、医药、肥皂。主要技术包括从矿物中萃取金属、花卉中提取香料和植物中提取染料、燃烧植物的灰烬中回收草碱、海水蒸发制盐、沥青岩提炼、蒸馏酒等，这些技术已有几千年的历史，其中过滤、蒸发、蒸馏、结晶、干燥等分离单元在操作中得到初步应用。

真正大规模应用化学方式的工业化始于 18 世纪的欧洲：1735 年英国实现炼焦工业化；1791 年法国人 N. 吕布兰（N. Lebanc）发布了制碱技术，该方法以食盐为原料制得纯碱，具备了单元操作的雏形，其后，吸收、煅烧、浓缩、过滤、结晶等专用设备逐渐被广泛应用；进入 19 世纪，1888 年美国麻省理工学院开设了世界上第一个化学工程专业；19 世纪末，英国人戴维斯（G. E. Davis）在其专著《化学工程手册》中首次提出“化工生产过程是由为数不多的基本操作和各种化学反应构成”；1915 年美国学者利特尔（A. D. Litte）提出单元操作的概念，认为任何化工生产过程不论规模如何，皆可分解为以粉碎、加热、吸收、结晶等冠名的单元操作过程；1923 年，沃克尔（W. H. Walkrr）、刘易斯（W. K. Lewis）和麦克亚当斯（W. H. Mcadams）等合著的《化工原理》第一次详细论述了各种单元操作原理和过程，从此单元操作得到广泛应用。

由热力学可知，物质（组分）的混合为自发过程，因此伴有熵增大，也即所谓无序程度的增加。相反，将混合物分离则为非自发过程，需要特定的条件并消耗一定能量。

如果被分离的混合物是气-固或液-固混合物，本着先易后难及经济的原则，一般先利用机械方法分离成各相，如利用重力场、离心力场或电场等予以分离。随后对每相采用适当的分离技术分离之。对于均相混合物（气相、液相或固相），通常是产生或加入一个与其不互溶的另一相物质实现混合物的分离的。该不互溶的物质可以利用能量分离剂（ESA）产生，或作为质量分离剂（MSA）加入。

能量分离剂包括热、压力、电、磁、离心运动、辐射等；质量分离剂指过滤介质、吸收剂、表面活性剂、吸附剂、离子交换树脂、膜材料等。

概括起来，分离操作主要分为以下几类：

① 通过添加或产生新相实现分离，如蒸馏、吸收、干燥、结晶、蒸发、萃取；

② 采用阻挡物分离，如膜分离；

③ 采用固体介质分离，如吸附、离子交换；

④ 应用外力场的分离，如电解、电泳、电渗析、离心分离。

二、分离单元操作的应用

多组分分离在天然气石油化工（加工）、煤化工以及精细化工和无机化工中得到广泛的应用。以天然气石油化工为例，天然气石油化工中大多数中间产品和最终产品均以烯烃和芳烃为基础原料，烯烃和芳烃所用原料烃约占石化生产总耗用原料烃的3/4。20世纪50年代以来，乙烯除极少量由酒精脱水制得外，绝大部分由石油烷烃裂解生产，而芳烃及丙烯、丁烯和丁二烯等亦主要由石脑油裂解得到。管式裂解炉的裂解产物富含乙烯、丙烯、碳四、芳烃及汽油等馏分，需要通过分离单元操作进行分离，并通过下游生产装置得到重要化工原料，乙烯及下游装置生产过程所采用的主要单元操作见表1-1。由表1-1可知，精馏、吸收、萃取、吸附、传热、制冷、沉降等为石油化工最常见的单元操作。

表1-1 乙烯及下游装置生产过程采用的主要单元操作

序号	装置	产品	主要单元操作
1	乙烯	乙烯、丙烯、汽油、芳烃油、C_4	化学反应、压缩、精馏、汽提、传热、吸收、吸附、沉降、节流膨胀制冷
2	丁辛醇	丁醇、异辛醇	精馏、反应、传热、增能、吸收、沉降
3	乙醛、醋酸	乙醛、醋酸	压缩、反应、沉降、精馏、传热、吸收
4	苯乙烯	苯乙烯	反应、精馏、传热
5	聚乙烯	塑料	压缩、聚合、过滤、传热
6	芳烃抽提	苯、甲苯、二甲苯	萃取、吸收、精馏、传热、吸附
7	丁二烯	丁二烯	压缩、吸收、传热、反应、吸附、沉降
8	醋酸乙酯	醋酸乙酯	反应、精馏、传热、沉降
9	空分	氧、氮	压缩、精馏、吸附、节流膨胀制冷、传热

煤化工中的焦化、煤焦油分离及多环芳烃提取、煤气化及煤的间接液化、直接液化所采用的预处理和产物分离操作也多以精馏、特殊精馏、吸收、吸附、萃取为主，其它化工生产过程中所应用的各类分离技术，读者可查阅有关资料，这里不再赘述。可以认为，化工生产过程中最常用的分离手段为精馏及特殊精馏、吸收、吸附、萃取以及近年来快速发展起来的膜分离技术。

多组分分离单元操作方法很多，在有限的学时内，必须合理取舍。本书将以三种传递现象的基本原理为主线，结合煤化工和石油化工的专业需求，选择化工生产常见和极具前景的精馏、特殊精馏、吸收、吸附等单元操作为主要内容，利用物料衡算、能量衡算、相平衡关系、传递速率等物理化学关系和数学工具，建立近似或严谨的数学模型，并通过合适的设计计算方法求解相应的参数。特别指出的是：任何分离单元操作都不能适用于所有物系，也不是所有物系都能适用于各种分离方法。某些物系仅能用一种分离操作才能有效分离而别无他法，譬如从裂解汽油中分离芳烃，由于裂解汽油中富含与芳烃沸点接近的链状烃，工业上只能采用萃取操作提取芳烃；合成氨原料气中二氧化碳的脱除和分离只能采用吸收操作。类似于这类物系，必须正确选择分离单元操作，否则不能实现有效分离；而另一些分离对象，可能有两种或两种以上分离技术选用，譬如低温精馏、变压吸附和膜分离都能将空气中的氮和氧有效分离；乙醇-水系统可采用变压精馏、三元恒沸精馏或精馏＋膜蒸发流程进行有效分离；正庚烷-甲苯混合物可采用恒沸精馏或抽提予以分离。这类物系则应根据具体情况，在适用的分离方法中选用经济合理的分离方式进行分离。

第二节　物料衡算

研究或讨论分离单元操作时，经常遇到涉及物料衡算、热量衡算、平衡关系、传递速率等方面的内容和计算，其中物料衡算贯穿始终。在“化工原理”中初步讨论并应用了物料衡算，但多组分的物料衡算较双组分复杂得多，有必要予以强化，以能熟练运用其方法解决实际问题。

一、物料衡算基本关系式和方法

物料衡算，在单元操作设备的设计和操作过程中都有重要的作用。如根据物料衡算，结合能量衡算、相平衡以及传质速率方程式可建立有关方程，以求解相关设计参数。

物料衡算时，衡算系统任意选取，既可以选某一工厂、某一装置或一个单元，亦可以选设备的某一部分或设备的某一微元为衡算对象，必须依据具体情况合理选定。

根据质量守恒定律，进入与离开某一衡算系统（对象）的某组分的量之差，必然等于该组分于系统中所累积的量。即：

$$m_{i,\text{int}}-m_{i,\text{out}}=\text{d}m_i \tag{1-1}$$

化工过程多为连续过程，对于连续过程，若各物理量不随时间变化，即处于稳定操作状态时，其过程中没有物料的累积，则物料衡算式为：

$$m_{i,\text{int}}-m_{i,\text{out}}=\text{d}m_i=0 \tag{1-2}$$

当所研究的物系伴有传质过程和化学反应时，其衡算式为：

$$m_{i,\text{int}}-m_{i,\text{out}}-r_iV-N_iA=0 \tag{1-3}$$

式中，N_i 为组分 i 的传质速率；r_i 为组分 i 的反应速率；A 为传质面积；V 为系统体积。

通过物料衡算式，可由已知量确定未知量，其步骤如下：①根据题意绘制流程示意图，并标明各物料的流向、已知量和待求量；②列出衡算式(必要情况下列出多个衡算式)；③求解。

必须指出，有时解析衡算式是困难的，往往采用近似解（数值解）。但是物料衡算的基本方法应该掌握并熟练运用。

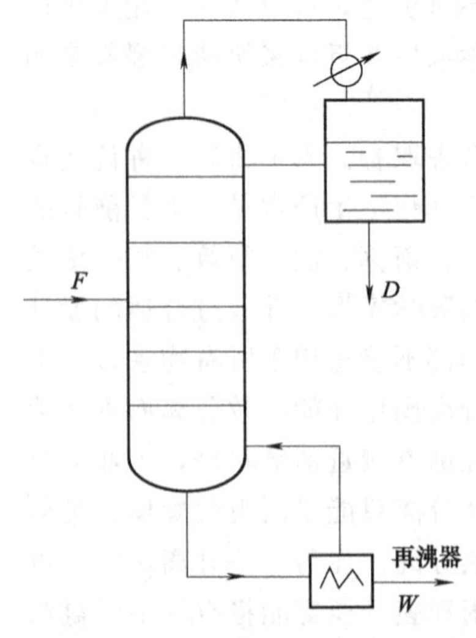

图 1-1　精馏塔物料衡算图

二、典型物料衡算

1. 精馏塔物料衡算

如图 1-1 所示，若进料为 F，塔顶、塔底产品量分别为 D、W，任一组分 i 在进料、塔顶和塔底的量用 f_i、d_i、w_i 表示，总物料衡算式为：

$$\begin{cases}F=D+W\\W=\sum w_i\\D=\sum d_i\\F=\sum f_i\end{cases} \tag{1-4}$$

对混合物中任一组分 i 的物料衡算式：

$$f_i=d_i+w_i \tag{1-5}$$

或 $$Fz_i = Dx_{D,i} + Wx_{W,i} \tag{1-6}$$

式中，$x_{D,i}$、$x_{W,i}$ 分别代表组分 i 在塔顶和塔底的摩尔分数；z_i 为组分 i 在进料中的摩尔分数。

【例 1-1】 某塔进料量为 100kmol/h，进料组成为甲烷 0.4、乙烷 0.2、丙烷 0.3、丁烷 0.1（以上皆为摩尔分率）。分离要求乙烷在塔顶的回收率为 90%，不含丁烷，塔底丙烷回收率为 95%，不含甲烷。求塔顶、塔底产品的数量。

解：(1) 塔顶

甲烷全部在塔顶回收，因此，

$$d_1 = Fz_1 = 100\times0.4 = 40(\text{kmol/h})$$

$$d_2 = \eta_2 f_2 = \eta_2 Fz_2 = 90\%\times100\times0.2 = 0.9\times20 = 18(\text{kmol/h})$$

$$d_3 = f_3(1-\eta_3) = 100\times0.3\times(1-95\%) = 1.5(\text{kmol/h})$$

塔顶不含丁烷，因此：

$$D = 40+18+1.5 = 59.5(\text{kmol/h})$$

(2) 塔底

根据全塔物料衡算，可知

$$W = F - D = 100-59.5 = 40.5(\text{kmol/h})$$

2. 固定床吸附器的物料衡算

如图 1-2 所示，计算流体以活塞流的方式流过床层 t 时间后，在距离入口的 z 处中微小吸附层 dz 的非稳定物料衡算。设吸附剂填充层密度为 ρ_v，填充层空隙率为 ε_V，床层断面积为 A，到达截面 z 时溶液浓度为 C，流体流速为 u，在 $t\sim t+\mathrm{d}t$ 的时间内，dz 层内吸附质的增加量 q_1 可用下式表示：

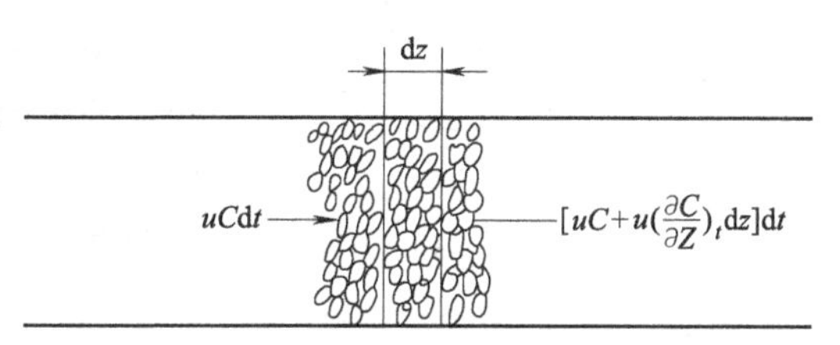

图 1-2 床层内传质示意图

$$q_1 = \varepsilon_V\left(\frac{\partial C}{\partial t}\right)_z A\,\mathrm{d}z\,\mathrm{d}t + \rho_v\left(\frac{\partial q}{\partial t}\right)_z A\,\mathrm{d}z\,\mathrm{d}t \tag{1-7}$$

式中，$\varepsilon_V A\mathrm{d}z$ 表示空隙体积；$(\partial C/\partial t)_z$ 表示单位时间内在 z 位置上吸附质浓度为 C 的变化率；$(\partial C/\partial t)_z\mathrm{d}t$ 表示 z 位置上吸附质浓度在 dt 内的变化量；$\varepsilon_V(\partial C/\partial t)_z A\mathrm{d}z\mathrm{d}t$ 表示在 dt 时间由于浓度变化而导致的 dz 层空隙体积内吸附质的变化量；$\rho_v A\mathrm{d}z$ 表示 $A\mathrm{d}z$ 体积内吸附剂的量；$(\partial q/\partial t)_z\mathrm{d}t$ 为单位质量吸剂在 dt 时间内所吸附的吸附质量；$\rho_v(\partial q/\partial t)_z A\mathrm{d}z\mathrm{d}t$ 表示在 dt 时间内由于吸附剂的吸附导致吸附质的变化量。

在 $t\sim t+\mathrm{d}t$ 的时间内，吸附质流入量可用下式表示：

$$q_2 = uAC\mathrm{d}t \tag{1-8}$$

式中，uA 为体积流量；C 为吸附质在 z 处的浓度；uAC 为单位时间内位于 z 处流入系统的吸附质的量；$uAC\mathrm{d}t$ 表示在 dt 时间内吸附质由 z 处流入系统的量。

在 $t\sim t+\mathrm{d}t$ 的时间内，吸附质流出量可用下式表示：

$$q_3 = A\left[uC + u\left(\frac{\partial C}{\partial z}\right)_t \mathrm{d}z\right]\mathrm{d}t \tag{1-9}$$

式中，$(\partial C/\partial z)_t$ 表示从 t 时刻和 z 处起始，单位时间内单位体积吸附质的浓度变化率；$uA(\partial C/\partial z)_t\mathrm{d}z$ 表示从 t 时刻和 z 处起始，单位时间内 $A\mathrm{d}z$ 体积吸附质的变化量；

$uA(\partial C/\partial z)_t \mathrm{d}z\mathrm{d}t$ 表示从 t 时刻和 z 处起始，$\mathrm{d}t$ 时间内 $A\mathrm{d}z$ 体积吸附质的变化量；$uA[C+(\partial C/\partial z)_t \mathrm{d}z]\mathrm{d}t$ 表示在 $\mathrm{d}t$ 时间内在 $z+\mathrm{d}z$ 处吸附质的流出量。流入 z 与 $z+\mathrm{d}z$ 流出的吸附质之差表示为：

$$q_2-q_3=uAC\mathrm{d}t-uA\left[C+\left(\frac{\partial C}{\partial z}\right)_t \mathrm{d}z\right]\mathrm{d}t \tag{1-10}$$

显然，流入 z 与 $z+\mathrm{d}z$ 流出的吸附质之差，等于在 $A\mathrm{d}z$ 层内吸附质的累积量：

$$q_2-q_3=q_1 \tag{1-11}$$

将式(1-8)～式(1-10) 代入式(1-11)，有：

$$\varepsilon_{\mathrm{V}}\left(\frac{\partial C}{\partial t}\right)_z A\mathrm{d}z\mathrm{d}t+\rho_{\mathrm{v}}\left(\frac{\partial q}{\partial t}\right)_z A\mathrm{d}z\mathrm{d}t=uAC\mathrm{d}t-uA\left[C+\left(\frac{\partial C}{\partial z}\right)_t \mathrm{d}z\right]\mathrm{d}t \tag{1-12}$$

式(1-12) 化简得：

$$u\left(\frac{\partial C}{\partial z}\right)_t+\varepsilon_{\mathrm{V}}\left(\frac{\partial C}{\partial t}\right)_z+\rho_{\mathrm{v}}\left(\frac{\partial q}{\partial t}\right)_z=0 \tag{1-13}$$

该方程为一阶偏微分方程，是吸附过程重要的关系式。

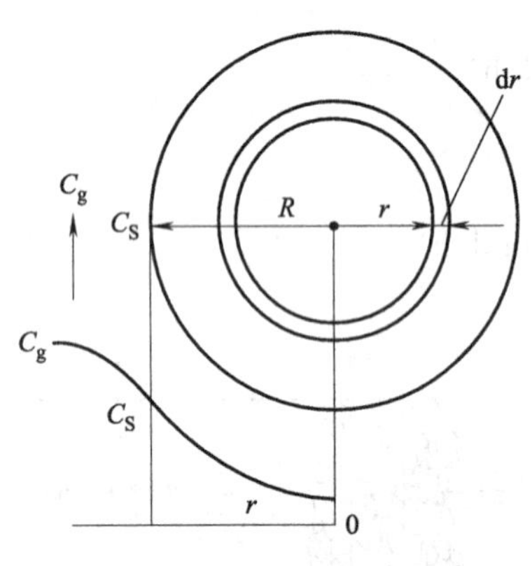

图 1-3　颗粒内传质示意图

3. 球型吸附剂颗粒内物料衡算

浓度为 C 的流体被球形颗粒吸附剂吸附可分为吸附质在颗粒内的扩散和在吸附位上的吸附两个过程，现分析其扩散过程。假设其扩散系数为 D_e，球表面处浓度为 C_S，颗粒中心吸附质浓度为 0，颗粒半径为 R，对吸附颗粒的吸附过程做物料衡算（图 1-3)，对流过颗粒的单位流量的流体作 $\mathrm{d}t$ 时间内的物料衡算。对于球内扩散，可合理地认为是由 $r+\Delta r$ 处流入，由 r 处流出。

设在单位时间内，吸附质在球型颗粒的 r 处的流出量为：

$$G_1=4\pi r^2 D_e \frac{\partial C}{\partial r} \tag{1-14}$$

式中，$\partial C/\partial r$ 表示位于 r 处的浓度梯度；$D_e \partial C/\partial r$ 表示位于 r 处吸附质的扩散速率；$4\pi r^2 D_e \partial C/\partial r$ 表示单位质量流体在单位时间内从半径为 r 处的吸附质流出量。

单位时间内，在球型颗粒的 $\Delta r+r$ 处流入的吸附质量为：

$$G_2=4\pi(r+\Delta r)^2 D_e \frac{\partial(C+\Delta r\partial C/\partial r)}{\partial r} \tag{1-15}$$

式中，$\Delta r\partial C/\partial r$ 表示球内从 r 到 Δr 浓度变化量；$(C+\Delta r\partial C/\partial r)$表示 Δr 处的浓度；$\partial(C+\Delta r\partial C/\partial r)/\partial r$ 表示 Δr 处的浓度梯度；$D_e\partial(C+\Delta r\partial C/\partial r)/\partial r$ 表示 $r+\Delta r$ 处吸附质的扩散速率。

同时流体在通过 Δr 薄层时，吸附质被吸附，单位时间内的吸附量为：

$$G_3=4\pi r^2 \Delta r\rho_b \frac{\partial q}{\partial t} \tag{1-16}$$

在 $\mathrm{d}t$ 时间内，流入量与流出量之差等于吸附量，即：

$$4\pi(r+\Delta r)^2 D_e \frac{\partial(C+\Delta r\partial C/\partial r)}{\partial r}\mathrm{d}t=4\pi r^2 \Delta r\rho_b \frac{\partial q}{\partial t}\mathrm{d}t+4\pi r^2 D_e \frac{\partial C}{\partial r}\mathrm{d}t \tag{1-17}$$

展开并消去同类项得：

$$2D_e \frac{\partial C}{\partial r}+\frac{\Delta r}{r}D_e \frac{\partial C}{\partial r}+rD_e \frac{\partial^2 C}{\partial r^2}+2\Delta rD_e \frac{\partial^2 C}{\partial r^2}+\frac{\Delta r^2}{r}D_e \frac{\partial^2 C}{\partial r^2}=r\rho_b \frac{\partial q}{\partial t} \tag{1-18}$$

令 $\Delta r \to 0$ 以消去含有 Δr 项，有：

$$2D_{\mathrm{e}}\frac{\partial C}{\partial r}+rD_{\mathrm{e}}\frac{\partial^2 C}{\partial r^2}=r\rho_{\mathrm{b}}\frac{\partial q}{\partial t} \tag{1-19}$$

整理得：

$$D_{\mathrm{e}}\left(\frac{\partial^2 C}{\partial r^2}+\frac{2}{r}\frac{\partial C}{\partial r}\right)=\rho_{\mathrm{b}}\frac{\partial q}{\partial t} \tag{1-20}$$

上式即为颗粒内传质方程，为典型二阶偏微分方程。

第三节 化工应用数学

各分离单元工艺及设备的设计计算中经常遇到化工应用数学问题。本节将扼要介绍常用的数据处理方法、牛顿法解高次代数方程、矩阵及三对角线方程组求解和数值积分。

码 1-1 块矩阵

一、数据处理

化工计算中，经常需要物性参数等基础数据，而物性数据多数是以图表形式表达，其数据来源多为实验测定值。多数情况下，其自变量与函数值的解析表达式不明确。当物性数据不全或数据条件与图表中的条件不一致时，需要通过数据处理构造一个近似的简单函数表示其函数关系，进而由已知条件下物性数据而得到其它条件下的物性数据。常用数据处理方法很多，这里仅介绍插值法。

插值法有拉格朗日插值和牛顿插值等多种插值方法，本节仅介绍拉格朗日插值：如果已知两组数据$[x_0, f(x_0)]$、$[x_1, f(x_1)]$，则 x 的函数值 $f(x)$ 可通过下式估算：

$$f(x)=\frac{x-x_1}{x_0-x_1}f(x_0)+\frac{x-x_0}{x_1-x_0}f(x_1) \tag{1-21}$$

或

$$f(x)=f(x_0)+\frac{f(x_1)-f(x_0)}{x_1-x_0}(x-x_0) \tag{1-22}$$

拉格朗日抛物线插值：如果已知三组数据$[x_1, f(x_1)]$、$[x_2, f(x_2)]$、$[x_3, f(x_3)]$，则 x 的函数值 $f(x)$ 可通过下式估算：

$$f(x)=\frac{(x-x_2)(x-x_3)}{(x_1-x_2)(x_1-x_3)}f(x_1)+\frac{(x-x_1)(x-x_3)}{(x_2-x_1)(x_2-x_3)}f(x_2)+\frac{(x-x_1)(x-x_2)}{(x_3-x_1)(x_3-x_2)}f(x_3) \tag{1-23}$$

【例 1-2】 根据表中丙烷数据，确定丙烷在 $1.013\times10^4\mathrm{kN/m^2}$、372K 下的热导率。

T/K	p/(kN/m²)	λ/[W/(m·K)]	T/K	p/(kN/m²)	λ/[W/(m·K)]
341	9798.1	0.0848	379	9798.1	0.0696
	13324	0.0897		14277	0.0753
360	9007.8	0.0762	413	9656.3	0.0611
	13355	0.0807		12463	0.0651

解：(1) 确定 $p=1.013\times10^4\mathrm{kN/m^2}$ 下，温度分别为 341K、360K、379K、413K 时的

热导率：

根据式(1-21)，有：$\lambda=\frac{p-p_1}{p_0-p_1}\lambda_0+\frac{p-p_0}{p_1-p_0}\lambda_1$，数据代入得：

341K 时：$\lambda=\frac{10130-13324}{9798.1-13324}\times0.0848+\frac{10130-9798.1}{13324-9798.1}\times0.0897=0.0853$

360K 时：$\lambda=\frac{10130-13355}{9007.8-13355}\times0.0762+\frac{10130-9007.8}{13355-9007.8}\times0.0807=0.0774$

379K 时：$\lambda=\frac{10130-14277}{9798.1-14277}\times0.0696+\frac{10130-9798.1}{14277-9798.1}\times0.0753=0.0699$

413K 时：$\lambda=\frac{10130-12463}{9656.3-12463}\times0.0611+\frac{10130-9656.3}{12463-9656.3}\times0.0651=0.0618$

(2) 确定 $p=1.013\times10^4\mathrm{kN/m^2}$、372K 时的热导率：

$$\lambda=\frac{(372-360)\times(372-379)\times(372-413)}{(341-360)\times(341-379)\times(341-413)}\times0.0853+\frac{(372-341)\times(372-379)\times(372-413)}{(360-341)\times(360-379)\times(360-413)}\times0.0774$$
$$+\frac{(372-341)\times(372-360)\times(372-413)}{(379-341)\times(379-360)\times(379-413)}\times0.0699+\frac{(372-341)\times(372-360)\times(372-379)}{(413-341)\times(413-360)\times(413-379)}\times0.0618$$
$$=0.0725[\mathrm{W/(m\cdot K)}]$$

二、牛顿法求解高次代数方程

分离单元操作计算中经常遇到高次方程的求根问题，现介绍工程上常用的方法——牛顿法（亦称切线法）。

若需要确定方程 $y=f(x)$的解 ξ，可令 $x_0=a$，有：

$$y-f(x_0)=f'(x_0)(x-x_0) \tag{1-24}$$

当 $y=0$ 时，则：

$$x_1=x_0-\frac{f(x_0)}{f'(x_0)} \tag{1-25}$$

其中 x_1 比 x_0 更接近方程的根 ξ。

如此，继续应用式(1-25)，有：

$$x_2=x_1-\frac{f(x_1)}{f'(x_1)} \tag{1-26}$$

$$x_n=x_{n-1}-\frac{f(x_{n-1})}{f'(x_{n-1})} \tag{1-27}$$

当$|x_n-x_{n-1}|\leqslant\delta$ 时，即可认为 x_n 为方程的根 ξ。

【例 1-3】 某脱乙烷塔的釜液组成和 22℃时的平衡常数见下表，其汽化率 e 和进料组成、平衡常数关系为$\sum z_i/[1+(K_i-1)e]=1$，试确定其汽化分率。

组分 i	$C_2^=$	C_2^0	$C_3^=$	C_3^0	iC_4^0	iC_5^0
z_i	0.002	0.002	0.680	0.033	0.196	0.087
K_i	6.2	4.0	1.45	1.25	0.5	0.11

解：(1) 设 $f(e)=\sum\frac{z_i}{1+(K_i-1)e}-1$，则 $f'(e)=\sum\frac{-z_i(K_i-1)}{[1+(K_i-1)e]^2}$

(2) 代入数据：

$$f(e)=\frac{0.002}{1+5.2e}+\frac{0.002}{1+3e}+\frac{0.68}{1+0.45e}+\frac{0.033}{1+0.25e}+\frac{0.196}{1-0.5e}+\frac{0.087}{1-0.89e}-1$$

$$f'(e)=-\frac{0.002\times5.2}{(1+5.2e)^2}-\frac{0.002\times3}{(1+3e)^2}-\frac{0.68\times0.45}{(1+0.45e)^2}-\frac{0.033\times0.25}{(1+0.25e)^2}+\frac{0.196\times0.5}{(1-0.5e)^2}+\frac{0.087\times0.89}{(1-0.89e)^2}$$

(3) 由于 $0<e<1$，取 $e_0=0.45$。

(4) 第一次迭代：

$$f(0.45)=-0.0054,f'(0.45)=0.16$$

$$e_1=e_0-\frac{f(e_0)}{f'(e_0)}=0.45+\frac{0.0054}{0.16}=0.484$$

(5) 第二次迭代，取 $e=0.484$

$$f(0.484)=0.0006,f'(0.484)=0.1948$$

$$e_2=e_1-\frac{f(e_1)}{f'(e_1)}=0.484-\frac{0.0006}{0.1948}=0.487$$

$$e_2\approx e_1$$

即在 22℃、0.7MPa 下的汽化率 $e=0.487$。

三、三对角线方程组求解

用严格法进行精馏、吸收、恒沸精馏、萃取精馏设计计算时，会遇到三对角线和三对角块方程组方程并求解问题，这类方程组多采用矩阵形式解之，该方法简单且可编程用计算机计算。故先介绍矩阵，再介绍方程组求解。

1. 矩阵概念

所谓矩阵就是由 $m\times n$ 个数 $a_{ij}(i=1,2,\cdots,m;j=1,2,\cdots,n)$ 所排成的 m 行 n 列的数表：

$$\boldsymbol{A}=\begin{bmatrix} a_{11} & a_{12} & \cdots & a_{1n} \\ a_{21} & a_{22} & \cdots & a_{2n} \\ \cdots & \cdots & \cdots & \cdots \\ a_{m1} & a_{m2} & \cdots & a_{mn} \end{bmatrix} \tag{1-28}$$

叫作 m 行 n 列矩阵，简称 $m\times n$ 矩阵。上面矩阵也可简记为：

$$\boldsymbol{A}=(a_{ij})_{m\times n} \text{ 或 } \boldsymbol{A}=(a_{ij}) \tag{1-29}$$

元素是实数的矩阵称为实矩阵。习惯上称 $m\times n$ 为矩阵的阶，如行数与列数等于 n 的矩阵称为 n 阶矩阵或 n 阶方阵，记作 $\boldsymbol{A}$ 或 $\boldsymbol{A}_n$。只有一行的矩阵称为行矩阵或行向量：

$$\boldsymbol{A}=(a_1,a_2,\cdots,a_n) \tag{1-30}$$

只有一列的矩阵称为列矩阵或列向量，记作 $\boldsymbol{B}$：

$$\boldsymbol{B}=\begin{bmatrix} b_1 \\ b_2 \\ \vdots \\ b_n \end{bmatrix} \tag{1-31}$$

元素都是零的矩阵称为 0 矩阵，记作 $\boldsymbol{O}$。

两个矩阵的行数相等、列数也相同，称为同行矩阵或同阶矩阵。如果 $\boldsymbol{A}$ 与 $\boldsymbol{B}$ 为同行矩阵，并且它们的对应元素也相等，即：

$$a_{ij}=b_{ij}(i=1,2,\cdots,m;j=1,2,\cdots,n) \tag{1-32}$$

则就称矩阵与矩阵相等，记作 $\boldsymbol{A}=\boldsymbol{B}$，把矩阵 $\boldsymbol{A}$ 的行换成同序数的列得到一个新的矩阵，叫作 $\boldsymbol{A}$ 的转置矩阵，记作 $\boldsymbol{A}^{\mathrm{T}}$。

2. 线性方程组求解

对于 n 元线性方程组：

$$\begin{cases} a_{11}x_1+a_{12}x_2+\cdots+a_{1n}x_n=b_1 \\ a_{21}x_1+a_{22}x_2+\cdots+a_{2n}x_n=b_2 \\ \cdots \quad \cdots \quad \cdots \quad \cdots \\ a_{m1}x_1+a_{m2}x_2+\cdots+a_{mn}x_n=b_n \end{cases} \tag{1-33}$$

亦可以用矩阵：

$$\boldsymbol{AX}=\bar{\boldsymbol{b}} \tag{1-34}$$

表示。其中 $\boldsymbol{A}$ 为系数矩阵，即：

$$\boldsymbol{A}=\begin{bmatrix} a_{11} & a_{12} & \cdots & a_{1n} \\ a_{21} & a_{22} & \cdots & a_{2n} \\ \cdots & \cdots & \cdots & \cdots \\ a_{m1} & a_{m2} & \cdots & a_{mn} \end{bmatrix} \tag{1-35}$$

也可表示为 $\boldsymbol{A}=(a_{ij})_{m\times n}$；$\bar{\boldsymbol{b}}$ 是常数项向量，$\bar{\boldsymbol{b}}=(b_1,\ b_2,\ \cdots,\ b_n)^{\mathrm{T}}$；$\boldsymbol{X}$ 是未知数向量，$\boldsymbol{X}=(x_1,x_2,\cdots,x_n)^{\mathrm{T}}$。若系数矩阵 $\boldsymbol{A}$ 非奇异，即 $\det\boldsymbol{A}\neq 0$，则方程组式(1-33) 有唯一解，即：

$$x_i=\frac{\det\boldsymbol{A}_i}{\det\boldsymbol{A}}(i=1,2,\cdots,n) \tag{1-36}$$

其中 $\det\boldsymbol{A}_i$ 是把矩阵 $\boldsymbol{A}$ 中的第 i 列换成 $\bar{\boldsymbol{b}}$ 后所得到的 n 阶行列式，如 $\boldsymbol{A}_1$：

$$\boldsymbol{A}_1=\begin{bmatrix} b_1 & a_{12} & \cdots & a_{1n} \\ b_2 & a_{22} & \cdots & a_{2n} \\ \cdots & \cdots & \cdots & \cdots \\ b_n & a_{m2} & \cdots & a_{mn} \end{bmatrix} \tag{1-37}$$

式(1-36) 称为克拉默法则。由于该方法计算工作量巨大，一般采用高斯消元法求解。高斯法基本方法是变换一次消去一个未知数，经过多次变换，得到一个等阶三角形矩阵，再通过回代，解得向量 $\boldsymbol{X}$。对于形式特殊的矩阵，如精馏、吸收等所遇到三对角方程组，采用追赶法较为简便。

3. 三对角方程组求解

所谓三对角矩阵是指矩阵中主对角线和相邻的两条对角线上具有非零元素，其余皆为零的矩阵，如式(1-39)。在精馏和吸收模拟计算中经常遇到三对角方程组求解问题，例如理论精馏塔每块塔板的物料衡算范围仅涉及上、中、下三块塔板，得到仅含有的上、中、下三块塔板上组分浓度的方程。因此，对于每个组分的全塔物料衡算为一个线性方程组：

$$\boldsymbol{AX}=\bar{\boldsymbol{d}} \tag{1-38}$$

其中，线性方程组式(1-38) 的系数矩阵 $\boldsymbol{A}$ 是一个三对角矩阵，称方程组 $\boldsymbol{AX}=\bar{\boldsymbol{d}}$ 为三对角线方程组。即：

$$\boldsymbol{A}=\begin{bmatrix} b_1 & c_1 & 0 & \cdots & \cdots & 0 & \cdots & \cdots & 0 \\ a_2 & b_2 & c_2 & \ddots & & & & & \vdots \\ 0 & a_3 & b_3 & \ddots & \ddots & & & & \vdots \\ \vdots & \ddots & \ddots & \ddots & \ddots & 0 & & & 0 \\ \vdots & & \ddots & \ddots & \ddots & \ddots & \ddots & & \vdots \\ 0 & & & 0 & \ddots & \ddots & \ddots & \ddots & \vdots \\ \vdots & & & & \ddots & \ddots & b_{n-2} & c_{n-2} & 0 \\ 0 & & & & & \ddots & a_{n-1} & b_{n-1} & c_{n-1} \\ 0 & 0 & \cdots & \cdots & 0 & \cdots & 0 & a_n & b_n \end{bmatrix} \tag{1-39}$$

$$\overline{\boldsymbol{d}}=(d_1,d_2,\cdots,d_n)^{\mathrm{T}} \tag{1-40}$$

$$\boldsymbol{X}=(x_1,x_2,\cdots,x_n)^{\mathrm{T}} \tag{1-41}$$

也可表示为：

$$\left[\begin{array}{ccccccccc|c} b_1 & c_1 & 0 & \cdots & \cdots & 0 & \cdots & \cdots & 0 & x_1 \\ a_2 & b_2 & c_2 & \ddots & & & & & \vdots & x_2 \\ 0 & a_3 & b_3 & \ddots & \ddots & & & & \vdots & x_3 \\ \vdots & \ddots & \ddots & \ddots & \ddots & 0 & & & 0 & \vdots \\ \vdots & & \ddots & a_m & b_m & c_m & \ddots & & \vdots & x_m \\ 0 & & & 0 & \ddots & \ddots & \ddots & \ddots & \vdots & \vdots \\ \vdots & & & & \ddots & \ddots & b_{n-2} & c_{n-2} & 0 & x_{n-2} \\ 0 & & & & & \ddots & a_{n-1} & b_{n-1} & c_{n-1} & x_{n-1} \\ 0 & 0 & \cdots & \cdots & 0 & \cdots & 0 & a_n & b_n & x_n \end{array}\right]=\begin{bmatrix} d_1 \\ d_2 \\ d_3 \\ \vdots \\ d_m \\ \vdots \\ d_{n-2} \\ d_{n-1} \\ d_n \end{bmatrix} \tag{1-42}$$

解三对角线方程组一般采用追赶法，又称托马斯（Thomas）法。其原则是将对角线上的元素化为1，下对角元素化为0，然后回代，即可得到解。设 a_i、b_i、c_i、d_i 为原来元素，p_i、q_i 为消元后新元素，三对角矩阵可以按下面公式消元：

$$\begin{cases} p_1=c_1/b_1 \\ p_i=c_i/(b_i-a_ip_{i-1}) \quad (i=1,2,3,\cdots,n-1) \\ q_1=d_1/b_1 \\ q_i=(d_i-a_iq_{i-1})/(b_i-a_ip_{i-1}) \quad (i=1,2,3,\cdots,n) \end{cases} \tag{1-43}$$

消元结果为：

$$[\boldsymbol{A}\,|\,\overline{\boldsymbol{d}}]=\left[\begin{array}{cccccc|c} 1 & p_1 & 0 & 0 & 0 & 0 & q_1 \\ 0 & 1 & p_2 & 0 & 0 & 0 & q_2 \\ \cdots & \cdots & \ddots & \ddots & \cdots & \cdots & \vdots \\ \cdots & \cdots & \cdots & \ddots & \ddots & \cdots & \vdots \\ 0 & 0 & 0 & 0 & 1 & p_{n-1} & q_{n-1} \\ 0 & 0 & 0 & 0 & 0 & 1 & q_n \end{array}\right] \tag{1-44}$$

原矩阵经过消元变成式(1-44）后，从最后一行开始回代，就可轻而易举地得到解了。回代公式为：

$$\begin{cases} x_n = q_n \\ x_i = q_i - p_i x_{i+1} \end{cases} \tag{1-45}$$

这样，计算每一未知量的运算至多5次乘法、3次加法即可实现，其计算量及存储量均小，并且依据式(1-43)及式(1-45)编写程序十分容易。

【例1-4】 某精馏塔平衡级数为9，物系组成为丙烷、异丁烷、正丁烷和正戊烷。经过初步计算，得到关于丙烷的三对角方程组，试解方程组。

$$\begin{bmatrix} -206 & 288.4 & & & & & & & \\ 131 & -386 & 292.9 & & & & & & \\ & 131 & -424 & 332.7 & & & & & \\ & & 131 & -494 & 248 & & & & \\ & & & 161 & -409 & 327.5 & & & \\ & & & & 161 & -440 & 310.8 & & \\ & & & & & 161 & -472 & 344.4 & \\ & & & & & & 161 & -505 & 380.4 \\ & & & & & & & 161 & -405 \end{bmatrix} \begin{bmatrix} x_{1,1} \\ x_{1,2} \\ x_{1,3} \\ x_{1,4} \\ x_{1,5} \\ x_{1,6} \\ x_{1,7} \\ x_{1,8} \\ x_{1,9} \end{bmatrix} = \begin{bmatrix} 0 \\ 0 \\ 0 \\ -70 \\ 0 \\ 0 \\ 0 \\ 0 \\ 0 \end{bmatrix}$$

解：(1) 确定 p 和 q

$p_1 = c_1/b_1 = 288.4/(-206) = -1.24$，$q_1 = d_1/b_1 = 0$

$p_2 = c_2/(b_2 - a_2 p_1) = 292.9/(-386 + 131 \times 1.24) = -1.31$

$$q_2 = \frac{d_2 - a_2 q_1}{b_2 - a_2 p_1} = \frac{0 - 131 \times 0}{-386 - 0} = 0$$

$p_3 = c_3/(b_3 - a_3 p_2) = 332.7/(-424 + 131 \times 1.31) = -1.318$

$$q_3 = \frac{d_3 - a_3 q_2}{b_3 - a_3 p_2} = \frac{0 - 131 \times 0}{-424 + 131 \times 1.24} = 0$$

$p_4 = c_4/(b_4 - a_4 p_3) = 248.1/(-494 + 131 \times 1.318) = -0.772$

$$q_4 = \frac{d_4 - a_4 q_3}{b_4 - a_4 p_3} = \frac{-70 - 0}{-494 + 131 \times 1.318} = 0.2178$$

…

如此，可得到如下归一方程组：

$$\begin{bmatrix} 1 & -1.24 & & & & & & & \\ & 1 & -1.31 & & & & & & \\ & & 1 & -1.318 & & & & & \\ & & & 1 & -0.722 & & & & \\ & & & & 1 & -0.978 & & & \\ & & & & & 1 & -1.10 & & \\ & & & & & & 1 & -1.168 & \\ & & & & & & & 1 & -1.20 \\ & & & & & & & & 1 \end{bmatrix} \begin{bmatrix} x_{1,1} \\ x_{1,2} \\ x_{1,3} \\ x_{1,4} \\ x_{1,5} \\ x_{1,6} \\ x_{1,7} \\ x_{1,8} \\ x_{1,9} \end{bmatrix} = \begin{bmatrix} 0 \\ 0 \\ 0 \\ 0.2178 \\ 0.1232 \\ 0.0732 \\ 0.0400 \\ 0.0203 \\ 0.0154 \end{bmatrix}$$

(2) 解矩阵方程组

$$x_{1,9} = 0.0154，x_{1,8} = q_8 - p_8 x_{1,9} = 0.0203 + 1.2 \times 0.0154 = 0.0388$$

同样得到：

$x_{1,7}=0.0853$，$x_{1,6}=0.1670$，$x_{1,5}=0.2865$，$x_{1,4}=0.4390$，$x_{1,3}=0.5786$，$x_{1,2}=0.7580$，$x_{1,1}=0.9399$。

四、数值积分

工程上常需要计算积分，而计算积分必须有原函数。问题在于某些情况下，找到原函数十分困难，对于某些无法用解析式而以列表形式给出的函数关系，甚至得不到原函数。上述情况下，一般采用数值积分进行积分运算。

数学上给出多种数值积分公式，这里仅介绍复化辛普生公式。若将 $[a, b]$ 积分区间 $2n$ 等分，并令步长 $h=(b-a)/2n$，复化辛普生公式为：

$$S_n=\frac{h}{3}\left[f(a)+f(b)+2\sum_{i=1}^{n-1}f(x_{2i})+4\sum_{i=1}^{n}f(x_{2i-1})\right] \tag{1-46}$$

式中，S_n 为积分值；h 为步长；i 为任一小区间。

【例 1-5】 在温度为 20℃、压力为 1atm[1] 条件下，用水洗涤含有 5.5% SO_2 的空气，使 SO_2 浓度下降到 0.5%。当液气比为 40 时，求总传质单元数 N_{OG}。假设洗涤剂不含有 SO_2，20℃ SO_2 的气-液平衡关系见下表。

$x\times10^3$	1.96	1.40	0.816	0.562	0.422	0.281	0.141	0.056
$y^*\times10^3$	51.5	34.2	18.6	11.2	7.63	4.21	1.58	0.658

解：(1) 根据题意，$x_2=0$，$y_2=0.005$，$y_1=0.055$，将 [0.005, 0.055] 分为 20 等分，得到各区间的 y，列入下表。

(2) 根据操作线方程：$G\,[y/(1-y)-y_2/(1-y_2)]=L\,[x/(1-x)-x_2/(1-x_2)]$，可得：

$$\frac{1}{1/x-1}=0.025\times\frac{1}{1/y-1}-1.25628\times10^{-4}$$

根据已知的 y 计算各区间的 x，如 $y=0.0075$ 时，

$\frac{1}{1/x-1}=0.025\times\frac{1}{1/0.0075-1}-1.25628\times10^{-4}$，解得 $x=6.328\times10^{-5}$，余列表。

(3) 根据各区间的 x，用插值法估算 y^*，如 $x=6.328\times10^{-5}=x\times10^3=0.06328$，因此，$f(x)=0.658\times10^{-3}+\frac{1.58-0.658}{0.141-0.056}\times(0.06328-0.056)\times10^{-3}=0.0007370$，余列表。

(4) 计算 $1/(y-y^*)$。

如：$y_2=0.005$，$x_2=0$，$y^*=0$，$1/(y-y^*)=\frac{1}{0.005}=200$，余列表。

(5) 根据传质单元数计算公式 $N_{OG}=\int_{y_2}^{y_1}\frac{dy}{y-y^*}$ 进行数值积分。

设 $h=(0.055-0.005)/2=0.0025$

[1] 1atm=1.01325×10⁵Pa。

$$N_{OG}=\frac{0.0025}{3}\times[200+43.66+2\times(116.2+87.96+75.17+66.59+60.59+55.92+51.4+48.24+45.7)+4\times(147.6+98.6+80.73+70.53+63.3+58.25+53.26+49.73+46.9+44.62)]=3.595$$

y	x	y^*	$1/(y-y^*)$	y	x	y^*	$1/(y-y^*)$
0.005	0.0	0.0	200.0	0.0325	0.000714	0.01533	58.25
0.0075	0.000063	0.000737	147.6	0.0350	0.000781	0.01712	55.92
0.0100	0.000127	0.001396	116.2	0.0375	0.000848	0.01873	53.26
0.0125	0.000191	0.002358	98.60	0.0400	0.000915	0.02054	51.40
0.0150	0.000255	0.003631	87.96	0.0425	0.000983	0.02239	49.73
0.0175	0.000320	0.005113	80.73	0.0450	0.00105	0.02427	48.24
0.0200	0.000384	0.006696	75.17	0.0475	0.001120	0.02618	46.90
0.0205	0.000450	0.008321	70.53	0.0500	0.001173	0.02812	45.70
0.0250	0.000515	0.009982	66.59	0.0525	0.001258	0.03009	44.62
0.0275	0.000581	0.01170	63.30	0.0550	0.001328	0.03209	43.66
0.0300	0.000647	0.01350	60.59				

【例 1-6】 用$\sum f(x)\Delta x$估算例 1-5 的传质单元数N_{OG}。

解：(1) $N_{OG}=\int_{y_2}^{y_1}\frac{dy}{y-y^*}=\sum_{y_2}^{y_1}\left(\frac{1}{y-y^*}\right)_{均}\Delta y$

(2) 根据例 1-5 的计算结果，计算Δy：

$1/(y-y^*)=200$ 时，$\Delta y=0$，

$1/(y-y^*)=147.6$ 时，$\Delta y=0.0025$，余列表。

(3) 计算$\left(\frac{1}{y-y^*}\right)_{均}$

$\left(\frac{1}{y-y^*}\right)_{1-2均}=(200+1476)/2=173.8$，余列表。

(4) 计算$\left(\frac{1}{y-y^*}\right)_{均}\Delta y$

$\left(\frac{1}{y-y^*}\right)_{1-2均}=173.8$，$\Delta y=0.0025$，$\left(\frac{1}{y-y^*}\right)_{均}\Delta y=0.0025\times173.8=0.4345$，余列表。

(5) $N_{OG}=3.6078$

$1/(y-y^*)$	$[1/(y-y^*)]_{均}$	Δy	$\sum_{y_2}^{y_1}\frac{\Delta y}{y-y^*}$	$1/(y-y^*)$	$[1/(y-y^*)]_{均}$	Δy	$\sum_{y_2}^{y_1}\frac{\Delta y}{y-y^*}$
200.0		0.0	0	58.25	59.42	0.0025	2.4910
147.6	173.80	0.0025	0.4345	55.92	57.09	0.0025	2.6337
116.2	131.90	0.0025	0.7643	53.26	54.59	0.0025	2.7702
98.60	107.40	0.0025	1.0328	51.40	52.33	0.0025	2.9010
87.96	93.28	0.0025	1.2660	49.73	50.57	0.0025	3.0274
80.73	84.35	0.0025	1.4768	48.24	48.99	0.0025	3.1499
75.17	77.95	0.0025	1.6717	46.90	47.57	0.0025	3.2688
70.53	72.85	0.0025	1.8538	45.70	46.30	0.0025	3.3846
66.59	68.56	0.0025	2.0252	44.62	45.15	0.0025	3.4975
63.30	64.95	0.0025	2.1876	43.66	44.14	0.0025	3.6078
60.59	61.95	0.0025	2.3424				

计算结果与例 1-5 几乎相同，但简单得多。

工程上，有时也可以用$\sum f(x)\Delta x$ 代替积分。对于例 1-6 中的积分式：

$$N_{OG}=\int_{y_2}^{y_1}\frac{dy}{y-y^*} \tag{1-47}$$

可以用下式替代：

$$N_{OG}=\sum_{y_2}^{y_1}\left(\frac{1}{y-y^*}\right)_{均}\Delta y \tag{1-48}$$

又譬如化工上的沉降分离中单元操作一般用于分离流体中的固体颗粒。工业上，常用平流式沉淀池分离原水中固体颗粒。理想平流式沉淀池去除率计算公式为：

$$F=(100-p_t)+\frac{1}{u}\int_0^{p_t}v_i dp_i \tag{1-49}$$

式中，F 为理想平流式沉淀池去除率；p_t 为沉降速度小于及等于 u，即不能够完全去除的颗粒在整个颗粒中所占百分数；u 为完全去除颗粒的沉降速度，即过流率；v_i 为沉降速度低于 u 的任意小颗粒 i 的沉降速度；p_i 为任意小颗粒 i 的质量分数。

近似计算时，上式可写成：

$$F=(100-p_t)+\frac{1}{u}\sum_{i=0}^{p_t}v_{均}\Delta p \tag{1-50}$$

式中，$v_{均}$ 为任一小颗粒群的平均沉降速度；Δp 为沉降速度为 $v_{均}$ 的颗粒群质量分数。用$\sum v_{均}\Delta p$ 近似取代积分，其精度完全可以满足工程上的要求。

第二章 多组分精馏

精馏是工业上分离气-液混合物最重要的方法，在化工生产过程中得到广泛的应用。虽然多组分物系的精馏所依据的原理及设备与二元组分精馏相同，由于组分数目增多、影响因素复杂，故工程上所采用的计算方法较二元精馏计算有很大不同，本章予以讨论。

第一节 多组分精馏概述

蒸馏是工业上利用组分间沸点的不同进行分离的一类单元操作，虽然其原理与实验室的蒸馏相同，但由于连续运行及经济等方面的要求，工业上的蒸馏操作与实验室的蒸馏操作有很大不同。精馏其实是蒸馏的一种，与蒸馏从本质上说是相同的，故有时混用这两个概念。

一、精馏操作及分类、平衡级及板效率

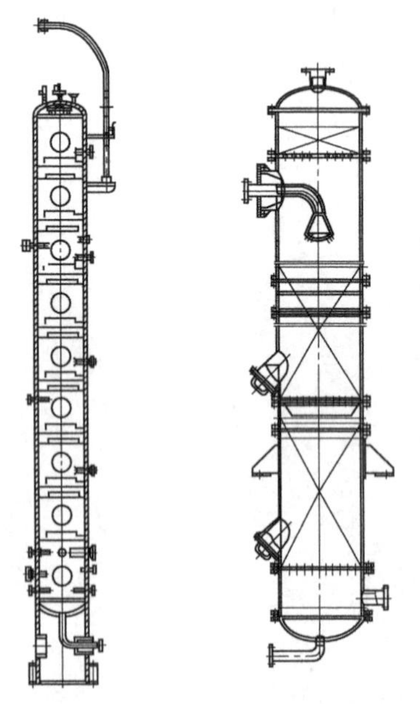

图 2-1 精馏塔示意图

精馏可定义为连续获取高纯度分离产物的蒸馏操作。精馏单元操作主要由多级气液传质设备（俗称精馏塔）、冷凝器和再沸器、气液分离器、泵等设备构成，其中最关键的设备为精馏塔（图 2-1）。精馏塔是提供气液充分接触及迅速分离的设备，其中填料塔和板式塔是广泛应用的两种气液传质设备，两者均有百余年的发展历史。我国在 20 世纪 70 年代以前以板式塔为主，80 年代以后，填料塔开始大量应用，并表现出了良好的传质效果。精馏操作按操作压力有加压精馏、常压精馏和减压精馏；按组分划分有二元精馏和多元精馏；按混合物中是否加有添加剂可分为普通精馏、特殊精馏；按精馏过程分为常规精馏和复杂精馏。

如图 2-2 所示，分离苯-甲苯混合物的精馏过程为常规精馏，原料从塔中间部位进入，塔顶和塔底分别得到苯和甲苯。石油馏分是包含多种馏分的混合物，在一个塔内按馏分进行分割，要比多个塔经济得多，图 2-3 为一个典型的石油常压蒸馏过程，属于复杂精馏。对于混合物系中待分组分间的沸点相近的情况，采用常规精馏非常不经济。一般当被分离组分间的挥发度相差很小时，往往考虑应用特殊精馏或萃取方式。可根据物系的性质和工艺条件合理选用。本章主要讨论常规精馏，第三章将讨论特殊精馏。

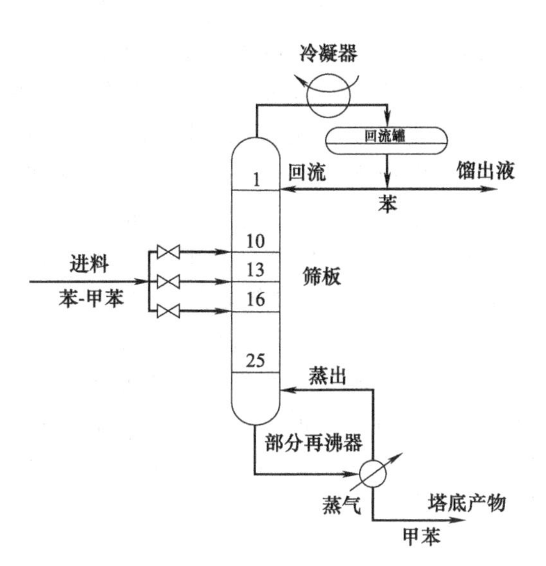

图 2-2 常规精馏（苯-甲苯蒸馏）

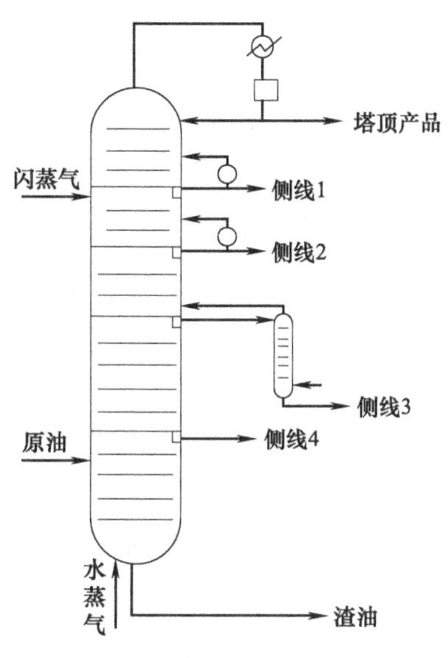

图 2-3 复杂精馏（石油常压蒸馏）

蒸馏技术可追溯到公元 1 世纪，11 世纪已被用于生产酒精饮料，16 世纪产生精馏概念。自 1823 年俄国杜比宁三兄弟在莫兹多克建立俄国第一座釜式蒸馏工厂加工石油起，石油蒸馏已有近二百年的历史，至今仍是最重要的石油分离手段。石油加工采用蒸馏将原油分离成航空煤油、汽油、柴油、重油等；石油化工通常采用精馏操作分离裂解气，以得到乙烯、丙烯、丁烯、丁二烯和裂解汽油；煤化工中煤焦油采用蒸馏制取苯和其它芳烃；煤液化产物也采用蒸馏操作以获取不同馏分的成品油；其它行业也采用蒸馏或精馏操作分离组分间沸点不同的混合物。蒸馏类操作不足之处需要消耗大量能源，美国 1989 年蒸馏操作的能耗占化学与石油工业的 41.2%，占整个工业的 8.24%。尽管如此，到目前为止蒸馏仍然是最重要最广泛的分离操作。

精馏作为最成熟的工业单元操作，人们投入极大精力对其进行研究。20 世纪 30～40 年代诞生简单精馏塔的精馏近似计算（FUG 法）和严格计算（LM 法）；20 世纪 50～60 年代诞生了平衡级模型模拟精馏过程，并用方程切断法求解；20 世纪 70～80 年代，诞生了非平衡级模型，目前精馏过程模拟计算非常成熟，已商业化多年。

精馏过程如图 2-2 所示，进料被连续引到塔某一中间位置的塔板上，该板液体组成大体与液相进料组成相同。塔顶、塔底连续引出合格产品。塔顶设有冷凝器使蒸气冷凝并部分回流，塔底有再沸器产生蒸气送回塔内。理论上可以认为精馏塔内每层塔板上的气、液组成均处于平衡状态。这样的塔板称为平衡级。平衡级又称理论板，是一个理想化了的进行两相间接触传质的场所，它符合如下三个假定：①理论级假定，即进入该板的不平衡的物流，在其间发生了充分的接触传质，使离开该板的气液两相物流间达到了相平衡（图 2-4）；②全混级假定，在该板上发生接触传质的气液两相各自完全混合，板上任一处的气相浓度相同，板上各处液相浓度亦相同；③塔板上充分接触后的气液两相实现了机械上的完善分离，即离开该板的气流中不挟带雾滴，液流中不挟带气泡，也不存在漏液。工业上的精馏塔是在如下状况下运行：①恒定压力；②塔顶低温提供冷回流、塔底高温提供热蒸气；③塔内存在温度差；④有限时段内完成分离。由热力学可知，任意组分的气-液平衡条件是其化学位相同，且恒压时组分的化学位与温度、浓度有关。精馏塔提供了塔内各层塔板上组分的化学位和浓

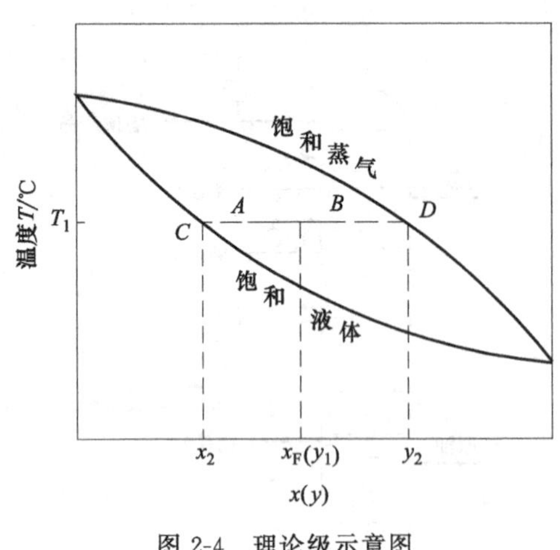

图 2-4　理论级示意图

度存在差异的条件，当塔内发生热气与冷液对流流动时，在各层塔板上必然发生传质和相变化，同时也发生传热和混合。但在有限时段内、有限传质速率及有限的混合限制下，精馏塔各层的实际塔板上的组分是不可能达到气液平衡的。故工业装置运行的精馏塔的塔板称为实际板，理论板或平衡级构成的精馏塔称为理论精馏塔，实际板的分离效果远低于理论板。

目前，无论采用理论模拟还是其它方式直接得到实际塔板数都不现实，普遍采用的方式是将实际板和理论板用称为板效率的物理量关联起来，板效率就是实际塔板的传质分离效率。其中点效率定义为塔板上某一位置 j 上理论增浓程度和实际增浓程度的差异，用式(2-1) 表示如下：

$$E_{OG}=\frac{y'_{j,n}-y'_{j,n+1}}{y^*_{j,n}-y'_{j,n+1}} \tag{2-1}$$

式中，$y^*_{j,n}$ 表示离开第 n 块板某一位置与该处的液相浓度 $x'_{j,n}$ 平衡的气相浓度；$y'_{j,n}$ 表示离开第 n 块板某一位置处实际的气相浓度；$y'_{j,n+1}$ 表示进入第 $n+1$ 块板某一位置的气相浓度。

板效率的表示方法除点效率外，尚有板效率及总板效率（全塔效率）等形式。关于板效率的详细介绍见本章第六节。

对任何一个精馏塔的精馏过程，每块塔板上都发生动量传递、扩散、传质、传热及相平衡等过程，精馏过程的研究方法主要是分析和研究精馏过程中各相物料的组成、温度、流量在塔内的分布状况以及影响因素，以指导改进设计、改进操作方式，提高精馏塔的分离能力、降低能量消耗。当然也可以直接测量实际精馏过程各个操作参数在塔内的分布情况，这种做法难以实现。目前工业上通用做法是采用科学方式对精馏过程进行模拟，也就是说建立准确模拟精馏塔精馏过程的数学模型，然后求解此数学模型，得到精馏塔内气液相的组成、温度和流量的分布等有关参数。

码 2-1　平衡级模型简介

二、多组分精馏

简单地说，多组分精馏是对组分数大于 3 的气液混合物，通过连续的蒸馏手段获取高纯度的产品的单元操作。不过，多组分精馏操作仅适用于系统的组分数大于 3、轻组分和重组分比例相差不大，以及组分间相对挥发度区别明显的多组分物系。

1. 多组分精馏流程

一个简单精馏塔只能得到塔顶和塔底两种较纯的产品，对于组分数大于 3 的组成，不可能在单一塔中实现多个纯组分的快速分离。如果欲使得多组分物系分离出两个及两个以上的纯产品，必须采用多个精馏塔或复杂精馏塔方式方能实现，对于具有 c 个组分的混合物，必须用 $c-1$ 个简单精馏塔才能实现有效分离，同时，塔序排列组数目按下式计算：

$$n=\frac{[2(c-1)]!}{c!(c-1)!} \tag{2-2}$$

因此，当需要 2 个以上的精馏塔分离多组分物系时，塔的排序存在多种组合，如 3 组分物系的分离需要 2 个精馏塔、塔序排列 2 种，例如分离苯（80℃）-甲苯（118℃）-二甲苯（139℃）三元混合物需要 2 个塔、塔序 2 种：若以苯为轻组分首先从 1 塔塔顶馏出时，2 塔实现甲苯和二甲苯的分离；若二甲苯为重组分首先从 1 塔底被分离出时，则 2 塔实现苯和甲苯的分离。4 组分物系的分离需要 3 个塔、塔序排列为 5 种，8 组分物系的分离塔序更多。由此采用简单精馏塔分离多组分物系时，需要确定分离顺序，也就是说多组分精馏涉及分离流程方案选择的问题。

2. 流程方案选择

组分分离次序一般由成本和操作费用决定。各顺序流程的成本、操作费用、效率有所不同，因此涉及顺序流程的最优化问题。确定分离所需的最佳顺序的方法有启发式、调优式和数学规划法。调优式是首先按一定的启发式规则得到一个初始顺序，然后按另一些规则对初始顺序的结构做局部调整，直到得出总成本最低的顺序来。数学规划法有动态规划法和分支定界搜索法。启发式主要原则如下：

① 各组分含量差别不大时，优先分离出混合物中含量特别大的组分；一般情况下，按相对挥发度大小逐次从塔顶分离出各组分的流程是有利的；若进料中有一个组分的含量很高，即使它的挥发度不是最大的，一般首先将其分离。

② 由于冷冻条件耗能极高，要尽可能少用低温操作条件下的塔，可以先考虑加压塔，如不可行再采用深冷技术；当料液中某些组分的沸点低于常温时，某些塔就必须在加压下操作或使用制冷剂降低操作温度。

③ 腐蚀性和危险性组分要优先除去，以减少对塔的损耗和减少危险性组分的停留时间。

④ 其它条件相同时，应将最难分离两组分的分离推迟到最后分离，特别是当相对挥发度接近于 1 时。

⑤ 易聚合裂解的组分先分离出来，缩短在此温度下的时间。

⑥ 操作压力应逐塔降低，以减少能耗甚至可以省略泵。

⑦ 塔顶-塔底产品量 1∶1 比较合理。

⑧ 分离要求很高（产品纯度高或组分回收率高）的组分的分离最好放在最后一个塔，因为分离要求高的塔因塔板数多往往较高，此种情况下，若还有其它组分共存，塔中气液相流量将增大使得塔径变大，将增加塔的投资和动力消耗。若将此塔放在最后，对减小设备尺寸是有利的。

需要说明，以上规则在实际应用时常相互冲突，因此运用以上规则的宗旨是减少分离流程塔的数目，对于不符合以上规则的分离流程，就可以采用不考虑。这样需要评价的分离流程数目会比较少。另外某些特殊情况下，也可以采用多股出料的复杂塔方案得到目标产品。

3. 以平衡级为基准的多组分精馏塔设计方法

以平衡级为基准的模型设计主要确定理论塔塔板数、气液组成及回流比等，并根据板效率确定实际塔塔板数。如前所述，当精馏塔为一股进料、一个冷凝器、一个再沸器、两股出料流程时即为简单精馏塔，如分离苯和甲苯的精馏塔即为简单精馏塔。而含有一股进料或多股进料、多股回流或多股出料情况下则是复杂精馏塔，如空气分离精馏塔和原油常压精馏和减压塔都属于复杂精馏塔。

简单精馏塔和复杂精馏塔的设计方法原则相同，实际应用时有所差异。对于简单精馏塔，流行的近似计算方法主要是FUG法，严格计算主要为泡点（BP）法；复杂精馏塔的严格计算则采用N-R法和内外层法。本章介绍FUG法和泡点（BP）法，N-R法将在第三章进行介绍。

第二节　多组分系统的相平衡

相平衡系指混合物或溶液形成若干相，各相保持着共同的物理化学性质状态。热力学认为相平衡时整个物系的自由焓处于最小；而从动力学角度分析相平衡，则认为相间表观传递速率为零。气液两相混合物之间相平衡关系是精馏的基础，利用相平衡关系可以确定精馏过程物系组成及温度等参数，对于设计精馏过程具有十分重要的意义。

一、多组分物系相平衡关系

影响气-液相平衡的因素很多，精确的相平衡关系应由相平衡实验数据获得，但相平衡实验数据的适用范围受到实验条件所限制，故相平衡关系多采用相平衡数据、关联式和相平衡图方式表示。二元物系常常用相图表示其相平衡关系，包括恒压下的 T-x 图和 y-x 曲线，以及恒温下的 p-x 图等。很多情况下，因没有相平衡实验数据而无法得到相平衡图，此时需要利用适宜的相平衡关系式进行预测，而相平衡关系式中非常重要的物理量则是相平衡常数 K_i 及相对挥发度 α_{ij}。

1. 相平衡常数 K_i

对于多组分物系，工程上常用相平衡常数表示相平衡关系。气-液相平衡中，相平衡常数 K_i 表示组分 i 在平衡的气液两相中的分配情况，也称其为分配系数。其定义式如下：

$$K_i = y_i / x_i \tag{2-3}$$

其中 y_i 和 x_i 分别表示 i 组分在平衡的气、液两相中的摩尔分率。相平衡常数应用很广，是精馏过程中非常重要的参数之一。

2. 相对挥发度 α_{ij}

组分 i 对组分 j 的相对挥发度 α_{ij} 的定义如下：

$$\alpha_{ij} = \frac{K_i}{K_j} = \frac{y_i / x_i}{y_j / x_j} = \frac{y_i / y_j}{x_i / x_j} \tag{2-4}$$

不难理解，$\alpha_{ij}=1$ 时，组分 i 和 j 不能用蒸馏方法分离；α_{ij} 与1的差值越大，i 和 j 愈容易分离。对于比较接近理想溶液的物系，α_{ij} 受温度和组成的影响很弱，可以近似当作常数，计算可以简化。

如前所述，对于二元物系，气液相平衡关系一般可以用气-液平衡相图，如恒压下的温度与平衡气液相轻组分摩尔分数关系用 T-y-x 图直观地表达出来；而且还可以用单纯描述气-液相组成对应关系的 x-y 曲线与描述物料平衡关系的操作线有机结合起来进行二元精馏过程的图解计算。但对于多组分物系，一般情况下难以用相图来表达各组分气液相组成的关系，需用确定一定压力温度下的相平衡常数与组分气液相浓度、逸度系数、活度系数之间的函数关系。

3. 精馏原理

由热力学知，温度压力一定时，当气、液两相处于平衡状态时，任一组分 i 的气-液两相的化学位应当相等：

$$\mu_{iV}=\mu_{iL} \tag{2-5}$$

精馏塔的精馏过程中，每层塔板上的气、液组成均处于平衡状态；精馏塔各层塔板温度不同，各塔板上物系组分 i 的化学位 $\mu_{i,jV}$、$\mu_{i,jL}$ 亦不同；当精馏塔内气、液物料发生相向流动时，因各板温度、组成和化学位存在差异，各组分在各层塔板上进行气液传质并形成新的气液平衡，最终在塔顶塔底得到目标产物，以上即所谓精馏原理，故相平衡在精馏中具有重要意义。

气液混合物存在下列四种类型的物系：气、液两相均为理想溶液且气相为理想气体（如低压下某些物系）；液相为非理想溶液，气相为理想气体，亦为理想溶液（如低压某些物系）；气、液两相均为理想溶液，但气相为非理想气体（如中压某些物系）；气、液相均为非理想溶液，气相亦为非理想气体（高压下的各类物系）。需要强调，物系性质不同，平衡关系亦不同。

4. 相平衡一般式

当气、液两相处于平衡状态时，组分 i 在气、液相的化学位相等：$\mu_{iL}=\mu_{iV}$。用热力学关系式表示为：

$$RT\ln(f_{iL})=RT\ln(f_{iV}) \tag{2-6}$$

即：

$$f_{iL}=f_{iV} \tag{2-7}$$

根据逸度和活度的关系有：

$$a_{iL}f^{\circ}_{iL}=a_{iV}f^{\circ}_{iV} \tag{2-8}$$

式中，a_{iL}、a_{iV} 分别表示液相与气相组分 i 的活度。

引入活度系数表示气、液相逸度：

$$\gamma_{iL}f^{\circ}_{iL}x_i=\gamma_{iV}f^{\circ}_{iV}y_i \tag{2-9}$$

或者引入逸度系数表示气、液相逸度：

$$p\varphi_{iL}x_i=p\varphi_{iV}y_i \tag{2-10}$$

$$\gamma_{iL}f^{\circ}_{iL}x_i=p\varphi_{iV}y_i \tag{2-11}$$

式中，γ_{iV}、γ_{iL} 表示气、液两相组分 i 的活度系数（γ_{iL} 的确定方法很多，如范拉尔方程、威尔逊方程、基团贡献法等）；f°_{iV}、f°_{iL} 表示系统温度和压力下的纯组分 i 的气相和液相逸度；φ_{iV}、φ_{iL} 表示系统温度和压力下的纯组分 i 的气、液相逸度系数；p 为系统压力。

式(2-9) 为 i 组分的气、液相平衡关系一般式。根据平衡条件的不同，可简化为相应的形式。

5. K_i 的典型表达式

（1）低压条件

若为理想溶液、理想气体的体系，则有：

$$K_i=\frac{y_i}{x_i}=\frac{p^{\circ}_i}{p} \tag{2-12}$$

式中，p°_i 为组分 i 在系统温度下的饱和蒸气压。

若为非理想溶液、理想气体的体系，则有：

$$K_i=\frac{y_i}{x_i}=\frac{\gamma_{iL}f^{\circ}_{iL}}{\gamma_{iV}f^{\circ}_{iV}}=\frac{\gamma_{iL}p^{\circ}_i}{p} \tag{2-13}$$

（2）中压条件

若为非理想溶液、理想气体的体系，仍可用式(2-13) 表示；若气液均为理想溶液、非理想气体的体系，可用下式：

$$K_i=\frac{y_i}{x_i}=\frac{\varphi^{\circ}_{iV(p_i^{\circ})}p_i^{\circ}}{\varphi^{\circ}_{iV}p} \tag{2-14}$$

液相为非理想溶液、气相为非理想气体的体系，则有：

$$K_i=\frac{y_i}{x_i}=\frac{\gamma_{iL}\varphi^{\circ}_{iV(p_i^{\circ})}p_i^{\circ}}{\varphi^{\circ}_{iV}p} \tag{2-15}$$

(3) 高压条件

若仅气相为理想溶液的体系，则有：

$$K_i=\frac{y_i}{x_i}=\frac{\gamma_{iL}f^{\circ}_{iL}}{\varphi^{\circ}_{iV}p}=\frac{\gamma_{iL}\varphi^{\circ}_{iV(p_i^{\circ})}p_i^{\circ}}{\varphi^{\circ}_{iV}p} \tag{2-16}$$

式中，φ°_{iV} 表示系统温度和压力下的纯组分 i 的气相逸度系数，$f^{\circ}_{iV}=\varphi^{\circ}_{iV}p$；$\varphi^{\circ}_{iV}$ 表示系统温度和压力下的混合物中组分 i 的气相逸度系数（一般采用维里方程，可参阅有关书籍）；$\varphi^{\circ}_{iV(p_i^{\circ})}$ 表示系统温度和纯组分饱和蒸气压力下纯组分 i 的气相逸度系数；f°_{iL} 表示系统温度和压力下的混合物中组分 i 的液相逸度。

6. K_i 的确定

低压下的理想、非理想溶液物系，可采用式(2-12) 和式(2-13) 计算 K_i；高压烃类以及非理想溶液和非理想气体的物系，应选择合适公式确定逸度和活度系数，然后再用式(2-14)～式(2-16) 求取 K_i；工业上石油蒸馏和裂解气分离，多采用中低压操作，烃类一般应用 K-p-T 列线图或收敛压 K 值图得到，非烃类的 K_i 用收敛压 K 值图得到。

同一温度压力下不同组分（以“M”表示）或不同温度和压力的同一组分条件下 K_i 值不同，即 $K=f(T, p, M)$；恒定压力条件下，$K=f(T, M)_p$；对恒压条件下的确定的组分而言，K 仅是温度的函数。因此，如果已知某压力条件下不同温度下的某组分的 K，可以通过回归得到 K 的多项表达式，通过该表达式，可计算相同压力下其它温度下的 K 值：

$$K_i=a_{0i}+a_{1i}T+a_{2i}T^2+a_{3i}T^3 \tag{2-17}$$

或

$$K_i=a_{0i}+a_{1i}T+a_{2i}T^2 \tag{2-18}$$

式中，a_{0i}、a_{1i}、a_{2i}、a_{3i} 为经验式中的系数，可通过实验数据回归获得，也可通过相平衡计算值回归获得。

如 0.7MPa 下乙烯的 K 表达式为 $K=6\times10^{-5}T^3+2\times10^{-4}T^2+0.0896T+4.511$（$T$ 为热力学温度），在重复使用 K 值场合下应用表达式求解 K 值非常方便，如泡点法。

【例 2-1】 试确定表中物料的相平衡常数，压力为 2.626MPa，温度为 76℃。

组分	$C_2^=$	C_2^0	$C_3^=$	C_3^0	iC_4^0	nC_5^0

解：查表，结果如下：

组分	$C_2^=$	C_2^0	$C_3^=$	C_3^0	iC_4^0	nC_5^0	Σ
K_i	3.7	2.6	1.206	1.1	0.575	0.185	—

【例 2-2】 确定 101.33kPa、温度为 100℃下苯和甲苯的相平衡常数。

解：(1) 苯：$\lg p_1^{\circ}=6.90565-\frac{1211.033}{100+220.79}$，$p_1^{\circ}=1350\text{mmHg}=180\text{kPa}$

甲苯：$\lg p_2^\circ = 6.95464 - \dfrac{1424.255}{100+219.482}$，$p_2^\circ = 313.8\text{mmHg} = 41.8\text{kPa}$

(2) $K_1 = p_1^\circ / p = 180/101.33 = 1.78$，$K_2 = p_2^\circ / p = 41.8/101.33 = 0.413$

二、相平衡关系的应用

根据平衡级模型，每块理论塔板上的任意组分的气、液均处于平衡状态。应用相平衡关系，不仅方便得到理论板上气、液相中的组分浓度关系，还可以确定精馏塔塔顶温度及塔底温度。

1. 相律

精馏过程的气-液平衡计算过程中，需要确定可供选择变量的数目。根据相律，平衡物系自由度 F 与组分数 C 及相数 ϕ 的关系如下：

$$F = C - \phi + 2 \tag{2-19}$$

组分不同，自由度不同；相数不同，自由度亦不同。相律对于物系平衡已知量分析具有现实意义，如对于纯物质的三相点：$F=1-3+2=0$，其自由度为零，故纯物质的三相点是唯一的。对于液相互溶的二元物系：气-液平衡时为两相，自由度为 2。例如某二元物系的温度和压力若确定，其组成必然为定值；若已知二元物系的摩尔分数和温度，压力也必然确定；若二元物系存在液-液平衡，则气-液平衡时为三个相，自由度为 1，因此当温度、压力和组成三参数中已知其中任一变量，其它参数即被确定。如温度 60℃时，苯-水物系必形成水层和苯层，且水层苯浓度为 0.00255，其它参数亦为定值。

对于组分数为 C 的互溶物系的气-液平衡，$F=C$，故总压 p 确定之后尚需要确定物系的 $C-1$ 个变量，如液相各组分的含量，物系的平衡状态才是确定的，其它参数亦被确定。因此，对于 c 个组分混合物气-液平衡，必须给出 c 个独立变量，才能进行平衡计算。平衡计算一般有如下几类：给定压力 p 和液相组成 x_1，x_2，…，x_{n-1}，确定温度 T_B（俗称泡点温度）及气相组成 y_1，y_2，…，y_n；给定压力 p 和气相组成 y_1，y_2，…，y_{n-1}，确定温度 T（俗称露点温度）及液相组成 x_1，x_2，…，x_n；给定温度 T 和液相组成 x_1，x_2，…，x_{n-1}，确定压力 p 及气相组成 y_1，y_2，…，y_n；给定温度 T 和气相组成 y_1，y_2，…，y_{n-1}，确定压力 p 及液相组成 x_1，x_2，…，x_n。

2. 泡点和露点

以正己烷-正辛烷相图为例，回顾二元物系泡点及露点概念：由相律可知，二元均相物系气-液平衡自由度为 2，故气-液平衡可以用一定压力下的 T-$x(y)$ 图表示。对于理想溶液，当压力恒定时，给定温度，两组分的饱和蒸气压 p_A° 和 p_B° 即可确定，进而计算出相应的 y 和 x 值。如图 2-5 所示，纵坐标是系统温度，横坐标是二元物系液相组成 x 及气相组成 y。图中有两条曲线，上曲线 T-y 线为饱和蒸气线，下曲线 T-x 线为饱和液体线。两曲线将图分为三个区域：饱和蒸气线以上的区域为过热蒸气区，代表过热蒸气；饱和液体线以下的区域为液相区，代表未沸腾的液体；两曲线所包围的区域为两相区，代表气液两相共存的状态。

多元相平衡与二元相平衡具有相同性质，只是无法运用相图表示。可以这样想象：对恒定压力下给定组成的某温度下的气态混合物进行冷却，冷却到某一温度时，出现第一个液滴，此时的温度即该混合物的露点温度。不同组成的混合物的露点温度是不同的。将系列组成混合物的露点温度连接起来，即为露点线；同样，加热恒定压力下的给定组成的某温度下液态混合物，加热到某一温度时，出现第一个气泡，该温度称为该混合物的泡点温度。不同

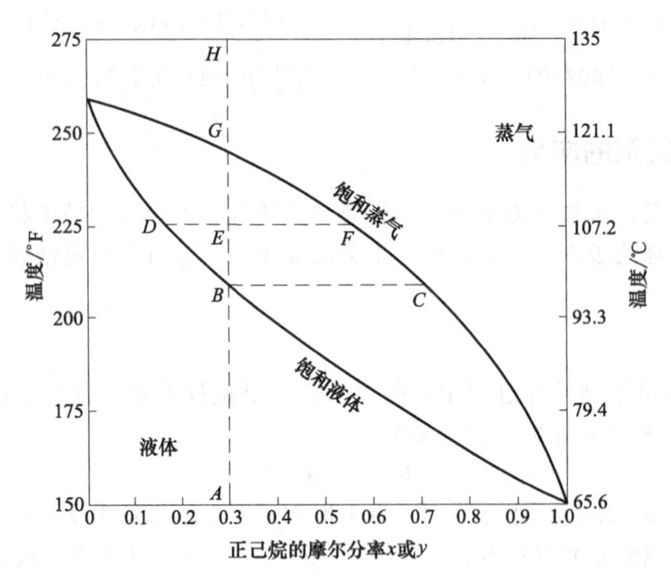

图 2-5 正己烷-正辛烷系统于 1atm 下的 T-y-x 相平衡图的应用

组成的液态混合物的泡点温度也是不同的，连接泡点温度即为泡点线。

同样，对于处于露点线上的混合物，若继续冷却，则出现气液两相共存现象，类似于图 2-5，某多元组混合物由 H 点温度冷却到 E 点温度时，则形成液相组成为 D 和气相组成为 F 的气-液平衡态，且 D 点重组分含量高于原混合物、F 点轻组分含量高于原混合物；同样，某多元组混合物由 A 点温度加热到 E 点温度时，也形成液相组成为 D 和气相组成为 F 的气-液平衡态，且 D 点重组分含量高于原混合物、F 点轻组分含量高于原混合物。

精馏过程即不断重复上述平衡过程：与塔底再沸器液相产物处于平衡的露点线上的气态混合物，离开塔釜再沸器进入塔底塔板（被冷却），形成新的气-液两相，重组分比例高的液相混合物将离开塔底塔板进入塔釜再沸器（被加热），轻组分比例高的气态混合物继续上升，进入塔底第二块塔板进一步冷却，形成新的气-液平衡……直到塔顶，离开塔顶理论板的饱和气体进入冷凝器被冷凝，由于冷凝器形式不同，产生不同的结果。

3. 塔顶冷凝和冷凝器

精馏塔塔顶饱和蒸气需要采用冷凝方式将其部分变成回流液，冷凝器形式分为全凝器和分凝器。全凝器是将塔顶饱和气体全部冷凝为饱和液体或过冷液体，故全凝过程不发生气-液平衡、无分馏作用，故全凝器操作温度等于或低于塔顶馏出物的泡点温度（图 2-6）。对于分凝器，理想的情况下，分凝器出来的气体产物与回流到塔内的液体呈平衡，此时分凝器相当于一块塔板，其操作温度应该等于分凝器出来的气体产物的露点温度。

4. 泡点温度计算

恒定压力下加热液体混合物，液体混合物开始汽化出现第一个气泡的温度就是泡点温度。以下情况，需要知道泡点温度：已知塔顶产品组成和精馏塔的操作压力，塔顶产品全部冷凝成液相出料，其产品的泡点温度则是全凝器的最高操作温度；塔底馏出液直接作为产物时，塔底温度则是在操作压力下的塔底产品的泡点温度；塔底再沸器出料情况下时，塔底再沸器操作温度则是塔底液体产品的泡点温度。

由相平衡常数 $K_i=y_i/x_i$ 及 $\sum x_i=1$，$\sum y_i=1$，有：

$$\sum y_i = \sum K_i x_i = 1 \tag{2-20}$$

确定泡点温度采用试差法或牛顿法，试差法步骤如下：①假设一个温度；②确定假设温度下的各组分的 p_i°（非烃类）；③计算各组分的 K_i（非烃类）或直接查 K-p-T 图求得（烃类）K_i；④计算$\sum K_i x_i$；⑤判断$\sum K_i x_i$ 是否等于 1，若$\sum K_i x_i = 1$，所设温度即为泡点温度；若$\sum K_i x_i \neq 1$，需重复①～⑤步骤。

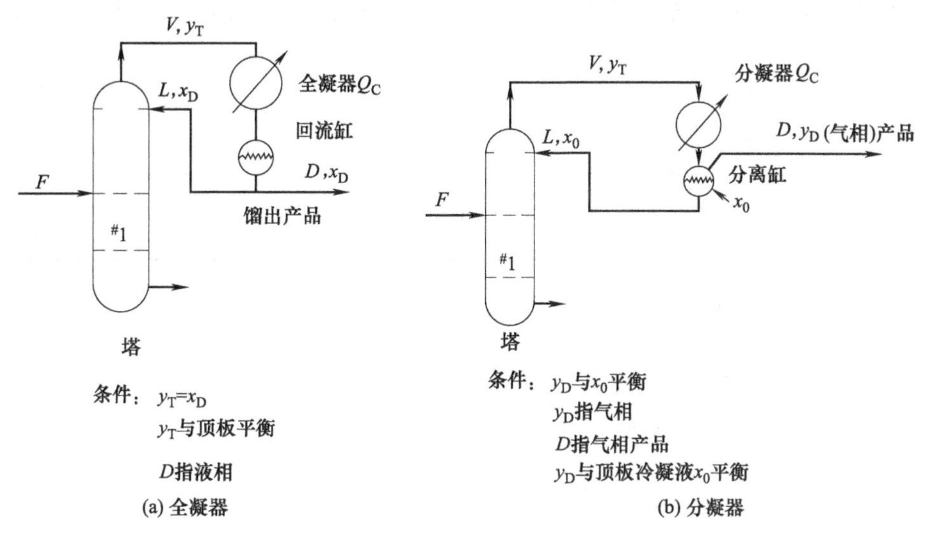

图 2-6 精馏塔顶冷凝示意图

严格要求$\sum K_i x_i$ 等于 1 是很难的，如果能够达到和的数值大于 0.99、小于 1.01，即 $|\sum K_i x_i| < 0.01$ 则认为所设温度正确，不必再算。牛顿法需要 K_i 值以多项式表示，这里不再赘述。

为了缩短试差次数，初设温度应尽量接近实际温度，初始温度可按下式估算：

$$T = \frac{\sum x_i T_i}{\sum x_i} \tag{2-21}$$

式中，T_i 为组分在塔操作压力下的饱和温度。

应用式(2-21) 确定初始温度时，一般仅选取 x_i 较大者进行计算即可，对于摩尔分数很小的组分完全可忽略不计。

如果以 j 代表气相组成 y 值最大的组分，K_{jN} 代表第 N 次试差中气相组成 y 值最大组分的相平衡常数，($N+1$) 次计算时 j 组分的 $K_{j(N+1)}$ 值可用下式计算：

$$K_{j(N+1)} = \frac{K_{jN}}{\left(\sum_{i=1}^{C} K_i x_i\right)_N} \tag{2-22}$$

然后，由 p、$K_{j(N+1)}$ 在 K-p-T 图上查得温度，并获得该温度下各组分的 $K_{j(N+1)}$ 值，经过 2～3 次试差一般都可以得到结果。

5. 露点温度计算

露点温度是在恒压条件下，冷却气体混合物时，当气体混合物开始冷凝出现第一个液滴时的温度。露点压力则是在恒温条件下压缩气体混合物，当气体混合物开始冷凝出现第一个液滴时的压力。

以下情况时需要露点温度：操作压力下，塔顶气体经过分凝器冷凝后得到的液体全部作为回流返塔，气体则作为塔顶产品引出，此时分凝器的操作温度则是气相产品在操作压力下的露点温度；塔顶产品全凝器冷凝后作为塔顶产品，则产物的露点温度即为塔顶温度。

由 $K_i = y_i / x_i$ 及 $\sum x_i = 1$，$\sum y_i = 1$ 联立可得：

$$\sum x_i = \sum \frac{y_i}{K_i} = 1 \tag{2-23}$$

确定露点温度亦采用试差法或牛顿法，步骤与泡点温度求取相同，只是将泡点方程换成露点方程。

【例 2-3】 某脱乙烷塔操作压力是 2.626MPa，塔顶产品经分凝器后气相出料，其组成如下所示，求分凝器操作温度。

组分 i	C_1^0	$C_2^=$	C_2^0	$C_3^=$
$x_{D,i}$	0.0039	0.8651	0.1284	0.0026

解：(1) 查 2.626MPa 下乙烯和乙烷的饱和温度为 -20℃和 0℃

设温度为 $T_0 = \dfrac{-20 \times 0.8651 + 0}{0.8651 + 0.1284} = -17$ (℃)

(2) 查 2.626MPa、-17℃的平衡常数如下表：

(3) $\sum \dfrac{y_i}{K_i} = \dfrac{0.0039}{4.5} + \dfrac{0.8651}{0.98} + \dfrac{0.1284}{0.68} + \dfrac{0.0026}{0.19} = 1.086$

(4) $K_i' = 0.98 \times 1.086 = 1.064$

(5) 查 $K_i = 1.064$ 时，2.626MPa、-13℃的平衡常数如下表：

组分 i	C_1^0	$C_2^=$	C_2^0	$C_3^=$	温度/℃
K_i	4.5	0.98	0.68	0.19	-17
	4.7	1.064	0.73	0.205	-13

(6) $\sum \dfrac{y_i}{K_i} = \dfrac{0.0039}{4.7} + \dfrac{0.8651}{1.064} + \dfrac{0.1284}{0.73} + \dfrac{0.0026}{0.205} = 1.005$

故分凝器出口温度应为 -13℃。

6. 泡点压力计算

泡点压力是指恒定温度下，逐步降低系统压力，当液体混合物开始汽化出现第一个气泡的压力。下面情况下，需要确定泡点压力：在一些塔设计时冷却介质已经选定，回流液体冷却温度也确定，塔顶产品处于泡点状态（即所谓液相出料），回流罐的压力就是此回流罐温度下的物料的泡点压力。

泡点压力计算关系式为：

$$p = \sum p_i^{\circ} x_i \tag{2-24}$$

$$p = \sum \gamma_{iL} p_i^{\circ} x_i \tag{2-25}$$

因为温度确定后，p_i° 即可确定，故求算泡点压力无需试差。

【例 2-4】 某脱乙烷塔操作压力是 2.626MPa，塔底出料。塔底产品组成如下所示，求该塔塔底温度是多少？

组分	$C_2^=$	C_2^0	$C_3^=$	C_3^0	iC_4^0	nC_5^0
$x_{W,i}$	0.002	0.002	0.680	0.033	0.196	0.087

解：(1) 查得 2.626MPa 下丙烯和异丁烷的饱和温度为 60℃和 120℃

(2) 设 $T=\dfrac{0.68\times60+0.196\times120}{0.68+0.196}=73.4$ (℃)，设泡点温度为 74℃

(3) 由 K-p-T 图查得各组分的 K_i 值，结果列入下表

(4) 计算

$$\begin{aligned}\sum K_i x_i &=0.002\times(3.6+2.6)+0.68\times1.2+0.033\times1.08+0.196\times0.54+0.087\times0.22\\&=0.9872\end{aligned}$$

(5) $K_i'=\dfrac{K_{i,\max}}{\sum Kx}=\dfrac{1.2}{0.9872}=1.22$

(6) 查 2.626MPa、$K_{C_3^=}=1.22$ 时温度为 76℃

(7) 设温度为 76℃，查得 K_i 值如下表所示

组分	$C_2^=$	C_2^0	$C_3^=$	C_3^0	iC_4^0	nC_5^0	温度/℃
$x_{W,i}$	0.002	0.002	0.680	0.033	0.196	0.087	
K_i	3.6	2.6	1.2	1.08	0.54	0.22	74
	3.7	2.7	1.22	1.1	0.57	0.22	76

(8) 计算

$$\begin{aligned}\sum K_i x_i &=0.002\times(3.7+2.7)+0.680\times1.22+0.033\times1.10+0.196\times0.57+0.087\times0.22\\&=1.009\end{aligned}$$

故塔底温度应为 76℃。

7. 用相对挥发度表达的泡露点方程

(1) 挥发度与相对挥发度

挥发度 (v_i) 是指气-液平衡时，i 组分在气相中的分压与 i 组分在液相中的摩尔分率之比。即：

$$v_i=\frac{p_i}{x_i} \tag{2-26}$$

而相对挥发度就是两组分挥发度之比。即：

$$\alpha_{ij}=\frac{v_i}{v_j}=\frac{p_i/x_i}{p_j/x_j} \tag{2-27}$$

相对挥发度表示被分离物系挥发度的差异，其值大意味着轻重组分比较容易得到分离。低压下，气相符合理想气体，则：

$$\alpha_{ij}=\frac{p_i/x_i}{p_j/x_j}=\frac{py_i/x_i}{py_j/x_j}=\frac{y_i/x_i}{y_j/x_j}=\frac{K_i}{K_j} \tag{2-28}$$

在逐板计算时可以采用以相对挥发度表示的相平衡方程来进行计算。

(2) 用 α_{ij} 表示泡点方程

根据相对挥发度的定义可知：
$$\alpha_{ij}=\frac{y_i/x_i}{y_j/x_j}=\frac{y_i x_j}{y_j x_i} \tag{2-29}$$

移项整理得：
$$\frac{y_j}{x_j}=\frac{y_i}{\alpha_{ij}x_i} \tag{2-30}$$

又因为：
$$\frac{x_j}{y_j}=\frac{x_j}{y_j}\times\sum y_i\frac{x_i}{x_i}=\sum\frac{y_i/x_i}{y_j/x_j}x_i=\sum\alpha_{ij}x_i \tag{2-31}$$

也就是：
$$\frac{y_j}{x_j}=\frac{1}{\sum x_i\alpha_{ij}} \tag{2-32}$$

联立式(2-30) 和式(2-32)：
$$y_i=\frac{x_i\alpha_{ij}}{\sum x_i\alpha_{ij}} \tag{2-33}$$

或者：
$$\sum y_i=\sum\left(\frac{x_i\alpha_{ij}}{\sum x_i\alpha_{ij}}\right)=1 \tag{2-34}$$

(3) 用 α_{ij} 表示露点方程

类似地可以推导出露点方程：
$$x_i=\frac{y_i/\alpha_{ij}}{\sum y_i/\alpha_{ij}} \tag{2-35}$$

$$\sum x_i=\sum\left(\frac{y_i/\alpha_{ij}}{\sum y_i/\alpha_{ij}}\right)=1 \tag{2-36}$$

引入相对挥发度后，可以给计算带来很大方便。例如已知系统温度压力下各组分的相对挥发度以及液相组成，利用泡点方程，不需进行试差计算可以直接求得平衡气相组成。或者已知系统温度压力下各组分的相对挥发度以及气相组成，利用露点方程，不需进行试差计算可以直接求得平衡液相组成。而在具体计算和应用中，由于在温度变化范围不大时，相对挥发度变化很少，可将其视为常数。

【例 2-5】 某精馏塔底操作压力是 2.626MPa、操作温度是 76℃，液相组成和相对挥发度如表所示，其中取 iC_4^0 为对比组分。求再沸器出料工况下与再沸器液体产物呈平衡的气相组成。

组分	$C_2^=$	C_2^0	$C_3^=$	C_3^0	iC_4^0	iC_5^0
x_i	0.002	0.002	0.680	0.033	0.196	0.087
α_{ij}	6.435	4.522	2.097	1.913	1	0.322

解：分别计算 $x_i\alpha_{ij}$ 和 $\frac{x_i\alpha_{ij}}{\sum\alpha_{ij}x_i}$，结果列表如下：

组分	$C_2^=$	C_2^0	$C_3^=$	C_3^0	iC_4^0	iC_5^0	Σ
x_i	0.002	0.002	0.680	0.033	0.196	0.087	1.000
α_{ij}	6.435	4.522	2.097	1.913	1	0.322	
$\alpha_{ij}x_i$	0.01287	0.00904	1.42622	0.06313	0.19600	0.02801	1.73527
$\alpha_{ij}x_i/\sum\alpha_{ij}x_i$	0.00742	0.00521	0.82190	0.03638	0.11295	0.01614	1.0000

【例 2-6】 在分凝器操作压力为 2.626MPa、温度为－13℃时，塔顶产品经分凝器气相出料时相对挥发度和组成如下表所示，其中取乙烯为对比组分。求与其相平衡的回流液组成。

组分	$C_2^=$	C_2^0	$C_3^=$	C_3^0
y_i	0.0039	0.8651	0.1284	0.0026
α_{ij}	4.3925	1.0000	0.6729	0.1963

解：分别计算 y_i/α_{ij} 和 $\dfrac{y_i/\alpha_{ij}}{\sum y_i/\alpha_{ij}}$，结果列表如下：

组分 i	$C_2^=$	C_2^0	$C_3^=$	C_3^0	Σ
y_i	0.0039	0.8651	0.1284	0.0026	1.0000
α_{ij}	4.3925	1.0000	0.6729	0.1963	
y_i/α_{ij}	0.00089	0.86510	0.19082	0.01352	1.07006
$\dfrac{y_i/\alpha_{ij}}{\sum y_i/\alpha_{ij}}$	0.00083	0.80846	0.17833	0.01238	1.00000

第三节　多组分单级分离

化工生产中常遇到等温液化、等温闪蒸、绝热闪蒸（等焓节流）等过程。其效果相当于一块塔板，即一次气-液平衡过程，因此称之为单级分离。它们的计算前提仍然是假设物系分离后气、液两相达到了平衡，多组分单级分离计算不仅需要物料平衡和相平衡关系，也需要热平衡关系。

一、概述

化学工业生产中遇到的气相混合物的部分冷凝、液体混合物的部分汽化及绝热闪蒸，均属于单极分离过程。如液体物料经加热器加热后进入闪蒸罐闪蒸后得到气相和液相过程可看作是液体物料的平衡汽化过程；气体物料经冷凝器冷凝后经分离罐可以得到轻气相和重的液相可看作是气体物料的平衡液化过程，上述两过程体系与环境均有热量的交换；物料经减压阀减压迅速闪蒸使部分液体汽化属于绝热闪蒸，此过程是等焓过程，体系与环境没有热量交换（图 2-7）。

图 2-7 的单级过程可以单独使用，也可用于精馏操作：精馏塔塔底产物的再沸过程就是平衡汽化过程。如热虹吸再沸器相当于加热器，精馏塔相当于闪蒸罐，经热虹吸再沸器加热后的气液混合物一同入塔进行闪蒸分离；釜式再沸器则集加热器和闪蒸罐于一体，出釜式再沸器的饱和气体进入精馏塔，饱和液体为塔底产物；精馏塔顶的分凝器则是塔顶气体的部分冷凝过程；当进料的压力高于精馏塔操作压力时，物料经减压阀减压后进入塔使得部分液体汽化属于绝热闪蒸。故平衡汽化可用于塔底再沸器液相出料工况下再沸器参数计算，平衡液化常用于塔顶冷凝器及分凝器参数的计算，绝热闪蒸则用于塔的进料参数计算。

二、平衡汽化

一定压力下，将多组分液体混合物加热至泡点和露点之间的任一温度时，便产生部分汽化，并形成气-液平衡的两相，即为平衡汽化。典型过程是将流量为 F、摩尔分率为 z_i 液体混合物通入一容器，并保持容器的压力和温度 T（T 处于该压力下物系的泡点露点之间）进行部分汽化，得到相应的气-液组成 y_i、x_i，如图 2-7(a) 所示。

设汽化率为 $e=G/F$，则有：

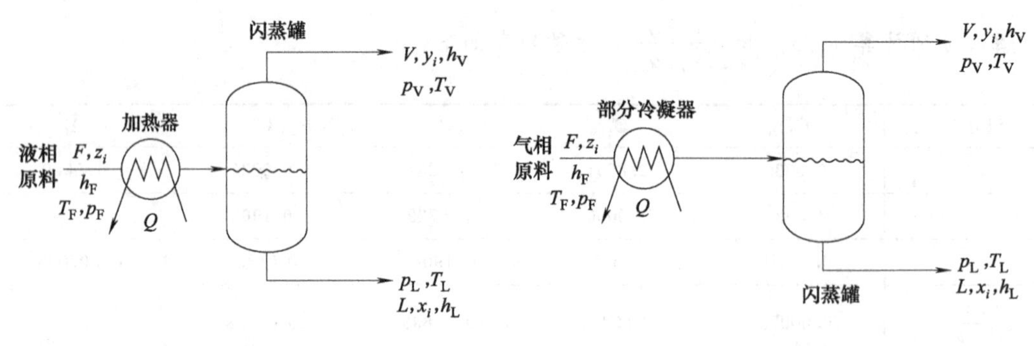

(a) 平衡汽化(等温闪蒸)　　(b) 平衡冷凝

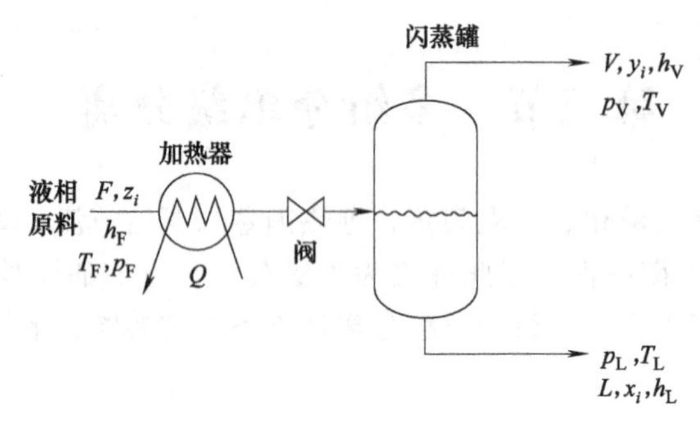

(c) 绝热闪蒸

图 2-7　平衡汽化和平衡冷凝

$$F=G+L \tag{2-37}$$

$$z_iF=Gy_i+Lx_i \tag{2-38}$$

结合相平衡关系 $y_i=K_ix_i$，消去 x_i，并将汽化分率 e 代入物料衡算式(2-38)：

$$z_iF=eFK_ix_i+F(1-e)x_i \tag{2-39}$$

整理得到：

$$x_i=\frac{z_i}{1+(K_i-1)e} \tag{2-40}$$

结合 $\sum x_i=1$ 和式(2-40)，有：

$$\sum\left[\frac{z_i}{1+(K_i-1)e}\right]-1=0 \tag{2-41}$$

将式(2-40) 左边 x_i 换成 y_i/K_i 并移项得：

$$y_i=\frac{K_iz_i}{1+(K_i-1)e} \tag{2-42}$$

式(2-40)～式(2-42) 为平衡汽化方程，可用于汽化率及气液组成计算。

从式(2-41) 得知，z_i 为已知，要确定汽化率 e，须已知 K_i；若汽化率已知，可确定 K_i。因此，式(2-41) 求解分为两类：一是指定工艺条件下（温度和压力）确定汽化率 e 及汽化后气液组成；二是指定汽化率 e 确定操作温度及气液相组成。

对于第一种情况，可根据已知的操作温度 T 和压力 p，确定出各组分的相平衡常数 K_i，然后假设汽化率 e，再利用式(2-40) 求得 x_i，并用 $\sum x_i$ 是否等于 1 检验，$\sum x_i=1$ 时，说明汽化率正确，否则重新设置汽化率计算。实际计算时可根据式(2-41) 采用牛顿法迭代求解。

对于第二种情况，利用式(2-41)，得到关于 K_i 的多项式，设定温度 T，得到 T 温度下各组分的 K_i，满足式(2-41) 表明温度设定正确，否则重新设定温度，直到满足为止。实际计算时，若 K_i 为多项式表示形式时，亦可采用牛顿法迭代。

平衡汽化与环境有热量交换，热负荷为：

$$q=\sum M_i y_i e H_{iV}+\sum x_i(1-e)M_i H_{iL}-\sum M_i z_i H_{iF} \tag{2-43}$$

式中，M_i 为 i 组分的摩尔质量，kg/kmol；H_{iF} 为原料中 i 组分单位质量的焓，kcal/kg；H_{iV}、H_{iL} 分别为汽化温度和压力下气、液相 i 组分单位质量的焓，kcal/kg；q 为单位摩尔流量流体与环境交换的热量，kcal/kmol。

平衡汽化可应用于再沸器设计，对于立式热虹吸多组分再沸器，因热负荷、蒸发量及操作温度压力已知，需要确定汽化率及汽化后气液相组成及再沸器循环量。一般首先设定汽化率，循环量按下式计算：

$$W'=G/e \tag{2-44}$$

式中，W'为再沸器循环量，kmol/h；G 为再沸器汽化量，kmol/h。

立式热虹吸再沸器入口温度等于进料泡点温度，出口温度可按式(2-41) 计算。对于釜式再沸器，方法同前，不再赘述。

三、平衡液化

当多组分气体混合物，在一定压力下，被冷却到一定的温度并达到气液平衡状态的过程即为平衡冷凝。一般做法是将流量为 F、摩尔分率为 z_i 气体混合物通入一容器内，容器保持一定的压力 p 和温度 T(T 值在该压力 p 下物系的泡点露点之间) 进行部分液化，并得到相应的气液组成 y_i、x_i，如图 2-7 (b) 所示。

设液化率为 $q=L/F$，则有：

$$F=G+L \tag{2-45}$$

$$z_i F=y_i G+x_i L \tag{2-46}$$

结合相平衡关系并将液化分率 q 代入上式：

$$z_i F=K_i x_i(1-q)F+x_i qF \tag{2-47}$$

整理得：

$$x_i=\frac{z_i}{K_i+(1-K_i)q} \tag{2-48}$$

结合摩尔分率方程，有：

$$\sum\left[\frac{z_i}{K_i+(1-K_i)q}\right]-1=0 \tag{2-49}$$

因 $q=1-e$，故式(2-48) 可写成：

$$x_i=\frac{z_i}{1+(K_i-1)e} \tag{2-50}$$

式(2-48)～式(2-50) 为平衡液化方程，可用于液化率或汽化率及气液组成求解计算。

同平衡汽化计算类似，平衡冷凝求解亦分为两类：一是指定工艺条件下（温度和压力）求液化率 q、热负荷及气液组成 x_i、y_i；二是指定液化率 q 求操作条件（通常是温度）及热负荷。

对于第一种情况，可根据已知的操作温度 T 和压力 p，确定出各组分的相平衡常数 K_i，然后假设液化率 q 并代入式(2-49)，若满足式(2-49)，说明汽化率正确，否则重新设置液化率计算。对于第二种情况，方法同平衡汽化相同，不再赘述。

此过程与环境有热量交换，热量衡算关系符合式(2-51)。

$$Q=F\sum z_i M_i H_{iF}-F\sum y_i(1-q)M_i H_{iV}-F\sum x_i q M_i H_{iL} \tag{2-51}$$

式中，H_{iV} 为冷凝温度下单位质量气相组分的焓，kcal/kg；H_{iL} 为冷凝温度下单位质量液相组分的焓，kcal/kg；Q 为冷凝器热交换量，kcal/h。

平衡冷凝可应用于冷凝器设计，全凝器属于第二种情况的特例，物料全液化即液化率 $q=1$，且物料量已知，根据关系式(2-48)，可写成：

$$x_i=y_i \tag{2-52}$$

全凝器热负荷关系为：

$$Q=D(R+1)\sum M_i x_i (H_i^V-H_i^D) \tag{2-53}$$

式中，D 为塔顶产品量，kmol/h；R 为回流比；H_i^V 为塔顶温度下气相物料 i 组分的焓值，kcal/kg；H_i^D 为全凝器温度下液相产物 i 组分的焓值，kcal/kg。

一般情况下全凝器温度 T 等于塔顶产物的泡点温度，也有低于泡点温度的情况（过冷凝）。对于分凝器，则属于第一种情况，该工况下，液化后气相组成已知，进而可得到分凝器操作温度，再设定液化率 q 并通过式(2-50) 确定。

【例 2-7】 某一气体混合物，其组成见下表，该混合物在压力 2.33MPa 和温度 −18℃下，用盐水进行冷凝。求冷凝后的液化率和气液相组成。

组分	C_1^0	$C_2^=$	C_2^0	$C_3^=$	Σ
摩尔百分数	7.84%	76.85%	9.16%	6.15%	1.0000

解：(1) 由 K-p-T 图查得 2.33MPa、−18℃下各组分的 K_i 值列入表

(2) 牛顿法求解液化率 q

设 $f(e)=\sum\left[\dfrac{z_i}{1+(K_i-1)e}\right]-1$，则 $f'(e)=\sum\dfrac{-(K_i-1)z_i}{[1+(K_i-1)e]^2}$

代入数据

$$f(e)=\frac{0.0784}{1+3.9e}+\frac{0.7685}{1+0.046e}+\frac{0.0916}{1-0.29e}+\frac{0.0615}{1-0.81e}-1$$

$$f'(e)=-\frac{0.0784\times3.9}{(1+3.9e)^2}-\frac{0.7685\times0.046}{(1+0.046e)^2}+\frac{0.0916\times0.29}{(1-0.29e)^2}+\frac{0.0615\times0.81}{(1-0.81e)^2}$$

取 $e_0=0.5$，解得 $f(0.5)=-0.0111706$，$f'(0.5)=0.1081344$

$e_1=e_0-\dfrac{f(e_0)}{f'(e_0)}=0.5+\dfrac{0.0111706}{0.1081344}=0.6033$

$f(0.6033)=0.002431, f'(0.6033)=0.1688878$

$e_2=0.6033-\dfrac{0.002431}{0.1688878}=0.5889$

$f(0.5889)=0.0000704, f'(0.5889)=0.1591148$

$e_3=0.5889-\dfrac{0.0000704}{0.1591148}=0.5885$

$f(0.5885)=6.8\times10^{-6}, f'(0.5885)=0.15885$

$e_4=0.5885-\dfrac{0.0000068}{0.15885}=0.5885$，故 $e=0.5885$

即液化率 $q=0.4115$。

(3) 根据液化率 $q=0.4115$、$x_i=\dfrac{z_i}{1+(K_i-1)e}$ 和 $y_i=K_i x_i$ 计算气液组成，结果列表

组分	C_1^0	$C_2^=$	C_2^0	$C_3^=$	Σ
z_i	0.0784	0.7685	0.0916	0.0615	1.0000
K_i	4.9	1.046	0.71	0.19	
x_i	0.0238	0.7482	0.1104	0.1175	0.9999
y_i	0.1166	0.7826	0.0784	0.0223	0.9999

【例 2-8】 原料条件和操作压力同例 2-7。求液化率为 0.8 时的操作温度和气液相组成。

组分	C_1^0	$C_2^=$	C_2^0	$C_3^=$	Σ
摩尔分数	0.0784	0.7685	0.0916	0.0615	1.0000

解：(1) 确定物系在 2.33MPa 压力下的泡点温度，为－30℃，数据列表如下。

(2) 确定物系的露点温度，露点温度为－11℃，数据列表如下。

(3) 设温度为－24℃，各组分相平衡常数列表如下，由 $e=1-q=0.2$，计算得到 $\sum\left[\frac{z_i}{1+(K_i-1)e}\right]-1\approx 0$，故操作温度为－24℃。

(4) 计算气液组成，结果列表

项目组分	C_1^0	$C_2^=$	C_2^0	$C_3^=$	Σ
z_i	0.0784	0.7685	0.0916	0.0615	1.00000
K_i(－30℃)	4.4	0.8	0.54	0.13	
$K_i x_i$	0.3450	0.6148	0.0334	0.0080	1.0012
K_i(－11℃)	5.14	1.24	0.81	0.24	
y_i/K_i	0.0153	0.6198	0.1131	0.2563	1.004
K_i(－24℃)	4.7	0.905	0.62	0.159	
x_i	0.0451	0.7834	0.0991	0.0739	1.0015
y_i	0.2120	0.7090	0.0614	0.0118	0.9942

四、绝热闪蒸

对于进料的压力高于塔操作压力的情况下，往往采用瞬间降压（如设置减压阀），将一部分物料汽化，同时物料的温度降低。对精馏塔而言，闪蒸后的压力即塔的操作压力、温度即为进料板的温度。由于此过程与外界没有能量交换，减压前物料所具有的焓等于减压汽化后气液两股物料所具有的热焓之和，所以此过程称为绝热闪蒸，也叫等焓节流。对于经过绝热闪蒸的物系，不仅温度压力发生变化，同样也产生汽化率 e。

绝热闪蒸计算常用于轻重组分相对挥发度差异很大、极易分离的物系，也用于确定精馏进料板温度及气液组成。一般是已知节流前物料的流量 F、组成 z_i、压力 p_F、温度 T_F 和节流后的压力 p，要求计算节流后的温度 T 及产生的气液两相的组成和量（图 2-8）。

绝热闪蒸过程与平衡汽化平衡液化不同，必须联立物料平衡、相平衡、摩尔分数加和方程和热量平衡方程，才可解出绝热闪蒸后的温度 T、汽化率 e 和平衡气液相的组成 x_i、y_i。

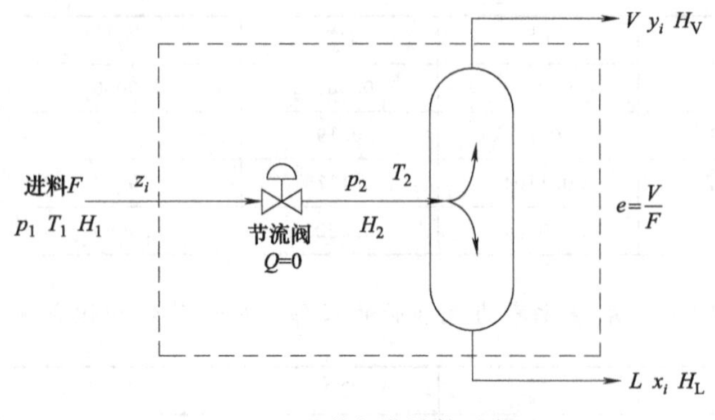

图 2-8 绝热闪蒸计算示意图

1. 绝热闪蒸计算的关系式

由于绝热闪蒸是等焓过程，因此有：

$$H_F=H_{T,V}+H_{T,L} \quad (2\text{-}54)$$

式中，H_F 为绝热闪蒸前的压力 p_F、温度 T_F 条件下进料混合物的总焓值，kcal/h；$H_{T,V}$ 为绝热闪蒸后压力 p、温度 T 条件下气相混合物的总焓值，kcal/h；$H_{T,L}$ 为绝热闪蒸后压力 p、温度 T 条件下液相混合物的总焓值，kcal/h。

设原料为 F(kmol/h)，汽化率为 e，根据式(2-54)，有：

$$\sum FH_{i,F}M_iz_i=\sum eFH_{i,V}M_iy_i+\sum(1-e)FH_{i,L}M_ix_i \quad (2\text{-}55)$$

整理得：

$$e=\frac{\sum H_{i,F}M_iz_i-\sum H_{i,L}M_ix_i}{\sum H_{i,V}M_iy_i-\sum H_{i,L}M_ix_i}=\frac{h_F-h_L}{h_V-h_L} \quad (2\text{-}56)$$

式中，$h_F(=\sum H_{i,F}M_iz_i)$ 为进料组成下的单位摩尔质量的焓值，kcal/kmol；$h_V(=\sum H_{i,V}M_iy_i)$ 为汽化后的气相组成下单位摩尔质量的焓值，kcal/kmol；$h_L(=\sum H_{i,L}M_ix_i)$ 为汽化后的液相组成下单位摩尔质量的焓值，kcal/kmol。

根据物料平衡、相平衡关系和汽化率 e，有：

$$Fz_i=eFK_ix_i+F(1-e)x_i \quad (2\text{-}57)$$

整理得：

$$x_i=\frac{z_i}{1+(K_i-1)e} \quad (2\text{-}58)$$

同样，结合摩尔分数加和方程，可得到式(2-59)

$$\sum\left[\frac{z_i}{1+(K_i-1)e}\right]-1=0 \quad (2\text{-}59)$$

式(2-56)、式(2-58)、式(2-59) 为绝热闪蒸方程，可用于绝热闪蒸过程汽化率及气液组成计算。

2. 绝热闪蒸计算的步骤

绝热闪蒸可采用试差法、图解法或迭代法。

(1) 试差法

① 确定进料在塔操作条件下的泡点温度和露点温度，并在泡露点温度之间，假设一个温度，确定其各组分的相平衡常数；

② 运用式(2-59)，通过牛顿法解得汽化率 e；

③ 据式(2-58) 及 $y_i=K_ix_i$ 计算气液组成 x_i、y_i；

④ 以式(2-56) 校核所得汽化率，如符合，计算结束，否则重复①～④。

(2) 图解法

① 确定进料在塔操作条件下的泡点温度和露点温度，并在泡点温度和露点温度间，取若干个绝热闪蒸后的温度 T_i；

② 用式(2-59) 以牛顿法解得各温度下的汽化率 e；

③ 根据式(2-58) 及 $y_i=K_ix_i$；分别计算各温度下的气液组成 x_i、y_i；

④ 根据热平衡式(2-56) 核算各温度下的汽化率 e_i'；

⑤ 在同一坐标轴上，作 e-T、e'-T 曲线，两曲线交点即为所求汽化率，温度即为闪蒸温度（图 2-9）。

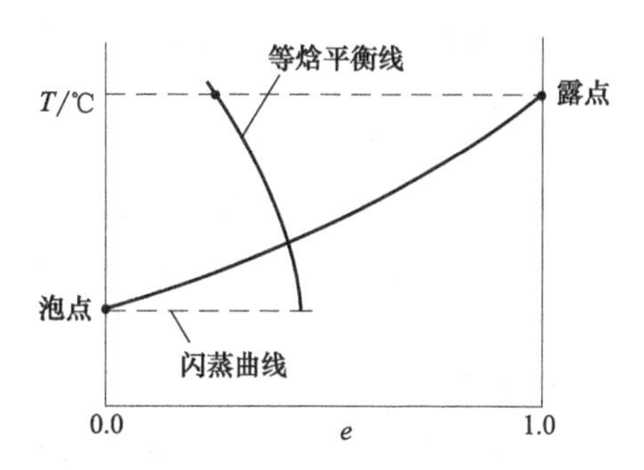

图 2-9 等焓平衡线和闪蒸曲线

图解法不需校核，如果知道闪蒸后温度，计算过程大大简化，可直接确定汽化率和汽化后液相及气相组成。

【例 2-9】 某脱乙烷塔的釜液组成如下表，流量 100kmol/h，压力为 4.0MPa，温度为 76℃，节流后进入脱丙烷塔，试确定其汽化率、气液相组成和温度。已知脱丙烷塔的操作压力为 0.7MPa，塔顶温度为 6℃，塔底温度为 62℃，并且已知塔顶和塔底关键组分的量分别为 71.774kmol/h 和 21.226kmol/h。

组分	$C_2^=$	C_2^0	$C_3^=$	C_3^0	iC_4^0	iC_5^0
x_i	0.002	0.002	0.680	0.033	0.196	0.087

解：(1) 确定组成为进料组成、压力为 0.7MPa 的泡点温度，经计算进料的泡点温度为 16℃，结果见表。

(2) 确定组成为进料组成、压力为 0.7MPa 的露点温度，经计算进料的露点温度为 41℃，具体见表。

(3) 确定进料在 0.7MPa 下，20℃、22℃、24℃的根据相平衡得到的汽化率：

① 查得 20℃、22℃、24℃及 0.7MPa 下的进料组分的平衡常数，结果如表所列。

② 牛顿法计算 20℃的汽化率：

设 $f(e)=\sum\frac{z_i}{1+(K_i-1)e}-1$，则 $f'(e)=\sum\frac{-z_i(K_i-1)}{[1+(K_i-1)e]^2}$，

数据代入：

$$f(e)=\frac{0.002}{1+5.0e}+\frac{0.002}{1+2.9e}+\frac{0.680}{1+0.4e}+\frac{0.033}{1+0.2e}+\frac{0.196}{1-0.52e}+\frac{0.087}{1-0.895e}-1$$

$$f'(e)=-\frac{0.002\times5}{(1+5.0e)^2}-\frac{0.002\times2.9}{(1+2.9e)^2}-\frac{0.680\times0.4}{(1+0.4e)^2}-\frac{0.033\times0.2}{(1+0.2e)^2}+\frac{0.196\times0.52}{(1-0.52e)^2}+\frac{0.087\times0.895}{(1-0.895e)^2}$$

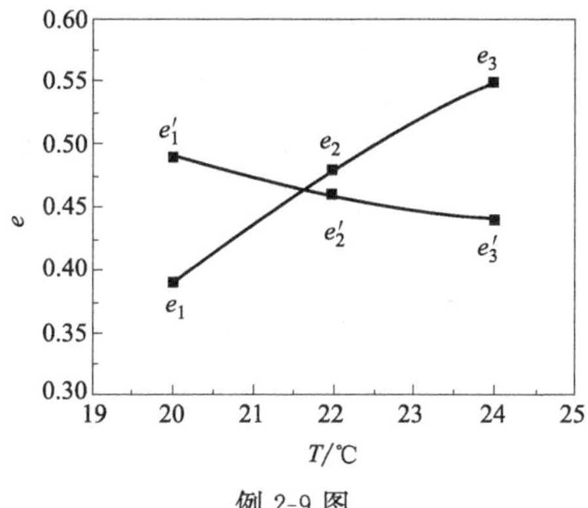

例 2-9 图

取 $e_0=0.3$，解得 $f(0.3)=-0.0088$，$f'(0.3)=0.0628$

$$e_1=e_0-\frac{f(e_0)}{f'(e_0)}=0.3+\frac{0.0088}{0.0628}=0.44$$

$f(0.44)=0.0076$，$f'(0.44)=0.1645$

$$e_2=e_1-\frac{f(e_1)}{f'(e_1)}=0.44-\frac{0.0076}{0.1645}=0.394$$

最终解得 $e=0.39$

即 20℃、0.7MPa 下的汽化率 $e_1=0.39$

用同样的方法得到 22℃的汽化率 $e_2=0.48$

用同样的方法得到24℃的汽化率 $e_3=0.55$

(4) 按照所得汽化率，根据 $x_i=\dfrac{z_i}{1+(K_i-1)e}$、$y_i=K_ix_i$ 分别计算各汽化率下的液相和气相组成 x_i、y_i，计算结果如表所列。

(5) 确定进料在0.7MPa下，20℃、22℃、24℃根据热平衡得到的汽化率：

① 查取原料条件和塔操作压力0.7MPa及20℃、22℃、24℃温度下各组分焓值，结果如附表所列。

② 计算进脱丙烷塔前进料组成下的焓值

$h_F=\sum z_iM_iH_{i,F}$，数据代入得：

$h_F=0.002\times(176\times28+185\times30)+0.68\times115\times42+0.033\times121\times44+0.196\times107\times58+0.087\times100\times72=5323.8(\text{kcal/kmol})$

③ 由焓值计算20℃时的汽化率

$h_L=\sum x_iM_iH_{i,L}$，数据代入得：

$h_L=0.0009\times102\times30+0.5874\times77\times42+0.0306\times82\times44+0.2465\times74\times58+0.1344\times58\times72=3632.1(\text{kcal/kmol})$

$h_V=\sum y_iM_iH_{i,V}$，数据代入得：

$h_V=0.0042\times171\times28+0.0035\times179\times30+0.8224\times161\times42+0.0367\times164\times44+0.1179\times156\times58+0.0141\times157\times72=7090.9(\text{kcal/kmol})$

$$e'_1=\frac{h_F-h_L}{h_V-h_L}=\frac{5323.8-3632.1}{7090.9-3632.1}=0.49$$

用同样的办法得22℃时的汽化率 $e'_2=0.46$

用同样的办法得24℃时的汽化率 $e'_3=0.44$

(6) 绘制 $T-e$、$T-e'$ 曲线。

由图中两线交点可知 $T=21.7$℃，$e=0.467$

(7) 确定闪蒸后的气液组成：

根据闪蒸温度（$T=21.7$℃）和 $e=0.467$，用 $x_i=z_i/[1+(K_i-1)e]$ 和 $y_i=K_ix_i$ 计算得到进脱丙烷塔的气液相组成 xF_i、yF_i，结果列表

序号	组分	$C_2^=$	C_2^0	$C_3^=$	C_3^0	iC_4^0	iC_5^0	Σ
1	z_i	0.002	0.002	0.680	0.033	0.196	0.087	1.0
2	K_i(16℃)	5.6	3.7	1.26	1.1	0.42	0.09	
3	K_ix_i	0.0112	0.0074	0.8568	0.0363	0.0823	0.0078	1.0018
4	K_i(41℃)	8.0	5.2	2.13	1.85	0.82	0.21	
5	$\Sigma y_i/K_i$	0.0003	0.0004	0.319	0.018	0.239	0.414	0.99
6	K_i(20℃)	6.0	3.9	1.4	1.2	0.48	0.105	
7	K_i(22℃)	6.2	4.0	1.45	1.25	0.5	0.11	
8	K_i(24℃)	6.4	4.1	1.5	1.3	0.52	0.115	
9	e(20℃)	0.39						
	e(22℃)	0.48						
	e(24℃)	0.55						

续表

序号	组分	$C_2^=$	C_2^0	$C_3^=$	C_3^0	iC_4^0	iC_5^0	Σ
10	x_i(20℃)	0.0007	0.0009	0.5874	0.0306	0.2465	0.1344	1.0005
	y_i(20℃)	0.0042	0.0035	0.8224	0.0367	0.1179	0.0141	0.9988
	x_i(22℃)	0.0006	0.0008	0.5588	0.0294	0.2582	0.1524	1.0002
	y_i(22℃)	0.0037	0.0032	0.8103	0.0368	0.1291	0.0168	0.9999
	x_i(24℃)	0.0005	0.0007	0.5333	0.0283	0.2663	0.1702	0.9993
	y_i(24℃)	0.0032	0.0029	0.80	0.0368	0.1385	0.0195	1.0009
11	H_i(进料)	176	185	115	121	107	100	
12	$H_{i,L}$(20℃)	—	102	77	82	74	58	
	$H_{i,V}$(20℃)	171	179	161	164	156	157	
13	$H_{i,L}$(22℃)	—	104	78	83	75	59	
	$H_{i,V}$(22℃)	172	180	162	164	157	158	
14	$H_{i,L}$(24℃)	—	106	79	84	76	60	
	$H_{i,V}$(24℃)	173	181	163	164	158	159	
15	K_i(21.7℃)	6.2	4.0	1.45	1.25	0.5	0.11	
16	$x_{F,i}$	0.0006	0.0008	0.5619	0.0296	0.2557	0.1489	0.9975
17	$y_{F,i}$	0.0037	0.0032	0.8148	0.037	0.1279	0.0164	1.003

第四节 物料衡算

前已述及，多组分精馏与二元精馏的基本原理相同，故处理多元精馏时，同样需要结合物料平衡、能量平衡、相平衡等关系讨论相关问题。物料平衡是精馏设计计算的基础，只是组分增多使物料衡算变得更复杂。对于多组分物系，物料衡算时往往先要确定关键组分。

一、关键组分的选择

1. 关键组分

从一般意义上来说，对分离过程起关键作用的组分就称为关键组分。对精馏过程而言，明显影响分离效果、对分离过程起关键作用的组分，需要从两方面来看：对于轻组分中的较重组分，它对控制其他轻组分进入塔底的数量起着决定作用，故称其为轻关键组分；而对于重组分中的较轻组分，它对控制其他重组分进入塔顶的数量起着决定作用，被称为重关键组分。

多元精馏过程的分离要求通常以轻关键组分在塔底的浓度、重关键组分在塔顶浓度表示，只有对这两个浓度加以控制，才能保证分离后产品的质量。例如石油裂解气分离中的脱乙烷塔，进料组成中含有甲烷、乙烯、乙烷、丙烯、丙烷和丁烷，分离要求规定塔釜中乙烷浓度不超过0.1%、塔顶产品中丙烯浓度也不超过0.1%，其中乙烷是轻关键组分、丙烯是重关键组分。因为甲烷及乙烯沸点比乙烷低，若能将乙烷和丙烯有效分离，则比乙烷轻的组分甲烷、乙烯必定从塔顶排出，同样，比丙烯重的组分丙烷和丁烷则必定从塔釜排出。

另外，人们还常常用轻重关键组分的回收率表示生产的分离要求。对轻关键组分，其回收率是指塔顶产品中轻关键组分的量与进料中轻关键组分的量之比，即：

$$\eta_l=\frac{d_l}{f_l}\times100\% \tag{2-60}$$

式中，η_l 为轻关键组分的回收率；f_l 为轻关键组分进料量，kmol/h；d_l 为轻关键组分在塔顶的产品量，kmol/h。

根据物料衡算，f_l 和 d_l 可由下面两式计算得到：

$$f_l=Fz_l \tag{2-61}$$

$$d_l=Dx_{D,l} \tag{2-62}$$

式中，z_l 为轻关键组分在进料中的摩尔分数；D 为塔顶的产品量，kmol/h；$x_{D,l}$ 为塔顶产品中轻关键组分的摩尔分数。

重关键组分的回收率是指塔底产品中重关键组分数量与进料中重关键组分的数量之比，即：

$$\eta_h=\frac{w_h}{f_h}\times100\% \tag{2-63}$$

式中，η_h 为重关键组分的回收率；f_h 为重关键组分的进料量，kmol/h；w_h 为重关键组分在塔底的产品量，kmol/h。

根据物料衡算，可由以下公式计算重关键组分的 f_h 和 w_h：

$$f_h=Fz_h \tag{2-64}$$

$$w_h=Wx_{W,h} \tag{2-65}$$

式中，z_h 为重关键组分在进料中的摩尔分数；W 为塔釜的产品量，kmol/h；$x_{W,h}$ 为塔底产品中重关键组分的摩尔分数。

2. 关键组分选择原则

将精馏中的各个组分按挥发度递降顺序排列，其中轻重关键组分的挥发度可能相邻，也可能不相邻。不管两关键组分相邻否，比轻关键组分更轻的组分从塔顶蒸出的分率比轻关键组分高，比重关键组分更重的组分从塔釜排出分率比重关键组分也高。如果初步选择的相邻的轻重关键组分之一含量太少，也可以重新选择与其邻近的某一组分为关键组分。为方便准确地对精馏过程进行计算，所选择的关键组分必须合适。关键组分选择原则主要如下：

① 相邻产品　在进料的多元混合物中，当分离要求主要是在挥发度相邻的组分之间分割为两个产品时，分离点两侧的较轻的组分宜选为轻关键组分，较重的组分可选为重关键组分。例如在脱甲烷塔中，进料四个组分，H_2、C_1^0、$C_2^=$、C_2^0，分割点在 $C_1^0/C_2^=$ 之间，因此选择 C_1^0 为轻关键组分，$C_2^=$ 作为重关键组分。

② 保证目的产品　如被分离的多元混合物中包含目的产品，并且设计任务书中对目的产品的回收率已经做了确定的规定时，尽管进料中目的产品组分含量不高，应以目的产品组分作为关键组分。

③ 原料组分含量　紧靠分离点同侧的两个组分之间相对挥发度若差别不大且进料混合物中贴近分割点的组分含量远小于另一组分含量，在这样的情况下，可选择含量大的组分作为关键组分。

以上原则很难同时满足，应根据实际情况遵循相应的原则进行选择。

二、塔顶、塔底的产品数量和组成的求定

（一）基本物料衡算式

如图 2-10 所示，进行全塔总物料衡算时，可以得到以下关系式：

全塔进行衡算：$F=D+W$　　(2-66)

塔底产物进行衡算：$W=\sum w_i$　　(2-67)

塔顶产物进行衡算：$D=\sum d_i$　　(2-68)

对混合物中任一组分 i 进行物料衡算，可得 i 组分在全塔的物料衡算式：

$$f_i=d_i+w_i \tag{2-69}$$

由于 $x_{D,i}=d_i/D$、$x_{W,i}=w_i/W$，式(2-69) 可变为：

$$Fz_i=Dx_{D,i}+Wx_{W,i} \tag{2-70}$$

多组分情况下，在已知进料量、组成及关键组分回收率情况下，仅靠式(2-66)～式(2-70)还不能得到塔顶塔底产品分配情况。因为上述关系式无法得到关键组分外的其它组分在塔顶塔底的分配情况，工程上普遍采用清晰分割和非清晰分割方式解决精馏塔的物料衡算。

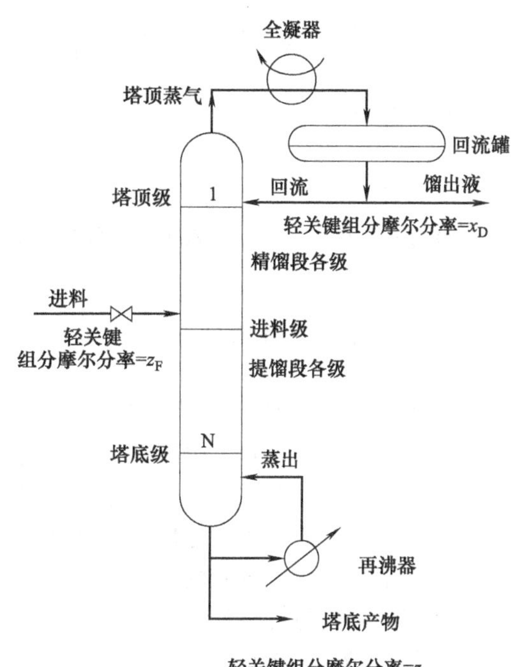

图 2-10　基本物料衡算

（二）清晰分割

所谓清晰分割，即在规定轻关键组分在塔底的含量和重关键组分在塔顶的含量的前提下，认为较轻关键组分轻的组分全部由塔顶出塔、较重关键组分重的组分全部由塔底出塔。下面两条件下的清晰分割可以取得准确的结果：其一，轻重关键组分在进料混合物中按挥发度排列为一对相邻组分；其二，轻组分较轻关键组分及重关键组分较重组分之间的相对挥发度较大。当轻重关键组分不为相邻组分或轻重关键组分虽然相邻但相对挥发度相差不大时，需在清晰分割基础上进行非清晰分割。

根据给定条件，清晰分割有两种衡算方式。

1. 给定条件为轻重关键组分的回收率

轻关键组分 $d_l=\eta_l f_l$，$w_l=f_l-d_l$；重关键组分 $w_h=\eta_h f_h$，$d_h=f_h-w_h$。

塔顶馏出物总量：
$$D=d_l+d_h+\sum_{i=1}^{l-1}f_i \tag{2-71}$$

塔底釜液总量：
$$W=w_l+w_h+\sum_{i=h+1}^{n}f_i \tag{2-72}$$

进一步可求得非关键组分在塔顶、塔底的分率 $x_{D,i}$、$x_{W,i}$。

2. 给定条件为轻重关键组分在塔顶塔底的含量

若给定条件为 $x_{D,h}$、$x_{W,l}$，需确定 w_l 和 d_h。由于 $d_h=Dx_{D,h}$，将式(2-71) 代入，得：

$$d_h = x_{D,h}\left(d_l + d_h + \sum_{i=1}^{l-1} f_i\right) = x_{D,h}\left[(f_l - w_l) + d_h + \sum_{i=1}^{l-1} f_i\right] = x_{D,h}\left(d_h + \sum_{i=1}^{l} f_i - w_l\right) \tag{2-73}$$

由式(2-73) 整理可得：
$$d_h = \frac{x_{D,h}}{1 - x_{D,h}}\left(-w_l + \sum_{i=1}^{l} f_i\right) \tag{2-74}$$

同样整理可得：
$$w_l = x_{W,l}\left(w_l - d_h + \sum_{i=h}^{n} f_i\right) \tag{2-75}$$

联立式(2-74)、式(2-75)，整理后可以得到：
$$w_l = \frac{\sum_{i=h}^{n} f_i - \frac{x_{D,h}}{1-x_{D,h}}\sum_{i=1}^{l} f_i}{\frac{1-x_{W,l}}{x_{W,l}} - \frac{x_{D,h}}{1-x_{D,h}}} \tag{2-76}$$

为简化计算，清晰分割的计算步骤是先求得 w_l，再求出 d_h，最后确定 D、W 和 $x_{D,i}$、$x_{W,i}$。

轻重关键组分不相邻进行清晰分割时，则需要根据具体情况合理假定两关键组分间的组分在塔顶塔底分布，建议位于轻重关键组分间的组分的分布可以在重关键组分在塔顶塔底的分布和轻关键组分在塔顶塔底分布中选取，以确定其在塔顶塔底的分布量。

清晰分割时，为了避免出现计算到最后关键组分浓度超过规定值的可能性，再由轻关键组分塔底浓度求它在塔底的分布量，以及由重关键组分的塔顶浓度求它在塔顶的分布量时，用于计算的浓度值可略低于规定允许的最大浓度值。

【例 2-10】 某塔进料量为 100kmol/h，进料组成为甲烷 0.4、乙烷 0.2、丙烷 0.3、丁烷 0.1（以上皆为摩尔分率）。分离要求乙烷在塔顶的回收率为 90%，丙烷在塔底的回收率为 95%。求塔顶、塔底产品的数量和组成。

解：(1) 按题意选择乙烷为轻关键组分、丙烷为重关键组分。

(2) 计算关键组分的量

$f_l = Fz_l = 100 \times 0.2 = 20$ (kmol/h)　　$d_l = \eta_l f_l = 90\% \times 20 = 18$ (kmol/h)

$w_l = f_l - d_l = 20 - 18 = 2$ (kmol/h)　　$f_h = Fz_h = 100 \times 0.3 = 30$ (kmol/h)

$w_h = \eta_h f_h = 95\% \times 30 = 28.5$ (kmol/h)　　$d_h = f_h - w_h = 30 - 28.5 = 1.5$ (kmol/h)

(3) 计算 $\sum_{i=1}^{l-1} f_i$、$\sum_{i=h+1}^{n} f_i$

$\sum_{i=1}^{l-1} f_i = f_{CH_4} = 100 \times 0.4 = 40$(kmol/h)　　$\sum_{i=h+1}^{n} f_i = f_{C_4^0} = 100 \times 0.1 = 10$(kmol/h)

(4) 计算 D、W

$$D = d_l + d_h + \sum_{i=1}^{l-1} f_i = 18 + 1.5 + 40 = 59.5 \text{ (kmol/h)}$$

$$W = w_l + w_h + \sum_{i=h+1}^{n} f_i = 2 + 28.5 + 10 = 40.5 \text{ (kmol/h)}$$

(5) 计算 $x_{W,i}$、$x_{D,i}$

$x_{D,i} = 40/D = 40/59.5 = 0.6723$　　$x_{D,l} = d_l/D = 18/59.5 = 0.3025$

$x_{D,h} = d_h/D = 1.5/59.5 = 0.0252$　　$x_{W,i} = 10/W = 10/40.5 = 0.2469$

$x_{W,h} = w_h/W = 28.5/40.5 = 0.7037$　　$x_{W,l} = w_l/W = 2/40.5 = 0.0494$

计算结果列表如下：

组分 i	C_1	C_2^0	C_3^0	iC_4^0	Σ
z_i	0.4	0.2	0.3	0.1	1.0
f_i	40	20	30	10	100
d_i	40	18	1.5	0	59.5
$x_{D,i}$	0.6723	0.3025	0.0252	0	1.0000
w_i	0	2	28.5	10	40.5
$x_{W,i}$	0	0.0494	0.7037	0.2469	1.0000

【例 2-11】 某脱丙烷塔进料量 100kmol/h，其进料组成如下表所示，操作压力为 0.7MPa，塔顶产品液相出料，分离要求塔顶含异丁烷不大于 0.15%，塔底丙烯含量不大于 0.3%。请用清晰分割法确定塔顶、塔底产品数量及组成。

组分 i	$C_2^=$	C_2^0	$C_3^=$	C_3^0	iC_4^0	iC_5^0
z_i	0.002	0.002	0.680	0.033	0.196	0.087

解：(1) 已知进料 100kmol/h，压力 0.7MPa，$x_{D,h} \leqslant 0.0015$，$x_{W,l} \leqslant 0.003$，进料组成见下表。

(2) 选丙烯为轻关键组分；异丁烷为重关键组分。

(3) 计算关键组分的量

$f_l = Fz_l = 100 \times 0.68 = 68$ (kmol/h)　　$f_h = Fz_h = 100 \times 0.196 = 19.6$ (kmol/h)

(4) 计算 $\sum_{i=1}^{l} f_i$、$\sum_{i=h}^{n} f_i$

$\sum_{i=1}^{l} f_i = 0.2 + 0.2 + 68 = 68.4$ (kmol/h)　　$\sum_{i=h}^{n} f_i = 19.6 + 8.7 = 28.3$ (kmol/h)

(5) 按清晰分割初定 D、W

$$w_l = \frac{\sum_{i=h}^{n} f_i - \dfrac{x_{D,h}\sum_{i=1}^{l} f_i}{1 - x_{D,h}}}{\dfrac{1 - x_{W,l}}{x_{W,l}} - \dfrac{x_{D,h}}{1 - x_{D,h}}} = \frac{28.3 - \dfrac{0.0015 \times 68.4}{1 - 0.0015}}{\dfrac{1 - 0.003}{0.003} - \dfrac{0.0015}{1 - 0.0015}} = 0.085 \text{ (kmol/h)}$$

$d_l = f_l - w_l = 68 - 0.085 = 67.915$ (kmol/h)

$$d_h = \frac{x_{D,h}}{1 - x_{D,h}}\left(-w_l + \sum_{i=1}^{l} f_i\right) = \frac{0.0015}{1 - 0.0015} \times (68.4 - 0.085) = 0.101 \text{ (kmol/h)}$$

$w_h = f_h - d_h = 19.6 - 0.101 = 19.499$ (kmol/h)

$\dfrac{d_l}{w_l} = \dfrac{67.915}{0.085} = 799$，$\dfrac{d_{C_3^0}}{w_{C_3^0}} = 799$

$w_{C_3^0} = 0.004$ (kmol/h)　　$d_{C_3^0} = 3.3 - 0.004 = 3.296$ (kmol/h)

(6) $D = d_l + d_h + d_{C_3^0} + \sum_{i=1}^{l-1} f_i = 67.915 + 0.101 + 3.296 + 0.4 = 71.712$ (kmol/h)

$$W = w_1 + w_{C_3^0} + w_h + \sum_{i=h+1}^{n} f_i = 0.085 + 0.004 + 19.499 + 8.7 = 28.288 \ (\text{kmol/h})$$

计算 $x_{D,i}$、$x_{W,i}$，结果列入下表：

组分 i	$C_2^=$	C_2^0	$C_3^=$	C_3^0	iC_4^0	iC_5^0	Σ
z_i	0.002	0.002	0.680	0.033	0.196	0.087	1.0
f_i	0.2	0.2	68	3.3	19.6	8.7	
d_i	0.2	0.2	67.915	3.296	0.101	0	71.712
$x_{D,i}$	0.00279	0.00279	0.947	0.046	0.0014	0	1.0
w_i	0	0	0.085	0.004	19.499	8.7	28.288
$x_{W,i}$	0	0	0.003	0.000	0.689	0.308	1.0

（三）非清晰分割物料衡算

清晰分割解决了相邻组分为轻重关键组分且相对挥发度差异较大情况下的物料衡算，但实际生产中会遇到如下情况：①轻重关键组分虽然相邻但与其它组分的相对挥发度相差不大；②轻重关键组分为非相邻组分。上述两种情况都可能使得部分轻组分有少量进入塔底、部分重组分中有少量进入塔顶。遇到这类情况需要非清晰分割。通过非清晰分割，既可以允许塔釜轻组分的微量存在和塔顶馏出液中重组分的微量存在，也确保了塔顶塔底产品回收率和质量。

非清晰分割进行物料衡算一般采用汉斯特别克（Hengstebeck）法。Hengstebeck 关系式前提条件如下：其一，实际操作条件下各组分在塔顶、塔底的分布与全回流情况下操作时的分布基本一致；其二，全回流条件下，任何组分在塔顶塔底量的比例取决于相对挥发度。

Hengstebeck 方程的推导如下。

由假设条件，有：

$$\frac{(d_i/w_i)}{(d_h/w_h)} = \frac{\alpha_{ih}}{\alpha_{hh}} \tag{2-77}$$

$$\frac{(d_l/w_l)}{(d_h/w_h)} = \frac{\alpha_{lh}}{\alpha_{hh}} \tag{2-78}$$

取对数，有：

$$\lg\frac{(d_i/w_i)}{(d_h/w_h)} = \lg\frac{\alpha_{ih}}{\alpha_{hh}} \tag{2-79}$$

$$\lg\frac{(d_l/w_l)}{(d_h/w_h)} = \lg\frac{\alpha_{lh}}{\alpha_{hh}} \tag{2-80}$$

上式变形，有：

$$\frac{\lg\dfrac{(d/w)_i}{(d/w)_h}}{\lg\dfrac{\alpha_{ih}}{\alpha_{hh}}} = 1, \quad \frac{\lg\dfrac{(d/w)_l}{(d/w)_h}}{\lg\dfrac{\alpha_{lh}}{\alpha_{hh}}} = 1 \tag{2-81}$$

联立式(2-81）中的两式：

$$\frac{\lg\dfrac{(d/w)_i}{(d/w)_h}}{\lg\dfrac{\alpha_{ih}}{\alpha_{hh}}} = \frac{\lg\dfrac{(d/w)_l}{(d/w)_h}}{\lg\dfrac{\alpha_{lh}}{\alpha_{hh}}} \tag{2-82}$$

又因为 $\alpha_{hh}=1$，上式就可简化为：

$$\frac{\lg(d/w)_i-\lg(d/w)_h}{\lg\alpha_{ih}}=\frac{\lg(d/w)_l-\lg(d/w)_h}{\lg\alpha_{lh}} \tag{2-83}$$

转化变形，即得

$$\lg(d/w)_i=\lg(d/w)_h+\frac{\lg\alpha_{ih}}{\lg\alpha_{lh}}[\lg(d/w)_l-\lg(d/w)_h] \tag{2-84}$$

上式即为汉斯特别克方程。公式中的相对挥发度 α_{ih} 是指任意 i 组分在塔操作条件下，以重关键组分为对比组分时的几何平均相对挥发度。即：

$$\alpha_{ih}=\sqrt{\alpha_{ih,W}\times\alpha_{ih,D}} \tag{2-85}$$

式中，$\alpha_{ih,D}$ 表示在塔顶操作压力和操作温度下，i 组分相对于重关键组分的相对挥发度；$\alpha_{ih,W}$ 表示在塔底操作压力和操作温度下，i 组分相对于重关键组分的相对挥发度。

由于非清晰分割假定在一定回流比操作时，各组分在塔内的浓度分布与在全回流操作时的浓度分布相同。故也可以先通过芬斯克公式推导得到汉斯特别克方程，再计算非关键组分在塔顶、塔釜的浓度，详见本章第五节。

当轻重关键组分分离要求给定后，利用汉斯特别克关系式，即可确定任一组分i 在塔顶和塔底分布数量的比值。比值确定之后，可进一步计算求得塔顶数量 d_i 和塔底数量 w_i 的值：

$$f_i=d_i+w_i=(d/w)_iw_i+w_i=w_i[1+(d/w)_i] \tag{2-86}$$

则得

$$w_i=\frac{f_i}{1+(d/w)_i} \tag{2-87}$$

应该注意，对任一组分 i 来说，计算得到的 w_i 值和 d_i 值不能接近，因为精馏的目的旨在使得轻组分在塔顶产品中分配较多、在塔底产品中分配较少；重组分则反之，得到的 w_i 和 d_i 应呈现 w_i 大而 d_i 小的分配。因此，为了减少计算过程中产生的误差，对于轻组分宜先由式(2-87) 求出塔底量，再求出塔顶量：

$$d_i=f_i-w_i \tag{2-88}$$

对于重组分应先求出塔顶量，再求出塔底的量：

$$d_i=\frac{f_i(d/w)_i}{1+(d/w)_i} \tag{2-89}$$

$$w_i=f_i-d_i \tag{2-90}$$

需要指出的是，除了清晰分割，人们还可以利用理想分割来进行非清晰分割的物料衡算初算。理想分割简单地说就是最理想的分割，各个组分按照相对挥发度依次减小的顺序排列后，不论轻重关键组分是否相邻，以分割点为界限，在分离点左侧的所有组分均在塔顶出现，在分离点右侧的所有组分，都只在塔釜出现。这样经过衡算初定 D、W、$x_{D,i}$、$x_{W,i}$ 后，由泡点、露点方程初步求得 T_D、T_W，此温度 T_D 可能比实际低，T_W 可能比实际高，但取平均值可以抵消。

（四）确定塔顶、塔底的产品数量和组成的计算步骤

根据以上讨论，已知进料量 F 和组成 z_i、操作压力 p、轻重关键组分分离要求（回收率 η 或塔顶塔底的组成 x_i）前提下，精馏塔物料衡算步骤如下：

① 按清晰分割或理论分割初定 D、W、$x_{D,i}$、$x_{W,i}$；

② 根据清晰分割初步得到的组成分布，初步确定塔的塔顶、塔底温度 T_D、T_W；

③ 根据塔顶、塔底温度及塔顶、塔底组成确定 K_i，然后计算塔顶、塔底温度下各组分对重关键组分的相对挥发度 $\alpha_{ih,D}$、$\alpha_{ih,W}$，并求出全塔平均相对挥发度 α_{ih}；

④ 非清晰分割计算：先确定 d_h 和 w_l 及 d_l 和 w_h，然后利用汉斯特别克方程计算组成分布 $(d/w)_i$，最后确定 d_i 和 w_i；

⑤ 根据非清晰分割结果确定各组分塔顶、塔底组成 $x_{D,i}$、$x_{W,i}$；

⑥ 核算分离要求，即核算轻、重关键组分塔底、塔顶的含量，或它们的回收率；

⑦ 根据泡点、露点方程及各组分在塔顶塔底组成核算塔底、塔顶温度；

⑧ 校核相对挥发度。

【例 2-12】 某脱丙烷塔进料量 100kmol/h，操作压力为 0.7MPa，塔顶产品液相出料，分离要求塔顶含异丁烷不大于 0.15%，塔底丙烯含量不大于 0.3%。试求该塔顶、塔底产品数量、组成和操作温度。其进料组成如下表所示：

组分 i	$C_2^=$	C_2^0	$C_3^=$	C_3^0	iC_4^0	iC_5^0
z_i	0.002	0.002	0.680	0.033	0.196	0.087

解：(1) 先按清晰分割进行物料衡算，结果列表。

(2) 确定塔顶塔底温度：

① 塔顶温度为 6℃，采用露点方程计算，结果列入下表；

② 塔底温度为 62℃，采用泡点方程计算，结果列入下表。

(3) 根据温度及组成计算 K_i、α_{ih}，结果列入下表。

(4) 非清晰分割，用汉斯特别克公式计算 $(d/w)_i$、d_i、w_i、$x_{D,i}$、$x_{W,i}$：

① $(d/w)_l=67.915/0.085=799$

$(d/w)_h=0.101/19.499=0.005$

② 计算 $(d/w)_i$

$$\alpha_{lh}=\sqrt{3.33\times2.33}=2.79$$

$$\lg(d/w)_i=\lg(d/w)_h+\frac{\lg\alpha_{ih}}{\lg\alpha_{lh}}[\lg(d/w)_l-\lg(d/w)_h]$$

$$=\lg0.005+\frac{\lg\alpha_{ih}}{\lg2.79}(\lg799-\lg0.005)=11.67\lg\alpha_{ih}-2.3$$

将各组分挥发度 α_{ih} 代入上式求得 $(d/w)_i$，结果列入下表。

③ 计算 w_i、d_i

如 $d_{C_3^0}=3.3\times268/(1+268)=3.288$，$w_{C_3^0}=3.3-3.288=0.012$，结果列下表。

④ 计算 $x_{D,i}$、$x_{W,i}$，结果列下表。

(5) 校核分离要求：

$x_{W,l}=0.003=0.3\%$

$x_{D,h}=0.0014=0.14\%<0.15\%$

均小于规定的浓度值，符合分离要求。

(6) 核算塔顶温度和塔底温度：

① 设塔顶温度为 6℃，用露点方程列表计算，所设塔顶温度为 6℃ 正确。

② 设塔底温度为 62℃，用泡点方程列表计算，所设塔底温度为 62℃ 正确。

序号	组分 i	$C_2^=$	C_2^0	$C_3^=$	C_3^0	iC_4^0	iC_5^0	Σ	备注
1	z_i	0.002	0.002	0.680	0.033	0.196	0.087	1.0	
2	f_i	0.2	0.2	68	3.3	19.6	8.7		
3	d_i	0.2	0.2	67.915	3.288	0.101	0	71.712	清晰分割物料衡算
4	$x_{D,i}$	0.00279	0.00279	0.947	0.046	0.0014	0	1.0	
5	w_i	0	0	0.085	0.004	19.499	8.7	28.288	
6	$x_{W,i}$	0	0	0.003	0.000	0.689	0.308	1.0	
7	K_i(6℃)	4.7	3.1	1.0	0.86	0.3	—		初步确定塔顶温度
8	y_i/K_i	0.0006	0.0009	0.947	0.053	0.005		1.005	
9	K_i(62℃)	10	6.8	3.0	2.7	1.29	0.35		初步确定塔底温度
10	x_iK_i	—	—	0.009	0.00	0.889	0.108	1.006	
11	$\alpha_{ih,D}$(6℃)	15.67	10.33	3.33	2.87	1	0.21		确定平均相对挥发度
12	$\alpha_{ih,W}$(62℃)	7.75	5.27	2.33	2.25	1.0	0.27		
13	$\sqrt{\alpha_D\alpha_W}$	11.02	7.38	2.79	2.54	1	0.24		
14	$(d/w)_i$	7.4×10^9	6.9×10^7	799	268	0.005	2.9×10^{-10}		非清晰分割物料衡算
15	w_i	0.0	0.0	0.085	0.012	19.499	8.7	28.296	
16	d_i	0.2	0.2	67.915	3.288	0.101	0.0	71.704	
17	$x_{W,i}$	0.0	0.0	0.003	0.0004	0.689	0.307	0.9994	
18	$x_{D,i}$	0.003	0.003	0.947	0.046	0.0014	0.0	1.004	
19	K_i(6℃)	4.7	3.1	1.0	0.86	0.3	—	(6℃)	核算塔顶温度
20	y_i/K_i	0.0006	0.0009	0.947	0.053	0.0047	—	1.006	
21	K_i(62℃)	10	6.8	3.0	2.7	1.29	0.35	(62℃)	核算塔底温度
22	x_iK_i			0.009	0.00108	0.8889	0.1075	1.016	

第五节 理论板数简捷计算（FUG 法）

应用计算机编程进行精馏模拟计算以前，人们开发了各种各样的简捷计算法，以简化烦琐复杂的多组分精馏过程计算，普遍被使用的是 FUG 法。现在虽然利用计算机能够精确地求解 MESH 方程组，但 FUG 法仍然得到普遍应用，其缘由在于 FUG 法不仅简单快捷，而且结果具有指导性，在设计初期能满足要求。不仅如此，FUG 法在为严格的精馏模拟计算提供初值、建立优化设计条件的参数研究以及确定优化的分离顺序进行的综合研究等方面具有实际意义，本节介绍 FUG 法，精馏塔理论板数的严格计算将在第七节讲述。

一、操作线方程

由于 FUG 简捷计算法也需要恒摩尔流等假设，故二元简单精馏的衡算关系也适用于多组分精馏的计算。

二元精馏中的精馏段操作线方程为：

$$y_n=\frac{L}{G}x_{n-1}+\frac{D}{G}x_D \tag{2-91}$$

提馏段操作线方程为：

$$y_m=\frac{L}{G}x_{m-1}+\frac{W}{G}x_W \tag{2-92}$$

对于多元精馏塔，需要考虑原料进塔的闪蒸，使之成为部分气相进料和部分液体进料，将闪蒸过程得到的气相部分进料加入塔内的气流中。同时，多元精馏操作线方程必须标明组分，组分 i 的精馏段的操作线方程可表示为：

$$y_{i,n}=\frac{L}{G+eF}x_{i,n-1}+\frac{D}{G+eF}x_{i,D} \tag{2-93}$$

式中，$y_{i,n}$ 为精馏段内从上往下数第 n 块板上升的蒸气中 i 组分的摩尔分数；$x_{i,n-1}$ 为精馏段内第 $n-1$ 块板下降的液体中 i 组分的摩尔分数；e 为进料的汽化率。

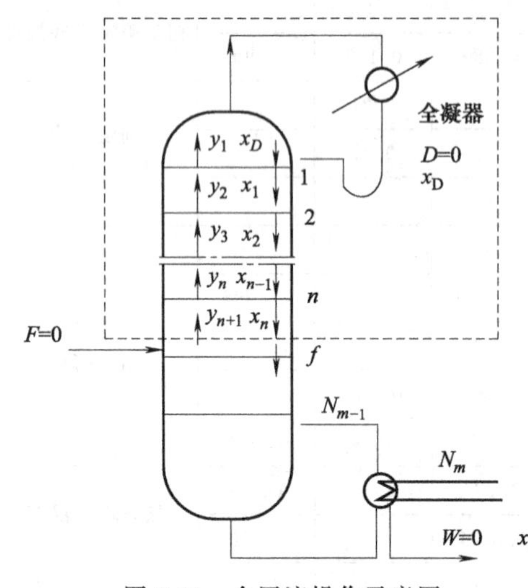

图 2-11 全回流操作示意图

全回流操作是精馏操作的一种极限情况（见图 2-11）。此工况下，塔顶不采出馏出液、塔底不馏出釜液，当然也无进料。因此有 $D=0$、$W=0$、$F=0$，根据全塔物料衡算知道塔内液相流量 L 等于气相流量 G，即 $L=G$。由此，式(2-93) 可简化为：

$$y_{i,n}=\frac{L}{G}x_{i,n-1} \tag{2-94}$$

进一步简化为：$y_{i,n}=x_{i,n-1}$ (2-95)

式(2-95) 表明，全回流条件下，精馏塔内任一块塔板上的任意组分的上升气流与上一块塔板下流的液相组成相等。

与二元精馏形式类似，考虑入塔的部分液体进料合并到塔内液流中以后，提馏段的操作线方程可表示为：

$$y_{i,m}=\frac{L+(1-e)F}{G}x_{i,m-1}-\frac{W}{G}x_{i,W} \tag{2-96}$$

式中，$y_{i,m}$ 为提馏段内第 m 块板上升的蒸汽中 i 组分的摩尔分数；$x_{i,m-1}$ 为提馏段内第 $m-1$ 块板下降的液体中 i 组分的摩尔分数。

同样，全回流条件下，$D=0$、$W=0$、$F=0$，提馏段操作线方程可简化为：

$$y_{i,m}=\frac{L}{G}x_{i,m-1} \tag{2-97}$$

因 $L=G$，即得 $y_{i,m}=x_{i,m-1}$ (2-98)

也就是说无论是精馏段还是提馏段，在全回流情况下，对任意一块理论板，来自下层塔板的上升蒸汽和上层塔板下流的液体组成相同。

二、FUG 法

FUG 是芬斯克（Fenske)、恩德伍德（Underwood)、吉利兰（Gilliand）三人姓名首字母的缩写，FUG 法分为三个过程：①利用芬斯克（Fenske）方程确定全回流下最小平衡级数；②采用恩德伍德（Underwood）方程确定最小回流比；③应用吉利兰（Gilliand）图确定平衡级数。

由于此法进行了适当简化假设，常用于多组分精馏的简单精馏塔的工艺参数确定。经过简捷计算法的处理，可以粗略估计精馏塔的平衡数，并可以为严格计算提供初值。

精馏过程中，在保证分离要求的前提下，操作回流比越大，所需的平衡数则越少。当操作回流比达到无穷大即全回流的情况下，达到所规定的分离要求所需的平衡级数为最小平衡级数。最小平衡级数可用 S_m 来表示。实际上全回流只有在精馏塔开工、实验室测最小理论板数、塔顶塔底采样等情况下才发生。

1. 芬斯克方程确定最小平衡级数 S_m

(1) 关系式的导出

芬斯克方程是在精馏塔全回流操作下，依次利用相平衡关系和操作线关系推得的。根据理论板的定义，每个理论板上混合均匀且离开的气体和液体均达到相平衡状态，因此精馏塔上第 n 块理论板上任意组分 i 存在如下相平衡关系：

$$y_{i,n}=K_{i,n}x_{i,n} \tag{2-99}$$

式中，$K_{i,n}$ 为第 n 块理论板的 i 组分的气-液相平衡常数；$y_{i,n}$ 为离开第 n 块理论板的蒸气中 i 组分的摩尔分数；$x_{i,n}$ 为离开第 n 块理论板的液相中 i 组分的摩尔分数。

以塔顶采用全凝器时，全凝器无分离作用，塔顶为第一块理论板，板序由上而下递增，塔底最后一块塔板为第 N 个理论板。第一个理论板的相平衡关系为：

$$y_{i,1}=K_{i,1}x_{i,1} \tag{2-100}$$

根据式(2-95)，操作线关系为： $$y_{i,2}=x_{i,1} \tag{2-101}$$

联立两式得： $$y_{i,1}=K_{i,1}y_{i,2} \tag{2-102}$$

第二块理论板的相平衡关系为： $$y_{i,2}=K_{i,2}x_{i,2} \tag{2-103}$$

代入式(2-102) 得： $$y_{i,1}=K_{i,1}K_{i,2}x_{i,2} \tag{2-104}$$

以此类推，塔内底部最后一块理论板为：$$y_{i,1}=K_{i,1}K_{i,2}\cdots K_{i,N-1}K_{i,N}x_{i,N} \tag{2-105}$$

由于塔底馏出物是经过再沸器的气液平衡后得到的液相产物，换句话说，再沸器相当于一块塔板，令再沸器为第 S 块板，包括再沸器的关系式为：

$$y_{i,1}=K_{i,1}K_{i,2}\cdots K_{i,N-1}K_{i,N}K_{i,S}x_{i,S} \tag{2-106}$$

同理，对另外一个组分 j，也有：$$y_{j,1}=K_{j,1}K_{j,2}\cdots K_{j,N}K_{j,S}x_{j,S} \tag{2-107}$$

两式相除，可得： $$\frac{y_{i,1}}{y_{j,1}}=\frac{K_{i,1}K_{i,2}\cdots K_{i,N}K_{i,S}x_{i,S}}{K_{j,1}K_{j,2}\cdots K_{j,N}K_{j,S}x_{j,S}} \tag{2-108}$$

根据相对挥发度的定义 $\alpha_{ij}=K_i/K_j$，因此有：

$$\frac{y_{i,1}}{y_{j,1}}=\alpha_{ij,1}\alpha_{ij,2}\cdots\alpha_{ij,N}\alpha_{ij,S}\frac{x_{i,S}}{x_{j,S}} \tag{2-109}$$

塔顶为全凝器时，对于任意组分有：

$$y_1=x_D \tag{2-110}$$

$$x_S=x_W \tag{2-111}$$

多元精馏过程中，对轻重关键组分在塔顶和塔底的浓度有严格的要求，因此推导最少理论板数关系式时，用轻重关键组分浓度比值的变化为依据更方便。故将上式中任意组分的下标 i、j 分别换成轻重关键组分的下标 l、h，并将式(2-110) 和式(2-111) 代入式(2-109)，可得

$$\frac{x_{l,D}}{x_{h,D}}=\alpha_{lh,1}\alpha_{lh,2}\cdots\alpha_{lh,N}\alpha_{lh,S}\frac{x_{l,W}}{x_{h,W}} \tag{2-112}$$

塔顶采用分凝器情况下，离开塔顶第一块板的蒸气进入分凝器部分冷凝，得到相平衡的

液相和气相，气相作为塔顶馏出产品，液相作为塔顶回流进入塔。也就是说塔顶气相产物经过分凝器进行一次相平衡过程，相当于一块塔板。

于是有：

$$y_{i,D}=K_{i,D}x_{i,D} \tag{2-113}$$

式中，$y_{i,D}$ 为离开分凝器分离罐的气相馏出产品中组分 i 的摩尔分数；$x_{i,D}$ 为离开分凝器分离罐回流入塔的液相中组分 i 的摩尔分数；$K_{i,D}$ 为分凝器分离罐中组分 i 的气液相平衡常数。

从分凝器开始推导芬斯克方程，重复上面的推导过程直到再沸器为止，亦可得到关系式：

$$\frac{y_{l,D}}{y_{h,D}}=\alpha_{lh,D}\alpha_{lh,1}\alpha_{lh,2}\cdots\alpha_{lh,N}\alpha_{lh,S}\frac{x_{l,W}}{x_{h,W}} \tag{2-114}$$

式中，$\alpha_{lh,D}$ 为轻重关键组分在分凝器回流罐条件下的相对挥发度。

全回流操作下，当每个理论板上组分的相对挥发度已知时，可以由式(2-112) 或式(2-114) 根据轻重关键组分的分离要求，求出最小平衡级数 S_m。因按上述各式相对挥发度计算工作量太大，也不符合简捷法原则，故用几何平均相对挥发度代替全塔各板的相对挥发度。对全凝器有：

$$\alpha_{lh}=\sqrt[S]{\alpha_{lh,1}\alpha_{lh,2}\cdots\alpha_{lh,N}\alpha_{lh,S}} \tag{2-115}$$

对分凝器有：

$$\alpha_{lh}=\sqrt[S]{\alpha_{lh,D}\alpha_{lh,1}\alpha_{lh,2}\cdots\alpha_{lh,N}\alpha_{lh,S}} \tag{2-116}$$

(2) 塔顶为全凝器芬斯克方程表达式

将轻重关键组分全塔平均相对挥发度 α_{lh} 代入式(2-112) 后得到：

$$\frac{x_{l,D}}{x_{h,D}}=(\alpha_{lh})^{S_m}\frac{x_{l,W}}{x_{h,W}} \tag{2-117}$$

为得到精馏塔的最小平衡级数 S_m，可以对上式两边取对数，并整理得到：

$$S_m=\frac{\lg\left[\left(\frac{x_l}{x_h}\right)_D\left(\frac{x_h}{x_l}\right)_W\right]}{\lg\alpha_{lh}} \tag{2-118}$$

式中，S_m 为包括再沸器在内的精馏塔的最少理论塔板数，也表明精馏塔的再沸器具有和塔板一样的功能。

(3) 塔顶为分凝器芬斯克方程

将轻重关键组分全塔平均相对挥发度 α_{lh} 代入式(2-114) 后得到：

$$\frac{y_{l,D}}{y_{h,D}}=(\alpha_{lh})^{S_m}\frac{x_{l,W}}{x_{h,W}} \tag{2-119}$$

对上式两边取对数，整理得到：

$$S_m=\frac{\lg\left[\left(\frac{y_l}{y_h}\right)_D\left(\frac{x_h}{x_l}\right)_W\right]}{\lg\alpha_{lh}} \tag{2-120}$$

式中，S_m 为包括分凝器、再沸器在内的精馏塔最少理论塔板数。

计算过程中，若温差相差不大，对于采用全凝器的精馏塔，几何平均相对挥发度可以用下式近似计算：

$$\alpha_{lh}=\sqrt{\alpha_{lh,1}\alpha_{lh,W}} \tag{2-121}$$

$$\alpha_{lh}=\sqrt[3]{\alpha_{lh,1}\alpha_{lh,F}\alpha_{lh,W}} \tag{2-122}$$

采用分凝器的精馏塔，平均相对挥发度可以用下式近似计算：

$$\alpha_{lh}=\sqrt{\alpha_{lh,D}\alpha_{lh,W}} \tag{2-123}$$

$$\alpha_{lh}=\sqrt[3]{\alpha_{lh,D}\alpha_{lh,F}\alpha_{lh,W}} \tag{2-124}$$

式中，下标 l、D、F、W 分别代表塔顶、分凝器回流罐、进料和塔底的温度条件。

另外，在使用芬斯克方程时还要注意：①全凝器时的 $\alpha_{lh,1}$ 表示塔顶温度条件下的值，分凝器时的 $\alpha_{lh,D}$ 表示回流罐温度条件下的值；② S_m 为包括冷凝器再沸器在内的精馏过程的最小平衡级数；③芬斯克方程是在全回流条件下的最小平衡级数，且塔内各板均达到气液平衡。

上面推导得到的芬斯克方程既可以用来求取完成预定分离任务所需的最少平衡级板数，又可以用来对实验室或工业生产装置的精馏塔，确定其平衡级数和板效率。既可以用于多元物系，也可以用于二元物系。

【例 2-13】 按照例题 2-12 给定条件及计算结果，试求该脱丙烷塔最少理论板数。

解：(1) 根据题意：$x_{l,D}=0.947$，$x_{l,W}=0.003$，$x_{h,D}=0.0014$，$x_{h,W}=0.689$

(2) $\alpha_{lh,D}=K_{l,D}/K_{h,D}=1/0.3=3.33$　$\alpha_{lh,W}=K_{l,W}/K_{h,W}=3/1.29=2.33$

(3) $\alpha_{lh}=\sqrt{3.33\times2.33}=2.785$

(4) $S_m=\dfrac{\lg\left[\left(\dfrac{x_l}{x_h}\right)_D\left(\dfrac{x_h}{x_l}\right)_W\right]}{\lg\alpha_{lh}}=\dfrac{\lg\left[\left(\dfrac{0.947}{0.0014}\right)\times\left(\dfrac{0.689}{0.003}\right)\right]}{\lg 2.785}=11.7$（块）

因此，该塔最少理论板数为 11.7 块。

(4) 利用芬斯克方程推导汉斯特别克公式

在多元精馏中，如果选重关键组分 h 为对比组分，任一 i 组分对于 h 在塔顶、塔底组成，平均相对挥发度以及最少理论塔板数之间的数学关系式，与上面的式(2-118) 具有完全相同的形式，即

$$S_m=\frac{\lg\left[\left(\dfrac{x_i}{x_h}\right)_1\left(\dfrac{x_h}{x_i}\right)_W\right]}{\lg\alpha_{ih}} \tag{2-125}$$

按照汉斯特别克关系式的假设，在操作回流比情况下各组分塔顶、塔底的浓度值近似于全回流情况下的浓度值且相等，在操作回流比条件下：

$$\left(\frac{x_i}{x_h}\right)_D=\frac{Dx_{i,D}}{Dx_{h,D}}=\frac{d_i}{d_h} \tag{2-126}$$

$$\left(\frac{x_i}{x_h}\right)_W=\frac{Wx_{i,W}}{Wx_{h,W}}=\frac{w_i}{w_h} \tag{2-127}$$

由此，式(2-118) 可以变形为：

$$S_m=\frac{\lg\dfrac{d_i/d_h}{w_i/w_h}}{\lg\alpha_{ih}} \tag{2-128}$$

因此有：

$$S_m=\frac{\lg\dfrac{(d/w)_i}{(d/w)_h}}{\lg\alpha_{ih}} \tag{2-129}$$

当以轻关键组分 l 作为 i 组分代入上式，则可以得到：

$$S_m=\frac{\lg\left[\left(\frac{d}{w}\right)_l/\left(\frac{d}{w}\right)_h\right]}{\lg\alpha_{lh}} \tag{2-130}$$

联立式(2-129)、式(2-130)并移项整理后，则可以得到汉斯特别克方程：

$$\lg(d/w)_i=\lg(d/w)_h+\frac{\lg\alpha_{ih}}{\lg\alpha_{lh}}[\lg(d/w)_l-\lg(d/w)_h] \tag{2-131}$$

根据上述关系式推导的前提条件，只有采用较大操作回流比时，各组分塔顶塔底的浓度值接近全回流，汉斯特别克方程计算的结果才近似实际情况。当操作回流比接近最小回流比时，汉斯特别克方程所确定的各组分塔顶塔底量的分布比会产生很大误差，故工程设计中一般取最小回流比的1.2～2倍为操作回流比。尽管达不到接近全回流的工况，产生一定的误差，由于非清晰分割法简单方便，仍广泛地用于设计计算中。

2. 恩德伍德（Underwood）法确定最小回流比 R_m

（1）概述

全回流时，$D=0$、$W=0$、$F=0$，精馏段及提馏段的操作线方程均为 $y_{n,i}=x_{n-1,i}$，相当于 x-y 平衡曲线图上的对角线。采用全回流时，精馏所需理论板数最小。当有进料及产品馏出物时，塔顶蒸气流量 G、回流液量 L^* 和塔顶产品流量 D 的关系是：

$$G=L^*+D \tag{2-132}$$

对 i 组分做物料衡算：

$$Gy'_{i,n}=L^*x_{i,n-1}+Dx_{i,D} \tag{2-133}$$

即

$$y'_{i,n}=\frac{L^*}{G}x_{i,n-1}+\frac{D}{G}x_{i,D} \tag{2-134}$$

式中，$y'_{i,n}$ 为有进料和产物情况下，n 板上任一组分的气相摩尔分数。当回流量仅比全回流微量减少即 D 很小时，有：

$$\frac{D}{G}x_{i,D}\approx 0 \tag{2-135}$$

则有：

$$y'_{i,n}=\frac{L^*}{G}x_{i,n-1} \tag{2-136}$$

比较全回流条件下的式(2-95)，显然：$y'_{i,n}<y_{i,n}$ (2-137)

即操作条件下，任意塔板上的气相组成小于全回流时的气相组成。故要实现全回流条件下的分离效果，必然要增加理论板数，且回流比愈小，达到全回流时相同的分离效果所需理论板数愈大。因此在进料条件下，必然存在一个临界回流比，在此回流比下所需要理论板数无穷多，称临界回流比即为最小回流比 R_m。低于临界回流比 R_m，则无法实现组分有效分离。

（2）进料组成对最小回流比的影响

据前所述，在指定的进料状态下，用无穷多的理论板数来达到规定的分离要求所需的回流比称为最小回流比，一般用 R_m 表示。下面对精馏塔内最小回流比下的组分浓度分布做扼要讨论：二元精馏中，当物系为理想溶液或与理想溶液偏差不大的物系，则精馏操作线与平衡线不相切，故最小回流比情况下，进料板上下将出现恒浓区（也叫夹点区），即精馏段和提馏段的操作线在进料板处交于平衡线（如图2-12所示）。

用图解法计算两元精馏时，可采用精馏段操作线的斜率确定最小回流比，而且恒浓区的位置及特征在图中也可表示清楚。对于多元精馏，最小回流比条件下也存在恒浓区，由于组分多，恒浓区的分布远比两元组分情况复杂，会出现上下两个恒浓区。对于某些轻组分，在

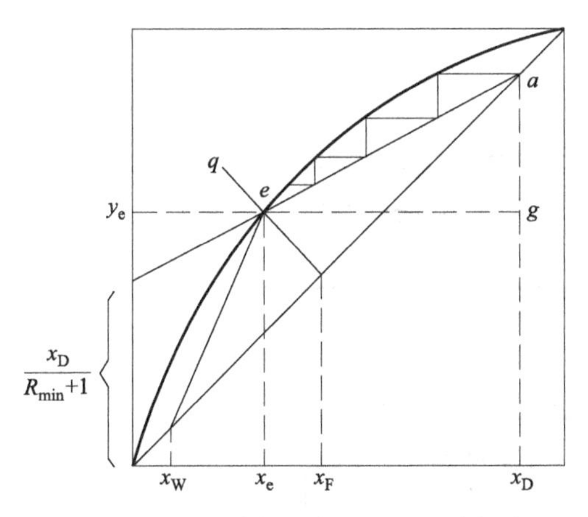

图 2-12　二元组分的最小回流比下的恒浓区

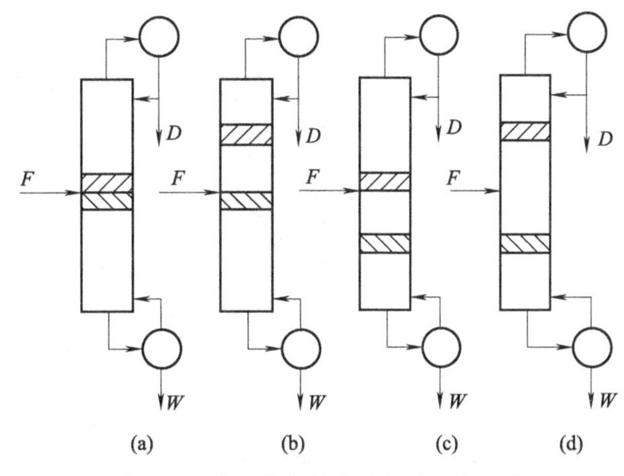

图 2-13　多组分精馏塔中恒浓区的部位

最小回流比下，将全部进入塔顶而不出现在塔釜；相反，某些重组分将全部进入塔釜而不出现在塔顶。这种仅在塔顶或塔釜出现的组分，称为非分配组分。而在塔顶和塔釜均出现的组分则称为分配组分，关键组分必定是分配组分。图 2-13 表示组分在塔顶塔底的分配差异而使得恒浓区出现在塔不同部位的情况：若进料中的所有组分都是分配组分，那么只在进料板位置出现一个恒浓区［图 2-13（a)］，窄沸程混合物的精馏或双组分精馏属于这类情况，只有一个恒浓区在多组分精馏中是比较少的；若一个或几个重组分为非分配组分，则它们仅出现于塔底，这时上恒浓区将在精馏段的中间部位，位于加料板和上恒浓区之间的塔板，用以蒸馏出进料中的重组分以保证塔顶不含有重组分［图 2-13（b)］；如果只有塔顶含有非分配组分，那么下恒浓区将出现在提馏段的中部，同样在加料板和下恒浓区之间的塔板，用以提馏出进料中的轻组分以保证塔釜不含有轻组分［图 2-13（c)］；倘若塔顶和塔釜均有非分配组分，则上、下恒浓区将分别位于精馏段和提馏段的中部［图 2-13（d)］。另外，若所有进料组分在釜液中出现，则提馏段的恒浓区移至进料板上下。同样，若所有进料组分在馏出液中出现，精馏段恒浓区移至进料板上下。

对塔顶和塔釜均具有非分配组分的情况，最小回流比条件下各组分沿塔组成变化的情况如图 2-14 所示，可以看出此时可以将塔划分为五个区域：

① 精馏区　从塔顶向下最轻组分和轻关键组分浓度逐渐下降，重关键组分浓度逐渐上升；

② 上恒浓区　该区内主要组分仍为重关键组分、轻关键组分和最轻组分，但各组分浓度均恒定不变；

③ 进料区　进料区包括有进料的全部组分，自进料板向上重关键组分和最重组分的浓度迅速降低，最重组分经过若干塔板后浓度接近于零。自进料板向下轻关键组分和最轻组分的浓度迅速降低，最轻组分经过若干块塔板以后浓度接近于零；

④ 下恒浓区　该区内主要组分是轻关键组分、重关键组分和最重组分，但各组分浓度均恒定不变；

⑤ 提馏区　从塔底向上最重组分和重关键组分浓度逐渐降低，轻关键组分浓度不断上升。

上面所述两大类分离的最小回流比计算方法不同。

(3) 恩德伍德（Underwood）法求最小回流比 R_m

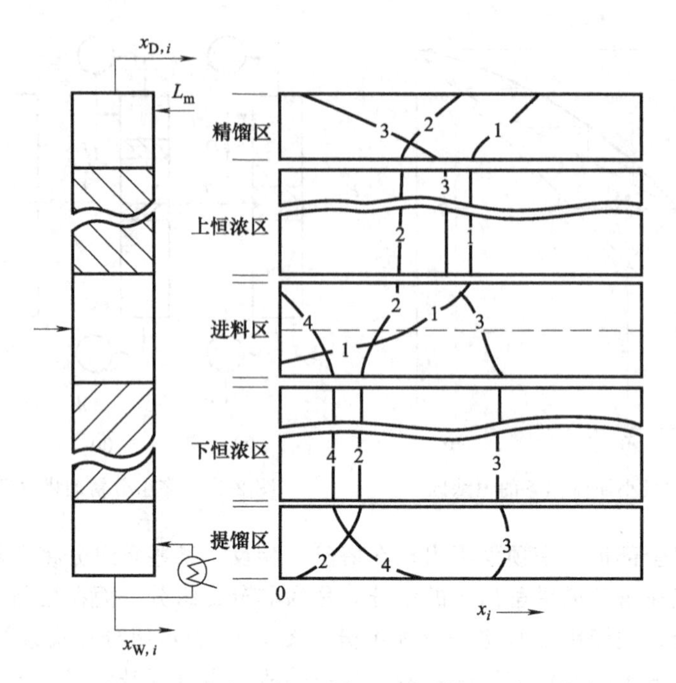

图 2-14　最小回流比时各组分沿塔的组分变化

1—最轻组分；2—轻关键组分；3—重关键组分；4—最重组分

对于具有上下两个恒浓区的精馏塔，利用两个恒浓区的概念，恩德伍德根据物料平衡和相平衡关系，推出了两个联立求取最小回流比的公式。并且假定：①在两个恒浓区之间区域各组分的相对挥发度为常数；②在进料板到精馏段恒浓区和进料板到提馏段恒浓区的两区域内气相和液相均是恒摩尔流：

$$\sum \frac{\alpha_{ih,T} z_i}{\alpha_{ih,T}-\theta}=1-q=e \tag{2-138}$$

$$\sum \frac{\alpha_{ih,T} x_{D,i}}{\alpha_{ih,T}-\theta}-1=R_m \tag{2-139}$$

式中，z_i 为进料中组分 i 的摩尔分数；e 为进料的汽化分率；$x_{D,i}$ 为塔顶产品中 i 的摩尔分数；θ 为恩德伍德参数，方程（2-138）的实根，因此方程有很多根，故其取值应在轻重两个关键组分相对挥发度之间；$a_{ih,T}$ 为 i 组分在操作压力和塔顶、塔底平均温度条件下，以重关键组分或最重组分作为对比组分的相对挥发度；R_m 为最小回流比。

应该注意，恩德伍德的适用条件为塔内符合恒摩尔流，即精馏段及提馏段各板的回流量相等，重组分与轻组分的汽化热相近，各组分全塔相对挥发度不变。用此法计算时所用平均温度为：

$$T=\frac{DT_D+WT_W}{F} \tag{2-140}$$

利用恩德伍德法求解最小回流比，应先利用式(2-138）解出 θ，再由式(2-139）解出 R_m。必须注意，多组分情况下，若以解析形式通过式(2-138）求解 θ 时，会产生一个高次方程，工程上多采用牛顿法或迭代法求解，熟练时也可以采用试差法。

【例 2-14】 按照例 2-9 和例 2-12 给定的条件及计算结果，试求该脱丙烷塔的最小回流比。

解：(1) 已知：$p=0.7\text{MPa}$，$T_D=6℃$，$T_W=62℃$，$e=0.467$，$F=100\text{kmol/h}$，$D=71.704\text{kmol/h}$，$W=28.296\text{kmol/h}$

(2) 确定温度 T：$T=\dfrac{DT_D+WT_W}{F}=\dfrac{71.704\times6+28.296\times62}{100}=21.8$ (℃)

(3) 确定 $p=0.7\text{MPa}$、$T=21.8℃$ 下的 K_i 及 α_{ih}。查 K_i，并计算 α_{ih}，结果列入下表：

组分 i	$C_2^=$	C_2^0	$C_3^=$	C_3^0	iC_4^0	iC_5^0
z_i	0.002	0.002	0.680	0.033	0.196	0.087
K_i	6.2	4.0	1.45	1.25	0.5	0.11
α_{ih}	12.4	8.0	2.9	2.5	1.0	0.22

(4) 牛顿法求解 θ

$$f(\theta_0)=\frac{12.4\times0.002}{12.4-\theta_0}+\frac{8\times0.002}{8-\theta_0}+\frac{2.9\times0.68}{2.9-\theta_0}+\frac{2.5\times0.033}{2.5-\theta_0}+\frac{0.196}{1-\theta_0}+\frac{0.22\times0.087}{0.22-\theta_0}-0.467$$

$$f'(\theta_0)=\frac{12.4\times0.002}{(12.4-\theta_0)^2}+\frac{8\times0.002}{(8-\theta_0)^2}+\frac{2.9\times0.68}{(2.9-\theta_0)^2}+\frac{2.5\times0.033}{(2.5-\theta_0)^2}+\frac{0.196}{(1-\theta_0)^2}+\frac{0.22\times0.087}{(0.22-\theta_0)^2}$$

选取 θ 的初值：$\theta_0=\dfrac{\alpha_{lh}+\alpha_{hh}}{2}=\dfrac{2.9+1}{2}=1.95$

代入，得：

$$f(1.95)=\frac{12.4\times0.002}{12.4-1.95}+\frac{8\times0.002}{8-1.95}+\frac{2.9\times0.68}{2.9-1.95}+\frac{2.5\times0.033}{2.5-1.95}+\frac{0.196}{1-1.95}+\frac{0.22\times0.087}{0.22-1.95}-0.467=1.546$$

$$f'(1.95)=\frac{12.4\times0.002}{(12.4-\theta_0)^2}+\frac{8\times0.002}{(8-\theta_0)^2}+\frac{2.9\times0.68}{(2.9-\theta_0)^2}+\frac{2.5\times0.033}{(2.5-\theta_0)^2}+\frac{0.196}{(1-\theta_0)^2}+\frac{0.22\times0.087}{(0.22-\theta_0)^2}=2.677$$

$$\theta_1=\theta_0-\frac{f(\theta_0)}{f'(\theta_0)}=1.95-1.546/2.677=1.372$$

经过 5 次迭代，得 $\theta=1.234$

(5) 计算 R_m

$$R_m=\sum\frac{\alpha_{ih,T}x_{D,i}}{\alpha_{ih,T}-\theta}-1=\frac{12.4\times0.003}{12.4-1.234}+\frac{8\times0.003}{8-1.234}+\frac{2.9\times0.947}{2.9-1.234}+\frac{2.5\times0.046}{2.5-1.234}+\frac{1\times0.014}{1-1.234}-1$$
$$=0.69$$

3. 操作回流比

精馏塔的塔板数是有限的，当精馏过程的回流比 R 大于最小回流比 R_m 时，精馏塔才能达到分离要求。为了实现两个关键组分的分离要求，回流比和理论板数必须都高于它们的最小值。回流比的选择应结合分离效果和经济效益两方面因素综合考虑，原则上所选取的回流比和理论板数应使得在满足分离要求前提下，操作费用和设备投资费用之和最小。合理确定回流比及理论板数的方式一般是首先确定最小回流比的某一倍数，之后采用分析法、图解法或经验关系式确定所需理论板数。

在某一回流比条件下操作的精馏过程，其操作费和设备费加和的总成本最低为最优回流比。在最小回流比时操作费用最小，但所需理论板数无穷多，设备费用也无穷大；当回流比增大，所需理论板数急剧减少，设备费用迅速减少，但随着回流比的增大，这种减少会变得缓慢。当回流比增至一定值后，因回流量的增大，导致塔径增大的费用大于因塔高减小（塔

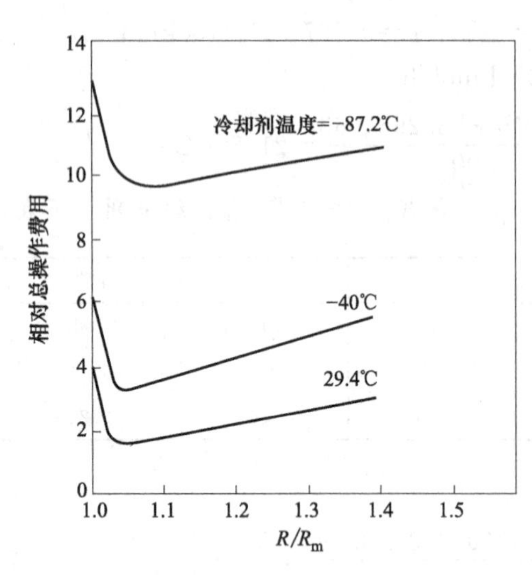

图 2-15 回流比与操作费用的关系

板数减少缘故）所减少的费用。生产过程中所发生的费用应包括设备费用和操作费用，而操作费用则随着回流比增加而增大（图 2-15）。

规定的回流比的经验范围是：

$$R=(1.1\sim2)R_m \qquad (2\text{-}141)$$

根据费尔（Fair）和博尔斯（Bolles）的研究结果，操作回流比与最小回流比的最优值约为 1.05，并且，比这个值稍大的一定范围内都接近最佳条件。工程实践中，产品纯度要求高的烃类多级精馏塔多取 $R/R_m=1.1$ 左右进行设计，而粗略分离要求的少理论板数精馏塔则在 $R/R_m=1.5$ 左右选择回流比，介于两者之间情况可取中间值 $R/R_m=1.30$。在回流比的选择上，要依具体情况而异。如前所述，对于一般的难分离物系，组分间相对挥发度小，需要的平衡级多，故塔身高而动力消耗大。如塔板数为 100 块的塔，其高度达到 45m 以上，动力消耗很大。此时，若适当加大回流比，可显著减少理论板数，使得塔高度大大降低，节能效果十分明显，故 R/R_m 应取较大值；轻烃类物系精馏情况下，轻组分的挥发度大，塔顶冷凝器需要低温才能生产液态回流，由于低温冷冻费用昂贵，为避免产生过多冷冻费用，可选择较小回流比，以降低操作费用。如裂解气分离中，丙烯和乙烯所需冷冻温度分别约为 −30℃ 和 −103℃，在此温度下将丙烯和乙烯气体液化的费用是很高的。故一般采用低回流比，常取 $R:R_m=1.05$，以减少操作费用。

4. 吉利兰（Gilliand）关联式确定平衡级数 S

吉利兰对 8 个不同体系以不同精馏条件，用逐板计算法对 50 多个精馏塔进行了计算，归纳得到了吉利兰图（见图 2-16），此图对理想溶液误差在 7%以内。建立吉利兰图的物系及操作条件的范围：物系的组分数为 2～11、进料状态从冷进料到蒸气进料、操作压力 p 从接近真空至 40 个大气压、关键组分间的相对挥发度 α_{lh} 为 1.26～4.05、最小回流比 R_m 为 0.53～7.0、理论板数 S 为 2.4～43.1，吉利兰图中的 S_m 及 S 均包括再沸器及冷凝器，适用于分离过程中相对挥发度 α_{lh} 变化不大的情况。由此可见，只有实际操作条件与原实验条件较为接近时，才能使用吉利兰关联图正确估算理论板数。

在吉利兰关联的基础上，不少研究者还提出了一些改进的方法，但大部分方法对提高估算精度效果不明显，故吉利兰关联至今仍被广泛应用。值得一提的耳波与马多克斯（Erbar and Moddox）法（图 2-17），图中虚线部分是根据恩德伍德法的 R_m 外推的。多组分精馏应用耳波与马多克斯法要比吉利兰图好些，据原作者指出，该图用计算机对多元精馏做了严格的逐板计算得到，精确度较高，平均误差为 4.4%，但只限于泡点进料情况。

为避免吉利兰图反复转载所引起的误差，同时也是配合计算机进行精馏过程模拟计算，不少人对吉利兰的原始数据进行回归分析，用具有足够精确度的数学式来表达吉利兰的关联，其中较准确的公式有以下三种：

埃德吉（H. E. Eduljee）建议用以下公式进行计算：

$$y=0.75-0.75x^{0.5668} \qquad (2\text{-}142)$$

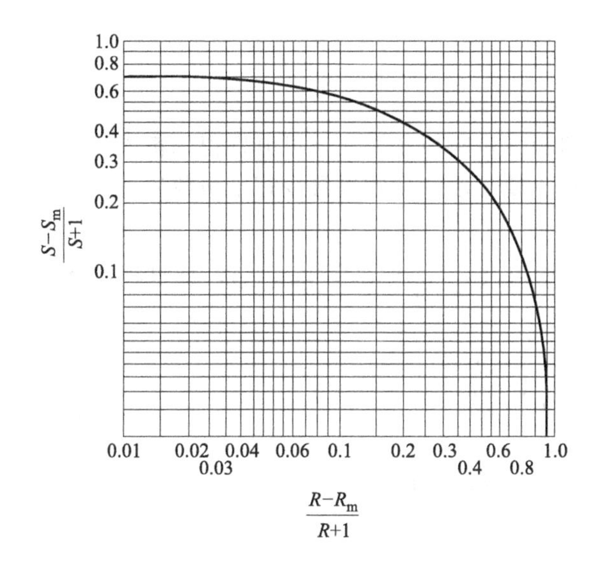

图 2-16 吉利兰图

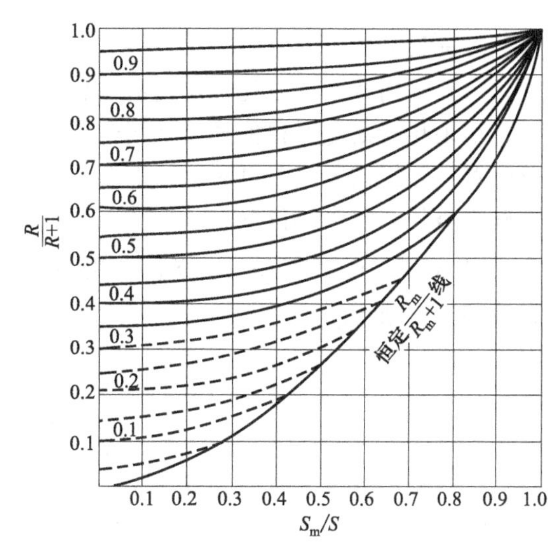

图 2-17 耳波与马多克斯图

莫洛克诺夫（Y. K. Molokanov）提出了下式：

$$y=1-\exp\left[\frac{(1+54.4x)(x-1)}{(11+117.2x)\sqrt{x}}\right] \tag{2-143}$$

以下为李德公式：

$$\begin{cases} y=1.0-18.5715x & 0\leqslant x\leqslant 0.01 \\ y=0.545827-0.591422x & 0.01\leqslant x\leqslant 0.9 \\ y=0.16595-0.16595x & 0.9\leqslant x\leqslant 1 \end{cases} \tag{2-144}$$

以上各式中，$x=(R-R_m)/(R+1)$，$y=(S-S_m)/(S+1)$。

综合以上，求取理论塔板数的步骤如下：

① 由精馏特征确定 R；

② 计算$(R-R_m)/(R+1)$；

③ 根据$(R-R_m)/(R+1)$值，由吉利兰图或相关关联式得到$(S-S_m)/(S+1)$；

④ 由 $(S-S_m)/(S+1)$ 和 S_m 确定 S。

利用吉利兰关联式进行理论板数求取时应注意以下两个问题：

① 吉利兰关联式适用于泡点进料，也可用于有限的过冷或闪蒸；

② 因再沸器和冷凝器也存在分离效率问题，理论精馏数一般采用 S_m 和 S 而不采用 N_m 和 N（塔内最小理论板数和塔内理论板数）。

【例 2-15】 按照例 2-12 和例 2-14 的条件和计算结果，试求当 $R=1.3R_m$ 时理论塔板数。

解：(1) 由题知，$R=1.3R_m=1.3\times0.69=0.897$，$S_m=11.7$（块）

(2) $x=\frac{R-R_m}{R+1}=\frac{0.897-0.73}{0.897+1}=0.088$

(3) $y=1-\exp\left(\frac{1+54.4x}{11+117.2x}\times\frac{x-1}{x^{1/2}}\right)=1-\exp\left(\frac{1+54.4\times0.112}{11+117.2\times0.112}\times\frac{0.112-1}{0.112^{1/2}}\right)=0.566$

即 $0.542=(S-11.7)/(S+1)$

解得 $S=28.3$（块）。

5. 进料位置

（1）利用芬斯克方程确定进料位置

如果将芬斯克方程推导模式用于塔顶至进料板或进料板至塔底，可分别得到精馏段（含分凝器）和提馏段（含再沸器）的芬斯克方程用于精馏段和提馏段最少理论板数的估算，进而确定塔的适宜进料位置。

以 $(x_h/x_l)_F$ 代替 $(x_h/x_l)_W$，α 取精馏段平均值（$\alpha_{lh,N_R}=\sqrt{\alpha_{lh,D}\alpha_{lh,F}}$），即可得精馏段最少理论板数 S_{Rm}：

$$S_{Rm}=\frac{\lg\left[\left(\frac{x_l}{x_h}\right)_D\left(\frac{x_h}{x_l}\right)_F\right]}{\lg\alpha_{lh,N_R}} \tag{2-145}$$

上式表示塔顶为全凝器情况，如果塔顶为分凝器，则用 $(y_l/y_h)_D$ 取代 $(x_l/x_h)_D$。用 $(x_h/x_l)_F$ 代替 $(x_l/x_h)_D$，α 取提馏段平均值（$\alpha_{lh,N_S}=\sqrt{\alpha_{lh,F}\alpha_{lh,W}}$），即为提馏段最少理论板数 S_{Sm}：

$$S_{Sm}=\frac{\lg\left[\left(\frac{x_l}{x_h}\right)_F\left(\frac{x_h}{x_l}\right)_W\right]}{\lg\alpha_{lh,N_S}} \tag{2-146}$$

因此，有：

$$\frac{S_{Rm}}{S_{Sm}}=\frac{\lg\left[\left(\frac{x_l}{x_h}\right)_D\left(\frac{x_h}{x_l}\right)_F\right]/\lg\alpha_{lh,N_R}}{\lg\left[\left(\frac{x_h}{x_l}\right)_W\left(\frac{x_l}{x_h}\right)_F\right]/\lg\alpha_{lh,N_S}} \tag{2-147}$$

上式既适用于泡点进料状况，也适用于部分汽化进料。若全塔范围内相对挥发度变化不太大时，有：

$$\frac{S_{Rm}}{S_{Sm}}=\frac{\lg\left[\left(\frac{x_l}{x_h}\right)_D\left(\frac{x_h}{x_l}\right)_F\right]}{\lg\left[\left(\frac{x_h}{x_l}\right)_W\left(\frac{x_l}{x_h}\right)_F\right]} \tag{2-148}$$

并且有：

$$S_{Rm}+S_{Sm}=S_m \tag{2-149}$$

需要注意，不能直接查吉利兰图得到 S_{Rm} 和 S_{Sm}，因为吉利兰图是由全塔数据关联得到的，不能用于半塔，只有当全塔的相对挥发度能被看作常数时可以使用。

根据布朗（Brown）和马丁（Martin）的建议，适宜进料位置的确定原则是：在操作回流比下精馏段和提馏段理论塔板数之比，等于在全回流条件下用芬斯克方程分别计算得到的精馏段与提馏段理论板数之比，因此有：

$$\frac{S_R}{S_S}=\frac{S_{Rm}}{S_{Sm}}=\frac{\lg\left[\left(\frac{x_l}{x_h}\right)_D\left(\frac{x_h}{x_l}\right)_F\right]/\lg\alpha_{lh,N_R}}{\lg\left[\left(\frac{x_h}{x_l}\right)_W\left(\frac{x_l}{x_h}\right)_F\right]/\lg\alpha_{lh,N_S}} \tag{2-150}$$

经验表明，只有对称式进料和分离，也就是精馏塔的两端产品 D 和 W 大致相当，式(2-150) 得到结果才比较正确，否则误差较大。

式(2-147)、式(2-149) 和式(2-150) 均表示塔顶为全凝器情况，如果塔顶为分凝器气相出料时，用 $(y_l/y_h)_D$ 取代 $(x_l/x_h)_D$ 即可。

(2) 柯克布莱德（Kirkbride）经验式确定进料位置

对于泡点进料的情况，用柯克布莱德（Kirkbride）提出的经验式确定最佳进料位置：

$$\frac{S_R}{S_S}=\left[\left(\frac{z_h}{z_l}\right)_F\left(\frac{x_{l,W}}{x_{h,D}}\right)^2\left(\frac{W}{D}\right)\right]^{0.206} \tag{2-151}$$

利用式(2-150）或式(2-151）可以得到精馏段理论板数与提馏段理论板数之比，再结合 S_R 及 S_S 与总理论板数 S 的关系式(2-152）即可确定：

$$S=S_R+S_S \tag{2-152}$$

需要指出：理论板计算中的加料位置，仅仅将精馏塔分为精馏段和提馏段，并不考虑加料板，加料板一般在实际塔板设计中考虑。

6. FUG 法简捷计算理论板数步骤

综上所述，采用 FUG 法近似模拟精馏过程计算步骤如下：

① 确定轻、重关键组分；

② 通过清晰分割和非清晰分割计算塔顶、塔底组成，求塔顶、塔底温度；

③ 进料绝热闪蒸计算，确定 T_F、e 及进料组成；

④ 由芬斯克方程计算 S_m；

⑤ 由恩德伍德方程计算 R_m 并估算 R；

⑥ 由吉利兰图或关联式确定 S；

⑦ 利用芬斯克方程或柯克布莱德经验式确定进料位置。

第六节 实际精馏塔设计计算

第五节讨论了理论塔的模拟简捷计算，但理论塔是理想化模型。对于实际精馏塔的设计，平衡级模型所采取的措施是先对实际精馏塔按理论塔进行模拟计算，然后估计实际精馏塔的效率，再将理论塔板数换算为实际塔板数；或计算出等板高度，并根据等板高度和理论板数得到精馏塔填料层高度。

一、实际精馏塔板效率及估算

板效率是用来衡量塔板上传质效果的一种尺度，板效率由塔板上两相接触状况及传质速率所决定。对理论塔板而言，其板效率为 100%，而实际塔板的效率小于 1。

（一）实际塔塔板

所谓实际塔塔板，就是工业运行的实际精馏塔的塔板，实际塔的塔板中比较普遍采用的塔板为筛孔塔板、浮阀塔板及泡罩塔板等形式。筛孔塔板简称筛板，结构非常简单，其实就是塔盘上开设一定数量的 3～25mm 的小孔的塔板。筛孔塔板历史悠久，但至今仍被广泛应用的传质分离设备，欧美许多国家工业使用的板式塔中，约 60%都是筛孔塔板及其改进型塔板；浮阀塔板是在塔盘上开有一定数量的阀孔并安置能上下浮动的阀件。由于浮阀与塔盘之间流通面积能随气体负荷变动自动调节，同时气体以水平方向吹出、气液接触时间长，且雾沫夹带少，因此具有良好的操作弹性和较高的塔板效率，在工业中得到较为广泛的应用。泡罩塔板应用历史最长，1813 年就出现在工业塔中，随后的 100 年中，成为工业应用的主要塔板形式，近年来，逐渐被筛孔塔板及浮阀塔板所取代。

工业上所应用的各类塔板的分离效果与理论板至少存在如下差异：①理论板假设离开该板的气液两相达到平衡，也就是说板上的传质量达到最大值。而实际板上的传质是以一定速率进行的，受塔板结构、气液两相流动情况以及两相的有关物系和平衡关系影响，难以达到最大传质量。②理论板假设板上相互接触的气液两相都完全混合，板上液相浓度均一，等于离开该板溢流液浓度。此假设与塔径较小的实际塔板上的混合情况接近，当塔径较大时，板上液相情况是从进口堰到出口堰浓度逐渐接近的。此外，进入到同一块板上各点的气相浓度也不相同。③实际板上气液两相存在不均匀流动，停留时间有明显差异。④实际板上还存在雾沫夹带、漏液和液相夹带泡沫现象。

尽管几十年来人们对塔板进行了种种改进，也取得了一定成效，如近年来开发的穿流塔板、复合型塔板、垂直筛板以及多降液管塔板，但各种改进的塔板在功效上都不能实现理论板的三个假设，与理论板的分离效率尚有一定距离。

目前，直接得到实际板数尚无可靠有效的方式，普遍采用的方式是将实际板和理论板用称为板效率的物理量关联起来，并通过板效率和理论板数得到实际塔板数。

（二）板效率

精馏过程对塔板的要求是既能使得气液两相在塔板上快速传质又能有效分离。所谓板效率，顾名思义，即与理论塔板相比较，实际塔板的气液两相传质分离能力。除前面所介绍的点效率定义外，尚有分板效率定义及总板效率（全塔效率）定义等。板效率还分为莫弗里（Murphree）板效率、豪森（Hausen）板效率、斯当尔特（Stondart）板效率和霍兰（Holland）板效率，其中应用最普遍的是莫弗里（Murphree）板效率。

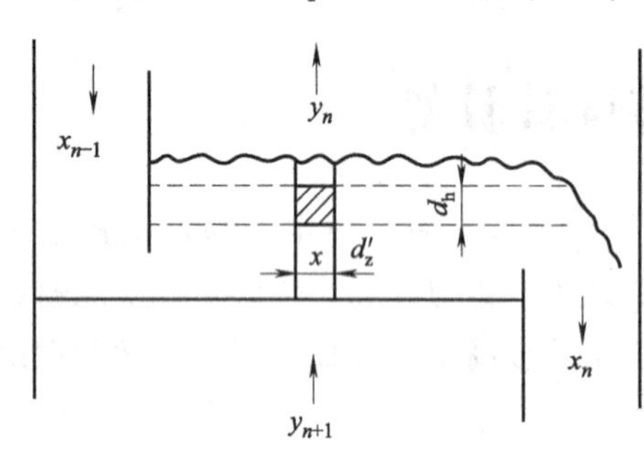

图 2-18　气相莫弗里板效率示意图

1. 莫弗里板效率

莫弗里板效率是描述某一块板理论增浓程度与实际增浓程度的差异。它假定板间气相完全混合，气相以活塞流垂直通过液层；板上液体完全混合，其组成等于离开该板降液管中的液体组成。定义实际板上的浓度变化与平衡时应达到的浓度变化之比为莫弗里板效率。根据图 2-18 所示，对 i 组分以气相浓度表示的莫弗里板效率 $E_{i,\mathrm{MV}}$ 为：

$$E_{i,\mathrm{MV}}=\frac{y'_{i,n}-y'_{i,n+1}}{y^*_{i,n}-y'_{i,n+1}}=\frac{i\text{ 组分在第 }n\text{ 块板的实际提浓效果}}{i\text{ 组分在第 }n\text{ 块板的理论提浓效果}} \tag{2-153}$$

式中，$y^*_{i,n}$ 表示离开第 n 块板的与液相浓度 $x_{i,n}$ 成平衡的气相浓度；$y'_{i,n}$、$y'_{i,n+1}$ 分别表示离开第 n 块板、第 $n+1$ 块板组分 i 气相实际浓度。

同样，还可以对 i 组分以液相浓度表示莫弗里板效率 $E_{i,\mathrm{ML}}$：

$$E_{i,\mathrm{ML}}=\frac{x'_{i,n}-x'_{i,n-1}}{x^*_{i,n}-x'_{i,n-1}}=\frac{i\text{ 组分在第 }n\text{ 块板的实际提浓效果}}{i\text{ 组分在第 }n\text{ 块板的理论提浓效果}} \tag{2-154}$$

式中，$x^*_{i,n}$ 表示离开第 n 块板的液相浓度；$x'_{i,n-1}$、$x'_{i,n}$ 分别表示离开第 $n-1$ 块板和第 n 块板的液相实际浓度。

莫弗里气相板效率与液相板效率关系如下：

$$E_{MV}=\frac{AE_{ML}}{1+(A-1)E_{ML}} \tag{2-155}$$

式中，A 为吸收因子 $[A=L/(KV)]$。对于二元系统，取任一组分表示均可，对于多组分物系，一般以关键组分表示。当 $A=1$，即操作线与平衡线斜率之比等于 1 时，$E_{MV}=E_{ML}$。一般情况下，一塔板上同一组分，以气相浓度和以液相浓度表示的莫弗里板效率数值是不相等的。

2. 总板效率 E_T

如上所述，逐层精确地计算各板的板效率工作量太大，也未必满足要求。设计中常用总板效率 E_T 来衡量实际精馏塔的传质效果：

$$E_T=\frac{\text{指定回流比与分离要求下所需的理论板数}}{\text{相同条件下所需要的实际板数}}=\frac{S}{S_A} \tag{2-156}$$

式中，S 为理论板数；S_A 为达到 S 块理论板分离效果需用的实际板数。E_T 是总板效率的某种均值，与操作线和平衡线的斜率有关。

3. 总板效率 E_T 与分板效率 E_{MV} 关系

分板效率 E_{MV} 与总板效率 E_T 可用吸收因子 A 关联，刘易斯（W. K. Lewis）推导出的关联式如下：

$$E_T=\frac{\lg\left[1+E_{MV}\left(\frac{1}{A}-1\right)\right]}{\lg\frac{1}{A}} \tag{2-157}$$

当吸收因子 A 远大于或远小于 1 时，E_T 与 E_{MV} 差别相当大；而当 $A\approx1$ 时，E_T 与 E_{MV} 相等。工程上，分板效率和总板效率不能混用。对于精馏塔，精馏段的操作线斜率小于平衡线斜率，即 $A<1$，故总板效率高于分板效率；而提馏段的操作线斜率一般大于平衡线斜率，$A>1$，则总板效率低于分板效率。

4. 分板效率 E_{MV} 与点效率 E_{OG} 的关系

点效率与板效率的关系与塔板上液体返混程度有关，当气相全混、液相全混时，板效率等于点效率；当气相全混、液相无返混时，刘易斯从理论上导出分板效率与点效率的关系：

$$E_{MV}=A\left[\exp\left(\frac{E_{OG}}{A}\right)-1\right] \tag{2-158}$$

一般小塔可以认为液相全混，即点效率等于板效率，一般工业塔都存在液相返混状况。美国化学工程学会（AIChE）根据一维轴向扩散模型提出液相部分返混下的分板效率与点效率关系：

$$\frac{E_{MV}}{E_{OG}}=\frac{1-\exp[-(\eta+Pe)]}{(\eta+Pe)\left(2+\frac{\eta+Pe}{\eta}\right)}+\frac{\exp\eta-1}{\eta\left(1+\frac{\eta}{\eta+Pe}\right)} \tag{2-159}$$

式中，Pe 称为贝克莱数，表示流体轴向返混程度，数学表达式为：

$$Pe=\frac{U_L Z_W}{D_E}=\frac{Z_W^2}{D_E t_L} \tag{2-160}$$

式中，U_L 为塔板上液流速度，m/s；Z_W 为塔板上液流长度，m；D_E 为轴向涡流扩散系数，m^2/s。筛板塔的涡流扩散系数 D_E 按下式计算：

$$D_E^{0.5}=0.00378+0.0171+0.18h_w+3.68L_s/l_f \tag{2-161}$$

式中，L_s 为液流体积流量，m^3/s；l_f 为液流宽度，m；h_w 为堰高，m。

当 $D_E=0$ 时，$Pe\to\infty$，表示液相无返混，为活塞流流动；当 $D_E\to\infty$时，$Pe=0$，表示液相为全混状态；当 $0<Pe<\infty$，表示液相存在一定程度的返混。

η 为一维轴向扩散参变量，其表达式如下：

$$\eta=\frac{Pe}{2}\left(\sqrt{1+\frac{4E_{OG}}{APe}}-1\right) \tag{2-162}$$

（三）板效率估算

影响板效率的因素主要包括以下几方面：①物质的性质，主要指黏度、密度、相对挥发度、表面张力等；②塔板的结构，主要包括板面布置、塔径、板间距、堰高及开孔率等；③操作条件，是指温度、压力、气体上升速度及气液流量比等。影响板效率的因素多而复杂，理清各种因素之间的定量关系十分困难。设计中使用的板效率数据，多是由条件相近的生产装置或中试装置取得经验数据。

由于板效率综合考虑了传质速率、传质面积和级间返混等影响因素，其值大小与相平衡关系、物系的力学和传递物性、气液两相流率和设备结构等有关。人们在长期实践的基础上，积累了丰富的数据，加上理论研究的不断深入，逐渐总结出一些估算板效率的经验关联式。

截至目前，塔板效率获取方式大体上分三类：一是比较全面地综合各种传质和流体力学因素的影响，从单板效率的计算出发，逐步推算出总板效率。目前公认较好地反映实际情况的是美国化学工程学会（AIChE）提出的一套预测板效率的计算方法（简称 AIChE 法）。该法不仅综合了较多的影响因素，而且能反映塔径放大对效率的影响，有助于化工过程开发，但该计算方法程序较为繁杂，初算精馏塔时一般不使用；二是简化的经验关联式(图）法；三是由生产和实验装置的生产或试验数据直接得到。经验关联式(图）法较为常用，分板效率和全塔效率都可以用来估计板效率。

1. 分板效率 E_{MV} 估算

分板效率表达了每一块板的传质效率。由于操作条件的差异，每层塔板的传质效率各不相同。即使各层塔板之间的板效率相差不大，由于操作线和相平衡线的斜率差异，也使得分板效率不同于全塔效率。分板效率关联式很多，选用时应注意实验条件。比较有代表性的是 M-S-V 修正式、E-W 关联式及 AIChE 板效率。

（1）M-S-V 修正式

麦克法兰（S. A. MarFariand)、西格蒙德（P. M. Sigmund）和温克尔（M. VanWinkle）统计了 806 个泡罩塔和筛板塔的二元系统（其中 285 个氨吸收塔）的实验数据，对莫弗里气相板效率进行修正，得到如下关系式，其平均误差 10.6%，90%的计算值在实验值的±24%之内，该式亦可用于吸收塔。

$$E_{MV}=6.8(Re_V\times Sc)^{0.1}(D_g\times Sc)^{0.115} \tag{2-163}$$

$$Re_V=h_wG_V/\mu_L$$

$$Sc=\mu_L/\rho_L D_{AB}$$

$$D_g^{-1}=\mu_L u_V/\sigma_L$$

式中，Re_V 为气相修正雷诺数，其中 h_w 为堰高，m；G_V 为孔质量气速，m/(kg^2・s)；μ_L 为液相黏度，Pa・s；Sc 为液相施密特数；ρ_L 为液相密度，kg/m^3；D_{AB} 为被吸收组分在液相中的扩散系数，m^2/s；D_g 为细孔数；σ_L 为液相表面张力，N/m；u_V 为孔气速，m/s。

(2) E-W 关联式

英格利希（G. G. English）和温克尔（M. VanWinkle）考虑了塔板结构等因素及操作参数，得出如下关联式：

$$E_{MV}=10.84\varphi_S^{-0.28}\left(\frac{L}{V}\right)^{0.024}h_w^{0.241}G^{-0.013}\left(\frac{\sigma_L}{\mu_L u_g}\right)^{0.044}\left(\frac{\mu_L}{\rho_L D_L}\right)^{0.137}\alpha^{-0.028} \tag{2-164}$$

式中，(L/V) 为液气摩尔流率比，一般取 0.6～1.0；G 为气体质量速度，lb/(ft^2・h)(1lb=0.4536kg，1ft=0.3048m)；φ_S 为基于塔板截面积的开孔率（开孔面积与塔截面积之比）；h_w 为堰高，in (1in=0.0254m)；μ_L 为液体黏度，P (1P=0.1Pa・s)；u_g 为空塔气速，cm/s；D_L 为液相扩散系数，m^2/s；σ_L 为液相表面张力，dyn/cm (10^{-5}N/cm)；ρ_L 为液体密度，kg/m^3；α 为相对挥发度。

该式关联了物性、塔板结构参数及气液流动性能等，与实验数据拟合平均误差仅为 4.4%，最大偏差为 20%。关联式实验数据范围：塔板型式为筛板和泡罩塔板；自由截面积率 0.027～0.185，实验塔径为 25.4～610mm、堰高 12～150mm；板间距 50～910mm，(L/V) 为 0.6～1.0，气体或液体流量 100～1000lb/(ft^2・h)。

(3) AIChE 板效率

美国化学工程学会（AIChE）提出确定板效率的一套方法，其主要关系式为：

$$\begin{cases}N_G=(0.776+4.56h_w-0.24F_V+105L_P+2.4\Delta)Sc_v^{-0.5} & (2\text{-}165a)\\ N_L=197D_L^{0.5}(0.4F_V+0.17)t_L \text{ 或 } N_L=203D_L^{0.5}(0.213F_V+0.15)t_L & (2\text{-}165b)\\ N_{OG}=1-(1/N_G+\lambda/N_L) & (2\text{-}165c)\\ E_{OG}=1-\exp(-N_{OG}) & (2\text{-}165d)\end{cases}$$

式中，h_w 为堰高，m；F_V 为塔板鼓泡面积上的动能因子，$F_V=\mu_v\rho_v^{0.5}$，kg$^{0.5}$/(m$^{0.5}$・s)；L_P 为液流强度，$L_P=L_S/l_f$，m^3/(m・s)；Δ 为塔板上的液面梯度，m；Sc_v 为气相的施密特准数，$Sc_v=m_v/(\rho_v D_{AB})$；D_L 为液相扩散系数，m^2/s；λ 为平衡线斜率和操作线斜率之比；t_L 为液相在塔板上的停留时间，$t_L=Z_1\Gamma/L_P$，s。其中 Z_1 为液相在塔板上的流道长度；Γ 为单位鼓泡面积上的持液量，m^3/m，对于筛板塔，$\Gamma=0.0061+0.725h_w-0.000F_V+1.23L_P$。

按照 AIChE 方法，根据式(2-165a) 和式(2-165b)，分别计算气相传质单元数和液相传质单元数，然后通过式(2-165c) 得到总传质单元数，再通过式(2-165d) 得到点效率，最后结合式(2-159) 得到板效率。

2. 全塔效率 E_T 估算

近代开发的多种大型精馏模拟计算软件使得绝大多数物系的理论板数计算变得既简便又精确，但全塔效率机理预测仍然没有突破，已发表的全塔效率实验关联式和准数关联式都有局限性。其预测结果仅与有限的实验数据吻合，与生产实践尚有相当距离。

目前，工程设计选取的全塔效率大都依赖于一些经验关联式和实验数据。半个世纪前，奥康奈尔（O'connel）收集了 31 座精馏塔和数十座吸收塔的全塔板效率数据（主要是泡罩塔和筛板塔），绘制了修正的精馏塔的全塔板效率图（图 2-19）和吸收塔全塔板效率图。奥康奈尔图的适用范围：塔平均温度条件下的 $\alpha \times \mu_L$ 在 0.1～7.5 范围内，塔盘流体流程<1.5m。图 2-19 中的数字点为中国石化集团兰化公司设计院对某石脑油裂解气分离装置采用浮阀塔板的 8 个精馏塔，用计算机计算出符合现场分析数据的理论塔板数除以现场实际板数，得到的全塔板效率。与奥康奈尔图中曲线上相应各点的相对误差一般小于 10%。

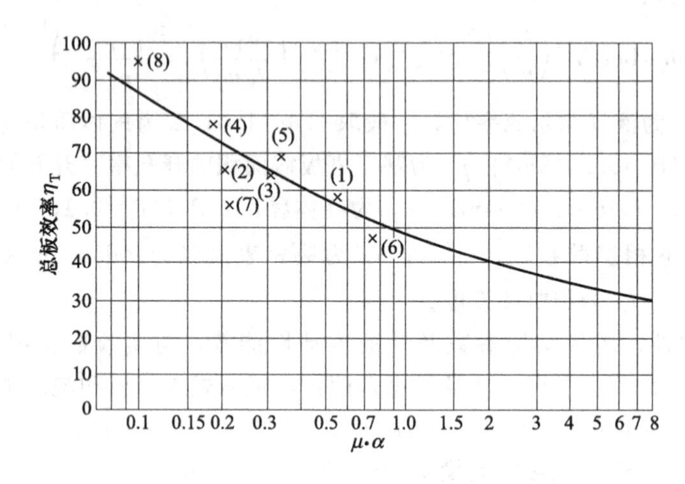

图 2-19　奥康奈尔精馏全塔板效率图

(1) —第一脱甲烷塔；(2) —第一脱乙烷塔；(3) —第二脱甲烷塔；(4) —乙烯精馏塔；(5) —脱乙烷塔；(6) —脱丁烷塔；(7) —第二脱乙烷塔；(8) —丙烯精馏塔

对于塔板上液流长度 Z 大于 1.5m 时，总板效率需用校正系数 C 予以校正（C 值可由图 2-20 查得），即：

$$E'_T = CE_T \tag{2-166}$$

由奥康奈尔关联图整理得到的关联式为式 (2-167)：

$$E_T = 0.503(\alpha_{lh,T}\mu_{L,F})^{-0.226} \tag{2-167}$$

式中，$\alpha_{lh,T}$ 为轻组分对重组分的相对挥发度，对多组分体系取轻关键组分对重关键组分的相对挥发度，温度取塔顶、塔底平均温度；$\mu_{L,F}$ 为进料的液相黏度，mPa·s，混合物的液相黏度可用 $\mu_{L,F} = (\sum x_{F,i}\mu_{L,i}^{1/3})^3$ 求取，其中 $\mu_{L,i}$ 是指纯组分 i 在平均温度下的黏度。

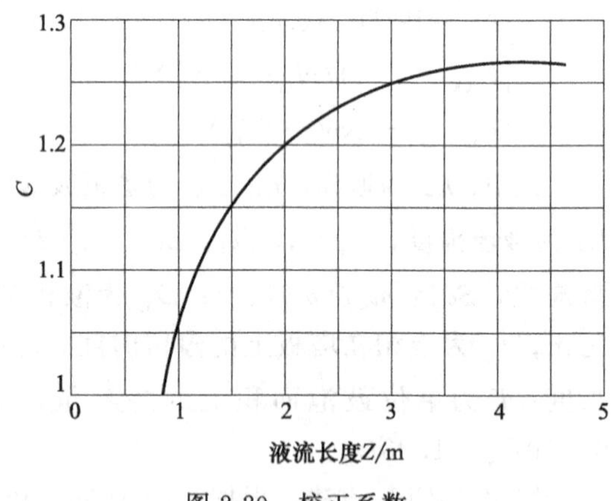

图 2-20　校正系数

朱汝瑾等在奥康奈尔关联基础上，加入液气比和板上液层高度参数，得到如下经验关联式：

$$\lg E_T = 1.67 + 0.30\lg\left(\frac{L_M}{V_M}\right) - 0.25\lg(\alpha\mu_{L,F}) + 0.30 1 h_L \tag{2-168}$$

式中，h_L 为堰高 h_w 和堰上液高 h_{ow} 之和，m；$\mu_{L,F}$ 为进料黏度，mPa·s；L_M/V_M 为液相与气相摩尔流率比。

凯斯勒（D. P. Kessler）和温卡特（P. C. Wankat）提出如下蒸馏塔塔效率关系式，与奥康奈尔图的误差不大于10%。

$$E_0=0.54159-0.28531\lg(\alpha_{lh}\mu_L) \tag{2-169}$$

式中，α_{lh} 为轻、重关键组分之间的相对挥发度；μ_L 为进料黏度，mPa·s。

20 世纪 90 年代，亚奇莫维奇（B. M. Jacimovic）等提出精馏乙醇-水物系精馏塔的全塔效率关联式：

$$E_T=0.823A^{0.491} \tag{2-170}$$

式中，A 为吸收因子。

（四）实际塔板数及实际进料位置

有了全塔板效率数据 E_T 后，用式(2-171) 非常容易得到实际塔板数 S_A：

$$S_A=S/E_T \tag{2-171}$$

实际进料位置可按以下步骤获得：由理论塔板数 S 及用经验关联式(或奥康奈尔图) 得到的总板效率 E_T，按式(2-171) 得到精馏塔实际板数 S_A，再根据精馏段理论板数 S_R 与提馏段理论板数 S_S 之比确定精馏段和提馏段实际塔板数及进料位置。

当精馏塔内各段板效率变化较大时，工程上常采用分板效率分别确定精馏段和提馏段塔板数：

$$S_{RA}=S_R/E_{MV} \tag{2-172}$$

$$S_{SA}=S_S/E_{MV} \tag{2-173}$$

式中，S_{RA}、S_{SA} 分别为精馏段和提馏段的实际塔板数。

精馏段和提馏段实际塔板数之和即为精馏塔实际板数，再根据精馏段理论板数 S_R 与提馏段理论板数 S_S 之比确定进料位置。

必须指出，工程设计中，实际精馏塔的总塔板数等于精馏段和提馏段的实际塔板数加上 1 块板作为进料板，因为加料板既不属于精馏段也不属于提馏段。

另外，考虑精馏模拟所产生的误差以及实际生产过程中原料组成、进料状态、操作条件的变化因素对进料位置的影响，通常在设计的进料位置的上、下各增设 1 个进料口，以便于调节。

二、等板高度及填料层高度估算

精馏塔并不限于板式塔，由于高效填料的开发与应用，目前采用填料塔的精馏塔愈发广泛。在某些蒸馏操作中，填料塔的效果优于板式塔，如热敏性物系、腐蚀性物系和易起泡沫物系可选用填料塔，相对挥发度小、理论板很多的场合宜选用填料塔。另外，原有的板式精馏塔通过改造，采用高效填料可以达到增产、节能降耗、改善产品质量的期望。

对于不同的工艺要求，填料塔也可考虑不同的结构，如炼油装置蒸馏塔，分离精度要求不高但处理量大、进出口侧线多。采用填料塔时可分段，且各段填料功能可以不同。

采用填料塔时，填料层高度按下式计算，其中 N 为扣除分凝器再沸器后的理论板数，HETP 为一个理论板的填料层高度，习惯称为等板高度，Z 为填料层总高度，显然：

$$Z=N\times \mathrm{HETP} \tag{2-174}$$

迄今为止，尚无可靠准确的方法计算等板高度，不少研究者提出的计算方法误差都很大。比较而言，诺顿（Norton）公司的关系式效果尚好些。

1. 莫奇（D. P. Murch）经验式

莫奇根据填料精馏塔的实际数据，归纳出如下经验式。数据条件为：操作压力为常压、气速为泛点气速的 25%～85%；塔径大于填料尺寸的 8 倍且在 50～750mm 范围内；填料段高度 0.9～3.0m；气相负荷 648～9000kg/(m² · h)；相对挥发度 $\alpha=3\sim4$。当塔径、气相负荷及相对挥发度等与适用条件相差较大时，结果不理想。

$$\mathrm{HETP}=38A(0.205G)^{B}(39.4D)^{C}Z_{\mathrm{G}}^{1/3}(\alpha\mu_{\mathrm{L}}/\rho_{\mathrm{L}}) \tag{2-175}$$

式中，G 为气体质量流速，kg/(m² · h)；D 为塔径，m；α 为相对挥发度；μ_L 为液相黏度，mPa · s；ρ_L 为液相密度，kg/m³；Z_G 为每段填料层高度，可取 3m；A、B、C 为与填料有关的参数，应用该公式时，填料层可以分段，见表 2-1。

表 2-1　莫奇经验式 *A*、*B*、*C* 值

填料	填料规格/mm	*A*	*B*	*C*
拉西环	9	0.77	−0.37	1.24
	12.5	7.43	−0.24	1.24
	25	1.26	−0.10	1.24
	50	1.8	0.0	1.24
弧鞍填料	12.5	0.75	−0.45	1.11
	25	0.80	−0.14	1.11
弧鞍形网	6	0.28	0.25	0.30
	9	0.29	0.50	0.30
	19	0.45	0.430	0.30
	25	0.92	0.12	0.30

2. 诺顿关系式

诺顿公司通过对大量填料的使用数据回归，得到 HETP 关联式，该经验式考虑了液体黏度及表面张力的影响：

$$\ln\mathrm{HETP}=h-0.187\ln\sigma+0.213\ln\mu_{\mathrm{L}} \tag{2-176}$$

式中，h 为与填料有关的常数，见表 2-2；σ 为液体表面张力，dyn/cm[1]；μ_L 为液体黏度，mPa · s；HETP 为等板高度，ft。

适用条件：常压操作，$0.004\mathrm{N/m}\leqslant\sigma\leqslant0.036\mathrm{N/m}$，$0.08\mathrm{mPa\cdot s}\leqslant\mu_{\mathrm{L}}\leqslant0.83\mathrm{mPa\cdot s}$，且填料层内气液均匀分布。

对于整装填料，基斯特（Kister H. Z）建议按下式估算等板高度：

$$\mathrm{HETP}=100/a+0.1 \tag{2-177}$$

式中，HETP 单位为 m；a 为整装填料的比表面积。

上式一般用于中低压及低黏度条件。

赛斯瑞格（R. F. Strigle）基于诺顿公司的填料研究，提出采用金属矩鞍形填料，当物系相对挥发度不超过 2.0 时，HETP 尺寸如下：$D_g=25$mm 的 HETP 为 366～488mm，$D_g=40$mm 的 HETP 为 457～610mm，$D_g=50$mm 的 HETP 为 549～732mm；并建议易分离体系（理论板小于 10），可在典型的 HETP 值上考虑 20%的安全系数，对于 15～25 个理论板的体系，可在典型的 HETP 值上增加 16%的安全系数，而难分离物系，HETP 无需再考虑安全系数。

[1] 1dyn=10^{-5}N。

表 2-2　HETP 关联式中常数 h

填料类型	h 值	填料类型	h 值
No. 25IMTP	1.1308	D_g50mm 金属鲍尔环	1.6584
No. 38IMTP	1.15687	D_g25mm 瓷矩鞍环	1.1308
No. 50IMTP	1.1916	D_g38mm 瓷矩鞍环	1.4157
D_g25mm 金属鲍尔环	1.1308	D_g50mm 瓷矩鞍环	1.7233
D_g38mm 金属鲍尔环	1.3951		

目前 HETP 值主要依靠从工业应用的实际经验数据中选取。工业上，等板高度选用可符合以下原则：①当精馏塔塔径等于及大于 0.3m 时，HETP 不应小于 30mm，一般采用 450～600mm；②当精馏塔塔径大于 3.6m 时，在没有其他数据情况下，可采用 HETP＝塔径；③没有其他数据情况下，一般采用 HETP＝H_{OG} 或 H_{OL}。

【例 2-16】 按照例 2-9 提供的条件和计算结果，结合例 2-15 知道，当 $R=0.949$ 时，$S=26.7$，求该塔实际塔板数及进料位置。

解：(1) 塔平均操作温度：$T=\dfrac{DT_D+WT_W}{F}=\dfrac{6\times71.704+62\times28.296}{100}=21.8$ (℃)

(2) 由 $T=21.8$℃、压力为 20.7MPa 知 $\alpha_{lh}=2.79$

(3) 查得进料液相组成的黏度 $\mu_{i,L}$，结果列表

组分	$C_2^=$	C_2^0	$C_3^=$	C_3^0	iC_4^0	iC_5^0	Σ
$x_{F,i}$	0.0006	0.0008	0.5619	0.0296	0.2557	0.1489	0.9975
$\mu_{i,L}$	0.046	0.043	0.125	0.114	0.172	0.235	
$\mu_{i,L}^{\frac{1}{3}}$	0.3583	0.3503	0.500	0.4849	0.5561	0.6171	
$x_{i,F}\mu_{i,L}^{\frac{1}{3}}$	0.0002	0.0003	0.2810	0.0144	0.1422	0.0919	0.530

(4) $\mu_{L,F}=(\sum x_i\mu_{i,L}^{1/3})^3=0.53^3=0.149$ (cP)

(5) $E_T=0.503\ (\alpha_{lh}\mu_{L,F})^{-0.226}=0.503\times(2.79\times0.149)^{-0.226}=0.613$

(6) 计算实际塔板数 $S_A=S/E_T=26.7/0.613=43.6\approx44$ (块)

(7) 确定进料位置

$$\frac{S_R}{S_S}=\frac{\lg\left(\dfrac{0.947}{0.0014}\times\dfrac{0.2557}{0.5619}\right)}{\lg\left(\dfrac{0.5619}{0.2557}\times\dfrac{0.689}{0.003}\right)}=0.92$$

$S_A=S_{RA}+S_{SA}$，即 $44=S_{RA}+S_{SA}=1.92S_{SA}$

解得 $S_{SA}=44/1.92=23$ (块)(含再沸器、不含加料板)

精馏段实际塔板数 $S_{RA}=S_A-S_{SA}=44-23=21$ (块)

精馏塔总塔板数为 $21+1+22=44$ (块)(不含再沸器)

(8) 进料板在从上往下数第 22 块，为使该塔操作具有较大的灵活性，可在自下而上计数的第 20 层、22 层、24 层开三个进料口。

【例 2-17】 根据例 2-9、例 2-15、例 2-16 的条件及结果，得知精馏塔理论板数 26.7

(其中精馏段12.8块)，精馏段和提馏段的气相流率分别为6048kg/h、4832kg/h，精馏段和提馏段轻重关键组分的相对挥发度分别为3.0、2.6。精馏段和提馏段的平均气液组成见下表。试用下列关系式确定填料层高度：(1) 莫奇经验式(D_g=25mm金属拉西环时，塔径0.63m)；(2) 诺顿关系式(D_g=25mm金属鲍尔环)。

组分		$C_2^=$	C_2^0	$C_3^=$	C_3^0	iC_4^0	iC_5^0	Σ
提馏段 42℃	x	0.0003	0.0004	0.2831	0.0151	0.4728	0.2283	1.0000
	y	0.0019	0.0016	0.4106	0.0190	0.5053	0.0616	1.0000
精馏段 14℃	x	0.0006	0.0008	0.7521	0.0412	0.1306	0.0747	1.0000
	y	0.0034	0.0031	0.8794	0.0414	0.0645	0.0082	1.0000

解：(1) 查得各组分液相密度、黏度和表面张力如下：

组分		$C_2^=$	C_2^0	$C_3^=$	C_3^0	iC_4^0	iC_5^0
精馏段 (42℃)	$\rho_L/(kg/m^3)$	370	350	552	510	566	635
	$\mu_L/mPa\cdot s$	0.062	0.064	0.10	0.11	0.17	0.24
	$\sigma/(N/m)$	—	1.7	8.5	8.0	11.6	17
提馏段 (14℃)	$\rho_L/(kg/m^3)$	—	250	450	465	530	607
	$\mu_L/mPa\cdot s$	—	—	0.08	0.09	0.14	0.188
	$\sigma/(N/m)$	—	—	5.2	4.8	8.4	13.5

(2) 混合物物性参数计算

精馏段：

$$\sigma_L=\sum x_i\sigma_i=0.0008\times1.7+0.7521\times8.5+0.0412\times8.0+0.1306\times11.6+0.0747\times17=9.5(N/m)$$

$$\mu_{L,F}=[\sum(x_{F,i}\mu_{L,i}^{1/3})]^3=(6\times10^{-4}\times0.062^{1/3}+8\times10^{-4}\times0.064^{1/3}+0.7521\times0.1^{1/3}+0.0412\times0.11^{1/3}+0.1306\times0.17^{1/3}+0.0747\times0.24^{1/3})^3$$
$$=0.151(mPa\cdot s)$$

$$\rho_L=\sum\frac{x_iM_i}{\sum x_iM_i}\rho_{L,i}=0.00036\times370+0.00052\times350+0.6809\times552+0.0391\times510+0.1633\times566+0.1159\times635=589\ (kg/m^3)$$

提馏段：

$$\sigma_L=\sum x_i\sigma_i=0.2831\times5.2+0.0151\times4.8+0.4728\times8.4+0.2283\times13.5=8.6\ (N/m)$$

$$\mu_L=[\sum(x_i,\mu_{L,i}^{1/3})]^3=(0.2831\times0.08^{1/3}+0.0151\times0.09^{1/3}+0.4728\times0.14^{1/3}+0.2283\times0.188^{1/3})^3=0.129(mPa\cdot s)$$

$$\rho_L=\sum\frac{x_iM_i}{\sum x_iM_i}\rho_{L,i}=0.0002\times250+0.2107\times450+0.0118\times465+0.4859\times530+0.2913\times607=535\ (kg/m^3)$$

(3) 莫奇关系式

精馏段：

$$G_V=\frac{4\times6048}{3.14\times0.63^2}=19412[kg/(m^2\cdot h)]$$

$$\mathrm{HETP}=38A(0.205G)^{B}(39.4D)^{C}Z_{G}^{1/3}(\alpha\mu_{L}/\rho_{L})=38\times1.26\times(0.205\times19412)^{-0.1}$$

$$\times(39.4\times0.63)^{1.24}\times3^{1/3}\left(3\times\frac{0.151}{589}\right)=1.17(\mathrm{m})$$

$Z=(1+20\%)N\times\mathrm{HETP}=1.2\times12.8\times1.17=18(\mathrm{m})$，填料层分6段。

提馏段：

$$G_{V}=\frac{4\times4832}{3.14\times0.63^{2}}=15509[\mathrm{kg/(m^{2}\cdot h)}]$$

$$\mathrm{HETP}=38A(0.205G)^{B}(39.4D)^{C}Z_{G}^{1/3}(\alpha\mu_{L}/\rho_{L})=38\times1.26\times(0.205\times15509)^{-0.1}$$

$$\times(39.4\times0.63)^{1.24}\times3^{1/3}\left(2.6\times\frac{0.129}{535}\right)=1.0(\mathrm{m})$$

$Z=(1+20\%)N\times\mathrm{HETP}=1.2\times13.4\times1.0=16\ (\mathrm{m})$，填料层分5段。

(4) 诺顿关系式

精馏段：

$\ln\mathrm{HETP}=h-0.187\ln\sigma+0.213\ln\mu_{L}=1.1308-0.187\ln9.5+0.213\ln0.151=0.30714$

$\mathrm{HETP}=1.36\mathrm{ft}=0.415\mathrm{m}$

$Z=1.2N\times\mathrm{HETP}=1.2\times12.8\times0.415=6.37(\mathrm{m})$，填料层分2段。

提馏段：

$\ln\mathrm{HETP}=1.1308-0.187\ln8.6+0.213\ln0.129=0.29221$

$\mathrm{HETP}=1.34\mathrm{ft}=0.408\mathrm{m}$

$Z=1.2N\times\mathrm{HETP}=1.2\times13.4\times0.408=6.56\ (\mathrm{m})$，填料层分2段。

【例2-18】 某脱丁烷泡罩塔精馏段参数如下，预测该段塔效率。已知塔径$D=2000\mathrm{mm}$，堰高50mm，堰上液面高为40mm，开孔率为12.5%。泡罩直径$d=100\mathrm{mm}$，气体流率$Q=0.5692\mathrm{m^{3}/s}$，表面张力为$\sigma=5\mathrm{dyn/cm}$，空塔气速为0.208m/s，液体黏度为$\mu_{L}=0.18\mathrm{mPa\cdot s}$，气体密度为$\rho_{G}=14.51\mathrm{kg/m^{3}}$，液体密度为$\rho_{L}=514.2\mathrm{kg/m^{3}}$，液相扩散系数为$D_{L}=2.22\times10^{-5}\mathrm{cm^{2}/s}$，平均相平衡常数为$K=0.6$，液气比为0.4，轻重关键组分的相对挥发度2.4。

解：(1) E-W关联式

$A'=Q/u_{g}=0.5692/0.208=2.737(\mathrm{m^{2}})$

$G=0.5692\times3600\times14.51/2.737=10863[\mathrm{kg/(m^{2}\cdot h)}]=2225[\mathrm{lb/(ft^{2}\cdot h)}]$

$h_{w}=50\mathrm{mm}=1.97\mathrm{in}$

$$E_{MV}=10.84\varphi_{S}^{-0.28}(L/V)^{0.024}h_{w}^{0.241}G^{-0.013}(\sigma_{L}/\mu_{L}u_{g})^{0.044}(\mu_{L}/\rho_{L}D_{L})^{0.137}\alpha^{-0.028}$$

$$=10.84\times0.125^{-0.28}\times0.4^{0.024}\times1.97^{0.241}\times2225^{-0.013}\times\left(\frac{5}{0.18\times10^{-3}\times0.208\times10^{2}}\right)^{0.044}$$

$$\times\left(\frac{0.18\times10^{-3}}{514.2\times2.22\times10^{-9}}\right)^{0.137}\times2.4^{-0.028}$$

$$=10.84\times1.79\times0.978\times1.178\times0.905\times1.373\times2.001\times0.976=54.3\%$$

$A=L/(KV)=0.4/0.6=0.67$

$$E_{T}=\frac{\lg[1+E_{MV}(1/A-1)]}{\lg(1/A)}$$

$$=\frac{\lg[1+0.54.3\times(1/0.67-1)]}{\lg(1/0.67)}=0.10293/0.1739=0.592$$

(2) M-S-V 修正式

$h_w=50mm=0.05m$，$\mu_L=0.18mPa\cdot s=0.00018Pa\cdot s$

$D_L=2.22\times10^{-5}cm/s=2.22\times10^{-9}m^2/s$

$G_V=0.5692\times14.51/(0.125\times2.737)=24.14[kg/(m^2\cdot s)]$

$Re_V=h_wG_V/\mu_L=0.05\times24.14/0.00018=6700$

$Sc=\mu_L/\rho_LD_{AB}=0.18\times10^{-3}/(514.2\times2.22\times10^{-9})=157.7$

$u_V=0.208/0.125=1.664(m/s)$

$D_V=\sigma/\mu_Lu_V=5\times10^{-3}/(0.18\times10^{-3}\times1.664)=16.7$

$E_{MV}=6.8Re_V^{0.1}Sc^{0.215}\times D_V^{0.115}=6.8\times6700^{0.1}\times157.7^{0.215}\times16.7^{0.115}=6.8\times2.41\times2.968\times1.38=67.1\%$

$A=L/(KV)=0.4/0.6=0.67$

$$E_T=\frac{\lg[1+E_{MV}(1/A-1)]}{\lg(1/A)}=\frac{\lg[1+0.671\times(1/0.67-1)]}{\lg(1/0.67)}=\frac{0.1240}{0.1739}=0.713$$

(3) 奥康奈尔关系式

$E_T=0.503(\alpha_{lh,T}\mu_{L,F})^{-0.226}=0.503\times(2.4\times0.18)^{-0.226}=0.608$

(4) 朱汝瑾关系式

$h_L=h_w+h_{ow}=0.05+0.04=0.09$ (m)

$$\lg E_T=1.67+0.30\lg(L_M/V_M)-0.25\lg(\alpha\mu_{L,F})+0.301h_L=1.67+0.30\times\lg0.4-0.25\times\lg(2.4\times0.18)+0.301\times0.09=1.66884$$

$E_T=46.6\%$

第七节 精馏塔的严格计算

码 2-2 复杂精馏塔及其物料衡算

精馏塔的严格计算，流行的方法为泡点（BP）法、同时迭代法，强非理想溶液及再沸汽提、再沸吸收等过程采用同时矫正法或内外层法。其中泡点法由阿豪森（N. R. Amundson）和瑙乔（A. J. Pontinen）于 1958 年提出，1964 年由佛赖迪（J. R. Friday）和斯密斯（B. D. Smith）修正，最后由王和亨克（J. C. Wang and G. E. Henke）实质性开发用于理想或近理想溶液、窄沸程的精馏过程的模拟计算方法，具有快速、简单、数值稳定等特点，工程上广泛用于复杂精馏塔的设计计算，也可以用于一般精馏塔的设计计算。泡点（BP）法的计算原理是在初步假定的沿塔高温度和气液流量分布的情况下，逐板使各组分的 ME 方程组联立成三对角矩阵方程组，并用追赶法求解各板上的组成，然后用 S 方程和 H 方程求各板上新的温度和气液流量，并多次迭代直到稳定为止。用泡点法进行计算时通常所需基础数据包括理论板数，进料位置，进料温度、压力及组成流量，塔顶塔釜出料量及组成，回流比，塔操作压力，侧线数及位置，出料量，全塔温度及气液流量分布等。其中塔操作压力、进料条件、操作回流比、平衡级及塔顶塔底组成等数据由简捷法得到，各板温度及气液流量分布须根据简捷法的数据按恒摩尔流得到。

用泡点法进行精馏模拟计算，其做法是将 M 方程与 E 方程结合，组成工作方程并建立

三对角矩阵解出 x_{ij}，将 x_{ij} 归一后利用 S 方程校正温度、利用 H 方程校正流率，经过多次迭代和收敛判断，得到目标参数。

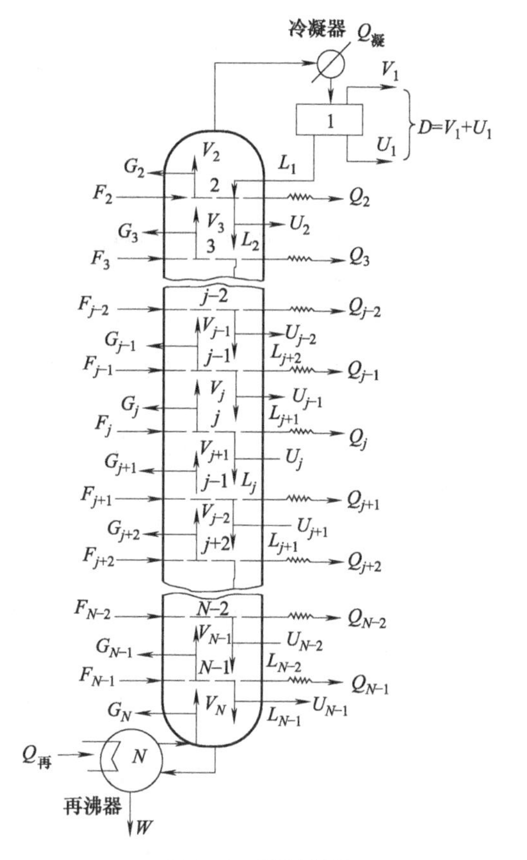

图 2-21 精馏模型

一、ME 方程组建立及三对角矩阵求解

1. M 及 E 方程的建立

如图 2-21 所示，设物系组分数为 c，包括冷凝器及再沸器在内的理论级数为 N，塔顶、塔底产品量分别为 D、W，塔顶冷凝器和塔釜再沸器温度分别为 T_D、T_W。以冷凝器为第一块板，再沸器为第 N 块板，并设每块板上均有进料，侧线上均有气液相采出。任意板 j 上进料为 F_j、气相采出速率为 G_j、液相采出速率为 U_j，任意板 j 上的气相流量为 V_j、液相流量为 L_j、热量交换量为 Q_j，任意板 j 上的任意组分 i 的气液相摩尔分数分别为 $y_{i,j}$、$x_{i,j}$。相平衡系数可表示为温度函数 $K_{i,j}=f(T_j)$，焓亦可表示为 $H_{i,j}=f(T_j)$。

（1）物料衡算（M）方程

如图 2-22 所示，对任意塔板 j 进行总物料衡算：

$$L_{j-1}+V_{j+1}+F_j=(V_j+G_j)+(L_j+U_j) \tag{2-178}$$

对任意板 j 上任意组分 i 进行物料衡算：

$$L_{j-1}x_{i,j-1}+V_{j+1}y_{i,j+1}+F_jz_{i,j}=(V_j+G_j)y_{i,j}+(L_j+U_j)x_{i,j} \tag{2-179}$$

上式可变形为，即 M 方程：

$$L_{j-1}x_{i,j-1}+V_{j+1}y_{i,j+1}+F_jz_{i,j}-(V_j+G_j)y_{i,j}-(L_j+U_j)x_{i,j}=0 \tag{2-180}$$

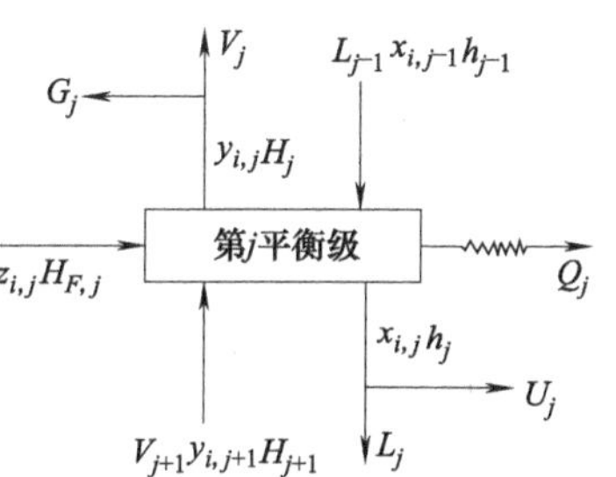

图 2-22 平衡级示意图

（2）气液平衡（E）方程

对任意塔板 j 上任一组分 i，有：

$$y_{i,j}=K_{i,j}x_{i,j} \tag{2-181}$$

即 M 方程：

$$y_{i,j}-K_{i,j}x_{i,j}=0 \tag{2-182}$$

2. 联立 M 方程、E 方程，建立三对角矩阵

（1）将 $y_i=K_ix_i$ 方程代入 M 方程得任意塔板的 ME 方程

$$L_{j-1}x_{i,j-1}+V_{j+1}K_{i,j+1}x_{i,j+1}+F_jz_{i,j}-(V_j+G_j)K_{i,j}x_{i,j}-(L_j+U_j)x_{i,j}=0 \tag{2-183}$$

（2）作冷凝器和任意块板 j 之间的物料衡算

$$V_{j+1}+\sum_{j=2}^{j}F_j=L_j+\sum_{j=2}^{j}U_j+\sum_{j=2}^{j}G_j+D(2\leqslant j\leqslant N-1) \tag{2-184}$$

变形得：

$$L_j=V_{j+1}+\sum_{j=2}^{j}(F_j-G_j-U_j)-D(2\leqslant j\leqslant N-1) \tag{2-185}$$

(3) 从冷凝器开始逐级列物料衡算方程

① 对于冷凝器 ($j=1$、$F_1=0$、$L_0=0$)。

总物料衡算： $L_1=V_2-V_1-U_1(L_1=V_2-D, D=V_1+U_1)$ (2-186)

对 i 组分衡算： $L_1x_{i,1}=V_2y_{i,2}-V_1y_{i,1}-U_1x_{i,1}$ (2-187)

即： $-(L_1+V_1K_{i,1}+U_1)x_{i,1}+V_2K_{i,2}x_{i,2}=0$ (2-188)

为简化方程形式，令 $-(V_1K_{i,1}+L_1+U_1)=B_1, V_2K_{i,2}=C_1, 0=D_1$ (2-189)

则有： $B_1x_{i,1}+C_1x_{i,2}=D_1$ (2-190)

显然，只要有 V_1、L_1、U_1、V_2、冷凝器塔顶温度等参数，即可确定 B_1、C_1，下同。

② 对第二级作 i 组分物料衡算。根据 M 方程，有：

$$L_1x_{i,1}+V_3y_{i,3}+F_2z_{i,2}=(V_2+G_2)y_{i,2}+(L_2+U_2)x_{i,2}(j=2) \tag{2-191}$$

将 $y_i=K_ix_i$ 代入并变形为：

$$L_1x_{i,1}-[(V_2+G_2)K_{i,2}+L_2+U_2]x_{i,2}+V_3K_{i,3}x_{i,3}=-F_2z_{i,2} \tag{2-192}$$

将 $L_1=V_1-D$ 代入，得：

$$(V_1-D)x_{i,1}-[(V_2+G_2)K_{i,2}+L_2+U_2]x_{i,2}+V_3K_{i,3}x_{i,3}=-F_2z_{i,2} \tag{2-193}$$

为简化方程组形式，令：

$$V_1-D=A_2, -(V_2+G_2)K_{i,2}+L_2+U_2=B_2, V_3K_{i,3}=C_2, -F_2z_{i,2}=D_2 \tag{2-194}$$

则有： $A_2x_{i,1}+B_2x_{i,2}+C_2x_{i,3}=D_2$ (2-195)

③ 对第 j 块板作 i 组分物料衡算。根据 M 方程，有：

$$L_{j-1}x_{i,j-1}+V_{j+1}y_{i,j+1}+F_jz_{i,j}-(V_j+G_j)y_{i,j}-(L_j+U_j)x_{i,j}=0(j=j) \tag{2-196}$$

将 $y_i=K_ix_i$ 代入并变形为：

$$L_{j-1}x_{i,j-1}+V_{j+1}K_{i,j+1}x_{i,j+1}+F_jz_{i,j}-(V_j+G_j)K_{i,j}x_{i,j}-(L_j+U_j)x_{i,j}=-F_jz_{i,j} \tag{2-197}$$

消去液相流率，将 $L_{j-1}=V_j+\sum_{j=2}^{j-1}(F_j-G_j-U_j)-D$ 及 $L_j=V_{j+1}+\sum_{j=2}^{j}(F_j-G_j-U_j)-D$ 代入，有：

$$\left[V_j+\sum_{j=2}^{j-1}(F_j-G_j-U_j)-D\right]x_{i,j-1}+V_{j+1}K_{i,j+1}x_{i,j+1}-\left[(V_j+G_j)K_{i,j}+V_{j+1}+\sum_{j=2}^{j}(F_j-G_j-U_j)-D+U_j\right]x_{i,j}=-F_jz_{i,j} \tag{2-198}$$

上式可整理为：

$$\left[V_j+\sum_{j=2}^{j-1}(F_j-G_j-U_j)-D\right]x_{i,j-1}-\left[(V_j+G_j)K_{i,j}+V_{j+1}+\sum_{j=2}^{j}(F_j-G_j-U_j)-D+U_j\right]x_{i,j}+V_{j+1}K_{i,j+1}x_{i,j+1}=-F_jz_{i,j} \tag{2-199}$$

同样，为简化方程组形式，令：

$$\begin{cases}V_j+\sum_{j=2}^{j-1}(F_j-G_j-U_j)-D=A_j\\(V_j+G_j)K_{i,j}+V_{j+1}+\sum_{j=2}^{j}(F_j-G_j-U_j)-D+U_j=B_j\\V_{j+1}K_{j+1}=C_j\\-F_jz_{i,j}=D_j\end{cases} \tag{2-200}$$

上式可变成：
$$A_jx_{i,j-1}+B_jx_{i,j}+C_jx_{i,j+1}=D_j \tag{2-201}$$

④ 塔底再沸器。

$$L_{N-1}x_{i,N-1}-(V_N+G_N)y_{i,N}-Wx_{i,N}=0(j=N) \tag{2-202}$$

将 $y_i=K_ix_i$ 代入并变形为：

$$L_{N-1}x_{i,N-1}-(V_N+G_N)K_{i,N}x_{i,j}-Wx_{i,N}=0 \tag{2-203}$$

消去液相流率，将 $L_{N-1}=V_N+\sum_{j=2}^{N-1}(F_j-G_j-U_j)-D$ 代入，有：

$$\left[V_N+\sum_{j=2}^{N-1}(F_j-G_j-U_j)-D\right]x_{i,N-1}-[(V_N+G_N)K_{i,N}+W]x_{i,N}=0 \tag{2-204}$$

上式可整理为：

$$\left[V_N+\sum_{j=2}^{N-1}(F_j-G_j-U_j)-D\right]x_{i,N-1}-[(V_N+G_N)K_{i,N}+V_{N+1}+W]x_{i,N}+V_{j+1}K_{i,j+1}x_{i,j+1}=-F_jz_{i,j} \tag{2-205}$$

同样，为简化方程组形式，令：

$$\begin{cases}V_N+\sum_{j=2}^{N-1}(F_j-G_j-U_j)-D=A_N\\(V_N+G_N)K_{i,N}+V_{N+1}+W=B_N\\V_{N+1}K_{N+1}=C_N=0\\-F_Nz_{i,N}=D_N\end{cases} \tag{2-206}$$

上式可变成：
$$A_Nx_{i,N-1}+B_Nx_{i,N}=D_N \tag{2-207}$$

⑤ ME 方程组及三对角矩阵。从塔顶冷凝器到塔底再沸器，组分 i 的 ME 方程组为：

$$\begin{cases}B_1x_{i,1}+C_1x_{i,2}=D_1\\A_2x_{i,1}+B_2x_{i,2}+C_2x_3=D_2\\\vdots\\A_jx_{i,j-1}+B_jx_{i,j}+C_jx_{i,j+1}=D_j\\\vdots\\A_{N-1}x_{i,N-2}+B_{N-1}x_{i,N-1}+C_{N-1}x_{i,N}=D_{N-1}\\A_Nx_{i,N-1}+B_Nx_{i,N}=D_N\end{cases} \tag{2-208}$$

写成三对角矩阵形式：

$$\begin{bmatrix} B_1 & C_1 & & & & & & & \\ A_2 & B_2 & C_2 & & & & & & \\ & A_3 & B_3 & C_3 & & & & & \\ & & \ddots & \ddots & \ddots & & & & \\ & & & A_j & B_j & C_j & & & \\ & & & & \ddots & \ddots & \ddots & & \\ & & & & & \ddots & \ddots & \ddots & \\ & & & & & & A_{N-1} & B_{N-1} & C_{N-1} \\ & & & & & & & A_N & B_N \end{bmatrix} \begin{bmatrix} x_{i,1} \\ x_{i,2} \\ \vdots \\ \vdots \\ x_{i,j} \\ \vdots \\ \vdots \\ x_{i,N-1} \\ x_{i,N} \end{bmatrix} = \begin{bmatrix} D_1 \\ D_2 \\ \vdots \\ \vdots \\ D_j \\ \vdots \\ \vdots \\ D_{N-1} \\ D_N \end{bmatrix} \tag{2-209}$$

若求解矩阵(2-209),即可得到各板组分 i 的摩尔分数 x_i;N 平衡级精馏塔分离 c 组分物系需要求解 c 个矩阵。由于每个组分求解与其他组分无关,故称之为切断法。

3. 三对角矩阵求解

对式(2-209)矩阵可采用如下步骤求解:

① 消元。用下述公式即可消元:

$$\begin{cases} p_1 = C_1/B_1 & (j=1) \\ p_j = \dfrac{C_j}{B_j - A_j p_{j-1}} & (j=1,2,\cdots,N-1) \\ q_1 = D_1/B_1 & (j=1) \\ q_j = \dfrac{D_j - A_j q_{j-1}}{B_j - A_j p_{j-1}} & (j=1,2,\cdots,N) \end{cases} \tag{2-210}$$

② 消元结果。

$$\begin{bmatrix} 1 & p_1 & & & & & & \\ & 1 & p_2 & & & & & \\ & & \ddots & \ddots & & & & \\ & & & \ddots & \ddots & & & \\ & & & & 1 & p_m & & \\ & & & & & \ddots & \ddots & \\ & & & & & & \ddots & \ddots \\ & & & & & & 1 & p_{N-1} \\ & & & & & & & 1 \end{bmatrix} \begin{bmatrix} x_{i,1} \\ x_{i,2} \\ \vdots \\ \vdots \\ x_{i,m} \\ \vdots \\ \vdots \\ x_{i,N-1} \\ x_{i,N} \end{bmatrix} = \begin{bmatrix} q_1 \\ q_2 \\ \vdots \\ \vdots \\ q_m \\ \vdots \\ \vdots \\ q_{N-1} \\ q_N \end{bmatrix} \tag{2-211}$$

③ 回代。回代解方程组可按下式:

$$\begin{cases} x_N = q_N & (j=N) \\ x_{i,j} = q_j - p_j x_{i,j+1} & (j=1,2,\cdots,N-1) \end{cases} \tag{2-212}$$

【例 2-19】 设计一脱丙烷塔。已知进料量 100kmol/h,原料压力 1.0MPa,温度 43℃,组成如下表。塔操作压力为 0.7MPa,塔顶设全凝器,塔底设再沸器。经过计算,初值如下:塔顶物料总量为 75kmol/h、塔底物料总量为 25kmol/h,回流比 $R=1.74$;塔顶冷凝器温度 20℃、塔底再沸器温度 67℃、进料板温度 36℃,平衡级数为 9,其中上塔 3 级、下塔 6 级(包括冷凝器和再沸器),汽化率为 0.7。试列出 C_3^0 的三对角矩阵并解出各级的值,丙烷的相平衡常数与温度关系式为 $K=0.0002T^2+0.0193T+0.6062$（$T$ 为摄氏温度）。

组分 i	C_3^0	iC_4^0	nC_4^0	nC_5^0	Σ
z_i	0.70	0.10	0.15	0.05	1.00

解：(1) 根据已知条件，得到如下初值数据

级数	温度	G	L	F	U	备注
1	20	0	131		75	
2	25.9	206	131			
3	31.8	206	131			
4	37.7	206	161	100		
5	43.5	136	161			
6	49.4	136	161			
7	55.3	136	161			
8	61.1	136	161			
9	67	136	25			

(2) 求解矩阵常数

$j=1$

$K_2=0.0002\times25.9^2+0.0193\times25.9+0.6062=1.24$

$B_1=-(V_1K_{1,1}+L_1+U_1)=-131-75=-206$

$C_1=V_2K_2=206\times1.24=255.44$

$D_1=0$

其余计算方法相同，得到矩阵如下：

$$\begin{bmatrix} -206 & 255.44 & & & & & & & \\ 131 & -386 & 292.93 & & & & & & \\ & 131 & -424 & -332.69 & & & & & \\ & & 131 & -494 & 248.06 & & & & \\ & & & 161 & -409 & 278.53 & & & \\ & & & & 161 & -440 & 310.76 & & \\ & & & & & 161 & -472 & 344.35 & \\ & & & & & & 161 & -505 & 380.39 \\ & & & & & & & 25 & -405 \end{bmatrix} \begin{bmatrix} x_1 \\ x_2 \\ x_3 \\ x_4 \\ x_5 \\ x_6 \\ x_7 \\ x_8 \\ x_9 \end{bmatrix} = \begin{bmatrix} 0 \\ 0 \\ 0 \\ -70 \\ 0 \\ 0 \\ 0 \\ 0 \\ 0 \end{bmatrix}$$

(3) 矩阵消元

① $j=1$

$P_1=C_1/B_1=255.44/(-206)=-1.24$

$q_1=0$

② $j=2$

$$P_2=\frac{C_2}{B_2-A_2P_1}=\frac{C_2}{-B_2-L_1P_1}=\frac{292.93}{-386+131\times1.24}=-1.310$$

$$q_2=\frac{D_2-A_2q_1}{B_2-A_2P_1}=0$$

其余计算方法相同，得到如下简单矩阵：

$$\begin{bmatrix} 1 & -1.24 & & & & & & & \\ 0 & 1 & -1.31 & & & & & & \\ & 0 & 1 & -1.318 & & & & & \\ & & 0 & 1 & -0.772 & & & & \\ & & & 0 & 1 & -0.978 & & & \\ & & & & 0 & 1 & -1.10 & & \\ & & & & & 0 & 1 & -1.168 & \\ & & & & & & 0 & 1 & -1.20 \\ & & & & & & & 0 & 1 \end{bmatrix}\begin{bmatrix} x_1 \\ x_2 \\ x_3 \\ x_4 \\ x_5 \\ x_6 \\ x_7 \\ x_8 \\ x_9 \end{bmatrix}=\begin{bmatrix} 0 \\ 0 \\ 0 \\ 0.2178 \\ 0.1232 \\ 0.0702 \\ 0.0383 \\ 0.0195 \\ 0.0148 \end{bmatrix}$$

（4）回代，解方程组

$x_9=0.0148$

$x_8=q_8-p_8x_9=0.0195+1.2\times0.0148=0.0373$，其余方法相同，结果如下：

$$\begin{bmatrix} 1 & -1.24 & & & & & & & \\ 0 & 1 & -1.31 & & & & & & \\ & 0 & 1 & -1.318 & & & & & \\ & & 0 & 1 & -0.772 & & & & \\ & & & 0 & 1 & -0.978 & & & \\ & & & & 0 & 1 & -1.10 & & \\ & & & & & 0 & 1 & -1.168 & \\ & & & & & & 0 & 1 & -1.20 \\ & & & & & & & 0 & 1 \end{bmatrix}\begin{bmatrix} 0.9259 \\ 0.7467 \\ 0.5699 \\ 0.4324 \\ 0.2780 \\ 0.1603 \\ 0.0819 \\ 0.0373 \\ 0.0148 \end{bmatrix}=\begin{bmatrix} 0 \\ 0 \\ 0 \\ 0.2178 \\ 0.1232 \\ 0.0702 \\ 0.0383 \\ 0.0195 \\ 0.0148 \end{bmatrix}$$

二、θ法归一$x_{i,j}$

组分数为 c 的物系，采用三对角矩阵方程组解出的 $x_{i,j}$，其 S 方程一般不等于 1，需要对 $x_{i,j}$ 进行归一。如果用三对角矩阵方程组解出的 $x_{i,j}$ 直接归一，可能不满足 M 方程，霍兰（C. D. Holland）提出的 θ 法归一，圆满解决此问题，并加快收敛速度，下面加以介绍。

设由三对角矩阵解得组成为 $(x_{i,j})_{ca}$，经过校正后的组成 $(x_{ij})_{co}$ 满足：

$$\sum_{i=1}^{c}(x_{i,D})_{co}=1 \tag{2-213}$$

$$D(x_{i,D})_{co}+W(x_{i,W})_{co}=Fz_i \tag{2-214}$$

显然，选择适当的参数 θ，可满足：

$$(x_{i,W}/x_{i,D})_{co}=\theta(x_{i,W}/x_{i,D})_{ca} \tag{2-215}$$

联立式(2-214) 和式(2-215)，有：

$$(x_{i,D})_{co}=\frac{Fz_i}{D+\theta W(x_{i,W}/x_{i,D})_{ca}} \tag{2-216}$$

将式(2-216) 代入式(2-213) 并移项，得：

$$f(\theta)=\sum_{i=1}^{c}\frac{Fz_i}{D+W(x_{i,W}/x_{i,D})_{ca}\theta}-1=0 \tag{2-217}$$

式(2-217) 用牛顿法即可解得 θ。解得 θ 后，利用式(2-216)，即可得到 $(x_{i,D})_{co}$。各级校正后组成 $(x_{i,j})_{co}$ 可按下式计算：

$$(x_{i,j})_{co}=\frac{(x_{i,j})_{ca}p_i}{\sum_{i=1}^{c}(x_{i,j})_{ca}p_i} \tag{2-218}$$

$$p_i=\frac{(x_{i,D})_{co}}{(x_{i,D})_{ca}} \tag{2-219}$$

综上所述，θ 法步骤如下：①确定各组分 $(x_{i,W}/x_{i,D})_{ca}$；②用式(2-217) 确定 θ；③用式(2-216) 确定 $(x_{i,D})_{co}$；④用式(2-219) 确定 p_i；⑤用式(2-218) 确定 $(x_{i,j})_{co}$。

【例 2-20】 通过矩阵法，对例 2-19 的所有组分解得结果如下，试用 θ 法归一。

级数	温度	C_3^0	iC_4^0	nC_4^0	nC_5^0	备注
1	20	0.9259	0.0625	0.0237	0.1970	
2	25.9	0.7467	0.1236	0.0696	0.0918	
3	31.8	0.5699	0.1731	0.1320	0.0557	
4	37.7	0.4324	0.1965	0.1976	0.0439	
5	43.5	0.2780	0.2480	0.2514	0.0397	
6	49.4	0.1603	0.2829	0.3278	0.0377	
7	55.3	0.0819	0.2875	0.4110	0.0097	
8	61.1	0.0373	0.2552	0.4875	0.002	
9	67	0.0148	0.1966	0.5303	0.0002	

解：(1) 计算 (x_W/x_D)

$(x_W/x_D)_1=0.0148/0.9259=0.0160$

$(x_W/x_D)_2=0.1966/0.0625=3.146$

$(x_W/x_D)_3=0.5303/0.0237=22.376$

$(x_W/x_D)_4=0.1970/0.0002=985$

(2) 牛顿法解 θ

$$f(\theta)=\sum\frac{Fz_i}{D+W(x_W/x_D)_i\theta}$$

$$f(\theta)=\frac{70}{75+25\times0.0160\theta}+\frac{10}{75+25\times3.146\theta}+\frac{15}{75+25\times22.376\theta}+\frac{5}{75+25\times985\theta}-1$$

$$f'(\theta)=\frac{25\times0.0160\times70}{75+25\times0.0160\theta}+\frac{25\times3.146\times10}{75+25\times3.146\theta}+\frac{25\times22.376\times15}{75+25\times22.376\theta}+\frac{25\times985\times5}{75+25\times985\theta}$$

解得 $\theta=1.35$

(3) 确定 $(x'_D)_i$

组分 $1(x'_D)_1=\dfrac{70}{75+25\times0.016\times1.35}=0.92666$

组分 $2(x'_D)_2=\dfrac{10}{75+25\times3.146\times1.35}=0.05518$

组分 $3(x'_D)_3=\dfrac{15}{75+25\times22.376\times1.35}=0.01807$

组分 $4(x'_D)_4=\dfrac{5}{75+25\times985\times1.35}=0.00015$

圆整：$(x'_D)_1=0.92666/1.00007=0.92660$

$(x'_D)_2=0.05519/1.00007=0.05518$

$(x'_D)_3=0.01807/1.00007=0.01807$

$(x'_D)_4=0.00015/1.00007=0.00015$

(4) 确定 p_i

组分 1：$p_1=\dfrac{0.92660}{0.9259}=1.0$；　　组分 2：$p_2=\dfrac{0.05518}{0.0625}=0.883$；

组分 3：$p_3=\dfrac{0.01807}{0.0237}=0.7624$；　组分 4：$p_4=\dfrac{0.00015}{0.0002}=0.75$

(5) 确定各级各组分摩尔分数 $x'_{i,j}=\dfrac{x_{i,j}p_i}{\sum x_{i,j}p_i}$

$j=1$

$$x'_{1,1}=\frac{0.9259\times1.0}{0.9259\times1+0.0625\times0.883+0.0237\times0.7624+0.0002\times0.75}=0.92654$$

$$x'_{2,1}=\frac{0.0625\times0.883}{0.9259\times1+0.0625\times0.883+0.0237\times0.7624+0.0002\times0.75}=0.05523$$

$$x'_{3,1}=\frac{0.0237\times0.7624}{0.9259\times1+0.0625\times0.883+0.0237\times0.7624+0.0002\times0.75}=0.01808$$

$$x'_{4,1}=\frac{0.0002\times0.75}{0.9259\times1+0.0625\times0.883+0.0237\times0.7624+0.0002\times0.75}=0.00015$$

余方法相同，结果列表如下：

级数	C_3^0	iC_4^0	nC_4^0	nC_5^0
1	0.91654	0.05523	0.01808	0.00015
2	0.8202	0.1198	0.0574	0.0016
3	0.68608	0.18401	0.12115	0.00876
4	0.55094	0.22108	0.19195	0.03603
5	0.38696	0.30481	0.26679	0.04144
6	0.2313	0.3605	0.3607	0.0475
7	0.11854	0.36745	0.45354	0.06047
8	0.05305	0.32047	0.52857	0.09791
9	0.0200	0.2345	0.5460	0.1995

三、利用泡点方程确定各级温度

任意块板 j 上的气液相组分之和均为 1，即：

$$\sum_{1}^{c} x_{i,j}-1=0 \text{ 或 } \sum_{1}^{c} y_{i,j}-1=0 \tag{2-220}$$

将各板任意组分的相平衡常数 K_{ij} 表示为温度 T 的函数形式：

$$K_{ij}=a_{i1}+a_{i2}T_j+a_{i3}T_j^2 \tag{2-221}$$

将相平衡常数关系式代入 S 方程：

$$S_j(T_j)=\sum_{i=1}^{c}[(a_{i1}+a_{i2}T_j+a_{i3}T_j^2)x_{i,j}]-1=0 \tag{2-222}$$

将各级的 $(x_{i,j})_{co}$ 代入上式，可解出各级温度 T_j，同时，可解得各级的 $y_{i,j}$。

【例 2-21】 根据例 2-19、例 2-20 的条件及结果，用泡点方程确定各级温度。已知各烃的相平衡关系为：

$K_1=2\times10^{-4}T^2+0.0193T+0.6062$；$K_2=2\times10^{-4}T^2+2\times10^{-3}T+0.3196$；

$K_3=1\times10^{-4}T^2+4.5\times10^{-3}T+0.1561$；$K_4=5\times10^{-5}T^2+1.5\times10^{-3}T+0.0391$

解：$j=1$，温度为 19.1℃

$$\begin{aligned}\sum Kx=&(0.0002\times19.1^2+0.0193\times19.1+0.6062)\times0.92654+(0.0002\times19.1^2\\&+0.002\times19.1+0.3196)\times0.05523+(0.0001\times19.1^2+0.0045\times19.1\\&+0.1561)\times0.01808+(0.00005\times19.1^2+0.0015\times19.1+0.0391)\times0.00015\\=&0.97082+0.02379+0.00504+0.00001=0.99966\end{aligned}$$

$y_{1,1}=0.97115$，$y_{2,1}=0.02380$，$y_{3,1}=0.00504$，$y_{4,1}=0.00001$

余方法相同，结果列表如下：

级数	C_3^0	iC_4^0	nC_4^0	nC_5^0	温度/℃
1	0.91654	0.05523	0.01808	0.00015	19.10
2	0.82020	0.11980	0.05740	0.00160	22.10
3	0.68608	0.18401	0.12115	0.00876	26.50
4	0.55094	0.22108	0.19195	0.03603	32.05
5	0.38696	0.30481	0.26679	0.04144	39.30
6	0.23130	0.36050	0.36070	0.04750	47.80
7	0.11854	0.36745	0.45354	0.06047	55.60
8	0.05305	0.32047	0.52857	0.09791	62.30
9	0.02000	0.2345	0.54600	0.19950	70.05

四、热方程确定各级气液流率

任意板 j 的热平衡：

$$L_{j-1}h_{j-1}^{L}+V_{j+1}h_{j+1}^{V}+F_jh_{F,j}=(V_j+G_j)h_j^{V}+(L_j+U_j)h_j^{L}+Q_j \tag{2-223}$$

即 H 方程：

$$L_{j-1}h_{j-1}^{L}+V_{j+1}h_{j+1}^{V}+F_jh_{F,j}-(V_j+G_j)h_j^{V}-(L_j+U_j)h_j^{L}-Q_j=0 \tag{2-224}$$

式中，Q_j 为任意块板 j 上交换的热量，kcal/h；$h_{F,j}$ 为任意块板 j 进料带入的焓，kcal/h；h_j^L 为任意块板 j 向下流的液体物料单位摩尔质量的焓，kcal/kmol；h_j^V 为任意块板 j 上升的气体物料单位摩尔质量的焓，kcal/kmol；h_{j+1}^V 为 $j+1$ 板上升的气体物料单位摩尔质量的焓，kcal/kmol。

将操作压力下各级单位流率的气液焓表示为温度函数式：

$$h_j^V=\sum_{i=1}^{n} y_{i,j}(b_{i1}+b_{i2}T_j+b_{i3}T_j^2)(1\leqslant j\leqslant N) \tag{2-225}$$

$$h_j^L=\sum_{i=1}^{n} x_{i,j}(c_{i1}+c_{i2}T_j+c_{i3}T_j^2)(1\leqslant j\leqslant N) \tag{2-226}$$

将输入输出热量、进料焓，根据温度得到的单位流率的气液焓代入 H 方程：

$$H(x_{i,j},V_j,T_j)=L_{j-1}h_{j-1}^L+V_{j+1}h_{j+1}^V+F_jh_{F,j}-(V_j+G_j)h_j^V-(L_j+U_j)h_j^L-Q_j=0 \tag{2-227}$$

将 $L_j+U_j=L_{j-1}+V_{j+1}+F_j-V_j-G_j$ 代入上式，并化简为：

$$H(x_{i,j},V_j,T_j)=V_{j+1}(h_{j+1}^V-h_j^L)-(V_j+G_j)(h_j^V-h_j^L)-(h_j^L-h_{j-1}^L)L_{j-1}+(h_{F,j}-h_j^L)F_j-Q=0 \tag{2-228}$$

变形得：

$$V_{j+1}\frac{(V_j+G_j)(h_j^V-h_j^L)+(h_j^L-h_{j-1}^L)L_{j-1}+Q-(h_{F,j}-h_j^L)F_j^L}{h_{j+1}^V-h_j^L}(2\leqslant j\leqslant N-1) \tag{2-229}$$

计算时，从塔顶冷凝器开始，由于 $V_2=D+L_1$，即 $V_2=D+RD$，故气相流率从 V_3 开始一直计算到 V_{N-1}，根据 $L_j=V_{j+1}+\sum\limits_{j=2}^{j}(F_j-G_j-U_j)-D$，得到 L_j。

【例 2-22】 根据例 2-19～例 2-21 的条件及结果，利用热方程及焓方程确定各级气液流率。各组分焓关系式如下：

丙烷：$H_V=0.1436T+161.56$（kcal/kg）$=6.3184T+7108.64$（kcal/kmol）

$H_L=0.6686T+67.425$（kcal/kg）$=29.4184T+2966.7$（kcal/kmol）

异丁烷：$H_V=0.3094T+147.31$（kcal/kg）$=17.9452T+8543.98$（kcal/kmol）

$H_L=0.5921T+64.617$（kcal/kg）$=34.3418T+3747.786$（kcal/kmol）

正丁烷：$H_V=0.3449T+157.27$（kcal/kg）$=20T+9121.66$（kcal/kmol）

$H_L=0.5858T+65.102$（kcal/kg）$=33.9764T+3775.916$（kcal/kmol）

正戊烷：$H_V=0.3919T+156.36$（kcal/kg）$=28.2168T+11257.92$（kcal/kmol）

$H_L=0.5634T+62.872$（kcal/kg）$=40.5648T+4526.784$（kcal/kmol）

进料焓为 $H_F=6876$kcal/kmol。

解：(1) 计算各级气液相焓值 $(j=1)$

$H_V=6.3184\times19.1+7108.64=7229$（kcal/kmol）

$H_V=17.9452\times19.1+8543.98=8887$（kcal/kmol）

$H_V=20\times19.1+9121.66=9504$（kcal/kmol）

$H_V=28.2168\times19.1+11257.92=11797$（kcal/kmol）

$h_{V,1}=0.97115\times7229+0.0238\times8887+0.00504\times9504+0.00001\times11797=7280$（kcal/kmol）

$H_L=29.4184\times19.1+2966.7=3529$（kcal/kmol）

$H_L=34.3418\times19.1+3747.786=4404$ (kcal/kmol)

$H_L=33.9764\times19.1+3775.916=4425$ (kcal/kmol)

$H_L=40.5648\times19.1+4526.784=5302$ (kcal/kmol)

$h_{L,1}=0.92654\times3529+0.05523\times4404+0.01808\times4425+0.00015\times5302=3594$ (kcal/kmol)

其余方法相同，结果列表如下：

级数	1	2	3	4	5	6	7	8	9
h_V/(kcal/kmol)	7280	7383	7545	7768	8133	8669	9254	9779	10292
h_L/(kcal/kmol)	3594	3775	4043	4370	4766	5209	5604	5942	6375

(2) 计算各级流率

$V_1=D-U_1=0$，$L_1=RD=1.74\times75=131$ (kmol/h)

$j=1$，$V_2=D+L_1=75+131=206$ (kmol/h)

$$j=2,\ V_3=\frac{(h_{V,2}-h_{L,2})(V_2+U_2)+(h_{L,2}-h_{L,1})L_1-(h_{F,2}-h_{L,2})F_2+Q_2}{h_{V,3}-h_{L,2}}$$

$$=\frac{(7383-3775)\times206+(3775-3594)\times131}{7545-3775}=\frac{743248+23711}{3778}$$

$$=203\ (\text{kmol/h})$$

$L_2=V_3-D=203-75=128$ (kmol/h)

其余方法相同，结果列表如下：

级数	温度/℃	G/(kmol/h)	L/(kmol/h)	F/(kmol/h)	U/(kmol/h)	备注
1	19.10	0.0	131.0		75.0	
2	22.10	206.0	128.0			
3	26.50	203.0	125.0			
4	32.05	200.0	146.6	100.0		
5	39.30	121.6	144.8			
6	47.80	119.8	143.0			
7	55.60	118.0	141.7			
8	62.30	116.7	138.9			
9	70.05	113.9	25.0			

五、泡点法步骤

① 根据已知条件进行简捷计算并得到初值；

② 建立各组分矩阵方程，并对矩阵求解 $x_{i,j}$；

③ θ 法对矩阵得到的 $x_{i,j}$ 归一；

④ 利用泡点方程确定各级温度及气相组成；

⑤ 利用 H 方程确定各级气液流率；

⑥ 若 $\varepsilon_T=\sum_{j=1}^{N}(T_j^k-T_j^{k-1})^2\leqslant0.01N$ 或 $\varepsilon_H=\sum_{j=1}^{N}\frac{V_j^k-V_j^{k-1}}{V_j^{k-1}}\leqslant0.01$ 即达到要求，结

束迭代。否则，以得到的温度、气液流率为初值，重复②～⑤。

泡点法相平衡常数 $K_{i,j}$ 及焓 $h_j^{L(V)}$ 都表示成温度为变量的函数，因此只要给定初值，计算机程序可方便地完成计算，程序框图如图 2-23 所示。

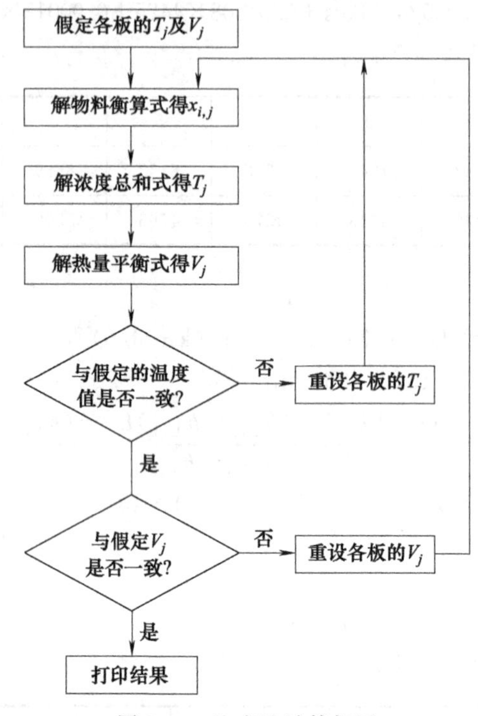

图 2-23　泡点法计算框图

【例 2-23】 利用例 2-19～例 2-22 的条件及结果，试确定精馏塔各级温度及气液负荷，要求 $\varepsilon_T<0.09$。

解：(1) 以例 2-22 的结果为初值：

级数	温度/℃	G/(kmol/h)	L/(kmol/h)	F/(kmol/h)	U/(kmol/h)
1	19.10	0.0	131.0		75.0
2	22.10	206.0	128.0		
3	26.50	203.0	125.0		
4	32.05	200.0	146.6	100.0	
5	39.30	121.6	144.8		
6	47.80	119.8	143.0		
7	55.60	118.0	141.7		
8	62.30	116.7	138.9		
9	70.05	113.9	25.0		

(2) 按照解三对角矩阵、θ 法归一、泡点法确定温度，热方程确定流率的步骤，经过 4 次迭代，得到最终结果，在下表中列出第 3、4 次的迭代结果：

级数	温度/℃		V/(kmol/h)		L/(kmol/h)		F /(kmol/h)	U /(kmol/h)
	3次	4次	3次	4次	3次	4次		
1	19.10	19.10	0	0	131	131		75.0
2	22.10	22.10	206	206	128.09	128.09		
3	26.73	26.73	203.09	203.09	124.11	124.10		
4	33.00	33.00	199.11	199.10	150.85	150.87	100.0	
5	40.20	40.18	125.85	125.87	148.50	148.56		
6	48.55	48.53	123.50	123.56	146.90	146.93		
7	56.17	56.17	121.90	121.93	145.54	145.54		
8	62.70	62.70	120.54	120.54	142.44	142.46		
9	70.10	70.10	117.44	117.46	25	25		

(3) 迭代判断

$$\varepsilon_T=(40.2-40.18)^2+(48.55-48.53)^2=0.000404<0.09$$

$$\varepsilon_H=\frac{199.11-199.10}{199.11}+\frac{125.85-125.87}{125.85}+\frac{123.50-123.56}{123.50}+\frac{121.90-121.93}{121.90}+\frac{117.44-117.46}{117.44}$$

$$=0.00005-0.00016-0.00049-0.00025-0.00017=-0.00102<0.01$$

(4) 塔板温度及负荷曲线图

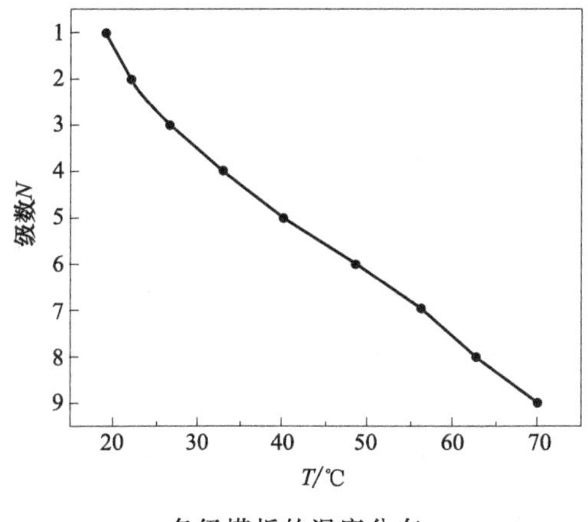

各级塔板的温度分布

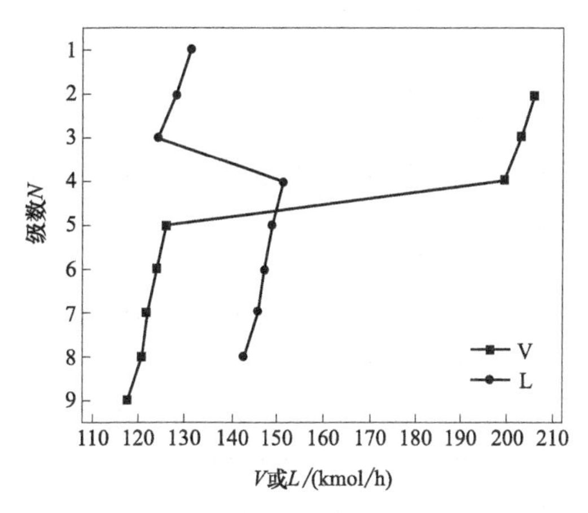

各级塔板的气液负荷

码 2-3 氢K值确定

习 题

2-1 确定 1.5MPa、温度为 30℃下列组分的相平衡常数。

组分	CH_4	$C_2^{=}$	C_2^{0}	$C_3^{=}$

2-2 脱丙烯塔的进料流量为 100kmol/h、压力为 4.0MPa、温度为 80℃，组成如下表。若塔操作压力 1.2MPa，塔顶丙烯回收率为 98%，塔底丙烷的回收率为 95%，塔顶不含异

戊烷、塔底不含丙烯。试计算：(1) 塔顶及塔底产品量及组成；(2) 塔顶塔底温度；(3) 进料在塔操作压力下的泡点和露点温度。

组分	$C_3^=$	C_3^0	iC_5^0	Σ
x_i	0.7811	0.2105	0.0084	1.0000

2-3 某精馏塔的操作压力为 0.1MPa，其进料组分如下表，试求：(1) 露点进料的进料温度；(2) 泡点进料的进料温度。

组分	iC_4^0	iC_5^0	iC_6^0	nC_7^0	nC_8^0	Σ
x_i	0.05	0.17	0.65	0.10	0.03	1.00

2-4 某脱丙烷塔操作压力为 2.0MPa，塔顶全凝器、塔底再沸器。塔顶馏出物组分如下表，求塔顶温度。

组分	$C_3^=$	C_3^0	iC_4^0	nC_5^0	Σ
x_i	0.45	0.37	0.15	0.03	1.00

2-5 某脱甲烷塔操作压力为 2.5MPa，塔顶全凝器、塔底再沸器。塔底产物组分如下。试求塔底温度。

组分	CH_4	$C_2^=$	C_2^0	$C_3^=$	C_3^0	C_4^0～C_7^0	Σ
x_i	0.01	0.35	0.25	0.20	0.09	0.10	1.00

2-6 根据习题 2-4 的条件及结果，若塔顶馏出物流量为 100kmol/h，计算塔顶冷凝器操作温度及热负荷。

2-7 某精馏塔塔釜液组成见下表，为饱和液体（压力为 2.5MPa），流量为 130kmol/h。采用釜式再沸器汽化部分物料，试确定汽化率为 0.3 时的再沸器操作温度及热负荷。

组分	$C_2^=$	C_2^0	$C_3^=$	C_3^0	iC_4^0	Σ
x_i	0.35	0.31	0.20	0.09	0.05	1.00

2-8 将 p=0.4MPa、总量为 1024kmol/h、温度为 89.5℃的正丁烷（0.403）、正戊烷（0.325）和正己烷（0.272）饱和气体在 71℃下冷凝，试确定液化率及热负荷；若冷却剂采用温度 20℃冷却水，估算冷却水用量。

2-9 混合物温度压力为 T=64℃、p=2.4MPa，组成见下表，在 p=1.0MPa 进行闪蒸，试估算汽化分率及气相和液相组成。

组分	C_3^0	iC_4^0	nC_4^0	Σ
x_i	0.451	0.183	0.366	1.0000

2-10 对表中物料进行闪蒸，以提取轻烃。原料温度为 63℃、闪蒸压力为 2atm，闪蒸温度为 66℃。试确定：(1) 闪蒸汽化率及气液组成；(2) 热负荷。

组分	C_1^0	C_2^0	C_3^0	nC_4^0	nC_5^0	nC_{12}^0	Σ
f_i/(kmol/h)	13.7	101.3	146.9	23.9	5.7	196.7	282.5

2-11 脱丙烯塔的进料的流量为100kmol/h、压力为4.0MPa、温度为10℃，组成如下表。若塔操作压力1.2MPa，塔顶丙烯回收率为98%，塔底丙烷的回收率为95%。试计算进料板温度和组成。

组分	$C_3^=$	C_3^0	iC_4^0	nC_5^0	Σ
摩尔分率	0.5201	0.2620	0.2105	0.0084	1.0000

2-12 脱异丁烷塔在0.61MPa下操作，塔顶有全凝器，塔釜设再沸器。进料组成见下表。要求异丁烷塔釜含量不大于5%，正丁烷塔顶含量不大于12%。进料温度为65℃、压力为2.0MPa。试确定塔顶和塔底组成。

组分	C_3^0	iC_4^0	nC_4^0	nC_5^0	nC_6^0	Σ
f_i/(kmol/h)	6.64	302.6	255.2	82.2	16.7	663.34
z_i	0.01	0.456	0.385	0.124	0.025	1.000

2-13 已知第一脱甲烷塔的进料组成如下表，塔的操作压力为3.4MPa，塔顶塔底的平均温度为−50℃，该温度下相平衡常数列入表中。要求塔顶甲烷回收率为98.0%、塔底乙烯回收率98.9%，估算塔顶、塔底产品组成。

组分	H_2	CH_4	$C_2^=$	C_2^0	C_3^0	Σ
z_i	0.1280	0.2571	0.2310	0.3860	0.0033	1.000
K_i	26	1.7	0.34	0.24	0.051	—

2-14 某精馏塔的进料、馏出液、釜液组成以及平均条件下各组分对重关键组分的平均相对挥发度如下：

组分	A	B	C	D	Σ
$x_{i,F}$	0.25	0.25	0.25	0.25	1.00
$x_{i,D}$	0.50	0.48	0.02	—	1.00
$x_{i,W}$	—	0.02	0.48	0.50	1.00
$\alpha_{i,C}$	5	2.5	1	0.2	

进料为饱和液体进料。试求：(1) 最小理论板数和最小回流比R_m；(2) 确定回流比$R=1$时理论板数N。

2-15 根据习题2-11的条件及结果，试确定最小理论板数和最小回流比、理论板数、板效率、进料位置和实际板数（假定回流比为最小回流比的1.08倍）。

2-16 苯精馏塔操作压力按塔底、侧线、进料及塔顶依次为200kPa、185kPa、165kPa、130kPa，进料为苯、甲苯和联苯混合物，其量为206kmol/h、80kmol/h和5kmol/h，塔顶得到257kmol/h苯和0.1kmol/h甲苯，提馏段侧线采出苯、甲苯和联苯混合物，其量为3kmol/h、79.4kmol/h和0.2kmol/h，塔底得到0.5kmol/h甲苯和0.1kmol/h联苯。试确定各段最小理论板数（相平衡常数由安托尼方程及拉乌尔方程得到）。

2-17　某精馏塔操作压力为700kPa，进料见下表，泡点进料。分离要求：塔顶重关键组分nC_5^0的量为15kmol/h、塔底轻关键组分nC_4^0的量为6kmol/h。塔顶全凝器、塔底再沸器，试确定实际塔板数。

组分	C_3^0	iC_4^0	nC_4^0	iC_5^0	nC_5^0	nC_6^0	nC_7^0	nC_8^0	Σ
流量/(kmol/h)	2500	400	600	100	200	40	50	40	3930

2-18　乙烷塔进料组成如下表，为饱和液体，进料量100kmol/h。脱乙烷塔操作压力26atm（绝压），塔顶产品经分凝器气相出料，分离要求：塔顶产品中丙烯含量不大于0.001、塔底产品中乙烷含量不大于0.002（均为质量分数）。假定进料汽化率为0.18、闪蒸温度为-3.5℃。试确定：

组分	$C_2^=$	C_2^0	$C_3^=$	C_3^0	Σ
x_i	0.5730	0.2330	0.1830	0.011	1.0000

（1）塔顶、塔底产品的数量及组成等工艺条件；

（2）最小平衡级和最小回流比；

（3）当$R=1.1R_{min}$时，确定平衡级和进料位置；

（4）板效率和实际塔板数。

2-19　某精馏塔精馏段采用筛板塔盘，参数如下：塔径$D=3200$mm，堰高$h_w=50$mm，开孔率为8.86%，筛孔直径$d=10$mm，筛孔数6411。气体流率$Q_V=0.826\text{m}^3/\text{s}$，液体负荷$Q_L=0.833\text{m}^3/\text{s}$，表面张力为$\sigma=4.38$dyn/cm，空塔气速为$u_g=0.103$m/s，液体黏度为$\mu_L=0.10$cP，液体密度为$\rho_L=422.61\text{kg/m}^3$，气体密度为$\rho_V=40.21\text{kg/m}^3$，液相扩散系数为$D_L=2.5\times10^{-5}\text{cm}^2/\text{s}$，质量气速为$G=33.21\text{kg/(m}^2\cdot\text{s)}$，相平衡常数为$K=0.85$，试通过板效率确定塔效率。

2-20　某脱丙烯-丙烷浮阀塔提馏段参数如下：塔径$D=2000$mm，堰高$h_W=50$mm，开孔率为12.0%。浮阀直径$d=100$mm，浮阀数91个，气体流率$Q_V=0.131\text{m}^3/\text{s}$，液体负荷$Q_L=0.0119\text{m}^3/\text{s}$，表面张力为$\sigma=1.81$dyn/cm，空塔气速为$u_g=0.042$m/s，液体黏度为$\mu_L=0.09$cP，液体密度为$\rho_L=387\text{kg/m}^3$，气体密度为$\rho_V=45.1\text{kg/m}^3$，液相扩散系数为$D_L=2.60\times10^{-5}\text{cm}^2/\text{s}$，质量气速为$G=5.9\text{kg/(m}^2\cdot\text{s)}$，相平衡常数为$K=0.85$，试通过板效率确定塔效率。

2-21　某精馏塔平衡级数为20级，塔顶全凝器、塔底再沸器，操作压力为1.5MPa，进料板温度为35℃，组成见下表，试确定实际塔板数。

组分	C_3^0	iC_4^0	nC_4^0	nC_5^0	Σ
x_i	0.1330	0.2530	0.2830	0.331	1.0000

2-22　某精馏塔平衡级数为5级（包括全凝器及再沸器），进料组成及各级相平衡常数列入下表，进料为饱和液体，流量为100kmol/h，塔操作压力为0.7MPa，忽略各级压降，回流比为2，塔顶馏出物量为50kmol/h，塔底产物量为50kmol/h，试确定各级组成、温度及汽液流量。

组分	C_3^0	nC_4^0	nC_5^0	Σ
z_i	0.3	0.3	0.4	1.00
K_{i1}	1.23	0.33	0.103	
K_{i2}	1.63	0.50	0.166	
K_{i3}	2.17	0.71	0.255	
K_{i4}	2.70	0.95	0.38	
K_{i5}	3.33	1.25	0.49	

2-23　根据习题 2-15 的条件及结果，试用泡点法确定各级温度及气液流量。

第三章 特殊精馏

第二章第一节已经指出，常规蒸馏操作适用于组分间的挥发度差异较大的一类气-液混合物的分离，不能有效分离组分间的挥发度十分接近、恒沸物、热敏性物料、难挥发组分的稀溶液等物系。对于上述具有特殊性质的物系分离，可以选择特殊精馏或萃取实现有效分离，本章介绍特殊精馏。

第一节 概 述

一般认为，两组分间的沸点差小于5℃或液相为非理想溶液时，其相对挥发度可能小于1.10，也可能等于1，对于上述性质的物系，可以采用特殊精馏方式进行分离。

一、特殊精馏基本概念

所谓特殊精馏，其实是在精馏过程的同时溶入改变组分间相对挥发度措施的精馏操作。一般分为萃取精馏、恒沸精馏、膜蒸馏、变压精馏、反应精馏（催化蒸馏）、吸附蒸馏、分子蒸馏、溶盐精馏、水蒸气蒸馏等。

1. 恒沸精馏

某些非理想溶液，由于分子间相互作用力的结果，往往有共沸现象的产生，用一般的蒸馏方法不能把它们分离。当物系能形成最低（最高）恒沸物或组分沸点相近时，常采用加入第三组分形成新的具有最低恒沸点的恒沸物并加以分离的精馏方式，这种方式称为恒沸精馏。加入的第三组分通常称为共沸剂或挟带剂。

根据被分离物系的性质，共沸剂可以有多种形式，例如分离最低共沸物，可加入的共沸剂能与原组分之一形成一组新的二元最低共沸物，其沸点低于原来的共沸物沸点，一般相差10℃以上，以易于工业应用；或者共沸剂与原两组分形成三元最低共沸物，其沸点比任何一个二元共沸物的沸点都低，其中欲分离的二组分在三元共沸物中的比例与原共沸物有较大差异。再如分离沸点相近或最高共沸物，即共沸剂能与原来组分之一形成二元最低共沸物；或者共沸剂能与原来两个组分分别形成两组二元最低共沸物，而其沸点温度相差较大；又或者共沸剂与原两组分形成三元最低共沸物，其沸点低于任何一个二元共沸物，且其中所含欲分离的二组分的比例与原混合液有较大差别。

加入共沸剂后形成的共沸物可分为两种，即均相共沸物和非均相共沸物。均相共沸物指加入共沸剂后形成的最低共沸物能与原混合液中易挥发组分以任何比例混合成一均相存在，所得到的共沸物要用减压蒸馏或萃取蒸馏的方法进行处理。非均相共沸物则不能与易挥发组分完全混合，冷凝后共沸物分为两个液相层，且都是最低共沸物，根据各层组分的差异进行分离。

2. 萃取精馏

萃取精馏是用加入第三组分的方法，分离沸点相差微小的液体混合物的精馏方式。加入的第三组分称为萃取剂。萃取剂具有较高的沸点，并与原料中某个组分有较强的亲和力，可显著降低其蒸气压，从而加大原料中待分组分间的相对挥发度，使之易于分离。萃取剂从塔上段加入，而塔顶部的回流可以减少溶剂在塔顶产品中的含量。由于加入的萃取剂挥发度低，它与另一组分从塔底排出。一般后续采用蒸馏分离操作，以回收溶剂供循环回到萃取蒸馏塔中。萃取精馏可大大改变组分间的相对挥发度，降低分离难度，图 3-1 为典型萃取精馏流程。

恒沸精馏与萃取精馏都用于沸点相近物系或恒沸物的分离，均能改变原物系组分间的相对挥发度，但也各有千秋：①可以用作萃取精馏的萃取剂较多，所以选择萃取剂的余地比恒沸剂大；②萃取剂在萃取精馏中汽化的量很少，而恒沸剂则以气态挟带组分从恒沸精馏塔顶流出，所以，一般说恒沸精馏的能耗较大；③恒沸精馏中恒沸剂适宜加入量的范围较窄，而萃取精馏中萃取剂的加入量可以在比较大的范围内变动，所以它的操作控制比较容易；④萃取精馏中使用的萃取剂沸点高，为了保证塔内从上到下的液相中均有适当的萃取剂含量，萃取剂需连续不断地从塔顶送入，所以它不适用于间歇精馏；恒沸精馏可以采用间歇精馏；⑤恒沸精馏的操作温度比萃取精馏低，故它适用于分离热敏性物质。

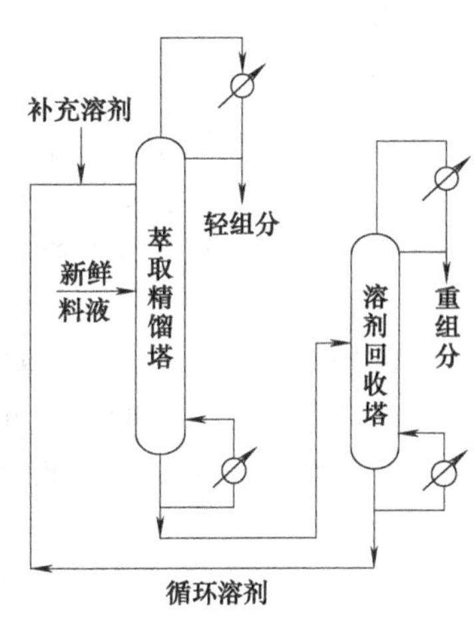

图 3-1 典型萃取精馏的流程

3. 变压精馏

根据恒沸物的相平衡曲线在恒沸点分为两段的特点，利用两个不同压力下操作的塔系分离对压力敏感的恒沸物，可以分别得到纯度较高的组分。变压精馏其实属于恒沸精馏。该方法的特点是流程简单，但操作复杂，适用于二元均相恒沸物的分离，如乙醇-苯物系可在不加恒沸剂的情况下通过变压精馏实现有效分离。

4. 溶盐精馏

在互成平衡的两相物系中，加入不挥发的盐，使平衡点发生移动，称之为盐效应。对二元气-液平衡，会出现增大某组分的挥发度的盐析效应和减少另一组分的挥发度的盐溶效应。国内外都出现了利用盐效应的精馏工艺，包括溶盐精馏和加盐萃取精馏。采用固体盐（溶盐）作为分离剂的精馏过程称为溶盐精馏。将盐加入溶剂中而形成新的溶剂的萃取精馏称为加盐萃取精馏。

盐对气液平衡的影响是由于盐和溶液组分之间的相互作用。例如在醇-水这种含有氢键的强极性含盐溶液中，盐可以通过化学亲和力、氢键力以及离子的静电力等作用，与溶液中某种组分的分子发生选择性的溶剂化反应，生成某种难挥发的缔合物，从而减少了该组分在平衡气相中的分子数，使其蒸气压降低到相应的水平。对于一般盐来说，水分子的极性远大于醇，盐-水分子间的相互作用也远远超过盐-醇分子，所以可以认为溶剂化反应主要在盐-水之间进行。考虑溶剂化反应降低了水的蒸汽压，因此醇对水的相对挥发度提高了。从微观角度分析，由于盐是强电解质，在水中离解为离子，产生电场，而溶液中的水分子和醇分子的极性和介电常数不同，在盐离子的电场作用下，极性增强，介电常数大的水分子就会较多地聚集在盐离子周围，使水的活度系数减少，而提高了醇对水的相对挥发度，从而使得其气液平衡性质进一步改观。总之，由于盐的加入降低了水的挥发度，从而使得醇的气相分压升高，出现盐析现象。

近年来，人们从盐对气-液平衡的影响的研究中得到启示，开发了以溶盐作为分离剂的精馏过程的新方法。如对乙醇-水物系，由于乙醇-水形成恒沸液，一般精馏无法制取无水乙醇，但加入氯化钙或乙酸钾，就会使乙醇对水的相对挥发度提高，恒沸点消失，容易实现分离而得到无水乙醇。从盐对气-液平衡的影响可以看出，在有些物系中盐对相对挥发度的影响比一般溶剂大得多（以溶剂为分离剂的萃取蒸馏），在较低的盐浓度下，相对挥发度可以提高好几倍。

5. 反应精馏

化学反应和蒸馏是化工生产中常用的两个单元操作，通常是各自单独在特定的设备中实现，如反应过程在各种形式的反应器中进行，而未反应的反应物、产物和副产物则在蒸馏塔中得到分离。而所谓“反应精馏”过程其实就是“伴有化学反应的蒸馏过程”，是将反应和蒸馏两个过程融合于一个设备中进行的单元操作。

反应精馏过程具有很多优势，如在放热反应中，反应热直接用于蒸馏过程液相汽化，减少了外供热量，节省了能源，可降低设备的能耗；又如在反应精馏的每一级中，组成、压力不变，反应温度也不变，因此反应温度易于控制，减少了温度波动和随之而来的副产物生成，可提高产品的回收率；再如由于蒸馏的存在，使反应产物及时蒸出，破坏了化学平衡，加快了化学反应速率，增加了转化率，提高了生产能力等。

但是并不是所有的反应过程和蒸馏过程都可以合并为反应精馏过程。反应精馏过程必须使反应和蒸馏相匹配，即反应蒸馏在较低温度和压力下能达到满意的反应速率才能有效。对于高温高压下的气相反应就不能采用。

反应精馏过程的反应和蒸馏之间存在着极其复杂的相互影响。如塔板数、进料位置、停留时间、传热速率、副产物浓度等参数的微小变化，都可能引起过程的强烈波动。因此，对于一个新的反应精馏过程的开发和推广应用，必须首先对它进行详尽的数学模拟。在反应精馏的数学模拟中要注意组分物料平衡式中需考虑由于化学反应而引起的该组分的产生或消失，在能量平衡中需考虑化学反应热效应，还应将化学反应速率表达式或化学平衡式联立求解等。

反应精馏技术已在乙酸甲酯过程和催化合成甲基叔丁基醚（一种汽油抗爆剂）工艺上实现了工业化。另外也有催化合成蒸馏来合成异丙苯、乙苯等重要化工产品。

6. 分子蒸馏

分子蒸馏是在高真空条件下，蒸发面和冷凝面的间距小于或等于被分离物料的蒸气分子的平均自由程，由蒸发面逸出的分子，既不与残余空气的分子碰撞，也不自身相互碰撞，直接到达并凝集在冷凝面上。通常，分子蒸馏在 $10^{-4} \sim 10^{-3}$ mmHg[1] 的真空度下操作。分子蒸馏过程由分子从液体向蒸发表面扩散、分子在液层表面上的自由蒸发、分子从蒸发表面向冷凝面飞射以及分子在冷凝面上的冷凝四个步骤组成。分子蒸馏过程可以在任何温度下进行，只要冷、热两面存在温度差即可。另外，分子蒸馏是在液层表面上的自由蒸发，不存在

[1] 1mmHg $= 1.133322 \times 10^2$ Pa。

鼓泡、沸腾现象，蒸发和冷凝过程都不是可逆的。分子蒸馏广泛用于科学研究以及化工、石油、医药、轻工、油脂等行业中。用于浓缩或纯化高分子量、高沸点、高精度物质以及稳定性极差的有机化合物。

二、特殊精馏的应用

特殊精馏在工业上应用较为广泛，其中一些重要应用如下。

(1) 回收丁二烯

裂解气中的 C_4 馏分中除富含 1,3-丁二烯外，尚含有正丁烷、异丁烷、异丁烯、1-丁烯等组分，这些组分与 1,3-丁二烯的沸点相差不大，常规精馏无法有效分离，工业上采用萃取精馏和溶剂抽提工艺分离 C_4 馏分，回收 1,3-丁二烯。其中萃取精馏有糠醛萃取精馏法、乙腈法、二甲基酰胺法、二甲基乙酰胺法和二甲砜法，丁二烯回收率达到 95%以上。

(2) 无水乙醇制取

乙醇是重要的基本有机原料，也是最大的有机产品之一。无论是以生物质为原料的发酵法，还是以乙烯为原料的直接水合法，普通精馏只能得到纯度为 95%的乙醇，工业上通过变压精馏或三元恒沸精馏制取无水乙醇。

(3) 醋酸水溶液脱水

工业上采用甲醇羰基氧化法或丁烯酯化氧化法制取醋酸都需要恒沸蒸馏，如甲醇羰基氧化法：经反应蒸馏出的含水醋酸（恒沸剂为醋酸甲酯）进入脱水塔，恒沸剂与水形成低温的非均相恒沸物，恒沸物从塔顶馏出，随后冷凝后分层，上层为酯层，主要为醋酸甲酯、醋酸乙酯、仲丁醇等，返回脱水塔循环使用，下层为水层，返回混合槽；塔底为无水醋酸及甲酸，送入提纯塔得到醋酸。

(4) 丙烯腈精制

丙烯氨氧化法生产中，丙烯腈采用萃取精馏分离乙腈、丙烯腈和氢氰酸。由吸收塔出来的含丙烯腈、乙腈、氢氰酸水溶液进入萃取精馏塔，萃取剂为水，萃取精馏塔为复合塔，也有恒沸精馏作用，塔顶得到氢氰酸-丙烯腈-水恒沸物，冷凝分层后，水层水返回萃取精馏塔，油层含丙烯腈 0.8 左右、氢氰酸 0.1、水 0.08 左右，进一步精馏分别得到氢氰酸和丙烯腈；萃取精馏塔侧线采出粗乙腈，通过变压精馏分离得到乙腈；萃取精馏塔底部为水，经处理后循环使用。

(5) 尼龙 66 生产

尼龙 66 由己二胺和己二酸的水溶液结晶而成，环己醇是生产己二酸的重要原料。环己醇生产方法是通过苯加氢可得到环己烷和环己烯，环己烯通过水合反应制取环己醇。其中，环己烯-环己烷分离以二甲基乙酰胺为萃取剂，通过萃取精馏实现。通过萃取精馏，塔顶得到环己烷，塔底得到环己烯和二甲基乙酰胺。塔底产物经过进一步分离，可得到环己烯。

(6) 维尼纶生产

维尼纶的化学成分为聚乙烯醇缩甲醛，主要原料为聚乙烯醇。在聚乙烯醇生产的聚合工段，经过聚合的聚乙烯醇溶液进入吹出蒸馏塔顶部进行恒沸精馏，塔顶得到未聚合的醋酸乙烯-甲醇二元恒沸物，塔底为含聚乙烯醇的甲醇溶液；将吹出蒸馏塔顶部的二元恒沸物送入萃取精馏塔。以水为萃取剂，利用萃取精馏分离醋酸乙烯和甲醇二元恒沸物，塔顶得到醋酸乙烯、塔底得到甲醇-水；在回收工段，醇酯废液进入醋酸甲酯分离塔，通过恒沸精馏，塔底得到含少量醋酸钠及水的甲醇，塔顶为醋酸甲酯-甲醇二元恒沸物，然后进入萃取精馏塔，以水为萃取剂，经过萃取精馏，可在塔顶和塔底分别得到醋酸甲酯和甲醇水溶液。

(7) 润滑油精制

我国工业上多采用糠醛精制润滑油工艺，该工艺溶剂回收工序，采用自夹带恒沸精馏，来自汽提塔顶部的糠醛-水气体混合物，冷凝后进入分层罐，得到醛相和水相，醛相进入醛塔，通过精馏得到糠醛、水相进入水塔，通过精馏得到水。

(8) 苯脱水

苯加氢过程对原料中的水要求严格，一般情况下，原料苯中水含量范围为 0.001～0.01，工业上多采用恒沸精馏除去水分，可得到含水量低于 0.0001 的精苯。

(9) 煤焦油中的多环芳烃

如吡啶、甲基萘、蒽、联苯等在工业上多采用恒沸精馏或萃取精馏方式进行精制。

特殊精馏尚有许多应用，这里不再赘述。必须指出，由于特殊精馏具有较强的针对性，适用范围十分有限，选用时应注意。另外，由于特殊精馏操作费用昂贵，一般仅应用于三元物系分离，如果遇到多元物系，应该运用多组分精馏或其他方法将其分离为二元或三元物系，再采用特殊精馏方式予以分离之，本章重点介绍恒沸精馏和萃取精馏。

第二节　非理想溶液活度系数的计算

因恒沸精馏和萃取精馏操作的对象均为非理想溶液，因此有必要了解和掌握非理想溶液相平衡及活度系数计算的相关内容。

一、非理想溶液相平衡

恒沸精馏和萃取精馏操作一般在低压下进行，由于溶液的非理想性，相平衡有其独特性。对于互溶系统，存在类似理想溶液的气-液平衡；而对于部分互溶物系，则存在液-液平衡和气-液-液平衡。

1. 气-液平衡

低压条件下，液相为非理想溶液、气相为理想气体的相平衡关系为

$$K_i=\frac{\gamma_{i,\mathrm{L}}p_i^0}{p} \tag{3-1}$$

$$\alpha_{ij}=\frac{\gamma_{i,\mathrm{L}}p_i^0}{\gamma_{j,\mathrm{L}}p_j^0} \tag{3-2}$$

式中，p_i^0、p_j^0 为纯 i、j 组分在系统温度下的饱和蒸气压，kPa；$\gamma_{i,\mathrm{L}}$、$\gamma_{j,\mathrm{L}}$ 为 i、j 组分的活度系数。

2. 液-液平衡

(1) 二元液-液平衡

忽略压力对液-液平衡影响的二元液-液平衡可以方便地用温度和溶解度曲线表示，图 3-2 即为典型的液-液平衡相图。液-液平衡分为三种类型：其一为部分互溶区为闭合的环形，存在最高会溶温度和最低会溶温度，在两会溶温度之间，为两液相共存区，两会溶温度之外为单相区；其二为部分互溶区为“山”字形，存在最高会溶温度，最高会溶温度之下为两相区；其三为部分互溶区，为“锥”形，存在最低会溶温度，最低会溶温度之上为两相区。

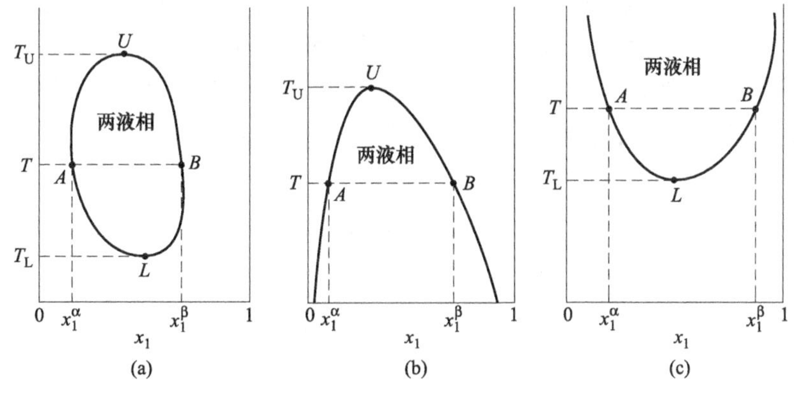

图 3-2 液-液平衡相图

对于具有 α、β 相的二元物系，平衡时，各组元在两相的逸度相同，即 $\hat{f}_i^\alpha=\hat{f}_i^\beta$。由此，α、β 相的二元液-液平衡相平衡关系如下：

$$\gamma_1^\alpha x_1^\alpha=\gamma_1^\beta x_1^\beta \tag{3-3}$$

$$\gamma_2^\alpha x_2^\alpha=\gamma_2^\beta x_2^\beta \tag{3-4}$$

$$x_1^\alpha+x_2^\alpha=1 \tag{3-5}$$

$$x_1^\beta+x_2^\beta=1 \tag{3-6}$$

式中，x_1、x_2 分别为组分的摩尔分数；x_1^α、x_2^α 分别为 α 相中两组元的摩尔分数；x_1^β、x_2^β 分别为 β 相中两组元的摩尔分数；γ_1^α、γ_2^α 分别为 α 相中两组元的活度系数；γ_1^β、γ_2^β 分别为 β 相中两组元的活度系数。

(2) 三元液-液平衡

三元液-液平衡情况较为复杂，常用三角相图表示三元液-液平衡，三个顶点表示三个纯组元。图 3-3 为各类三元液-液平衡相图，其中（a）为完全互溶；（b）为存在一对部分互溶区；（c）为存在两对部分互溶区且互不连接；（d）为两对部分互溶区连在一起；（e）为两对部分互溶区中一对占优势；（f）为存在三个一相区、三个二相区和一个三相区。

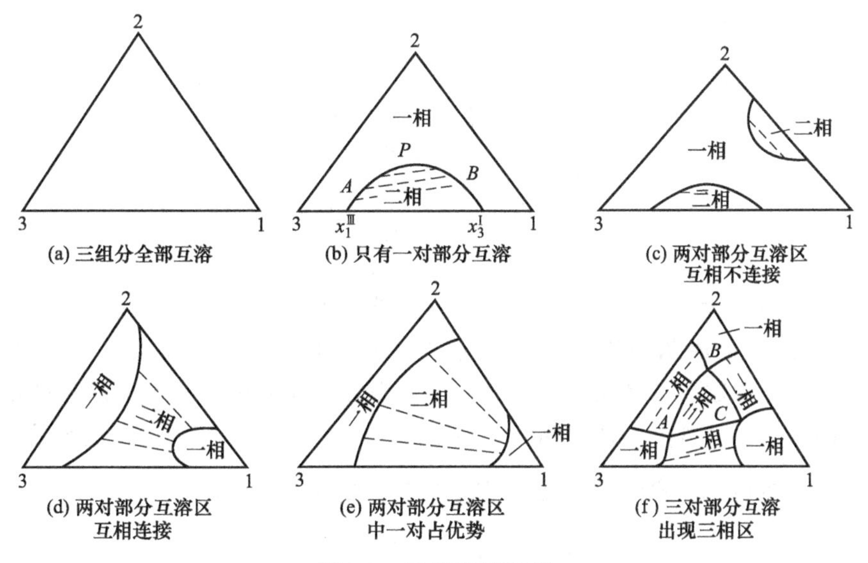

图 3-3 三元液-液平衡

如图 3-3（b），APB 为溶解度曲线，曲线包围的区域为两相区，在两相区，A 和 B 为互为平衡的两相的点，P 为褶点（会溶点），在褶点两相组成相同。

对于存在部分互溶区的三元物系，平衡时，各组元在部分互溶区平衡的两相的逸度相同，即 $\hat{f}_i^{\alpha}=\hat{f}_i^{\beta}$。由此，α、β 相的三元液-液平衡相平衡关系如下：

$$\begin{cases}\gamma_1^{\alpha}x_1^{\alpha}=\gamma_1^{\beta}x_1^{\beta} & (3\text{-}7a)\\ \gamma_2^{\alpha}x_2^{\alpha}=\gamma_2^{\beta}x_2^{\beta} & (3\text{-}7b)\\ \gamma_3^{\alpha}x_3^{\alpha}=\gamma_3^{\beta}x_3^{\beta} & (3\text{-}7c)\\ x_1^{\alpha}+x_2^{\alpha}+x_3^{\alpha}=1 & (3\text{-}7d)\\ x_1^{\beta}+x_2^{\beta}+x_3^{\beta}=1 & (3\text{-}7e)\end{cases}$$

三元液-液平衡活度系数一般结合相图，采用基团贡献法求解。

3. 气-液-液平衡

根据 $K_i=y_i/x_i$、$K_i=\gamma_{i,\mathrm{L}}p_i^0/p$ 可得：

$$py_i=x_i\gamma_{i,\mathrm{L}}p_i^0 \tag{3-8}$$

故有：

$$p=\sum p_i=\sum x_i\gamma_{i,\mathrm{L}}p_i^0 \tag{3-9}$$

$$y_i=\frac{x_i\gamma_{i,\mathrm{L}}p_i^0}{p}=\frac{x_i\gamma_{i,\mathrm{L}}p_i^0}{\sum x_i\gamma_{i,\mathrm{L}}p_i^0} \tag{3-10}$$

二、活度系数模型

无论是气-液平衡还是液-液平衡或气-液-液平衡，均需要活度系数数据。根据活度系数与超额自由能的关系，学者们提出了各种活度系数模型，典型模型介绍如下。

1. 范拉尔模型

为早期活度系数经验模型之一，用于组元性质相差不大、非极性互溶物系的活度系数计算。二元物系关系式如下：

$$\ln\gamma_1=\frac{A_{12}}{\left(1+\dfrac{A_{12}x_1}{A_{21}x_2}\right)^2} \tag{3-11}$$

$$\ln\gamma_2=\frac{A_{21}}{\left(1+\dfrac{A_{21}x_2}{A_{12}x_1}\right)^2} \tag{3-12}$$

式中，A_{12}、A_{21} 为端值常数，可查阅相关手册，也可以通过活度系数计算得到；x_1、x_2 分别为组分 1、2 的摩尔分数；γ_1、γ_2 分别为组分 1、2 的活度系数。由式(3-11) 和式(3-12) 可知，端值常数 A_{12} 其实是组分 1 在溶液中处于无限稀释状态时的活度系数的对数值，即 $\lim\limits_{x_1\to 0}\ln\gamma_1=A_{12}$，$A_{21}$ 的意义相同，即 $\lim\limits_{x_2\to 0}\ln\gamma_2=A_{21}$。若组分的活度系数及组分浓度已知时，可将式(3-11) 和式(3-12) 变形直接计算得到端值常数：

$$A_{12}=\ln\gamma_1\left(1+\frac{x_2\ln\gamma_2}{x_1\ln\gamma_1}\right)^2 \tag{3-13}$$

$$A_{21}=\ln\gamma_2\left(1+\frac{x_1\ln\gamma_1}{x_2\ln\gamma_2}\right)^2 \tag{3-14}$$

2. 马格勒斯模型

马格勒斯模型也是早期的活度系数模型，适用于互溶物系。

二元马格勒斯方程如下：

$$\ln\gamma_1=x_2^2[A_{12}+2(A_{21}-A_{12})x_1] \tag{3-15}$$

$$\ln\gamma_2=x_1^2[A_{21}+2(A_{12}-A_{21})x_2] \tag{3-16}$$

三元马格勒斯方程为：

$$\begin{aligned}\ln\gamma_1=&x_2^2[A_{12}+2x_1(A_{21}-A_{12})]+x_3^2[A_{13}+2x_1(A_{31}-A_{13})]\\&+x_2x_3[0.5(A_{21}+A_{12}+A_{31}+A_{13}-A_{23}-A_{32})\\&+x_1(A_{21}-A_{12}+A_{31}-A_{13})+(x_2+x_3)(A_{23}-A_{32})]\end{aligned} \tag{3-17}$$

$$\begin{aligned}\ln\gamma_2=&x_3^2[A_{23}+2x_2(A_{32}-A_{23})]+x_1^2[A_{21}+2x_2(A_{12}-A_{21})]\\&+x_3x_1[0.5(A_{32}+A_{23}+A_{12}+A_{21}-A_{31}-A_{13})\\&+x_2(A_{32}-A_{23}+A_{13}-A_{31})+(x_3+x_1)(A_{31}-A_{13})]\end{aligned} \tag{3-18}$$

$$\begin{aligned}\ln\gamma_3=&x_1^2[A_{31}+2x_3(A_{13}-A_{31})]+x_2^2[A_{32}+2x_3(A_{23}-A_{32})]\\&+x_1x_2[0.5(A_{13}+A_{31}+A_{23}+A_{32}-A_{12}-A_{21})\\&+x_3(A_{13}-A_{31}+A_{21}-A_{12})+(x_1+x_2)(A_{12}-A_{21})]\end{aligned} \tag{3-19}$$

式中，A_{ij}（i，j=1，2，3）为马格勒斯模型端值常数。

3. 威尔逊模型

威尔逊模型适用于极性和（或）缔合组分在非极性溶剂中的互溶物系活度系数计算，不能用于部分互溶物系活度系数计算，二元物系关系式如下：

$$\ln\gamma_1=-\ln(x_1+A_{12}x_2)+x_2\left(\frac{A_{12}}{x_1+A_{12}x_2}-\frac{A_{21}}{x_2+A_{21}x_1}\right) \tag{3-20}$$

$$\ln\gamma_2=-\ln(x_2+A_{21}x_1)+x_1\left(\frac{A_{21}}{x_2+A_{21}x_1}-\frac{A_{12}}{x_1+A_{12}x_2}\right) \tag{3-21}$$

三元物系威尔逊模型见式(3-22)～式(3-24)：

$$\begin{aligned}\ln\gamma_1=&1-\ln(x_1+A_{12}x_2+x_3A_{13})+x_2\left(\frac{A_{12}}{x_1+A_{12}x_2+x_3A_{13}}-\frac{A_{21}}{x_1A_{21}+x_2+A_{23}x_3}\right)\\&+x_3\left(\frac{A_{13}}{x_1+x_2A_{12}+x_3A_{13}}-\frac{A_{31}}{x_1A_{31}+x_2A_{32}+x_3}\right)\end{aligned} \tag{3-22}$$

$$\begin{aligned}\ln\gamma_2=&1-\ln(x_1A_{21}+x_2+x_3A_{23})+x_1\left(\frac{A_{21}}{x_1A_{21}+x_2+x_3A_{23}}-\frac{A_{12}}{x_1+x_2A_{12}+A_{13}x_3}\right)\\&+x_3\left(\frac{A_{23}}{x_1A_{21}+x_2+x_3A_{23}}-\frac{A_{32}}{x_1A_{31}+x_2A_{32}+x_3}\right)\end{aligned} \tag{3-23}$$

$$\begin{aligned}\ln\gamma_3=&1-\ln(x_1A_{31}+x_2A_{32}+x_3)+x_1\left(\frac{A_{31}}{x_1A_{31}+x_2A_{32}+x_3}-\frac{A_{13}}{x_1+x_2A_{12}+A_{13}x_3}\right)\\&+x_2\left(\frac{A_{32}}{x_1A_{31}+x_2A_{32}+x_3}-\frac{A_{23}}{x_1A_{21}+x_2+x_3A_{23}}\right)\end{aligned} \tag{3-24}$$

其中 A_{ij}（i，j=1，2，3）可按下式估算：$A_{ij}=\frac{V_i^L}{V_j^L}\exp\left(-\frac{\lambda_{ij}-\lambda_{ii}}{RT}\right)$ (3-25)

式中，V_i^L、V_j^L 分别为组分 i、j 的摩尔体积，cm^3/mol；λ_{ij}、λ_{ii} 为组分 i-j、i-i 分子之间相互作用能；R 为通用气体常数；T 为系统热力学温度，K。

由于威尔逊方程对温度没有依赖性，对于绝大多数二元物系活度系数拟合程度较好，特别是稀溶液，适用性好于范拉尔方程。

4. NRTL 模型

NRTL 模型适用于互溶物系和部分互溶物系的气-液、液-液和气-液-液系统的活度系数计算，二元物系关系式如下：

$$\ln\gamma_1 = x_2^2\left[\frac{\tau_{21}G_{21}^2}{(x_1+x_2G_{21})^2}+\frac{\tau_{12}G_{12}}{(x_2+x_1G_{12})^2}\right] \tag{3-26}$$

$$\ln\gamma_2 = x_1^2\left[\frac{\tau_{12}G_{12}^2}{(x_2+x_1G_{12})^2}+\frac{\tau_{21}G_{21}}{(x_1+x_2G_{21})^2}\right] \tag{3-27}$$

三元以上组元 NRTL 模型方程为：

$$\ln\gamma_i = \frac{\sum_{j=1}^{c}\tau_{ji}G_{ji}x_j}{\sum_{k=1}^{c}G_{ki}x_k}+\sum_{j=1}^{c}\left[\frac{x_jG_{ij}}{\sum_{k=1}^{c}G_{kj}x_k}\left(\tau_{ij}-\frac{\sum_{k=1}^{c}x_k\tau_{kj}G_{kj}}{\sum_{k=1}^{c}G_{kj}x_k}\right)\right] \tag{3-28}$$

$$G_{ji}=\exp(-a_{ji}\tau_{ji})(i,j=1,2,\cdots) \tag{3-29}$$

$$\tau_{ij}=(g_{ij}-g_{jj})/RT \tag{3-30}$$

$$\tau_{ji}=(g_{ji}-g_{ii})/RT \tag{3-31}$$

式中，a_{ji} 为组分 i 和组分 j 在溶液中规则形式分布的特性，$a_{ji}=a_{ij}$，见表 3-1，缺乏数据时，气-液平衡取 0.3，液-液平衡取 0.2；g_{ij} 为 i-j 分子对的相互作用能，一般由二元气-液平衡的实验数据拟合确定，通常采用多点下的实验数据，用最小二乘法回归取得；g_{ii} 为 i-i 分子对相互作用能。

表 3-1 各类物系的 a_{ij} 取值

类型	$Ⅰ_a$	$Ⅰ_b$	$Ⅰ_c$	Ⅱ	Ⅲ	Ⅳ	Ⅴ	Ⅵ	Ⅶ
a_{ij}	0.3	0.3	0.3	0.2	0.4	0.47	0.47	0.3	0.47

注：$Ⅰ_a$ 表示一般非极性物系，如烃类和四氯化碳（不包括烷烃和烃类氯化物）；$Ⅰ_b$ 表示非缔合性的极性和非极性物系，如正庚烷-甲乙酮、苯-丙酮等；$Ⅰ_c$ 表示极性液体混合物，其中有对拉乌尔定律为负偏差的物系如丙酮-氯仿、氯仿-二氯六环等，也可以是对拉乌尔定律具有少量正偏差的物系如乙醇-水、丙酮-乙酸甲酯；Ⅱ表示饱和烃-非缔合物系，如己烷-丙酮、异辛烷-硝基乙烷（这些物系与理想物系偏差小，但能分层）；Ⅲ表示饱和烃及烃的过氟化物物系，如正己烷-过氟化正己烷；Ⅳ表示强缔合性物质-非极性物质系统，如醇类-烃类物系；Ⅴ表示极性物质（乙腈或硝基甲烷）和四氯化碳系统，如乙腈-四氯化碳、硝基甲烷-四氯化碳；Ⅵ表示水-非缔合极性物质，如水-丙酮、二氧六环-水；Ⅶ表示水-缔合极性物质，如水-丁二醇、水-吡啶。

5. 基团贡献模型（UNIFAC 模型）

UNIFAC 模型将活度系数分为组合项和剩余项两部分，分别反映组元本身对活度系数的贡献及组元间相互作用对活度系数的贡献。适用于各种平衡，同时适用于大分子、小分子溶液和聚合物溶液，不足之处是计算量太大，一般采取计算机程序实现计算。其关系式如下：

$$\ln\gamma_i=\ln\gamma_i^C+\ln\gamma_i^R \tag{3-32}$$

组合项活度系数 γ_i^C 按下式计算：

$$\ln\gamma_i^{C}=\ln\frac{\phi_i}{x_i}+\frac{zq_i}{2}\ln\frac{\theta_i}{\phi_i}+l_i-\frac{\phi_i}{x_i}\sum x_i l_i \tag{3-33}$$

$$q_i=\sum\nu_k^{(i)}Q_k \tag{3-34}$$

$$r_i=\sum\nu_k^{(i)}R_k \tag{3-35}$$

$$l_i=5(r_i-q_i)-(r_i-1) \tag{3-36}$$

$$\theta_i=\frac{q_i x_i}{\sum q_j x_j} \tag{3-37}$$

$$\phi_i=\frac{r_i x_i}{\sum r_j x_j} \tag{3-38}$$

剩余项活度系数 γ_i^{R} 按下式计算：

$$\ln\gamma_i^{R}=\sum_k\nu_k^{(i)}(\ln\Gamma_k-\ln\Gamma_k^{(i)}) \tag{3-39}$$

式中，Γ_k、$\Gamma_k^{(i)}$ 分别为所有基团中基团 k 的活度系数、纯组分 i 中基团 k 的活度系数。

$$\ln\Gamma_k^{(i)}=Q_k\left[1-\ln\left(\sum_m\theta_m^{(i)}\psi_{mk}\right)-\left(\sum_m\frac{\theta_m^{(i)}\psi_{km}}{\sum_n\theta_n^{(i)}\psi_{nm}}\right)\right] \tag{3-40}$$

$$X_m^{(i)}=\frac{\nu_m^{(i)}}{\sum\nu_k^{(i)}} \tag{3-41}$$

$$\theta_m^{(i)}=\frac{Q_m X_m^{(i)}}{\sum Q_n X_n^{(i)}} \tag{3-42}$$

$$\ln\Gamma_k=Q_k\left[1-\ln\left(\sum_m\theta_m\psi_{mk}\right)-\sum_m\frac{\theta_m\psi_{km}}{\sum_n\theta_n\psi_{nm}}\right] \tag{3-43}$$

$$X_m=\frac{\sum\nu_m^{(i)}x_i}{\sum\sum\nu_k^{(i)}x_i} \tag{3-44}$$

$$\theta_m=\frac{Q_m X_m}{\sum Q_n X_n} \tag{3-45}$$

上面各式中的基团及排序、面积参数 Q_k、体积参数 R_k 可查阅相关文献；ψ 为与温度有关的参数，由基团相互作用参数 a_{nm} 确定，基团相互作用参数 a_{nm} 可查阅有关文献。1987 年拉森（B. L. Larsen）、1993 年戈米利希（J. Gmehling）先后对基团贡献法进行修正，拟合度大大提高。

6. 沃尔模型

沃尔模型同范拉尔模型、马格勒斯模型一样，适用于互溶溶液。但由于沃尔模型计算的是活度系数比值，故沃尔模型用于萃取精馏更为简便。三组分溶液活度系数关系式如下：

$$\lg\frac{\gamma_1}{\gamma_2}=A_{21}(x_2-x_1)+x_2(x_2-2x_1)(A_{12}-A_{21})+x_3[(A_{13}-A_{32})+2x_1(A_{31}-A_{13})-x_3(A_{23}-A_{32})] \tag{3-46}$$

$$\lg\frac{\gamma_1}{\gamma_3}=A_{31}(x_3-x_1)+x_3(x_3-2x_1)(A_{13}-A_{31})+x_2[(A_{12}-A_{23})+2x_1(A_{21}-A_{12})-x_2(A_{32}-A_{23})] \tag{3-47}$$

$$\lg\frac{\gamma_2}{\gamma_3}=A_{32}(x_3-x_2)+x_3(x_3-2x_2)(A_{23}-A_{32})+$$

$$x_1[(A_{21}-A_{12})+2x_2(A_{12}-A_{21})-x_1(A_{31}-A_{13})] \tag{3-48}$$

式中，A_{ij} $(i,j=1,2,3)$ 为相关二组分溶液的端值常数，可查阅有关手册。当三个二组分溶液均属于非对称性不强溶液时，可用下式计算三组分溶液中组分 1 和组分 2 的活度系数比：

$$\lg\left(\frac{\gamma_1}{\gamma_2}\right)_3=A'_{12}(x_2-x_1)+x_3(A'_{13}-A'_{23}) \tag{3-49}$$

式(3-49) 称为柯干公式，柯干公式其实是马格勒斯方程的简化。式中，$(\gamma_1/\gamma_2)_3$ 为三组分溶液中组分 1 与组分 2 的活度系数之比；A'_{12}为组分 1 与组分 2 的平均端值常数，即 $A'_{12}=(A_{12}+A_{21})/2$；$A'_{13}$为组分 1 与组分 3 的平均端值常数，即 $A'_{13}=(A_{13}+A_{31})/2$；$A'_{23}$ 为组分 2 与组分 3 的平均端值常数，即 $A'_{23}=(A_{23}+A_{32})/2$。

根据式(3-49)，对于有溶剂存在时的三元溶液中二组分相对挥发度与无溶剂时二组分相对挥发度关系如下：

$$\lg\frac{(\alpha_{12})_S}{\alpha_{12}}=x_S\left(A'_{1S}-A'_{2S}-A'_{12}\frac{x_2-x_1}{x_1+x_2}\right) \tag{3-50}$$

式中，$(\alpha_{12})_S$ 为溶剂存在时组分 1 与组分 2 的相对挥发度；α_{12} 为无溶剂时组分 1 与组分 2 的相对挥发度。上式成立条件是无溶剂情况下，组分 1 和 2 的浓度比与溶剂存在情况下，组分 1 和组分 2 的浓度比相同。根据式(3-50)，只要有组分及溶剂的摩尔分数、平均端值常数及无溶剂相对挥发度，即可求出溶剂存在下的组分 1 和组分 2 的相对挥发度。

上述活度系数模型中，范拉尔、威尔逊、马格勒斯模型适用于均相物系，且需要提供端值常数，NRTL 模型和基团贡献模型适用于互溶及部分互溶物系，但 NRTL 模型需要组分间的相互作用参数，基团贡献模型在恒沸精馏中应用广泛，沃尔模型计算活度系数比，多用于萃取精馏。

【例 3-1】 已知甲醇与醋酸甲酯在常压下形成醋酸甲酯 0.65（摩尔分率）的均相恒沸物，其沸点为 54℃，用范拉尔方程计算表中组成的活度系数（恒沸点 $x_i=y_i$）。

x_1	0.0	0.1	0.5	0.65	0.7	0.9	1.0
x_2	1.0	0.9	0.5	0.35	0.3	0.1	0.0

解：(1) 共沸点为 54℃、常压，查 54℃时醋酸甲酯的饱和蒸气压 $p_1^0=90.2\text{kPa}$，甲醇的饱和蒸气压 $p_2^0=66.0\text{kPa}$。

(2) 确定活度系数

$$\gamma_1=p/p_1^0=101.3/90.2=1.12$$

$$\gamma_2=p/p_2^0=101.3/66.0=1.53$$

(3) 确定端值

$$A_{12}=\ln\gamma_1\left(1+\frac{x_2\ln\gamma_2}{x_1\ln\gamma_1}\right)^2=\ln1.12\times\left(1+\frac{0.35\times\ln1.53}{0.65\times\ln1.12}\right)^2=1.034$$

$$A_{21}=\ln\gamma_2\left(1+\frac{x_1\ln\gamma_1}{x_2\ln\gamma_2}\right)^2=\ln1.53\times\left(1+\frac{0.65\times\ln1.12}{0.35\times\ln1.53}\right)^2=0.950$$

(4) 确定各组成的活度系数

如 $x_1=0$，$x_2=1$ 时

$$\ln\gamma_1=\frac{1.034}{\left(1+\frac{1.034\times 0}{0.95\times 1}\right)^2}=1.034 \qquad \gamma_1=2.81$$

$$\ln\gamma_2=\frac{0.95}{\left(1+\frac{0.95\times 1}{1.034\times 0}\right)^2}=0 \qquad \gamma_2=1$$

其余列表：

x_1	x_2	γ_1	γ_2	γ_1/γ_2
0.0	1.0	2.81	1.0	2.81
0.1	0.9	2.27	1.01	2.25
0.5	0.5	1.27	1.29	0.98
0.65	0.35	1.12	1.53	0.73
0.7	0.3	1.08	1.63	0.66
0.9	0.1	1.01	2.18	0.46
1.0	0.0	1.0	2.58	0.39

【例 3-2】 醋酸甲酯（1）、甲醇（2）和水（3）溶液中，溶液组成为 $x_1=0.1$、$x_2=0.1$、$x_3=0.8$。系统温度为60℃。已知双组分溶液端值常数为 $A_{12}=0.447$、$A_{21}=0.411$；$A_{23}=0.36$、$A_{32}=0.22$；$A_{13}=1.3$、$A_{31}=0.82$（常用对数条件下）。分别利用沃尔模型和柯干公式计算水溶液中醋酸甲酯（1）与甲醇（2）的相对挥发度。

解： 查得 $p_1^0=850\text{mmHg}$，$p_2^0=630\text{mmHg}$

（1）沃尔模型

$$\begin{aligned}\lg\left(\frac{\gamma_1}{\gamma_2}\right)_3&=A_{21}(x_2-x_1)+x_2(x_2-2x_1)(A_{12}-A_{21})+\\&\quad x_3[(A_{13}-A_{32})+2x_1(A_{31}-A_{13})-x_3(A_{23}-A_{32})]\\&=0.411\times 0+0.1\times(0.1-0.2)\times(0.447-0.411)+\\&\quad 0.8\times[(1.3-0.22)+0.2\times(0.82-1.3)-0.8\times(0.36-0.22)]\\&=0.69724\end{aligned}$$

$(\gamma_1/\gamma_2)_3=4.98$

$$(\alpha_{12})_3=\left(\frac{\gamma_1}{\gamma_2}\right)_3\frac{p_1^0}{p_2^0}=4.98\times\frac{850}{630}=6.71$$

（2）柯干公式

$$A'_{12}=\frac{1}{2}(A_{12}+A_{21})=\frac{0.447+0.411}{2}=0.429$$

$$A'_{13}=\frac{1}{2}(A_{13}+A_{31})=\frac{1.3+0.82}{2}=1.06$$

$$A'_{23}=\frac{1}{2}(A_{23}+A_{32})=\frac{0.36+0.22}{2}=0.29$$

$\lg(\gamma_1/\gamma_2)_3=A'_{12}(x_2-x_1)+x_3(A'_{13}-A'_{23})=0+0.8\times(1.06-0.29)=0.616$

因此，$(\gamma_1/\gamma_2)_3=4.12$

$$(\alpha_{12})_3=\left(\frac{\gamma_1}{\gamma_2}\right)_3\frac{p_1^0}{p_2^0}=4.12\times\frac{850}{630}=5.55$$

【例 3-3】 苯(1)-水(2)物系在 1atm、69.5℃形成非均相恒沸物(苯的摩尔分数为 0.7),其液相组成如下:水层含水 0.9994、含苯 0.0006;苯层含水 0.012、含苯 0.988。试用液-液平衡计算活度系数。

解:设水层水的活度系数为 $\gamma_2=1$,苯层苯的活度系数为 $\gamma_1'=1$

依题意,对苯:$\gamma_1\times0.0006=\gamma_1'\times0.988$

水层苯的活度系数:$\gamma_1=0.988/0.0006=1646.7$

对水:$\gamma_2'\times0.012=\gamma_2\times0.9994$

苯层水的活度系数:$\gamma_2'=0.9994/0.012=83.3$

【例 3-4】 苯塔塔底温度为 80.5℃,组成如下:水 0.000086、苯 0.999914;水塔塔底温度 100℃,组成如下:水 0.9999954、苯 0.0000046,用基团贡献法估计活度系数。

解:(1) 苯塔活度系数

$r_1=\sum\nu_k^{(i)}R_k=6\times R_{C_6H_6}=6\times0.5313=3.1878$,$r_2=\sum\nu_k^{(i)}R_k=R_{H_2O}=0.92$

$q_1=\sum\nu_k^{(i)}Q_k=6\times Q_{C_6H_6}=2.4$,$q_2=\sum\nu_k^{(i)}Q_k=1\times Q_{H_2O}=1.4$

$$\theta_1=\frac{q_1x_1}{\sum q_ix_i}=\frac{2.4\times0.999914}{2.4\times0.999914+1.4\times0.000086}=0.99995,\ \theta_2=\frac{q_2x_2}{\sum q_ix_i}=0.00005$$

$$\phi_1=\frac{r_1x_1}{\sum r_ix_i}=\frac{3.1878\times0.999914}{3.1878\times0.999914+0.92\times0.000086}=0.99998,\ \phi_2=\frac{r_2x_2}{\sum r_ix_i}=0.00002$$

$$l_1=\frac{z}{2}(r_1-q_1)-(r_1-1)=5\times(3.1878-2.4)-(3.1878-1)=1.7512$$

$$l_2=\frac{z}{2}(r_2-q_2)-(r_2-1)=5\times(0.92-1.4)-(0.92-1)=-2.32$$

$$\begin{aligned}\ln\gamma_1^C&=\ln\frac{0.99998}{0.999914}+\frac{10\times2.4}{2}\ln\frac{0.99995}{0.99998}+1.7512-\frac{0.99998}{0.999914}\times(0.999914\times1.7512-0.000086\times2.32)\\&=6.6\times10^{-5}-3.6\times10^{-4}+1.7512-1.75066=2.46\times10^{-4}\end{aligned}$$

$$\begin{aligned}\ln\gamma_2^C&=\ln\frac{0.00002}{0.000086}+\frac{10\times1.4}{2}\ln\frac{0.00005}{0.00002}-2.32-\frac{0.00002}{0.000086}\times(0.999914\times1.7512-0.000086\times2.32)\\&=-1.45862+6.41404-2.32-0.40717=2.22828\end{aligned}$$

查得相互作用参数:$a_{37}=903.8$,$a_{30}=0.0$,$a_{73}=362.3$,$a_{77}=0$

根据 $\psi_{ij}=\exp(-a_{ij}/T)$ 确定 ψ:$\psi_{73}=0.359$,$\psi_{77}=1$,$\psi_{37}=0.0776$,$\psi_{33}=1$。

$\ln\Gamma_3^{(1)}=0$,$\ln\Gamma_7^{(2)}=0$。

$$X_3=\frac{\sum\nu_m^{(1)}x_i}{\sum\sum\nu_m^{(1)}x_i}=\frac{6\times0.999914}{6\times0.999914+0.000086}=0.99999,\ X_7=\frac{\sum\nu_m^{(2)}x_i}{\sum\sum\nu_m^{(2)}x_i}=0.00001$$

$$\theta_3=\frac{Q_3X_3}{\sum Q_iX_i}=\frac{0.99999\times0.4}{0.99999\times0.4+0.00001\times1.4}=0.999965,\ \theta_7=\frac{Q_7X_7}{\sum Q_iX_i}=0.000035$$

$$\begin{aligned}\ln\Gamma_3=0.4\times[&1-\ln(0.999965+0.000035\times0.359)-\\&\left(\frac{0.999965}{0.999965+0.000035\times0.359}+\frac{0.000035\times0.0776}{0.999965\times0.0776+0.000035}\right)]\\=&-1.6974\times10^{-5}\end{aligned}$$

$$\ln\Gamma_7=1.4\times[1-\ln(0.999965\times0.0776+0.000035)-\left(\frac{0.999965\times0.359}{0.999965+0.000035\times0.359}+\frac{0.000035}{0.999965\times0.0776+0.000036}\right)]=4.474854$$

$$\ln\gamma_3^R=\nu_3^{(1)}(\ln\Gamma_3-\ln\Gamma_3^{(1)})=6\times(-1.6974\times10^{-5}-0)=-1.01844\times10^{-4}$$

$$\ln\gamma_7^R=\nu_7^{(1)}(\ln\Gamma_7-\ln\Gamma_7^{(1)})=4.474854-0=4.474854$$

$$\ln\gamma_1=\ln\gamma_1^C+\ln\gamma_1^R=2.46\times10^{-4}-1.01844\times10^{-4}=1.44156\times10^{-4},\gamma_1=1.0001$$

$$\ln\gamma_2=\ln\gamma_2^C+\ln\gamma_2^R=2.22828+4.474854=6.703134,\gamma_2=815$$

(2) 同样计算出水塔塔底活度系数：$\gamma_1=1211$，$\gamma_2=1.00009$。

第三节　恒沸精馏

恒沸现象非常普遍，恒沸物众多，因而恒沸精馏在特殊精馏中占有重要的地位。对于某些二元或三元混合物只有通过恒沸精馏方式，才能将其有效分离并得到理想的产物。

一、恒沸现象和恒沸物

1. 恒沸现象

所谓恒沸现象是指蒸馏某些非理想溶液时所发生的在某一压力温度下气液组成恒定的而无法实现有效分离的一类现象。如在 1atm 下提纯乙醇-水溶液：若原料浓度为低于 90%（摩尔分数）的任意比例的乙醇-水二元混合物，塔底可得到纯水，但塔顶只能得到乙醇为 90.4%（摩尔分数）的乙醇溶液，无法再提纯；若提纯乙醇含量高于 90.4%（摩尔分数）的乙醇-水二元溶液，塔底可以得到高纯度的乙醇，塔顶只能得到浓度为 90.4%（摩尔分数）的乙醇溶液，无法再降低乙醇含量。这两个精馏过程的塔顶温度均为 78.15℃。这种无论蒸馏对象的原始浓度如何，当蒸馏进行到某一温度时，产生出来的蒸气的组成与溶液的组成完全相同，且气液组成状况并不因蒸馏的继续进行而有所改变，这时温度亦不变，保持恒定的沸点，该现象称为恒沸现象。此时的溶液叫作恒沸溶液，此温度称为恒沸点，此二元物系称为恒沸物。

蒸馏中的恒沸现象比较普遍，1973 年霍斯利（L. H. Horsley）报道了 8000 余个恒沸物，目前发现的恒沸物有 20000 多个，多数为二元混合物，也有三元恒沸现象。

必须指出，发生恒沸现象不仅局限于有机物，某些无机混合物也发生恒沸现象，如常压下盐酸-水（盐酸质量分数 20.24%、恒沸点 108.5℃）、氢溴酸-水（恒沸温度 126℃、氢溴酸质量分数 47.38%）、氢碘酸-水（恒沸温度 127℃、氢碘酸质量分数 57%）、硝酸-水（恒沸点 122℃、硝酸质量分数 68.4%）等。

追溯其源，发生恒沸现象的内部原因在于溶液的非理想性、外部条件压力和温度。换而言之，某些非理想溶液，会在一定压力和温度条件下产生恒沸现象，热力学相平衡关系可以清楚揭示该现象。低压下非理想二元物系相平衡常数关系为：

$$K_i=\gamma_{i,L}p_i^0/p \tag{3-51}$$

式中，p 为操作压力；p_i^0 为组分的饱和蒸气压；$\gamma_{i,L}$ 为组分的活度系数。当组分的饱和蒸气压与操作压力相差不多情况下，对于某些具有正偏差的二元非理想溶液，组分 i 的活度系数 $\gamma_{i,L}>1$，降低温度能使得 $\gamma_{i,L}p_i^0$ 趋近 p，当其温度降至比两组分沸点温度都低时，有下式存在：

$$K=\gamma_{i,\mathrm{L}}p_i^0/p=1 \tag{3-52}$$

这时，$x_i=y_i$，形成共沸，该温度即为恒沸点。故具有正偏差的非理想溶液会形成具有最低恒沸点的恒沸物（表 3-2）；同样，对于负偏差的二元非理想溶液，组分 i 活度系数 $\gamma_{i,\mathrm{L}}<1$，升高温度才能使得 $\gamma_{i,\mathrm{L}}p_i^0$ 趋近 p。只当其温度升至比两组分沸点温度都高时，才能有下式存在：

$$K=\gamma_{i,\mathrm{L}}p_i^0/p=1 \tag{3-53}$$

这时，亦有 $x_i=y_i$，形成共沸，该温度即为恒沸点。故负偏差的非理想溶液会形成具有最高恒沸点的恒沸物（表 3-2）。

表 3-2 非理想溶液相图

物系	有正偏差的二元混合物	理想的二元混合物	有负偏差的二元混合物
示例	二异丙醚(1)/2-丙醇(2)	苯(1)/甲苯(2)	丙酮(1)/氯仿(2)
分子间作用力	异类分子间相互排斥	异类分子间的作用力与同类分子间的作用力相近	异类分子间相互吸引
p-x 图	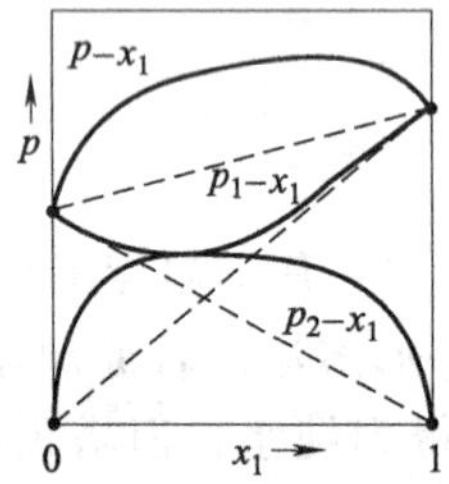	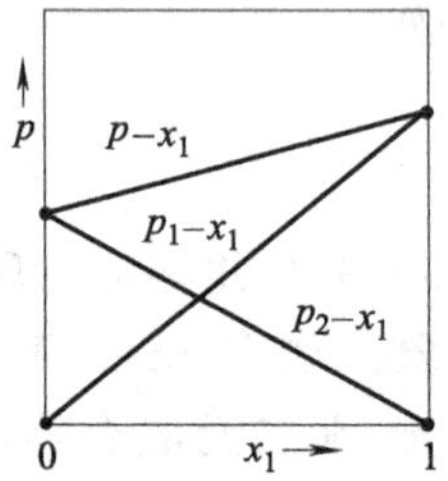	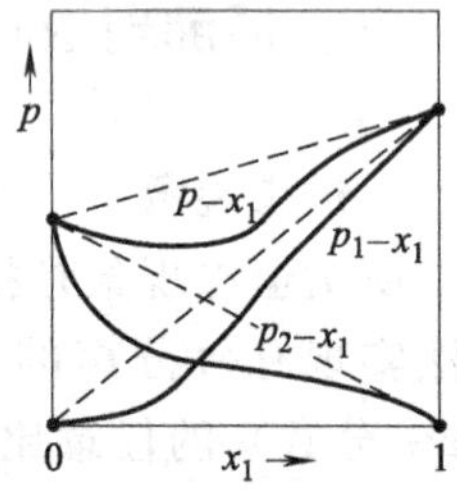
T-y-x 图	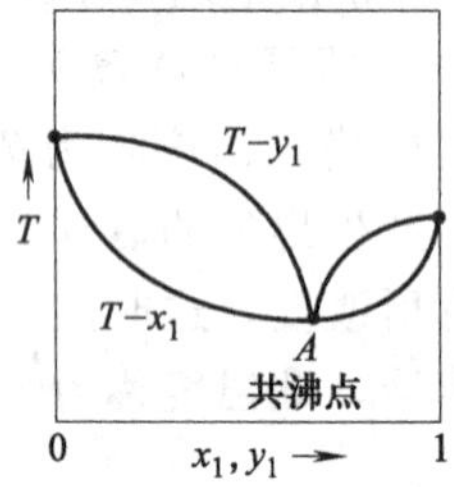	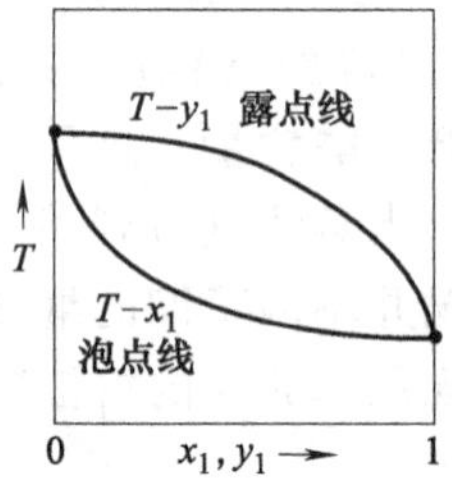	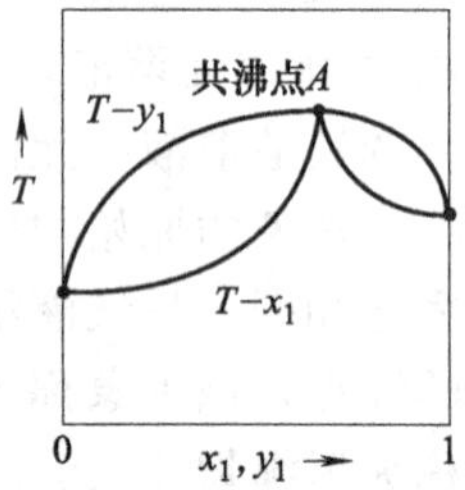
y-x 图	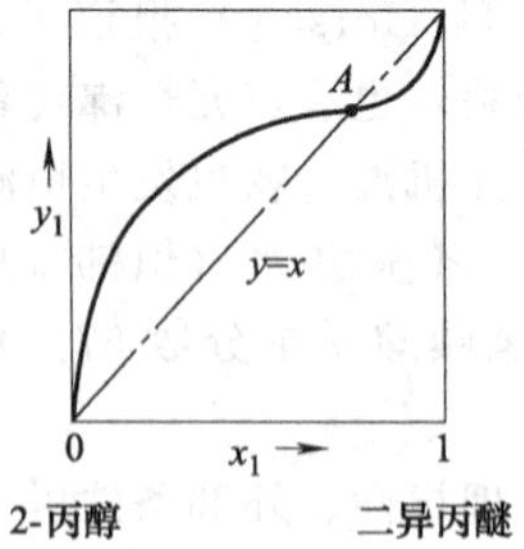	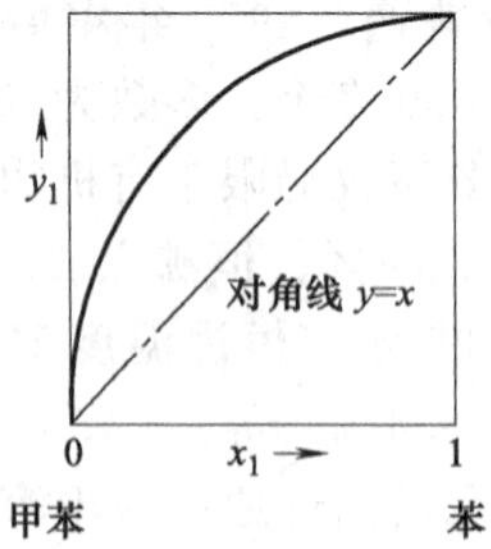	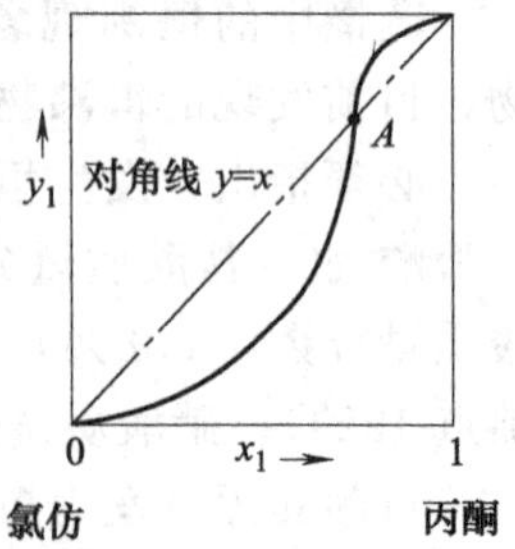

如表 3-2 中的 T-y-x 相图所示，对于理想溶液，两纯组分的沸点即为泡点线和露点线的交点，泡点线和露点线中任何点均低于高沸点而高于低沸点，精馏塔恰恰塔顶温度最低、塔底温度最高，故通过精馏可以在塔顶和塔底分别得到接近纯的二元组分。而具有最低恒沸点的均相二元恒沸物，恒沸点比二元组分的沸点均低，泡点线及露点线均被恒沸点分为两段，即存在两对类似于理想溶液的泡点线和露点线。精馏时，塔顶温度为恒沸点，只能得到二元

恒沸物，塔底依原料组成位于恒沸点的不同侧，可以得到两组分中的其中一个；如果精馏塔塔顶温度高于恒沸点，塔顶产物只能是一个二元混合物，塔底仍然可以得到两组分中的其中一个；对于具有最高恒沸点的二元物系，恒沸点比二元组分的沸点都高，露点线及泡点线被恒沸点分为两段。精馏时，塔底温度为恒沸点，只能得到二元恒沸物，塔顶依原料组成不同可以得到两组分中的一个，如果精馏塔塔底温度低于恒沸点，塔底产物只能是一个二元混合物，三元恒沸物的精馏过程及结果与二元类似。采用普通精馏分离恒沸物得不到接近纯的两组分，故没有意义。

由于压力不同，组分的沸点不同，故饱和蒸气压亦不同。因此对于相同浓度的非理想物系，虽然活度系数不变，当蒸馏操作压力增大或减少时，由于饱和蒸气压的变化，可能使恒沸现象消失或形成。当然某些特殊的非理想物系在任何压力温度下都可能形成恒沸。

2. 恒沸物及分类

恒沸物又称共沸物，指两组分或多组分的液体混合物在恒定压力下沸腾时，其组分与沸点均保持不变的一类混合物。恒沸物是不可能通过常规的精馏手段加以分离的。但矛盾的双方在一定条件下是可以转化的，通过采取某种特别措施不仅可以使恒沸物容易被分离，还可以利用恒沸物使得难分离物系得到更有效的分离。一些恒沸物见表 3-3、表 3-4，恒沸物的压力、温度和组成参数也列入其中。

表 3-3 部分二元恒沸物组成及恒沸温度

A组分	B组分	恒沸组成A(摩尔分率)/%	恒沸温度/℃	A组分	B组分	恒沸组成A(摩尔分率)/%	恒沸温度/℃
甲醇	苯	0.610	57.5	甲酸	苯	0.432	71.05
乙醇	水	0.904	78.15	醋酸	苯	0.026	80.05
乙醇	苯	0.448	68.24	醋酸	甲苯	0.442	105
苯	水	0.70	69.5	乙醚	水	0.949	34.15
苯	异丁醇	0.089	79.84	乙醚	戊烷	0.694	33.4
丁醇	水	0.247	92.7	环已醇	水	0.043	97.8
甲苯	水	0.556	84.1	环已醇	糠醛	0.943	156.5
甲苯	乙醇	0.190	76.7	环已醇	苯酚	0.123	183

表 3-4 部分三元恒沸物组成（质量百分数）及恒沸温度

A组分	B组分	C组分	恒沸组成A	恒沸组成B	恒沸温度/℃
苯	水	乙醇	74.1	7.4	64.86
苯	叔丁醇	水	70.5	21.4	67.3
苯	己醇	水	91.2	7.5	69.2
苯	丁酮	水	73.6	17.5	68.9
乙醇	水	乙醇乙酯	8.4	9.0	70.23
乙醇	水	氯仿	4	3.5	55.4
乙醇	水	甲苯	37	12	74.4
乙醚	甲酸甲酯	戊烷	8	40	20.4
丙酮	二硫化碳	水	23.98	75.21	38.04
丙酮	水	二异丙基醚	53.5	1.8	53.8

恒沸物一般按以下四种方式分类。

(1) 按非理想溶液与理想溶液的偏差

活度系数小于1的一类非理想溶液称为高恒沸物，如乙酸乙酯-一溴二氯甲烷（恒沸点90.55℃）、异戊醇-异丙基苯（恒沸点131.6℃），这类恒沸物的特点是恒沸点大于纯组分的沸点；而活度系数大于1的一类非理想溶液称为低恒沸物，如苯-水（恒沸点69.5℃）、乙醇-水（恒沸点78.15℃）等。绝大多数二元恒沸物为低恒沸物，这类恒沸物的特点是恒沸点低于纯组分的沸点。

(2) 按恒沸物的相

仅包含一个液相的恒沸物称为均相恒沸物，如乙醇-水、丙酸-水。含有两个或更多液相共存的恒沸物称为非均相恒沸物，如苯-乙醇-水有两个液相，硝基甲烷-水-正烷烃有三个液相。

(3) 按恒沸物的稳定性

某些混合物在各种条件下（直到临界状态）都能形成恒沸物，称为绝对恒沸物；而有些恒沸物仅是在一定的压力（温度）范围内形成恒沸物，被称为有限恒沸物。

(4) 按恒沸物的组分

组分为二元的称为二元恒沸物，是存在最多的恒沸物，如四氯化碳-甲醇、乙酸-苯、苯-水、乙醇-水等；组分为三元的称为三元恒沸物：如水-四氯化碳-乙醇、水-乙醇-苯等；四元及四元以上组分形成恒沸物极少见，生产中未涉及。

二、恒沸精馏流程

由于恒沸物的性质差别较大，如均相和非均相恒沸物、二元和三元恒沸物等。人们一般根据其性质分为下列四类典型精馏流程。

1. 非均相恒沸精馏流程

对于某些二元恒沸物，可通过加入的夹带剂与其形成三元非均相恒沸物（难挥发组分含量要低），使原二元恒沸物得到分离。该流程通常为三塔流程，也可简化为双塔流程。如乙醇-水+苯（其中苯为恒沸剂）的恒沸精馏流程（图3-4）：近于恒沸液的乙醇-水料液进入恒沸精馏塔1，塔1底得到无水乙醇，塔1顶蒸出为三组分恒沸物（苯0.538-乙醇0.228-水

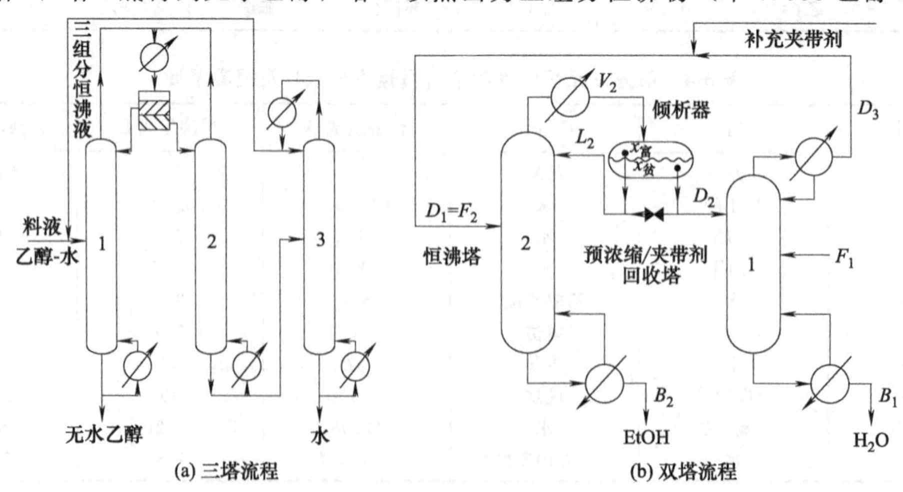

图3-4 非均相恒沸精馏流程

0.234、恒沸温度64.86℃），经冷凝后分层，富苯层（苯0.767、水0.038、乙醇0.195）作为恒沸剂返回塔1；富水层（水0.607、苯0.054、乙醇0.35）进入苯回收塔2，塔2底得到稀乙醇-水溶液进入乙醇回收塔3，塔2顶仍得到苯-乙醇-水三元恒沸物，与塔1的三元恒沸物混合；乙醇回收塔塔3底得到近似纯的水，塔3顶蒸出乙醇-水恒沸物与原料混合后进入恒沸精馏塔1。该流程特点是夹带剂苯在流程中循环使用，无需再进行分离，适用于二元混合物与夹带剂能形成三元非均相恒沸物的情况。该流程也可采用双塔形式。

2. 均相恒沸精馏流程

该流程是夹带剂与易挥发组分以任何比例完全混合的恒沸精馏。如烷烃-甲苯+甲醇（甲醇为恒沸剂）的精馏（图3-5）：甲苯-戊烷料液与来自甲苯回收塔塔4顶的产品——甲醇-甲苯恒沸物（作为恒沸剂）一起进入恒沸精馏塔1，塔1底得到粗甲苯，塔顶（温度为30.8℃）得到甲醇（0.1820）-烷烃恒沸物；塔1顶产品——甲醇-烷烃恒沸物进入水洗塔2，利用甲醇溶于水、戊烷不溶于水的特性进行水洗。水由塔2顶加入，通过水洗，塔顶得到烷烃产品，塔底得到含少量水和戊烷的甲醇溶液，并作为甲醇脱水塔3的进料；粗甲醇在甲醇脱水塔3经过精馏，塔底得到的水进入塔2顶作为水洗液，塔顶得到甲醇-烷烃恒沸物，作为塔1的塔顶回流液入塔；塔1底部的含少量甲醇甲苯溶液进入甲苯回收塔4，经过精馏，塔4底得到甲苯，塔顶（温度为63.8℃）得到甲醇（0.891）-甲苯恒沸物，与料液一起进入塔1。该流程特点是利用两个均相二元恒沸物分离原料，适用于均相恒沸物的分离。

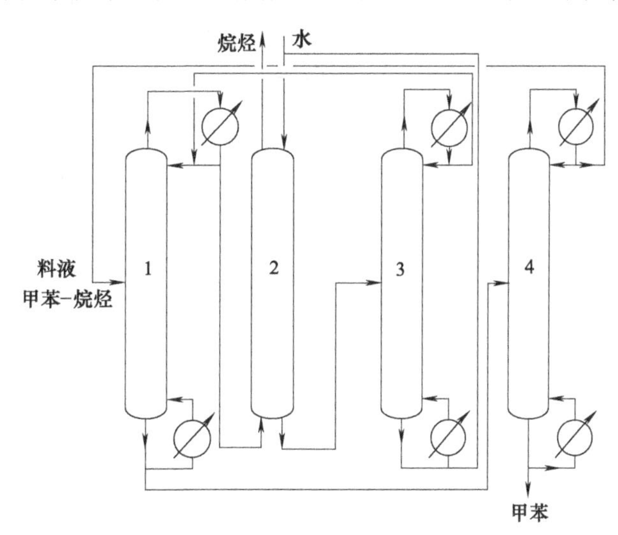

图3-5 均相恒沸精馏流程

3. 自夹带恒沸精馏流程

某些能形成非均相恒沸物的二元恒沸物无需夹带剂，利用双塔流程就能实现良好分离，如苯-水恒沸精馏及丁醇-水恒沸精馏。以丁醇-水为例（图3-6）：接近恒沸组成的丁醇-水料液由分层罐进入，随富醇层（含水0.65、含丁醇0.35）进入丁醇精馏塔1，塔1底部得到高纯度丁醇，塔1顶部蒸出丁醇-水恒沸物（含丁醇0.247、恒沸点92.7℃），丁醇-水蒸气冷凝后分层，如前所述，富丁醇层进入丁醇精馏塔，而富水层（含水0.98、含丁醇0.02）进入水塔2，水塔底得到水，塔顶为丁醇-水恒沸物（含丁醇0.247、恒沸点92.7℃），与塔1顶部蒸气一起冷凝后分层，之后分别进塔1和塔2。该流程特点是简单、无需加入夹带剂，适用于二元非均相恒沸物系。

4. 变压精馏流程

对于均相二元恒沸物可以通过改变塔的操作压力实现有效分离。根据相律：二元恒沸物自由度为1，不同的压力，必然对应不同的恒沸点及组成。因此，使得两塔采用不同的压力就能实现分离而得到纯度较高的产品。以乙醇-苯为例（图3-7）：设进料乙醇含量为0.67，塔1的操作压力为30kPa，此条件下，塔底得到0.99纯度的乙醇，塔顶温度为35℃，得到乙醇含量0.36的乙醇-苯恒沸物；将该物料作为塔2进料，且塔2操作压力为106kPa，塔底得到0.99纯度的苯，塔顶温度为68℃，得到乙醇含量为0.448的乙醇-苯恒沸物，可以作为塔1的另一进料。该流程的特点是流程简单，但操作复杂，适用于二元均相恒沸物的分离。

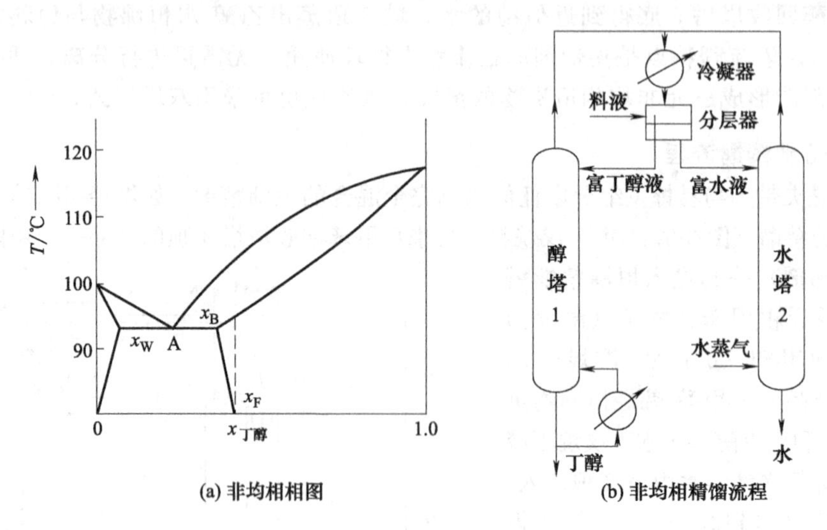

(a) 非均相相图　　(b) 非均相精馏流程

图 3-6　自夹带恒沸精馏流程

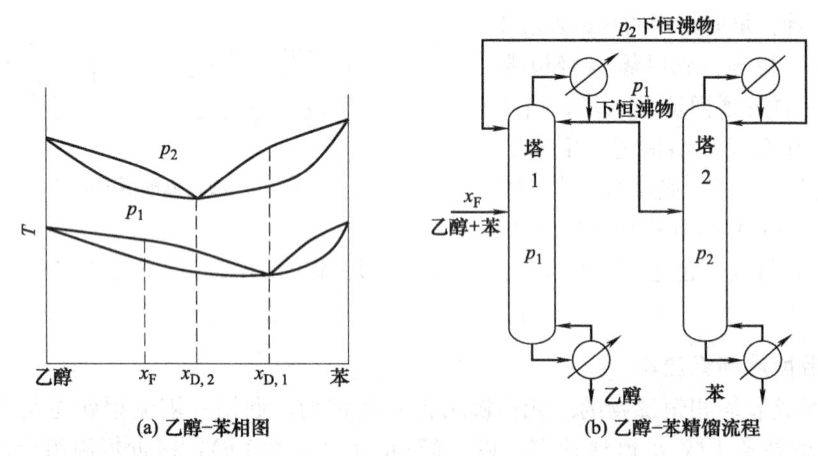

(a) 乙醇-苯相图　　(b) 乙醇-苯精馏流程

图 3-7　变压精馏流程

三、自夹带恒沸精馏设计计算

自夹带恒沸精馏与二元精馏极为相似，可参考二元精馏模式计算自夹带恒沸精馏过程。

1. 二元精馏相图及产品区域

根据二元恒沸物相图，可非常容易地确定自夹带精馏过程和产品区域，具有最低恒沸点的二元恒沸物的 T-x-y 相图和 x-y 相图如图3-8所示，根据相图，精馏塔顶部温度为恒沸点，可得到恒沸物，精馏塔底部温度最高，依据进料成分不同，可得到组分A或B，进料组成位于恒沸点左侧的混合物，通过精馏只能得到纯组分B和A-B二元恒沸物，进料组成位于恒沸点右侧的混合物，通过精馏只能得到纯组分A和A-B二元恒沸物。

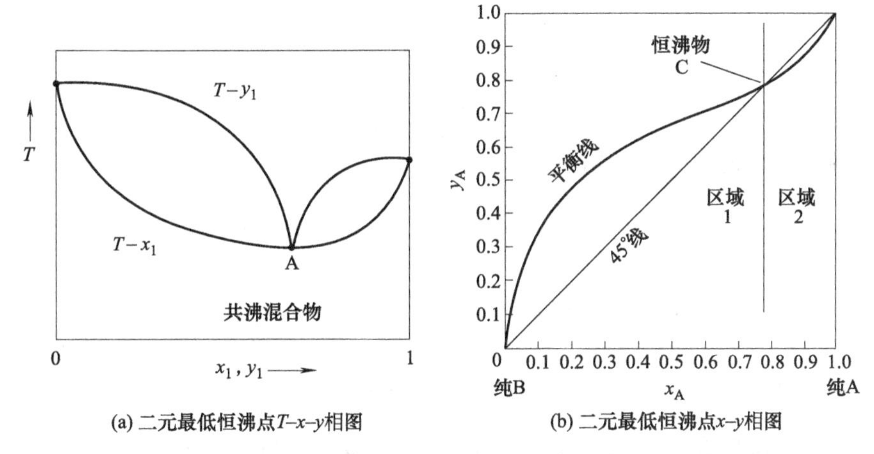

(a) 二元最低恒沸点T-x-y相图　　(b) 二元最低恒沸点x-y相图

图 3-8　具有最低恒沸点的二元物系相图

2. 二元恒沸精馏物料衡算和操作线方程

如图 3-9 所示，自夹带恒沸精馏流程简述：料液加入分层器或塔 1。经过塔 1 精馏，塔釜得到接近纯组分 A 的产品，塔顶得到恒沸物蒸气，塔顶蒸气与塔 2 顶部蒸气汇合后冷凝并分层，上层为富 A 液，回流到塔 1，下层为富 B 液作为塔 2 回流进入塔 2。经过塔 2 精馏，塔底得到 B 的纯组分，塔顶得到近于恒沸物蒸气，与塔 1 顶部蒸气汇合后冷凝并分层。料液的加入位置取决于组成：组成低于或等于恒沸点在分层器加入，组成高于恒沸点在塔 1 加入。

设 F(单位：kmol/h) 为进料量，其组成为 x_F，W_1 为塔 1 釜产品量，组成为 $x_{W,1}$，W_2 为塔 2 釜产品量，组成为 $x_{W,2}$。L_1、L_2 分别为塔 1、塔 2 的回流量，x_1、x_2 为回流组成。G_1、G_2 分别为塔 1 和塔 2 顶的蒸气，其组成分别为 y_1、y_2。上述参数中：F、x_F、$x_{W,1}$、$x_{W,2}$、y_1、y_2 已知；x_1、x_2 根据冷凝液温度确定；只有 W_1、W_2、L_1、L_2、G_1、G_2 需确定。对整个系统衡算：

$$F=W_1+W_2 \tag{3-54}$$

$$Fx_F=W_1x_{W,1}+W_2x_{W,2} \tag{3-55}$$

联立上两式，可得：

$$W_1=\frac{x_F-x_{W,2}}{x_{W,1}-x_{W,2}}F \tag{3-56}$$

$$W_2=\frac{x_{W,1}-x_F}{x_{W,1}-x_{W,2}}F \tag{3-57}$$

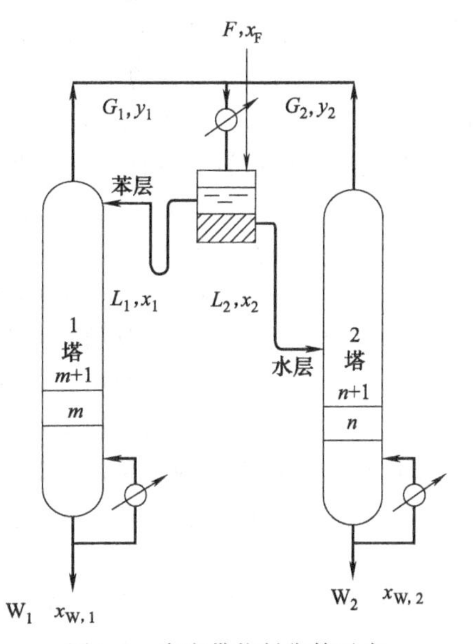

图 3-9　自夹带物料衡算示意

通过对两个塔进行物料衡算，可以得到塔底产品量。据此，可以得到另外的未知量，如对塔 1 进行物料衡算：

$$L_1=G_1+W_1 \tag{3-58}$$

$$L_1x_1=G_1y_1+W_1x_{W,1} \tag{3-59}$$

上述两式，W_1、x_1、y_1、$x_{W,1}$ 已知，故可解得 L_1、G_1：

$$G_1=\frac{x_{W,1}-x_1}{x_1-y_1}W_1 \tag{3-60}$$

$$L_1=\frac{x_{W,1}-y_1}{x_1-y_1}W_1 \tag{3-61}$$

可令$\frac{L_1}{G_1}=R_1$，则：

$$R_1=\frac{x_{W,1}-y_1}{x_{W,1}-x_1} \tag{3-62}$$

同样，塔 2 也可得到同样的结果：

$$G_2=\frac{x_{W,2}-x_2}{x_2-y_2}W_2=\frac{x_{W,2}-x_2}{x_2-y_2}(F-W_1) \tag{3-63}$$

$$L_2=\frac{x_{W,2}-y_2}{x_2-y_2}W_2=\frac{x_{W,2}-y_2}{x_2-y_2}(F-W_1) \tag{3-64}$$

令$\frac{L_2}{G_2}=R_2$，则：

$$R_2=\frac{x_{W,2}-y_2}{x_{W,2}-x_2} \tag{3-65}$$

对塔 1 中任一块塔板 m：$L_1x_{m+1}=G_1y_m+W_1x_{W,1}$（自下而上） (3-66)

整理，得：

$$\frac{L_1}{G_1}x_{m+1}=y_m+\frac{W_1}{G_1}x_{W,1} \tag{3-67}$$

于是：

$$y_m=R_1x_{m+1}-R_1'x_{W,1} \tag{3-68}$$

因此，塔 2 亦存在：

$$y_n=R_2x_{n+1}-R_2'x_{W,2} \tag{3-69}$$

3. 理论板数确定

由于恒沸精馏的组分混合物常为非理想溶液，各板的温度、流量及组成均沿塔高呈非线性分布，应采用严格法确定理论板数，如 N-R 法或内外层法等。但严格法过程复杂，无法进行手算，多采用计算机程序模拟计算。但应用计算机程序模拟计算时也需要提供初值，因此，运用简化的理论板计算方法得到理论板数，即使有些偏差，也十分必要。下面介绍一种恒摩尔流假设条件下的泡点-压差法确定理论板数的方法及步骤。由于活度系数计算量大，故最好运用程序运算获取活度系数数据。

(1) 物料衡算，得到塔底及回流、塔顶量。

(2) 建立操作线方程。

(3) 常压条件下从塔底起确定塔的理论板数 S，步骤如下：

① 假设温度，确定组分的饱和蒸气压和活度系数；

② 将液相组成及组分的饱和蒸气压和活度系数，代入泡点方程；

③ 如$\sum Kx=1$，则温度设定正确，进行下一步计算，否则返回①；

④ 根据泡点方程的结果，计算气相组成；

⑤ 利用操作线方程确定上一板的液相组成；

⑥ 重复①～⑤，直到气相组成达到或接近恒沸组成为止。

【例 3-5】 苯水系统的恒沸精馏，进料量 100kmol/h，进料中含苯 0.99，含水 0.01。恒沸点为 69.5℃，其恒沸组成：苯 0.7，水 0.3。冷凝分层后，水层水 0.999，苯 0.001；苯层水 0.012，苯 0.988。若塔 1 底部得到含水 0.000086 的苯，塔 2 底部得到含苯 0.0000046 的水，当塔 1 顶部蒸气含水量取 0.3，塔 2 顶部含苯量取为 0.7，试确定各塔理论板数（活度系数采用 Aspen Plus 软件获得）。

解：(1) 物料衡算和操作线方程

① 塔 1 的 W、G、L、回流比和操作线方程

$$W_1=\frac{x_F-x_{W,2}}{x_{W,1}-x_{W,2}}F=\frac{0.99-0.0000046}{0.999914-0.0000046}\times 100=99.0085(\text{kmol/h})$$

$$L_1=\frac{x_{W,1}-y_1}{x_1-y_1}W_1=\frac{0.999914-0.7}{0.988-0.7}\times 99.0085=105.3(\text{kmol/h})$$

$$G_1=L_1-W_1=105.3-99.0085=6.289(\text{kmol/h})$$

$$W_1/G_1=99.0085/6.289=15.74$$

$$L_1/G_1=105.3/6.289=16.74$$

取任意板和塔底：

$$y_m=16.74x_{m+1}-15.74x_{W,1}$$

② 塔 2 的 W、G、L、回流比和操作线方程

$$W_2=F-W_1=100-99.0085=0.9915(\text{kmol/h})$$

$$L_2=\frac{x_{W,2}-y_2}{x_2-y_2}W_2=\frac{0.0000046-0.7}{0.001-0.7}\times 0.9915=0.9929(\text{kmol/h})$$

$$G_2=L_2-W_2=0.9929-0.9915=0.0014(\text{kmol/h})$$

$$W_2/G_2=0.9915/0.0014=708$$

$$L_2/G_2=0.9929/0.0014=709$$

取任意板和塔底：$y_{n,1}=\frac{L_2}{G_2}x_{n+1}-\frac{W_2}{G_2}x_{W,2}=709x_{n+1,i}-708x_{W,2}$

(2) 理论板数

① 塔 1 平衡级的计算

塔底：[注：苯 (1)，水 (2)]

设温度 79.8℃，$p_1^0=100.304\text{kPa}$，$p_2^0=46.986\text{kPa}$，$\gamma_1=1.0001$，$\gamma_2=208.416$

$$\sum\frac{\gamma_i p_i^0}{p}x_i=\sum Kx=\frac{1.0001\times 100.304\times 0.999914}{101.325}+\frac{208.416\times 46.986\times 0.000086}{101.325}$$

$$=0.989838+0.008312=0.99815$$

圆整 $y_{2,W}=0.0083$，$y_{1,W}=0.9917$。

1 板：

$$y_m=16.74x_{m+1}-15.74x_{W,1}$$

$$x_{2,2}=\frac{0.0083+15.74\times 0.000086}{16.74}=0.00058,\ x_{1,2}=0.99942$$

假设温度 77.8℃，$p_1^0=94.257\text{kPa}$，$p_2^0=43.307\text{kPa}$，$\gamma_1=1.000005$，$\gamma_2=210.655$

$$\sum Kx=\frac{1.000005\times 94.257\times 0.99942}{101.325}+\frac{210.655\times 43.307\times 0.00058}{101.325}$$

$$=0.929709+0.052221=0.98193$$

圆整：$y_{2,1}=0.0532$，$y_{1,1}=0.9468$。

2 板：

$$x_{2,3}=\frac{0.0532+15.74\times 0.000086}{16.74}=0.00326,\ x_{1,3}=0.99674$$

假设温度 69.7℃，$p_1^0=72.632\text{kPa}$，$p_2^0=30.779\text{kPa}$，$\gamma_1=1.0002$，$\gamma_2=214.408$

$$\sum Kx=\frac{1.0002\times 72.632\times 0.99674}{101.325}+\frac{214.408\times 30.779\times 0.00326}{101.325}$$

$$=0.714628+0.212323=0.926951$$

圆整：$y_{1,2}=0.7709$，$y_{2,2}=0.2291$。

回流 $x_{2,\text{回}}=\frac{0.2291+15.74\times 0.000086}{16.74}=0.014$，塔顶进料。

② 塔 2 平衡级的计算

塔底：

温度为 99.5℃，$p_1^0=177.47\text{kPa}$，$p_2^0=99.468\text{kPa}$，$\gamma_1=1222.964$，$\gamma_2=1.0000$

$$\sum Kx=\frac{1222.964\times177.47\times0.0000046}{101.325}+\frac{1\times99.468\times0.9999954}{101.325}$$
$$=0.009907+0.981668=0.991575$$

圆整：$y_1=0.00999$，$y_2=0.99001$

$$x_{1,1}=\frac{y_{1,\text{w}}+708x_{\text{W}}}{709}=\frac{0.00999+708\times0.0000046}{709}=0.0000185，x_{2,1}=0.9999815$$

1 板：

设温度为 98.8℃，$p_1^0=174.119\text{kPa}$，$p_2^0=97.003\text{kPa}$，$\gamma_1=1228.97$，$\gamma_2=1.0000$

$$\sum Kx=\frac{1228.97\times174.119\times0.0000185}{101.325}+\frac{1\times97.003\times0.9999815}{101.325}$$
$$=0.039070+0.957327=0.996397$$

圆整：$y_1=0.0392$，$y_2=0.9608$

$$x_{1,2}=\frac{y_{1,2}+708x_{\text{W}}}{709}=\frac{0.0392+708\times0.0000046}{709}=0.000060，x_{2,2}=0.99994$$

其余方法相同，结果见附表，计算结果（$y_2=0.2586$，$y_1=0.7414$）与原条件接近，故理论板数为 6，塔顶进料。

水塔计算结果

板数	1	2	3	4	5	塔底
温度/℃	70.0	77.5	90.0	96.0	98.8	99.5
p_1^0/kPa	73.356	93.376	136.001	162.099	174.119	177.47
p_2^0/kPa	31.180	42.776	70.092	88.286	97.003	99.468
γ_1	1522.431	1437.486	1309.582	1252.131	1228.97	1222.964
γ_2	1.0001	1.000003	1.000	1.000	1.0000	1.0000
x_1	0.0008	0.00045	0.00018	0.00006	0.0000185	0.0000046
y_1	0.7414	0.5855	0.3139	0.1212	0.0392	0.00999

由本题可以看出，恒沸精馏与常规精馏不同，计算得到理论板数的组成与恒沸点组成产生较大偏差，故准确结果仍需要以此为基础数据采用 N-R 法或内外层法进行精确计算。

四、夹带剂下的恒沸精馏

1. 三角相图、精馏曲线和产物区域

在有夹带剂的情况下，恒沸精馏物系一般为三元物系。对于三元物系，常用三角相图表示物料平衡、气-液平衡关系和液-液平衡等（图 3-10），目前常用的是物料平衡相图和液-液平衡相图，气-液平衡相图很少采用。

表示物料平衡的三角相图有以下特点：①每个顶点表示纯组分，存在三个纯组分；②两顶点连线表示二元组分，存在三个二元物系；③顶点对面的底线表示顶点组分为 0；④顶点与对应底边之间的等分线为各顶点的浓度分数；⑤三角形中任一点表示混合液中三组分的浓

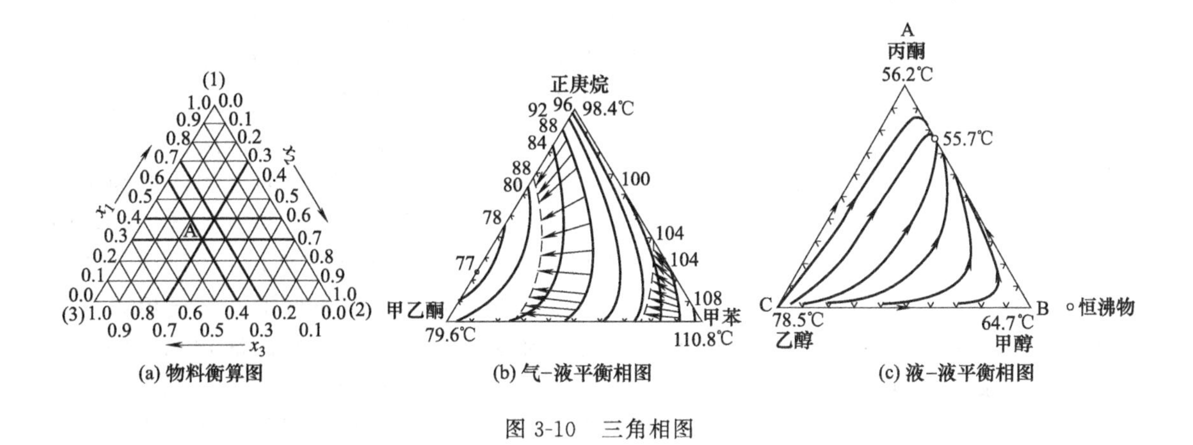

(a) 物料衡算图 (b) 气-液平衡相图 (c) 液-液平衡相图

图 3-10 三角相图

度分数；⑥一般表示一定温度压力下的平衡关系，因此相图表示恒温恒压下的组成之间的关系。

表示物料关系的三角相图具有如下性质：

① 将 B 加入含 A、C 的二元混合物 M 中，其三元混合物组成必然在 BM 线上，因为混合物中 A、C 之比为定值，$AM/MC=n_C/n_A$ [见图 3-11(a)]。

② B 的量与二元混合物量之比等于线段比，即 $BE/EM=n_M/n_B$。

③ 将两个二元混合物 M(x_A,x_C) 和 W(x_B, x_C) 混合，得到如下结果：其一，它们所形成的新混合物 F 在三角相图上的点必然处于 MW 的连线上 [图 3-11(b)]；其二，新混合物 F 在 AB 上的点为 D，D 的坐标为 $D[A/\Sigma(A+B),B/\Sigma(A+B)]$。因此，连接 CD，CD 线与 MW 的交点必为新混合物 F 在三角相图上的点，F 点坐标为 $[A/(A+B+\Sigma C)$，$B/(A+B+\Sigma C)$，$\Sigma C/(A+B+\Sigma C)]$；同理，混合物 F 在 AC 上的点为 H，H 的坐标为 $[A/(A+\Sigma C)$，$\Sigma C/(A+\Sigma C)]$，连接 BH，与 MW 的交点也必为 F [图 3-11(c)]。

④ 根据杠杆原理，$\Sigma C/\Sigma(A+C)=DF/FC$。

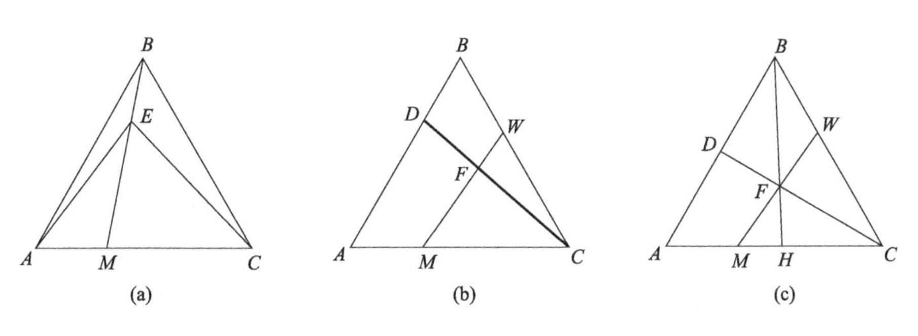

图 3-11 三角相图性质

液-液平衡相图在恒沸精馏、萃取精馏和萃取中具有重要的作用，并常与物料衡算图组合使用，以对精馏过程进行分析，确定合理的产物区域，选择合适的分离剂以及分离剂的大致用量等。

液-液平衡相图常以 A、B、C（或 a、b、c）表示三元混合物中低、中、高沸点组分，

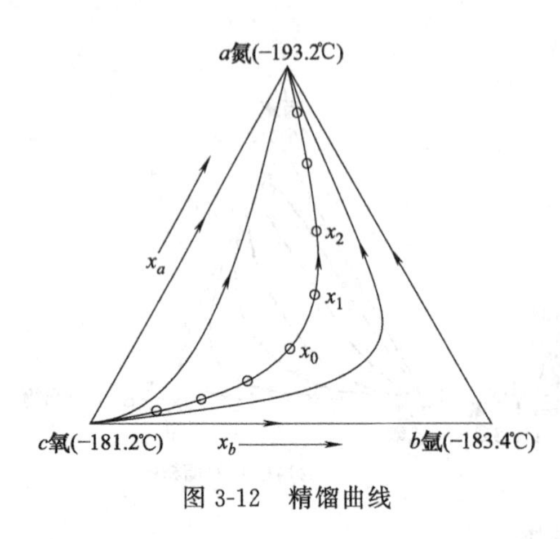

图 3-12 精馏曲线

图 3-10(c) 为丙酮-甲醇-乙醇三元物系的液-液平衡图，图中各顶点上常表明组分名称和常压沸点，图中任意一点均为一个三元物系的组成。

设某压力下，三元混合物氮/氩/氧的初始浓度为 $x_{i,0}$ ($i=a,b,c$)，将其绘制在相图上即为图 3-12 中 x_0 点，与之相平衡的气相浓度为 $y_{i,0}$ ($i=a,b,c$)。如果设 $x_{i,0}$ 处于第 0 块板的话，则与之相平衡的 $y_{i,0}$ 必然上升到上一块塔板，该板设为第 1 块板。在全回流条件下，该气相完全冷凝，于是在 1 板上得到一个新的液相混合物——$x_{i,1}$ ($i=a,b,c$)，即相图中的 x_1 点。故 x_0、x_1 两点既反映处于相平衡状态下的气液相组成，也表示全回流条件下经过一个平衡级的液相组成的变化，因此，x_0、x_1 代表一个平衡级。以此类推，由初始点 x_0 可以得到一系列液相点 x_0、x_1、x_2、…、x_n。将这些点连接在一起的曲线，表示了塔内将 x_0 变成 x_n 的精馏过程，故称为精馏曲线。

对于任何三元物系，精馏曲线不止一条（初始状态存在差异），一般起始于高沸点，止于低沸点。同时必须注意到，物系的性质不同，精馏过程差异很大。如图 3-12 为理想的三元物系氮-氩-氧，该物系没有恒沸物，只有一个精馏区，只是精馏曲线有所差异。如果全回流的精馏曲线与有限的高回流时的精馏曲线相同，则可以运用精馏曲线和物料平衡线确定产物组成区间，如图 3-13(a)。标记为 F 的三元进料在等压和高回流比条件下塔内连续产生馏出液 D 和塔底产物 B，D 和 B 必然在精馏曲线上，D 和 B 的连线就是物料平衡线，进料 F 必在 DB 直线上。换句话说，进料 F 与不同精馏曲线的连线，可解释为不同的精馏过程，得到不同的馏出液和塔底产物组成。极端情况如图 3-13(b) 所示，如果进料 F 在精馏曲线上，若需得到纯组分 a 的馏出液，即精馏曲线顶点 a，连接 aF 并延伸到 B，则 B 为塔底混合物的点；同样，若需得到纯组分塔底产物 c，即精馏曲线顶点 c，连接 cF 并延伸到 D，则 D 为塔顶混合物的点。由此，精馏所得到的产物区域一定落在由精馏曲线和两条物料平衡线所围成的区域内，阴影的可行区域一般位于进料点的精馏曲线的凸起侧，故称为蝶形领结区域（即图中的阴影部分）。

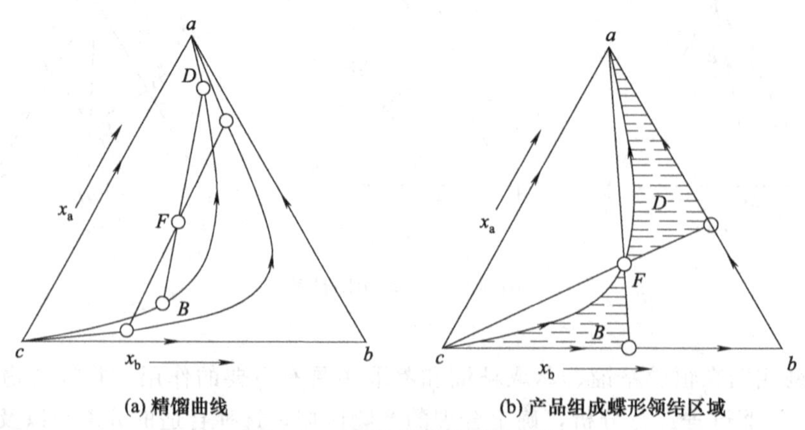

(a) 精馏曲线　　(b) 产品组成蝶形领结区域

图 3-13 物料衡算和精馏曲线

因此，对于理想的三元物系，如甲醇-乙醇-丙醇，如果馏出液为纯甲醇，则塔底产物为乙醇和丙醇混合物；若塔底产物为纯丙醇，则塔顶馏出物必为甲醇-乙醇混合物，如图 3-14。

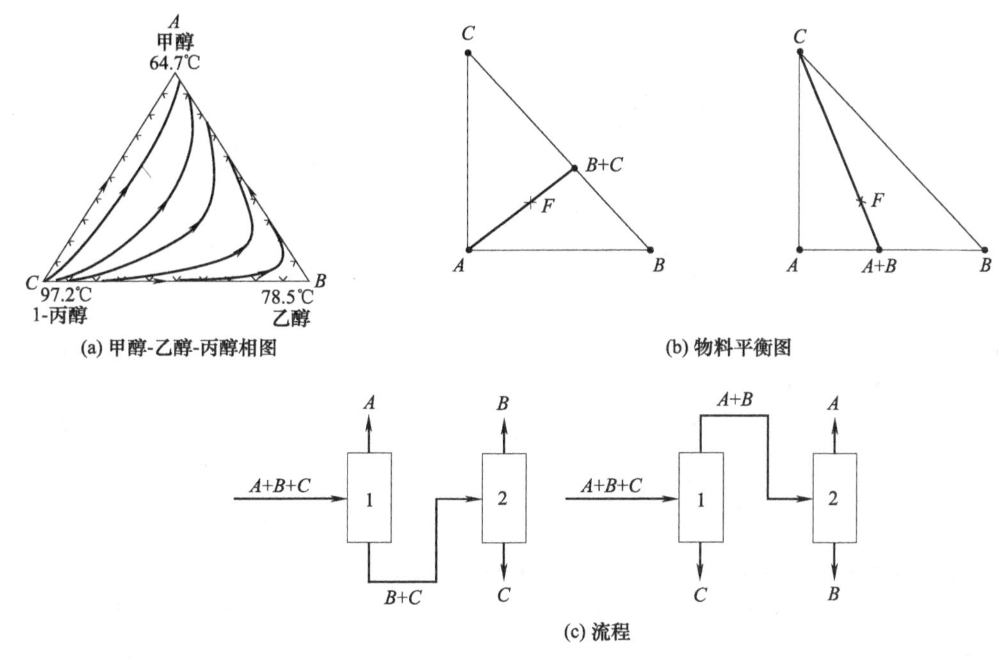

图 3-14 不形成恒沸物的三元精馏

对于能形成二元恒沸物的三元物系所形成恒沸物可能是最低恒沸点恒沸物或最高恒沸点恒沸物或居于两者中间的恒沸物。而恒沸精馏感兴趣的是具有最低恒沸点的恒沸物，如乙醇-甲醇-丙酮物系，1atm 乙醇沸点最高为 78.5℃、甲醇为 64.7℃、丙酮最低为 56.2℃，并且此物系中形成具有最低沸点的丙酮-甲醇恒沸物，恒沸点为 55.7℃、含丙酮 0.784，相图如图 3-15 所示。由图 3-15 可知，该物系具有一个精馏区，所有精馏曲线都起于高沸点组分，指向恒沸点。因此，在高回流比和大平衡级条件下，塔底可得到没有丙酮的产物，塔顶可以得到不含乙醇的馏出物。

对于具有两个二元恒沸物的三元物系，如辛烷-2-乙氧基乙醇-乙苯物系，1atm 下乙苯沸点最高为 136.2℃、2-乙氧基乙醇为 135.1℃、辛烷最低为 125.8℃，此物系有两个最低沸点恒沸物：一个是辛烷-2-乙氧基乙醇恒沸物，恒沸点为 116.1℃，另一个是乙苯-2-乙氧基乙醇，恒沸点是 127.1℃，如图 3-16 (a) 所示。因此，精馏区域被两个恒沸点的相平衡连线一分为二，进料及馏出物、塔底产物都不能跨越精馏边界。即处于区域 1 内的混合物无论怎样精馏，只能得到纯乙苯或含少量辛烷的乙苯溶液和辛烷-2-乙氧基乙醇馏出物；而处于区域 2 内进料，无论怎样精馏，都只能得到纯 2-乙氧基乙醇或含少量乙苯的 2-乙氧基乙醇和辛烷-2-乙氧基乙醇馏出物［图 3-16(b)］。

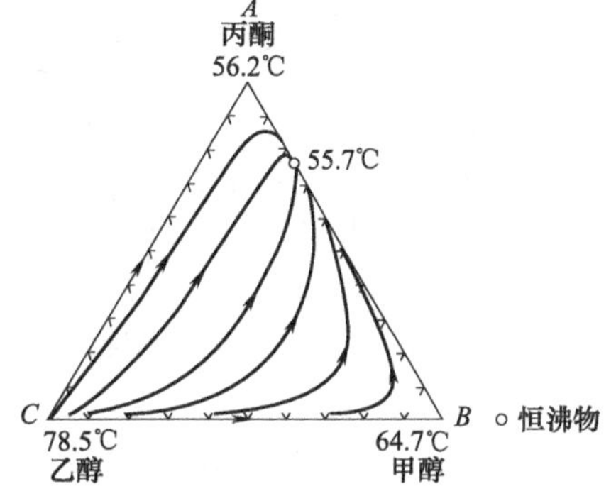

图 3-15 乙醇-甲醇-丙酮相图

具有三元恒沸物的物系的精馏曲线更为复杂，如丙酮-氯仿-甲醇物系，具有三个二元最

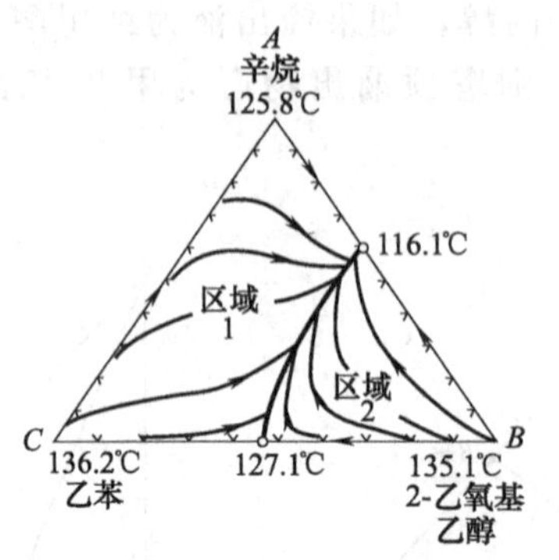

(a) 辛烷-2-乙氧基乙醇-乙苯精馏曲线

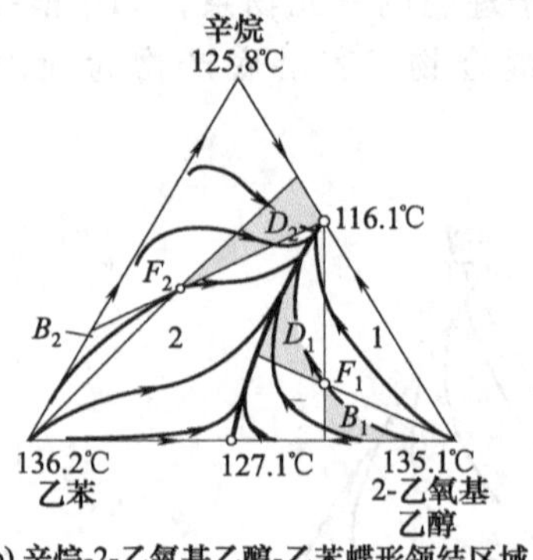

(b) 辛烷-2-乙氧基乙醇-乙苯蝶形领结区域

图 3-16　辛烷-2-乙氧基乙醇-乙苯相图

低恒沸点恒沸物和一个三元恒沸物，其精馏曲线如图 3-17 所示，同时也标注了蝶形领结区域，精馏区域被分割为 4 块，故并不是任何进料都能通过精馏得到任何产品，混合物所处于的不同区域，精馏只能得到相应的馏出物和塔底产品。如位于区域 4 上进料 F_4，通过精馏，只能得到甲醇-丙酮混合物和丙酮氯仿混合物，而位于区域 1 上的进料 F_1，通过精馏，塔底可得到纯甲醇和三元馏出物或塔底得到三元混合物和甲醇-氯仿恒沸物。

2. 夹带剂用量、加入位置确定和夹带剂选择

根据物料衡算三角相图的性质，可以确定恒沸剂剂量。但是形成恒沸物不同，计算方法有所差异。对于加入恒沸剂后形成二元恒沸物的三元物系恒沸剂量的确定如图 3-18 所示，设含有 A、B 组分的原料液为 F，加入恒沸剂 S，经过恒沸精馏，在塔顶得到二元恒沸物 D（含 A、S 的二元恒沸物），塔底得到纯组分 B。

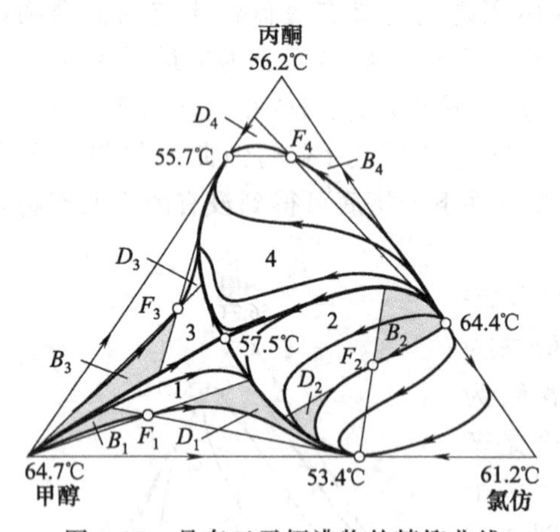

图 3-17　具有三元恒沸物的精馏曲线

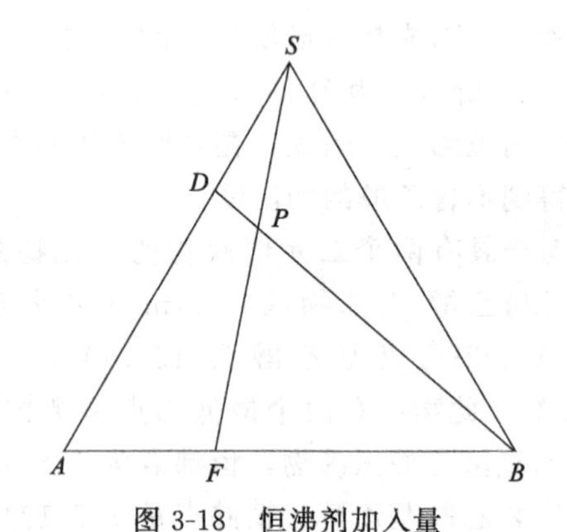

图 3-18　恒沸剂加入量

B 和 S 为纯组分位置已知，原料 F 组成和恒沸物 D 组成已知，连接三角相图上的 SF、BD 交于 P；根据等边三角形性质和已知条件，P 位置可知。根据杠杆原理：

$$\frac{\overline{FP}}{\overline{PS}}=\frac{n_S}{n_F} \tag{3-70}$$

变形得：

$$n_S=n_F\frac{\overline{FP}}{\overline{PS}} \tag{3-71}$$

式中，n_F 为进料量，kmol/h；n_S 为恒沸剂量，kmol/h。

据上式容易得到恒沸剂加入量。恒沸剂在什么位置入塔更利于精馏，可以考虑以下因素：

① 如果恒沸剂对原料液的两组分而言属于不易挥发，可以在靠近塔顶位置加入，以保证塔内恒沸剂的浓度。

② 若恒沸剂以最低恒沸物形式从塔顶蒸出时，则恒沸剂分段引入为佳。一部分随料液入塔；另一部分在进料板以下位置（距塔釜有相当的距离）入塔。这样既保证塔内恒沸剂的浓度，又保证塔釜没有恒沸剂排出。

③ 恒沸剂与原物系两组分分别形成最低、最高恒沸物，则恒沸剂何处入塔均可。以丁酮为恒沸剂分离正庚烷-甲苯物系为例：恒沸剂丁酮仅与正庚烷在塔顶形成最低恒沸物（恒沸点为77℃）。故丁酮可分为两部分入塔：一部分随料液由塔中部进入塔，另一部分则在进料板以下适当的位置进塔。一般情况下，两点进料量相同。

通过本节关于恒沸精馏流程的介绍，应该根据下面的原则来选择恒沸剂。

① 能形成使混合物易于分离的恒沸物。所形成的恒沸物有如下三种情况：其一，形成一个具有最低沸点的恒沸物，如以甲乙酮为恒沸剂分离甲苯-正庚烷物系，形成恒沸点为77℃正庚烷-甲乙酮恒沸物；其二，形成两个低沸点的恒沸物，其中一个比另一个沸点低很多。例如以甲醇为恒沸剂分离烷烃-甲苯混合物的恒沸精馏，可以形成两个恒沸物，即甲醇-烷烃恒沸物和甲醇-甲苯恒沸物，但甲醇-烷烃恒沸物的恒沸点为30.8℃，远低于甲醇-甲苯恒沸物的恒沸点63.8℃；其三，形成三组分最低沸点恒沸物，但是恒沸物中，待分离组分的摩尔比比原料液中二组分的摩尔比有较大差别，如以苯为恒沸剂分离乙醇-水的恒沸精馏，料液中乙醇含量一般为89%左右，而所形成的三组分最低沸点恒沸物中苯、乙醇、水的摩尔比为74.1、18.5和7.4。

② 被分离组分在恒沸物中的含量要高，恒沸剂含量尽量少，以减少恒沸剂的损失。如以甲醇为恒沸剂分离烷烃-甲苯混合物的恒沸精馏的恒沸精馏塔1，塔底得到粗甲苯、塔顶得到的甲醇-烷烃恒沸物的甲醇含量仅为0.182。

③ 容易回收（分离）。例如三组分恒沸物乙酸乙酯-水-乙醇在室温下是均相溶液，若加入过量的水时，即分为两液相：一层是水-乙酸乙酯，另一层是乙酸乙酯所饱和的乙醇水相，便于进行分离。

④ 化学性能稳定，热稳定性好。

⑤ 腐蚀性小、低毒、可燃性小，使用安全。

⑥ 来源充足，价格低廉。

【例3-6】 某含有正庚烷55%和甲苯45%（摩尔分数）的溶液100kmol/h，用新鲜甲乙酮作恒沸剂分离得到纯甲苯。已知甲乙酮与正庚烷形成最低恒沸物，恒沸组成为甲乙酮0.7643。求塔顶和塔釜产品中甲苯含量分别为0.005和0.99时所需的溶剂的量。

解：① 作三角相图，根据已知确定进料点 F（0.55，0.45）和恒沸点 S_1（0.2357，0.7643）；

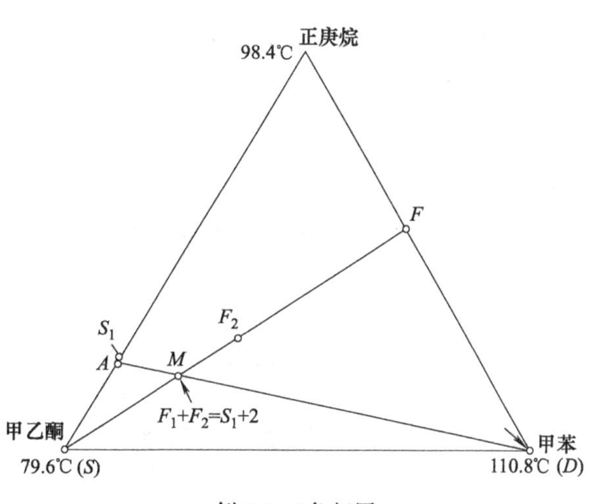

例3-6 三角相图

② 连接 AD、SF，其交点为 M；

③ $S=100\times\frac{\overline{MF}}{\overline{SM}}=100\times\frac{35}{18}=194.44(\mathrm{kmol/h})$。

3. 非均相三元物系恒沸精馏计算

(1) 物料衡算

如图 3-19 所示，设 F 为进料量，其组成为 x_{FA}、x_{FB}，W_1 为塔Ⅰ釜产品量，组成为 $x_{WA,1}$、$x_{WB,1}$、$x_{WS,1}$，W_2 为塔Ⅱ釜产品量，组成为 $x_{WA,2}$、$x_{WB,2}$、$x_{WS,2}$。

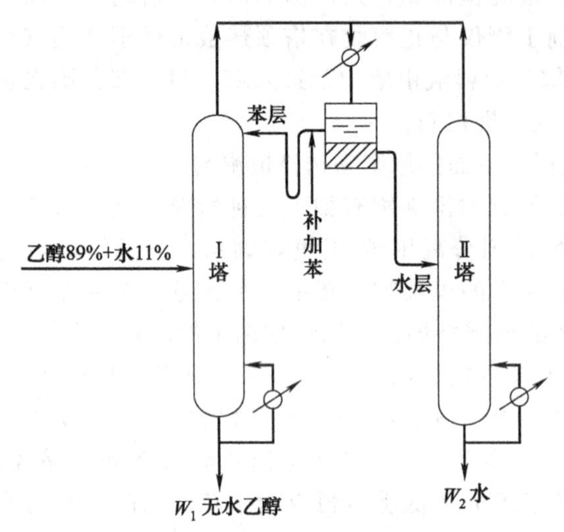

图 3-19 非均相恒沸精馏物料衡算

对整个系统衡算：

$$F=W_1+W_2 \tag{3-72}$$

$$Fx_{FA}=W_1x_{WA,1}+W_2x_{WA,2} \tag{3-73}$$

$$Fx_{FB}=W_1x_{WB,1}+W_2x_{WB,2} \tag{3-74}$$

一般情况下，设计塔时一般给出分离要求（即两个塔底寡组分的摩尔分数），根据分离要求即可确定 $x_{WA,1}$ 和 $x_{WA,2}$。得到 $x_{WA,1}$ 和 $x_{WA,2}$，联立上两式，得：

$$W_1=\frac{F(x_{FA}-x_{WA,2})}{x_{WA,1}-x_{WA,2}} \tag{3-75}$$

$$W_2=F-W_1 \tag{3-76}$$

恒沸剂的补充量 ΔS 可由下式确定：

$$\Delta S=W_1x_{WS,1}+W_2x_{WS,2} \tag{3-77}$$

(2) 回流比和操作线方程

恒沸精馏通常需要确定内回流比，确定内回流比之后即可确定操作线方程。内回流比确定方法采用试差法。原因是非均相恒沸精馏塔具有特殊性，即在精馏过程中，恒沸剂的塔顶回流量几乎等于塔顶馏出量，内回流比必须保证这一点。

对于进料塔，由于分为精馏段和提馏段，可以先确定提馏段回流比，然后解出气体量和液体量，便得到操作线方程，然后据此可得到精馏段的气体量和液体量，方便得到精馏段操作线方程。

设进料量为 F，提馏段液体流量为 L_1，G_1 为蒸气量，提馏段内回流比为 R，则：

$$L_1=G_1+W_1 \tag{3-78}$$

由于 $R=L_1/G_1$，且已知，则有：$RG_1=G_1+W_1$ (3-79)

解得：

$$G_1=\frac{W_1}{R-1} \tag{3-80}$$

根据气体流量 G_1 可解出液体流量 L_1，于是提馏段操作线方程为：

$$y_{i,m}=\frac{L_1}{G_1}x_{i,m+1}-\frac{W_1}{G_1}x_{W,i} \tag{3-81}$$

对于精馏段，气体流量仍为 G_1，液体流量为 L_1'：

$$L_1'=L_1-F \tag{3-82}$$

于是精馏段操作线方程为（用精馏段与塔 2 作物料衡算）：

$$y_{i,n}=\frac{L_1-F}{G_1}x_{i,n+1}+\frac{W_2}{G_1}x_{W,i} \tag{3-83}$$

非进料塔仅有提馏段，建立操作线方程方法同有进料塔的提馏段，不再赘述。

【例3-7】 以苯为恒沸剂，采用恒沸精馏制得乙醇，原料为含水0.11的乙醇溶液，已知原料流量为100kmol/h。要求乙醇塔塔釜含水量0.0009、含苯0.0001，水塔乙醇含量不超过0.01%、苯含量不超过0.005%，试确定产品量和乙醇塔的操作线方程（已知塔顶为近恒沸组成：乙醇0.29、水0.15、苯0.56，冷凝后苯层乙醇0.30、水0.12、苯0.58；水层乙醇0.439、水0.498、苯0.063，温度为65℃）。

解：(1) 物料衡算

$$W_1=\frac{F(x_{FA}-x_{WA,2})}{x_{WA,1}-x_{WA,2}}=\frac{100\times(0.89-0.0001)}{0.999-0.0001}=89.088(\mathrm{kmol/h})$$

$$W_2=F-W_1=100-89.088=10.912(\mathrm{kmol/h})$$

(2) 操作线方程

提馏段有：$L=G+W$

设提馏段内回流比为1.25，则$1.25G=G+89.088$，解得$G=356.352\mathrm{kmol/h}$

$$L=356.352+89.088=445.44(\mathrm{kmol/h})$$

提馏段操作线方程：$356.352y_{i,m}=445.44x_{i,m+1}-89.088x_{W,i}$

$$y_{i,m}=1.25x_{i,m+1}-0.25x_{W,i}$$

精馏段：（精馏段与塔2作物料衡算）

$$356.352y_{i,m}=345.44x_{i,m+1}+10.912x_{W2,i}$$

$$y_{i,m}=0.9694x_{i,m+1}+0.0306x_{W2,i}$$

(3) 平衡级确定

三组分非均相恒沸精馏平衡级数最好采用如N-R法或内外层法的严格法。如前所述，严格法计算工作量太大而无法手算；采用计算机程序计算，必须拥有得到程序计算所需的初值才能进行。因此，掌握一种简单可行的计算方法也是必要的，三组分非均相恒沸精馏塔平衡级确定方法及步骤与二元非均相恒沸精馏平衡级的确定方法一样，这里不再赘述，详见例题。

【例3-8】 根据例3-7的条件和结果计算乙醇塔平衡级数，饱和蒸气压采用安托尼方程计算，活度系数采用Aspen Plus软件获得。注：乙醇(1)，苯(2)，水(3)。

解：(1) 提馏段

① 塔底：设塔底温度为78.307℃，$p_1^0=101.2693\mathrm{kPa}$，$p_2^0=95.8802\mathrm{kPa}$，$p_3^0=44.2165\mathrm{kPa}$

乙醇0.999，水0.0009，苯0.0001

$\gamma_1=1.0000$，$\gamma_2=4.3643$，$\gamma_3=2.79459$

$$\sum K_ix_i=\frac{1\times101.2693\times0.999}{101.325}+\frac{95.8802\times4.3643\times0.0001}{101.325}+\frac{44.2165\times2.79459\times0.0009}{101.325}$$

$$=0.998451+0.000413+0.001098=0.999962$$

圆整 $y_1=0.998489$，$y_2=0.000413$，$y_3=0.001098$

② 塔底1板：$x_1=\dfrac{0.998489+0.25\times0.999}{1.25}=0.998489$

$$x_2=\frac{0.000413+0.25\times0.0001}{1.25}=0.000350$$

$$x_3=\frac{0.001098+0.25\times0.0009}{1.25}=0.001058$$

设塔底1板温度为78.287℃，$p_1^0=101.189\text{kPa}$，$p_2^0=95.8205\text{kPa}$，$p_3^0=44.1803\text{kPa}$

$\gamma_1=1.0000$，$\gamma_2=4.36396$，$\gamma_3=2.79457$

$$\sum K_i x_i=\frac{1}{101.325}\times(1\times101.189\times0.998489+95.8205\times0.000350\times4.36396+44.1803\times0.001058\times2.79457)$$
$$=0.997148+0.001446+0.001289=0.999883$$

圆整 $y_1=0.997265$，$y_2=0.001446$，$y_3=0.001289$

2～14板方法相同，结果列表中。

(2) 精馏段

15板：

$$x_1=\frac{0.4058+0.25\times0.999}{1.25}=0.5244$$

$$x_2=\frac{0.5260+0.25\times0.0001}{1.25}=0.4208$$

$$x_3=\frac{0.0682+0.25\times0.0009}{1.25}=0.0548$$

乙醇与水之比为0.5244/0.0548≈9.5，接近进料醇水比，故15板按精馏段操作线方程计算液相组成。

$$x_1=\frac{0.4058-0.0306\times0.0001}{0.9694}=0.418606$$

$$x_2=\frac{0.5260-0.0306\times0.00005}{0.9694}=0.542602$$

$$x_3=\frac{0.0682-0.0306\times0.99985}{0.9694}=0.038792$$

设塔板温度为65.1℃，$p_1^0=58.62\text{kPa}$，$p_2^0=62.34\text{kPa}$，$p_3^0=25.11\text{kPa}$

$\gamma_1=1.42$，$\gamma_2=1.61$，$\gamma_3=10$

$$\sum K_i x_i=\frac{1}{101.325}\times(58.62\times0.4186\times1.42+62.34\times0.5426\times1.61+25.11\times0.0388\times10)$$
$$=0.343888+0.537472+0.096153=0.977513$$

圆整 $y_1=0.3518$，$y_2=0.5498$，$y_3=0.0984$

16板：

$$x_1=\frac{0.3518-0.0306\times0.0001}{0.9694}=0.3629$$

$$x_2=\frac{0.5498-0.0306\times0.00005}{0.9694}=0.5672$$

$$x_3=\frac{0.0984-0.0306\times0.99985}{0.9694}=0.0699$$

设塔板温度为64.99℃，$p_1^0=58.35\text{kPa}$，$p_2^0=62.11\text{kPa}$，$p_3^0=25\text{kPa}$

$\gamma_1=1.48$，$\gamma_2=1.55$，$\gamma_3=10$

$$\sum K_i x_i=\frac{1}{101.325}\times(58.35\times0.3629\times1.48+62.11\times0.5672\times1.55+25\times0.0699\times10)$$
$$=0.309295+0.538906+0.172465=1.020666$$

$y_1=0.3030$，$y_2=0.5280$，$y_3=0.1690$

接近恒沸组成（恒沸点乙醇 0.29、苯 0.56、水 0.15，64.86℃），计算结束。

级数		1			2			3			4		
温度/℃		78.307			78.287			78.211			78.005		
组分数据	组分	乙醇	苯	水	乙醇	苯	水	乙醇	苯	水	乙醇	苯	水
	γ	1.0000	4.3643	2.7946	1.0000	4.3640	2.7946	1.0000	4.3571	2.7979	1.0000	4.3314	2.8815
	x	0.999	0.0001	0.0009	0.9985	0.0004	0.0011	0.9976	0.0012	0.0012	0.9948	0.0039	0.0014
	y	0.9985	0.0004	0.0011	0.9973	0.0014	0.0013	0.9937	0.0048	0.0015	0.9826	0.0158	0.0017
级数		5			6			7			8		
温度/℃		77.352			75.577			72.237			69.127		
组分数据	组分	乙醇	苯	水	乙醇	苯	水	乙醇	苯	水	乙醇	苯	水
	γ	1.0000	4.2475	2.8578	1.0018	3.9981	3.0103	1.0144	3.4218	3.4769	1.0695	2.6416	4.6133
	x	0.9858	0.0127	0.0015	0.9589	0.0395	0.0016	0.8885	0.1098	0.0017	0.7636	0.2346	0.0018
	y	0.9486	0.0494	0.0018	0.8608	0.1373	0.0019	0.7048	0.2932	0.0020	0.5611	0.4365	0.0024
级数		9			10			11			12		
温度/℃		67.911			67.581			67.451			67.303		
组分数据	组分	乙醇	苯	水	乙醇	苯	水	乙醇	苯	水	乙醇	苯	水
	γ	1.1647	2.1299	6.1943	1.2233	1.9529	7.1259	1.2483	1.8933	7.5120	1.2514	1.8870	7.5379
	x	0.6487	0.3492	0.0021	0.5943	0.4026	0.0031	0.5740	0.4208	0.0052	0.5667	0.4246	0.0087
	y	0.4931	0.5032	0.0037	0.4678	0.5260	0.0062	0.4586	0.5308	0.0106	0.4510	0.5311	0.0179
级数		13			14			15			16		
温度/℃		67.086			66.769			66.329			65.1		
组分数据	组分	乙醇	苯	水	乙醇	苯	水	乙醇	苯	水	乙醇	苯	水
	γ	1.248	1.894	7.456	1.2416	1.9118	7.2933	1.2298	1.9433	7.0417	1.42	1.61	10
	x	0.5606	0.4249	0.0145	0.5526	0.4238	0.0236	0.5410	0.4220	0.0370	0.4186	0.5426	0.0388
	y	0.4410	0.5297	0.0293	0.4265	0.5275	0.0460	0.4058	0.5260	0.0682	0.3518	0.5498	0.0984

级数		17		
温度/℃		64.99		
组分数据	组分	乙醇	苯	水
	γ	1.48	1.55	10
	x	0.3629	0.5672	0.0699
	y	0.3030	0.5280	0.1690

第四节　萃取精馏

萃取精馏是在原溶液中添加比原溶液中各组分的沸点均高且不与原物系中任何组分形成恒沸物的萃取剂，有效地改善了原溶液组分间的相对挥发度，从而实现有效分离原溶液的一种精馏操作。如乙醇水溶液会形成恒沸，故采用普通精馏无法将其分离为无水乙醇和水。加入萃取剂乙二醇后，由于乙二醇和水具有较强的亲和力，增大了乙醇和水的相对挥发度，从而得到理想的精馏结果。

一、萃取精馏特征和基本原理

萃取精馏过程包括用来对混合物进行分离的萃取精馏和将萃取剂与产品分离的溶剂回收组成。萃取精馏的精馏原理与一般精馏有所不同，萃取精馏塔由回收段、精馏段和提馏段等三段组成，塔顶得到组分 A、塔底得到萃取剂 S 和组分 B 混合物。溶剂回收塔其实就是常规精馏塔，塔顶为分离出的产品、塔底为回收的溶剂。

图 3-20 是以乙腈为萃取剂萃取精馏 C_4 馏分制取丁二烯的流程：经预处理的 C_4 馏分原料预热至 60℃呈气相状态从塔中部入萃取精馏塔，萃取剂乙腈于塔的回收段与精馏段之间入塔，由于萃取剂的作用，加大了丁烯、丁烷与丁二烯的相对挥发度，精馏段之上不含丁二烯。溶剂回收段的主要作用是分离乙腈与丁烷、丁烯，因此萃取精馏塔塔顶部得到丁烷和丁烯；与溶剂乙腈结合力大的丁二烯和萃取剂一起通过精馏段和提馏段后从塔底出塔进入溶剂回收塔。萃取精馏塔精馏段和提馏段工作状况与普通精馏塔基本相同，精馏段主要是利用乙腈作为溶剂改变丁二烯与丁烯、丁烷的相对挥发度，使丁二烯尽量少被丁烯、丁烷带走，而提馏段主要是从乙腈和烃类的混合物中将丁烷、丁烯提馏出来。由中部进入溶剂回收塔的丁二烯、乙腈混合液经过精馏，塔顶得到轻组分丁二烯，塔底得到高沸点的溶剂乙腈，返回萃取精馏塔循环使用。

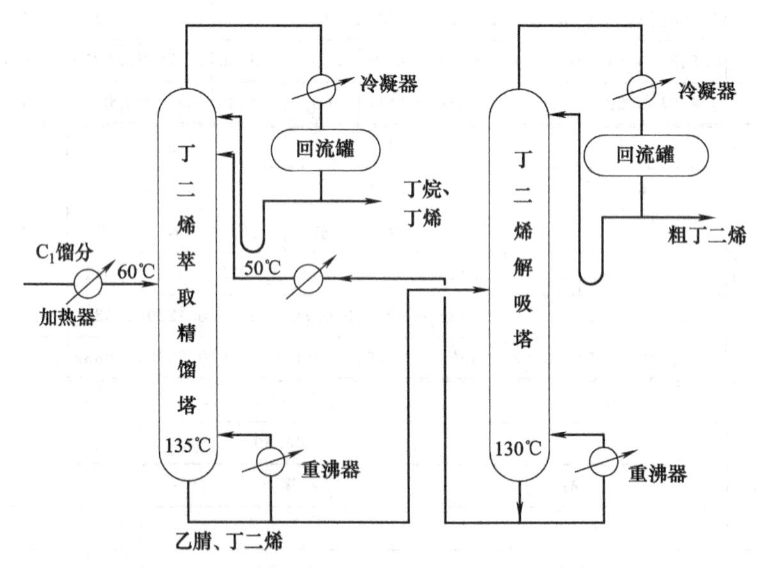

图 3-20　丁二烯萃取精馏流程

1. 萃取精馏特征

通过以上萃取精馏过程可以得到萃取精馏特征如下：

① 与常规精馏塔比较，萃取精馏塔的顶部增加了溶剂回收段，其作用为回收被上升蒸气所夹带的溶剂，以降低溶剂在萃取精馏塔塔顶产品中的含量，这既保证塔顶产品质量，又降低了溶剂的损失。回收段所需的理论板数取决于溶剂与塔顶组分的蒸气压差，差值愈大，所需理论板数愈少。

② 萃取精馏所用的萃取剂的沸点比进料中的各组分的沸点高得多，故难挥发。萃取剂

在塔内精馏过程中近似于恒摩尔流，在精馏段和提馏段中各板上的浓度几乎为恒定。因此，如果进料为气相进料，则精馏段及提馏段回流液中溶剂浓度保持不变，利于精馏；若为液相进料，则提馏段向下流的液体总量增大，溶剂浓度降低，于分离不利。

③ 萃取剂加入量大时，塔内液相溶剂浓度高，被分离组分间的相对挥发度增大，利于分离；但萃取剂量的增加会降低板效率，一般萃取剂摩尔分数控制在 0.4～0.9 之间。萃取精馏的回流比不宜过大，增加回流比，虽然可以提高分离动力，但也使得液相中萃取剂浓度降低，减小了被分离组分间的相对挥发度，故萃取精馏存在一最佳回流比。

2. 萃取精馏原理

两组分分离，相对挥发度须大于 1，且愈大愈易分离。对于低压下非理想溶液物系，相对挥发度按式(3-2) 计算。根据式(3-2) 不难知道，要使得相对挥发度大于 1，必须使得分子的饱和蒸气压与活度系数之积大于分母的饱和蒸气压与活度系数之积。如 54℃下醋酸甲酯含量为 0.649 的醋酸甲酯 (1)-甲醇 (2) 溶液，虽然两组分的饱和蒸气压差异较大 ($p_1^0=677\text{mmHg}$、$p_2^0=495\text{mmHg}$)，但在该条件下，$\gamma_1=1.12$、$\gamma_2=1.53$，其相对挥发度 $\alpha_{12}=677\times1.12/(495\times1.53)\approx1.00$，故不能实现分离。

由此，相对挥发度不仅取决于物系的操作条件，还与物系的性质相关。可以在操作条件不改变的情况下，通过改变活度系数的方法使得相对挥发度发生变化。萃取剂的作用即改变原料组分间的相对挥发度，从而使得难分离物系得以分离。萃取剂加入后，相对挥发度 α_{12} 是否发生变化可以通过式(3-50) 来判断：

由式(3-50) 可以得知，若要求加入萃取剂后，1、2 组分的相对挥发度 $(\alpha_{12})_S$ 大于未加萃取剂时的相对挥发度 α_{12}，须有：

$$\lg\frac{(\alpha_{12})_S}{\alpha_{12}}=x_S\left(A'_{1S}-A'_{2S}-A'_{12}\frac{x_2-x_1}{x_1+x_2}\right)>0 \tag{3-84}$$

如果原来物系组分 1、2 性质相近，则 $A'_{12}\approx0$，式(3-84) 可写成：

$$A'_{1S}-A'_{2S}>0 \tag{3-85}$$

显然，A'_{1S}愈大、A'_{2S}愈小，$(\alpha_{12})_S/\alpha_{12}$ 值愈大。根据端值常数定义，当 $\gamma_1>1$ 时，$A'_{1S}>0$；$\gamma_2=1$ 时，$A'_{2S}=0$；$\gamma_2<1$ 时，$A'_{2S}<0$。故只有萃取剂与组分 1 形成正偏差的非理想溶液、与组分 2 形成负偏差的非理想溶液的情况下，才能满足$A'_{1S}-A'_{2S}>0$。不言而喻，萃取剂浓度愈高，$(\alpha_{12})_S/\alpha_{12}$ 值愈大。图 3-21 为萃取剂对醋酸甲酯-甲醇溶液相平衡影响的相图，由图 3-21 可知，未加萃取剂时，醋酸甲酯-甲醇溶液在醋酸甲酯含量为 0.649 处形成恒沸；随着萃取剂的加入，恒沸现象消失；当萃取剂浓度达到 $x_S=0.4$ 时，相对挥发度$(\alpha_{12})_S$ 已远大于1；$x_S=0.8$ 时，相对挥发度$(\alpha_{12})_S$ 达到 5.3。一般适宜的萃取剂浓度 x_S 在 0.4～0.9。

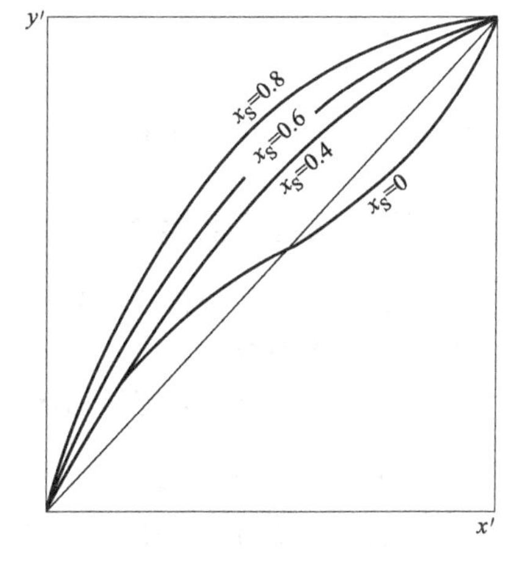

图 3-21 不同萃取剂浓度时醋酸甲酯-甲醇溶液的相图

如果是几个组分共溶于大量的萃取剂中时，各组分间的相对挥发度$(\alpha_{ij})_S$ 可按其单独存在于溶剂 S 时的相对挥发度 α'加以修正即可：

$$\lg \frac{(\alpha_{ij})_S}{\alpha'} = x_S(A'_{iS} - A'_{jS})(1 - x_S) \tag{3-86}$$

式中，x_S 为萃取剂浓度；A'_{iS} 和 A'_{jS} 意义同前，即两组分的平均端值常数；$(\alpha_{ij})_S$ 为溶剂存在时组分 i 和组分 j 的相对挥发度；α' 为组分 i、j 分别与溶剂 S 组成非理想溶液时所得到相对挥发度，即：

$$\alpha' = p_i^0\gamma'_i/(p_j^0\gamma'_j) \tag{3-87}$$

式中，γ'_i 为仅含 i、S 组分的物系组分 i 的活度系数；γ'_j 为仅含 j、S 组分的物系组分 j 的活度系数。i、j 组分分别与萃取剂形成的双组分溶液的活度系数 γ'_i、γ'_j 可按范拉尔模型计算：

$$\ln\gamma'_i = \frac{A_{iS}}{\left(1 + \frac{A_{iS}x_i}{A_{Si}x_S}\right)^2} \tag{3-88}$$

$$\ln\gamma'_j = \frac{A_{jS}}{\left(1 + \frac{A_{jS}x_j}{A_{Sj}x_S}\right)^2} \tag{3-89}$$

【例 3-9】 试用式(3-86) 估算 65℃时正丁烷 (1)-1-丁烯 (2) 混合物用糠醛萃取 (x_S = 0.85) 的相对挥发度$(\alpha_{12})_S$。已知 65℃正丁烷饱和蒸气压为 5485mmHg、1-丁烯饱和蒸气压为 6748mmHg。$x_S = 0.85$ 时正丁烷 ($x_1 = 0.15$) 的端值常数 $A_{1S} = 0.998$、$A_{S1} = -0.715$，1-丁烯 ($x_2 = 0.15$) 的端值常数 $A_{2S} = 0.763$、$A_{S2} = -0.543$。

解：(1) $\ln\gamma'_1 = \frac{A_{1S}}{\left(1 + \frac{A_{1S}x_1}{A_{S1}x_S}\right)^2} = \frac{0.998}{\left(1 - \frac{0.998 \times 0.15}{0.715 \times 0.85}\right)^2} = 1.75693 \quad \gamma'_1 = 5.795$

$\ln\gamma'_2 = \frac{A_{2S}}{\left(1 + \frac{A_{2S}x_2}{A_{S2}x_S}\right)^2} = \frac{0.763}{\left(1 - \frac{0.763 \times 0.15}{0.543 \times 0.85}\right)^2} = 1.3491 \quad \gamma'_2 = 3.854$

(2) $\alpha' = \frac{p_1^0\gamma'_1}{p_2^0\gamma'_2} = \frac{5485 \times 5.795}{6748 \times 3.854} = 1.314$

(3) $A'_{1S} = (A_{1S} + A_{S1})/2 = 0.1415$，$A'_{2S} = 0.110$

$\lg \frac{(\alpha_{12})_S}{\alpha'} = 0.85 \times (0.1415 - 0.110) \times (1 - 0.85) = 0.00401625$

(4) $(\alpha_{12})_S = 1.314 \times 1.0093 = 1.33$

二、萃取精馏工艺流程

萃取精馏中，液相中的萃取剂决定着组分 1、2 的相对挥发度，维持萃取剂在液相中的浓度才能保证精馏效果。因此，对于不同进料状态，为保证萃取剂在液相中恒定的浓度，萃取剂引入位置也有所不同，即所谓流程不同。

（一）气相进料萃取流程

以乙腈为萃取剂分离丁烯-丁二烯属于气相进料流程（图 3-20）。气相进料典型流程如图 3-22 所示，萃取剂由精馏段顶部入萃取精馏塔，原料呈气态从提馏段顶部入塔，精馏段顶部设回收段防止组分 1 将萃取剂带出，萃取塔顶部得到组分 1。萃取精馏塔塔釜为萃取剂和组分 2 混合液，送入溶剂回收塔进行分离，在溶剂回收塔底得到萃取剂再循环使用，溶剂回收塔顶部得到纯组分 2。

设精馏段物料液相回流量为 L、提馏段物料液相回流流量为 $\overline{L}$、溶剂流量为 S，精馏段中溶剂浓度 x_S 可由下式计算出：

$$x_S=\frac{S}{S+L} \tag{3-90}$$

由于气相进料 $q=0$，有 $\overline{L}=L$，故提馏段中萃取剂浓度 x'_S计算式同精馏段，即：

$$x'_S=\frac{S}{S+\overline{L}}=\frac{S}{S+L} \tag{3-91}$$

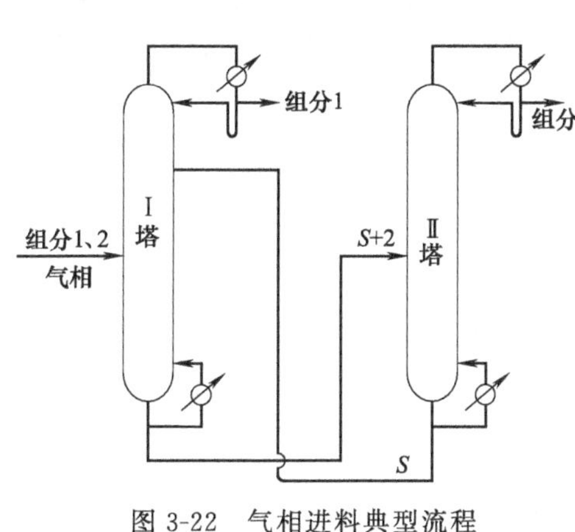

图 3-22 气相进料典型流程

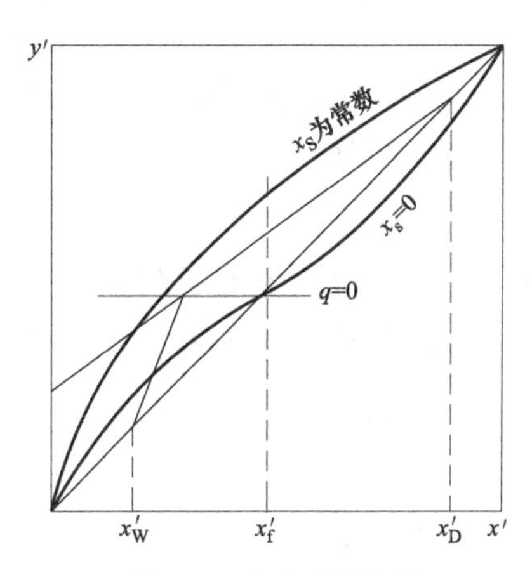

图 3-23 气相进料相图

因此，精馏段溶剂浓度等于提馏段溶剂浓度。由于提馏段和精馏段计算萃取剂浓度方法相同，所以相图上的浓度曲线是连续的（图 3-23）。x'_1、y'_1是以脱溶剂为基准所表示的组分 1 和组分 2 的浓度，即：

$$x'_1=\frac{x_1}{x_1+x_2} \tag{3-92}$$

$$y'_1=\frac{y_1}{y_1+y_2} \tag{3-93}$$

故气相进料的萃取精馏的流程是萃取剂由萃取精馏段顶部入塔。

（二）液相进料萃取流程

当原料以液相入塔时，萃取剂在精馏段和提馏段的浓度便发生变化。设进料量为 F、精馏段物料液相回流流量为 L、提馏段物料液相回流流量为 $\overline{L}$、溶剂流量为 S、进料液化率为 q，精馏段中溶剂浓度 x_S 可由下式计算出：

$$x_S=\frac{S}{S+L} \tag{3-94}$$

而提馏段中溶剂浓度 x'_S则等于：

$$x'_S=\frac{S}{S+\overline{L}}=\frac{S}{S+Fq+L} \tag{3-95}$$

比较上两式，显然 $x_S>x'_S$，在相图上表现为浓度曲线为断裂（图 3-24）。因此，当进料有液相进料时，萃取剂在精馏段和提馏段的浓度不一致，必然影响到萃取剂的选择性。为保证萃取精

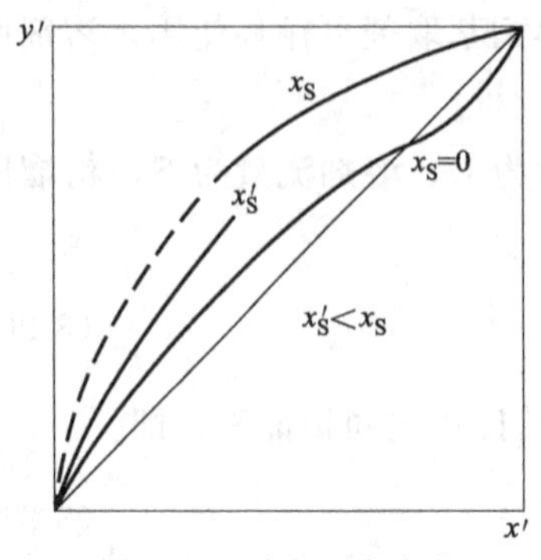

图 3-24 液相进料相图

馏效果，在液相进料工况下，采取在进料中补充部分萃取剂一同进塔的方式，使得提馏段中萃取剂浓度达到与精馏段萃取剂浓度相同（图 3-24 中的虚线）。所以液相进料的萃取精馏流程的特点是萃取剂在塔上部和进料口两处入塔。

三、萃取精馏塔的工艺计算

萃取精馏计算主要需要确定萃取剂用量及塔的理论板数（塔的直径及压降等参数属于水力计算，这里不予讨论）。对于一般的工程设计可以在三个假定前提下：①溶剂的用量大又基本不挥发，认为精馏段溶剂浓度和提馏段溶剂浓度为常数；②塔内恒分子流；③塔顶产品中溶剂的量可以忽略，即 $x_{dS}=0$、进塔溶剂不含物料中的组分，即 $z_{Si}=0$。

利用上述合理假设，可将萃取精馏简化为双组分系统进行计算。

（一）萃取精馏塔的溶剂计算

1. 溶剂对被分离组分的相对挥发度 β

设 M 为组分 1 和组分 2 之和，则有：

$$\begin{cases}x_M=x_1+x_2\\y_M=y_1+y_2\end{cases}\tag{3-96}$$

相平衡常数为：

$$\begin{cases}K_M=y_M/x_M\\K_S=y_S/x_S\end{cases}\tag{3-97}$$

取溶剂对被分离组分的相对挥发度为 β，则：

$$\beta=\frac{K_S}{K_M}=\frac{y_S/x_S}{y_M/x_M}=\frac{\dfrac{y_S}{y_1+y_2}}{\dfrac{x_S}{x_1+x_2}}=\frac{x_1+x_2}{x_S}\frac{1}{\dfrac{y_1}{y_S}+\dfrac{y_2}{y_S}}\tag{3-98}$$

因 $\alpha_{1S}=x_Sy_1/x_1y_S$、$\alpha_{2S}=x_Sy_2/x_2y_S$，将其变形为 $y_1/y_S=\alpha_{1S}x_1/x_S$ 及 $y_2/y_S=\alpha_{2S}x_2/x_S$，并代入式(3-98)，得：

$$\beta=\frac{x_1+x_2}{x_S}\frac{1}{\alpha_{1S}\dfrac{x_1}{x_S}+\alpha_{2S}\dfrac{x_2}{x_S}}=\frac{x_1+x_2}{\alpha_{1S}x_1+\alpha_{2S}x_2}\tag{3-99}$$

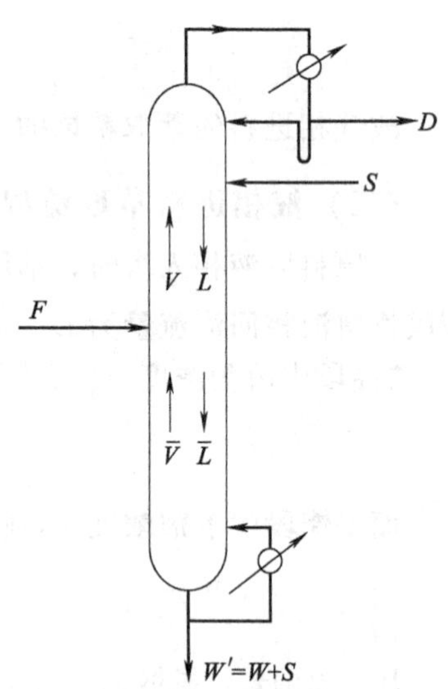

图 3-25 萃取精馏物料

特别地，在塔精馏段顶部，$x_2\to0$，式(3-99) 可写成 $\beta=1/\alpha_{1S}$；在塔底部，$x_1\to0$，式(3-99) 可写成 $\beta=1/\alpha_{2S}$。因此，全塔的 β 可按下式计算：

$$\beta_{均}=\sqrt{\frac{1}{\alpha_{1S}}\times\frac{1}{\alpha_{2S}}}\tag{3-100}$$

2. 溶剂流量和浓度分布

如图 3-25 所示，设原料摩尔流量为 F、液化率为 q、萃取剂流量为 S、塔顶产品量为 D、塔底产品量为 W。塔内精馏段气液流量为 V、L，提馏段气液流量为 $\overline{V}$、$\overline{L}$。

精馏段：

$$V+S=L+D\tag{3-101}$$

设气相溶剂浓度为 y_S、液相溶剂浓度为 x_S，对溶剂进行物料衡算，有：

$$y_S V + S = L x_S \tag{3-102}$$

变形，得：

$$y_S = \frac{L x_S - S}{L + D - S} \tag{3-103}$$

另外，根据式(3-98)，有：

$$\beta = \frac{K_S}{K_M} = \frac{\dfrac{y_S}{x_S}}{\dfrac{1-y_S}{1-x_S}} = \frac{\dfrac{y_S}{1-y_S}}{\dfrac{x_S}{1-x_S}} \tag{3-104}$$

将式(3-104) 展开，得：

$$y_S = \frac{\beta x_S}{1 + x_S(\beta - 1)} \tag{3-105}$$

联立式(3-103) 和式(3-105)：

$$\frac{L x_S - S}{L + D - S} = \frac{\beta x_S}{1 + x_S(\beta - 1)} \tag{3-106}$$

上式经整理，得精馏段溶剂浓度关系式：

$$x_S = \frac{S}{(1-\beta)L - \dfrac{\beta D}{1 - x_S}} \tag{3-107}$$

如将 $L = RD + S$ 代入上式，并整理得精馏段溶剂流量：

$$S = \frac{RD x_S (1-\beta) - \dfrac{D\beta x_S}{1 - x_S}}{1 - (1-\beta) x_S} \tag{3-108}$$

式中，R 为回流比，$R = L'/D$。

提馏段：

$$\overline{V} = \overline{L} - W' = \overline{L} - W - S \tag{3-109}$$

设气相溶剂浓度为 y'_S、液相溶剂浓度为 x'_S，对萃取剂衡算，有：

$$y'_S \overline{V} = \overline{L} x'_S - S \tag{3-110}$$

即：

$$y'_S = \frac{\overline{L} x'_S - S}{\overline{V}} = \frac{\overline{L} x'_S - S}{\overline{L} - W - S} \tag{3-111}$$

根据式(3-98) 和式(3-104)，提馏段也有下式成立：

$$y'_S = \frac{\beta x'_S}{1 + x'_S(\beta - 1)} \tag{3-112}$$

联立式(3-111)、式(3-112)：

$$\frac{\beta x'_S}{1 + x'_S(\beta - 1)} = \frac{\overline{L} x'_S - S}{\overline{L} - W - S} \tag{3-113}$$

整理得：

$$x'_S = \frac{S}{\overline{L}(1-\beta) + \dfrac{\beta W}{1 - x'_S}} \tag{3-114}$$

将 $\overline{L} = RD + S + qF$ 代入上式，得：

$$x'_S = \frac{S}{(RD + S + qF)(1-\beta) + \dfrac{\beta W}{1 - x'_S}} \tag{3-115}$$

由于 β 很小，式(3-107) 和式(3-115) 两式分母的前项远大于后项，故两式可简化为：

$$x_{S}=\frac{S}{(1-\beta)(RD+S)} \tag{3-116}$$

$$x'_{S}=\frac{S}{(1-\beta)(RD+S+qF)} \tag{3-117}$$

当加料为饱和蒸气时，$q=0$，$\overline{L}=L$，式(3-117) 则变成：

$$x'_{S}=\frac{S}{(1-\beta)(RD+S)}=\frac{S}{(1-\beta)L} \tag{3-118}$$

此工况下，$x'_{S}=x_{S}$。即精馏段和提馏段溶剂浓度相同，相图连续。若进料低于露点温度时，$\overline{L}=L+S+qF$，$x'_{S}<x_{S}$，提馏段中溶剂浓度较精馏段低，故提馏段相对挥发度 α'_{12} 小于精馏段相对挥发度 α_{12}。此种工况，若保持提馏段溶剂浓度，须在加料板处加入一定量的萃取剂：

$$S_{F}=qF\left(\frac{x_{S}}{1-x_{S}}\right) \tag{3-119}$$

3. 塔内气液流量

由于萃取剂在塔内流率比例较大，且在由上至下的流动过程中温度逐渐升高，将有一部分蒸气冷凝产生的热量供给萃取剂并使得液流增大，必然使得萃取剂的浓度有所降低。考虑热平衡的各板流量关系如下：

精馏段：

$$L_{n}=RD+S+SC_{pS}(t_{n}-t_{S})/\Delta H_{V} \tag{3-120}$$

$$V_{n+1}=L_{n}+D-S \tag{3-121}$$

式中，L_{n} 为精馏段第 n 块板的液相流量，kmol/h；V_{n+1} 为精馏段第 $n+1$ 块板的气相流量，kmol/h；t_{S} 为溶剂入塔温度，℃；C_{pS} 为萃取剂 S 的恒压比热容，kJ/(kg · K)；t_{n} 为第 n 块板温度，℃；ΔH_{V} 为被分离组分溶于溶剂中的溶解热，近似等于被分离组分的蒸发潜热，kJ/kmol。

提馏段：

$$\overline{L}_{m}=RD+S+qF+SC_{pS}(t_{m}-t_{S})/\Delta H_{V} \tag{3-122}$$

$$\overline{V}_{m+1}=\overline{L}_{m}-W-S \tag{3-123}$$

式中，$\overline{L}_{m}$ 为提馏段第 m 块板的液相流量，kmol/h；$\overline{V}_{m+1}$ 为提馏段第 $m+1$ 块板的气相流量，kmol/h；t_{m} 为第 m 块板温度，℃。

(二) 萃取精馏塔理论板数简化计算

萃取精馏简化法建立在以下假设条件：①萃取剂沸点高而挥发度小，由塔顶引入后全部入釜；②萃取剂在塔内各板浓度恒定不变；③在脱溶剂基准下，精馏过程为双组分物系。

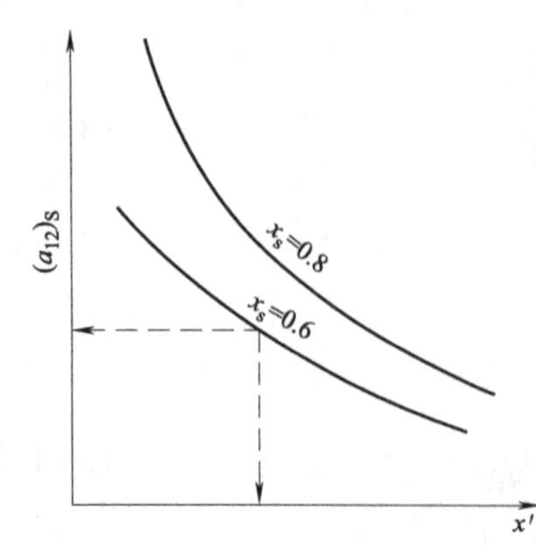

图 3-26　$(\alpha_{12})_S$-x'图

简化法步骤如下：

(1) 物料衡算，根据原料条件和分离要求，确定塔顶塔底组成及量。

(2) 根据塔顶塔底组成，确定塔顶塔底温度及各组分的饱和蒸气压。

(3) 根据所选取的萃取剂，按非理想溶液相平衡模型，计算在固定萃取剂浓度下两组分的活度系数及相对挥发度 $(\alpha_{12})_S$，必要时，须计算不同萃取剂浓度下的相对挥发度 $(\alpha_{12})_S$ (图 3-26)。

(4) 确定最小回流比和回流比。

当加料为饱和液体时：$R_{\min,1}=\frac{1}{(\alpha_{12})_S-1}\left[\frac{x'_{1,D}}{x'_{1,F}}-(\alpha_{12})_S\times\frac{1-x'_{1,D}}{1-x'_F}\right]$ (3-124)

当加料为饱和气体时：$R_{\min,2}=\frac{1}{(\alpha_{12})_S-1}\left[(\alpha_{12})_S\frac{x'_{1,D}}{y'_{1,F}}-\frac{1-x'_{1,D}}{1-y'_{1,F}}\right]-1$ (3-125)

气液混合进料时： $R_{\min,3}=qR_{\min,1}+(1-q)R_{\min,2}$ (3-126)

回流比按下式计算： $R=(1.2\sim2.0)R_{\min}$ (3-127)

(5) 确定最小理论板数和理论板数

按下式确定最小理论板数：$N_m=\frac{\lg\left(\frac{x'_{1,D}}{x'_{2,D}}\times\frac{x'_{2,W}}{x'_{1,W}}\right)}{\lg(\alpha_{12})_S}-1$ (3-128)

根据第二章的FUG法内容确定理论板数和进料位置。

(6) 根据进料条件，确定原料中加入萃取剂量。

(7) 回收段理论板数和溶剂损耗计算

① 回收段理论板数按下式计算：

$$n=-\frac{\lg\dfrac{x_{SD}}{\beta\left[\dfrac{1}{x_{Sn}}-\dfrac{1-\beta}{1-\beta(R+1)/R}\right]}}{\lg\left(\dfrac{R}{R+1}\times\dfrac{1}{\beta}\right)}+1 \tag{3-129}$$

式中，x_{SD} 为塔顶溶剂组成；x_{Sn} 为塔顶数起，第 n 块板流出液相的溶剂摩尔分数。x_{Sn} 可由精馏段顶部蒸气溶剂含量 y_S 计算，y_S 可根据相平衡关系 $y_i=x_i\alpha_i/\sum x_j\alpha_j$ 计算出。

② 溶剂损失量 $\Delta S=D'\times x_{SD}/(1-x_{SD})$。

(8) 确定溶剂总投入量：$S+\Delta S$。

【例 3-10】 如右下图所示，以水为萃取剂对醋酸甲酯 (1)-甲醇 (2) 物系进行萃取精馏；塔处理能力为100kmol/h，气相进料，进料组成为 $x_1=0.649$，要求醋酸甲酯回收率为98%、塔顶醋酸甲酯量为塔顶产物的95%，塔顶萃取剂含量不超过0.003，塔内萃取剂浓度要求保持 $x_S=0.8$，回流比为1.56倍最小回流比。试设计萃取精馏塔，已知端值常数如下：$A_{12}=0.447$、$A_{21}=0.411$；$A_{23}=0.36$、$A_{32}=0.22$；$A_{13}=1.3$、$A_{31}=0.82$。

解：1. 物料衡算

塔顶组分 (1) 的量 $100\times0.649\times0.98=63.602$(kmol/h)

塔顶产物量 $D=63.602/0.95=66.9495$(kmol/h)

塔顶溶剂量 $0.003D=0.003\times66.9495=0.2008$(kmol/h)

塔顶组分 (2) 的量 $66.9495-63.602-0.2008=3.1467$(kmol/h)

不含溶剂塔顶产物量 $D'=66.9495-0.2008=66.7487$(kmol/h)

塔顶不含溶剂摩尔分数 $x'_{1,D}=\frac{63.602}{66.7487}=0.953$，$x'_{2,D}=0.047$

$x_{1,D}/x_{2,D}=x'_{1,D}/x'_{2,D}=0.953/0.047$，而 $0.8+x_{1,D}+x_{2,D}=1$，则 $x_{1,D}=0.19$，$x_{2,D}=0.01$

塔底组分 (1) 的量：$64.9-63.602=1.298$(kmol/h)

塔底组分 (2) 的量：$100-64.9-3.1467=31.9533$(kmol/h)

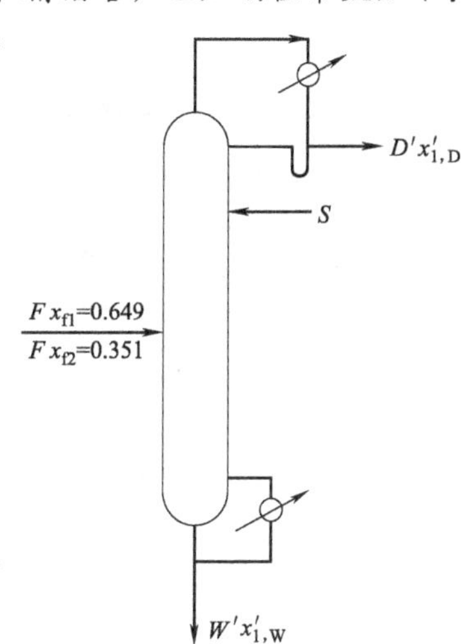

例 3-10 物料关系图

摩尔分数如下：$x'_{1,W}=\frac{1.298}{1.298+31.9533}=0.039$，$x'_{2,W}=0.961$

推知，$x_{1,W}=0.01$，$x_{2,W}=0.19$

2.相对挥发度计算

根据塔顶与塔底组分可估算出塔顶温度为57.5℃、塔底温度为88.5℃。

按 $x_S=0.8$

$$A'_{12}=\frac{0.447+0.411}{2}=0.429，A'_{13}=\frac{1.3+0.82}{2}=1.06，A'_{23}=\frac{0.36+0.22}{2}=0.29$$

塔顶：$\lg\left(\frac{\gamma_1}{\gamma_2}\right)_S=0.429\times(0.01-0.19)+0.8\times(1.06-0.29)=0.53878 \qquad \left(\frac{\gamma_1}{\gamma_2}\right)_S=3.46$

$$\frac{p_1^0}{p_2^0}=\frac{100}{80.22}=1.25 \qquad (\alpha_{12})_S=\left(\frac{\gamma_1}{\gamma_2}\right)_S\frac{p_1^0}{p_2^0}=3.46\times1.25=4.33$$

塔底：$\lg\left(\frac{\gamma_1}{\gamma_2}\right)_S=0.429\times0.18+0.8\times(1.06-0.29)=0.69322 \qquad \left(\frac{\gamma_1}{\gamma_2}\right)_S=4.934$

$$\frac{p_1^0}{p_2^0}=\frac{279}{241}=1.16 \qquad (\alpha_{12})_S=\left(\frac{\gamma_1}{\gamma_2}\right)_S\frac{p_1^0}{p_2^0}=4.934\times1.16=5.723$$

平均值：$(\alpha_{12})_S=\sqrt{4.33\times5.723}=5.31$

3.回流比和理论板数计算

$$R_m=\frac{1}{(\alpha_{12})_S-1}\left[\frac{(\alpha_{12})_S\times x'_{1,D}}{x'_{1,F}}-\frac{x'_{2,D}}{1-x'_{1,F}}\right]-1=\frac{1}{4.31}\times\left(\frac{5.31\times0.953}{0.649}-\frac{0.047}{0.351}\right)-1=0.77$$

$R=1.56R_m=1.56\times0.77=1.16$

$$S_m=\frac{\lg\left(\frac{0.953}{0.047}\times\frac{0.961}{0.039}\right)}{\lg5.31}-1=2.72$$

$$x=\frac{R-R_m}{R+1}=\frac{1.16-0.77}{2.16}=0.181$$

$$y=1-\exp\left(\frac{1+54.4\times0.181}{11+117.2\times0.181}\times\frac{0.181-1}{0.181^{1/2}}\right)=0.477$$

$y=\frac{S-S_{min}}{S+1}$，数据代入解得 $S=6.11$（块）

4.溶剂用量计算

塔顶：$\lg\left(\frac{\gamma_1}{\gamma_S}\right)_2=1.06\times(0.8-0.19)+0.01\times(0.429-0.29)=0.64799 \qquad \left(\frac{\gamma_1}{\gamma_S}\right)_2=4.45$

$$\frac{p_1^0}{p_S^0}=\frac{100}{15.36}=6.51 \qquad \alpha_{1S}=\left(\frac{\gamma_1}{\gamma_S}\right)_2\frac{p_1^0}{p_S^0}=4.45\times6.51=28.97$$

$\lg\left(\frac{\gamma_2}{\gamma_S}\right)_1=0.29\times(0.8-0.01)+0.19\times(0.429-1.06)=0.10921 \qquad \left(\frac{\gamma_2}{\gamma_S}\right)_1=1.286$

$$\frac{p_2^0}{p_S^0}=\frac{80.22}{15.36}=5.223 \qquad \alpha_{2S}=\left(\frac{\gamma_2}{\gamma_S}\right)_1\frac{p_2^0}{p_S^0}=1.286\times5.223=6.72$$

塔底：$\lg\left(\frac{\gamma_1}{\gamma_S}\right)_2=1.06\times(0.8-0.01)+0.19\times(0.429-0.29)=0.86838 \qquad \left(\frac{\gamma_1}{\gamma_S}\right)_2=7.386$

$\frac{p_1^0}{p_S^0}=\frac{279}{66.4}=4.20 \qquad \alpha_{1S}=\left(\frac{\gamma_1}{\gamma_S}\right)_2\frac{p_1^0}{p_S^0}=4.20\times7.386=31.02$

$\lg\left(\frac{\gamma_2}{\gamma_S}\right)_1=0.29\times(0.8-0.19)+0.01\times(0.429-1.06)=0.17059 \qquad \left(\frac{\gamma_2}{\gamma_S}\right)_1=1.481$

$\frac{p_2^0}{p_S^0}=\frac{241}{66.4}=3.63 \qquad \alpha_{2S}=\left(\frac{\gamma_2}{\gamma_S}\right)_1\frac{p_2^0}{p_S^0}=3.63\times1.481=5.38$

塔顶：$\beta_1=\frac{0.19+0.01}{28.97\times0.19+6.72\times0.01}=0.0360$

塔底：$\beta_2=\frac{0.01+0.19}{31.02\times0.01+5.38\times0.19}=0.15$

$\beta=\sqrt{\beta_1\beta_2}=\sqrt{0.0360\times0.15}=0.0735$

因此，$0.8=\frac{S}{(1-0.0735)(S+1.16\times66.7487)}$，解得 $S=221.7543(\mathrm{kmol/h})$

加上溶剂损失，溶剂加入总量为 $S=221.9551(\mathrm{kmol/h})$。

5.回收段理论板数计算

设回收段上升蒸汽总量为 V

$$y_1=\frac{v_1}{V}=\frac{(R+1)D'x'_{1,\mathrm{D}}}{V}=\frac{2.16\times66.7487\times0.953}{V}=\frac{137.4009}{V}$$

$$y_2=\frac{v_2}{V}=\frac{(R+1)D'x'_{2,\mathrm{D}}}{V}=\frac{2.16\times66.7487\times0.047}{V}=\frac{6.7763}{V}$$

$$y_S=\frac{v_S}{V}=\frac{V-137.4009-6.7763}{V}=\frac{V-144.1772}{V}$$

$$(\alpha_{12})_S=5.31、(\alpha_{22})_S=1、(\alpha_{S2})_1=(\gamma_S/\gamma_2)_1\times(p_S^0/p_2^0)=0.145$$

$$x_S=0.8=\frac{y_S/\alpha_{S2}}{\sum y_i/\alpha_{ij}}=\frac{\frac{V-144.1772}{0.145V}}{\frac{137.4009}{5.31V}+\frac{6.7763}{V}+\frac{V-144.1772}{0.145V}}$$

$$0.8=\frac{\frac{6.9V-994.3255}{V}}{\frac{25.8759}{V}+\frac{6.7763}{V}+\frac{6.9V-994.3255}{V}}=\frac{6.9V-994.3255}{6.9V-961.6733}$$

解得：$V=163.034(\mathrm{kmol/h})$

$$y_S=\frac{V-144.1772}{V}=\frac{163.034-144.1772}{163.034}=0.1157$$

$$y_SV=Lx_{S,n}+Dx_{SD}$$

$$0.1157\times163.034=1.16\times66.9495x_{S,n}+66.9495\times0.003$$

$$x_{S,n}=0.2403$$

$$n=1-\frac{\lg\frac{0.003}{0.036\times\left[\frac{1}{0.2403}-\frac{1-0.036}{1-0.036\times(1.16+1)/1.16}\right]}}{\lg\left(\frac{1.16}{1.16+1}\times\frac{1}{0.036}\right)}=1+\frac{1.5745}{1.174}=2.3(\text{块})$$

四、萃取精馏注意事项

码 3-1 萃取精馏萃取剂的选择

由于萃取精馏的关键在于萃取剂，因此萃取精馏时需注意以下几点。

(1) 由于加入萃取剂量大，塔内下降液流量远大于上升蒸气量，故塔内气液接触不良使得萃取精馏塔板效率低（大约为常规精馏的 50%）。因此，在设计时应注意塔板结构及流体动力学情况，尽量避免板效率过低工况发生。

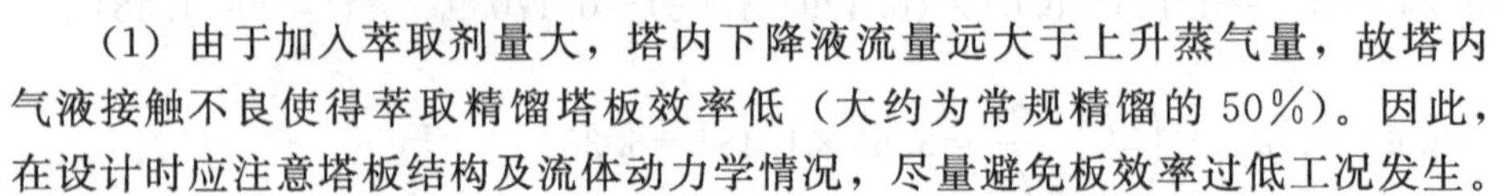

(2) 由于组分的相对挥发度是借助萃取剂进行调节的，一般而言，随液相中萃取剂浓度增大而增大。因此，当塔顶产品质量未达到要求时，不能采取加大回流比的方式提高分离效果，因为加大回流比会使得液相萃取剂浓度降低，反而使得分离效果恶化。一般采取加大萃取剂量或减少进料并减少塔顶产品采出量的方式提高分离效果。

(3) 由于萃取剂量大，因此入塔萃取剂温度微小达到变化会引起较大的内回流比的变化，将直接影响塔内上升蒸气流量，从而影响全塔气液接触效果。故萃取精馏操作应该以萃取剂的浓度和萃取剂温度作为主要调节参数来调节塔的稳定。

(4) 萃取精馏塔中萃取剂浓度一般情况下大于 0.6，多数为 0.8 左右，因此塔内被分离组分浓度变化范围不大于 0.4，多数在 0.2 左右，这种工况下，萃取精馏塔的温度变化非常不显著。但是，在萃取精馏塔回收段，由于萃取剂浓度迅速由高浓度下降至几乎为零，且塔板数又很少，故温度会陡降；并且，由于塔釜基本上是萃取剂，故温度亦较其他塔板处有较大上升。萃取精馏塔具有两端温度变化大、中间温度变化缓的特点，需注意塔顶、塔釜的温度。

第五节 特殊精馏的严格计算

码 3-2 内外层法

前述的恒沸精馏和萃取精馏均属于近似计算，随着计算机程序的开发应用，严格计算法已逐渐普及。但严格算法中 BP 法并不适用于恒沸精馏和萃取精馏过程，以及复杂的精馏和吸收（气提）过程。这类过程一般采用同时校正法或内外层法。

所谓同时校正，即对全部的 MEH 方程组同时进行矫正求解。同时矫正法根据条件不同而产生两类不同的求解方式：一是 Naphtali-Sandholm 同时校正法（称 NS-SC 法），它用组分流率代替摩尔分数，故省略了 S 方程，按平衡级将 MEH 方程分组，再按平衡级顺序排列，对每一平衡级内变量按照组分的顺序和方程式的类型排列，建立 $N(2C+1)$ 维矩阵，适用于组分数少平衡级数多的场合；二是 Goldstein-Standfield 同时校正法（称 GS-SC 法），它用 $K_{ji}x_{ji}$ 代替 y_{ji}，共有 $N(C+3)$ 个变量，排列方式是按照组分的顺序和方程式类型将 MEH 方程分组，在每一组内按照平衡级顺序排列和方程式的类型排列，建立 $N(C+3)$ 维非线性方程组，适用于平衡级数少而组分多的场合。因两类同时矫正法的非线性方程组均采用牛顿-拉夫森法（Newton-Raphson 法）求解，故 SC 法通常称之为 N-R 法，这里仅介绍 NS-SC 法的 N-R 法。

一、变量及方程组

1. 变量

NS-SC 法用组分的流率 $v_{i,j}$、$l_{i,j}$ 替代总流率 V_j、L_j 及摩尔分数 $x_{i,j}$、$y_{i,j}$：

$$\begin{cases} v_{i,j}=y_{i,j}V_j \\ V_j=\sum_{j=1}^{C} v_{i,j} \end{cases} \quad i=1,2,\cdots,c;\ j=1,2,\cdots,N \tag{3-130}$$

$$\begin{cases} l_{i,j}=x_{i,j}L_j \\ L_j=\sum_{j=1}^{C} l_{i,j} \end{cases} \quad i=1,2,\cdots,c;\ j=1,2,\cdots,N \tag{3-131}$$

式中，L_j 为第 j 级的液相总流量，kmol/h；$l_{i,j}$ 为第 j 级组分 i 的液相流量，$x_{i,j}L_j=l_{i,j}$，kmol/h；V_j 为第 j 级的气相总流量，kmol/h；$v_{i,j}$ 为第 j 级组分 i 的气相流量，$y_{i,j}V_j=v_{i,j}$，kmol/h。

进料和侧线采出也用组分流率表示：

$$f_{i,j}=F_j z_{i,j} \tag{3-132}$$

$$w_j=W_j/V_j \tag{3-133}$$

$$u_j=U_j/L_j \tag{3-134}$$

式中，W_j 为侧线气相抽出流量，kmol/h；w_j 为侧线气相抽出比；U_j 为侧线抽出液相流量，kmol/h；u_j 为侧线液相抽出比。其中，$j=1,2,\cdots,c$；$j=1,2,\cdots,N$。

除以上外，尚有 N 个平衡级温度 T_j 也是变量，故共有 $N(2C+1)$ 个变量。

2. MEH 方程组

NS-SC 法用组分的分流率取代摩尔分数和混合物流率，省去了 $2N$ 个 S 方程。剩余的 MEH 方程写成偏差函数形式：

(1) M 函数

某组分 i 的 M 函数如下：

$$\begin{cases} M_{i,1}=l_{i,1}(1+u_1)+v_{i,1}(1+w_1)-l_{i,0}-v_{i,2}-f_{i,1}=0 \\ M_{i,2}=l_{i,2}(1+u_2)+v_{i,2}(1+w_2)-l_{i,1}-v_{i,3}-f_{i,2}=0 \\ \qquad\vdots \\ M_{i,j}=l_{i,j}(1+u_j)+v_{i,j}(1+w_j)-l_{i,j-1}-v_{i,j+1}-f_{i,j}=0 \\ \qquad\vdots \\ M_{i,N}=l_{i,N}(1+u_N)+v_{i,N}(1+w_N)-l_{i,N-1}-v_{i,N+1}-f_{i,N}=0 \end{cases} \quad (j\text{ 从 1 到 }N) \tag{3-135}$$

C 个组分，共有 C 个上述方程组，计 $C\times N$ 个 M 方程。

(2) E 函数

根据：

$$K_i=\frac{y_i}{x_i}=\frac{v_i/V}{l_i/L}=\frac{v_i\sum_{i=1}^{C}l_i}{l_i\sum_{i=1}^{C}v_i} \tag{3-136}$$

得：

$$v_i=K_i l_i\frac{\sum_{i=1}^{C}v_i}{\sum_{i=1}^{C}l_i} \tag{3-137}$$

因此，某组分 i 的 E 函数为：

$$\begin{cases} E_{i,1}=K_{i,1}l_{i,1}\left(\sum_{k=1}^{C}v_{k,1}/\sum_{k=1}^{C}l_{k,1}\right)-v_{i,1}=0 \\ E_{i,2}=K_{i,2}l_{i,2}\left(\sum_{k=1}^{C}v_{k,2}/\sum_{k=1}^{C}l_{k,2}\right)-v_{i,2}=0 \\ \vdots \\ E_{i,j}=K_{i,j}l_{i,j}\left(\sum_{k=1}^{C}v_{k,j}/\sum_{k=1}^{C}l_{k,j}\right)-v_{i,j}=0 \\ \vdots \\ E_{i,N}=K_{i,N}l_{i,N}\left(\sum_{k=1}^{C}v_{k,N}/\sum_{k=1}^{C}l_{k,N}\right)-v_{i,N}=0 \end{cases} \quad (j\text{ 从 1 到 }N) \tag{3-138}$$

C 个组分，共有 C 个上述方程组，计 $C\times N$ 个 E 方程。

(3) H 函数

$$\begin{cases} H_1=h_1^{L}(1+u_1)\sum_{i=1}^{C}l_{i,1}+h_1^{V}(1+w_1)\sum_{i=1}^{C}v_{i,1}-h_0^{L}\sum_{i=1}^{C}l_{i,0}-h_2^{V}\sum_{i=1}^{C}v_{i,2}-h_1^{F}\sum_{i=1}^{C}f_{i,1}-Q_1=0 \\ H_2=h_2^{L}(1+u_2)\sum_{i=1}^{C}l_{i,2}+h_2^{V}(1+w_2)\sum_{i=1}^{C}v_{i,2}-h_1^{L}\sum_{i=1}^{C}l_{i,1}-h_3^{V}\sum_{i=1}^{C}v_{i,3}-h_2^{F}\sum_{i=1}^{C}f_{i,2}-Q_2=0 \\ \vdots \\ H_j=h_j^{L}(1+u_j)\sum_{i=1}^{C}l_{i,j}+h_j^{V}(1+w_j)\sum_{i=1}^{C}v_{i,j}-h_{j-1}^{L}\sum_{i=1}^{C}l_{i,j-1}-h_{j+1}^{V}\sum_{i=1}^{C}v_{i,j+1}-h_j^{F}\sum_{i=1}^{C}f_{i,j}-Q_j=0 \\ \vdots \\ H_N=h_N^{L}(1+u_N)\sum_{i=1}^{C}l_{i,N}+h_N^{V}(1+w_N)\sum_{i=1}^{C}v_{i,N}-h_{N-1}^{L}\sum_{i=1}^{C}l_{i,N-1}-h_{N+1}^{V}\sum_{i=1}^{C}v_{i,N+1}-h\sum_{i=1}^{C}f_{i,N}-Q_N=0 \end{cases} \tag{3-139}$$

式中，h_j^{L} 为任一级的液相混合物的比焓，kcal/kmol；h_j^{V} 为任一级的气相混合物的比焓，kcal/kmol。

H 函数方程组有 N 个方程，加上前面的相平衡和物料平衡的 $N\times 2C$ 个方程，故共有 $N(2C+1)$ 个方程。

3. 变量与方程式排序

前面的 MEH 偏差函数中包含的 $K_{i,j}$、h_j^{L}、h_j^{V}，它们都是温度、压力、液相分率和气相分率的函数，即 $h_j^{L}=H(T_j,p_j,\boldsymbol{l}_j)$、$h_j^{V}=H(T_j,p_j,\boldsymbol{v}_j)$、$K_{ij}=K(T_j,p_j,\boldsymbol{l}_j,\boldsymbol{v}_j)$。其中，$\boldsymbol{l}_j$、$\boldsymbol{v}_j$ 为 N 阶列向量，即：

$$\boldsymbol{l}_j=(l_{1,j},\ l_{2,j},\ \cdots,\ l_{C,j})^{T} \tag{3-140}$$

$$\boldsymbol{v}_j=(v_{i,j},\ v_{2,j},\ \cdots,\ v_{C,j})^{T} \tag{3-141}$$

二、非线性方程组线性化及系数矩阵

1. 牛顿-拉夫森法

如有一组变量关于 x_i 的非线性方程：

$$f_j(x_1,x_2,\cdots,x_N)=0,j=1,2,\cdots,N \tag{3-142}$$

如果用“*”表示变量 x_i 的初值，并将每个函数在初值附近按泰勒级数展开，并略去一阶导数之后，有以下式子成立：

$$0=f_j(x_1,x_2,\cdots,x_N) \tag{3-143}$$

$$0\approx f_i(x_1^*+\Delta x_1\partial f_i/\partial x_1,x_2^*+\Delta x_2\partial f_i/\partial x_2,\cdots,x_n^*+\Delta x_n\partial f_i/\partial x_n) \tag{3-144}$$

式中，$\Delta x_j=x_j-x_j^*$。

方程（3-143）是线性的，可直接求解得到校正值 Δx_j，如果求得校正值全部为零，则初始值是正确的，则式(3-142）已被求解；如果校正值不是全部为零，则用式(3-145）求得校正值，然后将校正值加到初始值上，产生一组被用于式(3-143）的新初始值，如仍不为零，再用式(3-145）求得校正值……直到所有校正值在所有函数的某个允许误差范围内变为零为止。

$$f_i^{(r+1)}=f_i^{(r)}+\sum_{j=1}^{n}\left[\left(\frac{\partial f_i}{\partial x_j}\right)^{(r)}\Delta x_j^{(r)}\right] \quad i=1,2,\cdots,n \tag{3-145}$$

$$x_j^{(r+1)}=x_j^{(r)}+\Delta x_j^{(r)} \quad j=1,2,\cdots,n \tag{3-146}$$

式中，上标 r 表示迭代次数；下标 j 表示变量；i 表示变量 x 所关联的函数。

2. 变量排序

NS-SC 法应用 N-R 法时规定了变量排序，首先变量按平衡级的次序排序，即：

$$\boldsymbol{X}=(\boldsymbol{X}_1,\ \boldsymbol{X}_2,\ \cdots,\ \boldsymbol{X}_j,\ \cdots,\ \boldsymbol{X}_N)^{\mathrm{T}} \tag{3-147}$$

对应于任一平衡级 j 的变量 $\boldsymbol{X}_j$，按“气相组分流率、温度、液相组分流率的顺序”排列：

$$\boldsymbol{X}_j=(v_{1,j},\ v_{2,j},\ \cdots,\ v_{C,j},\ T_j,\ l_{1,j},\ l_{2,j},\ \cdots,\ l_{C,j})^{\mathrm{T}} \tag{3-148}$$

所以，$\boldsymbol{X}_j$ 是（$2C+1$）阶行向量，$\boldsymbol{X}$ 是 $N(2C+1)$ 阶列向量。MEH 偏差函数也按照平衡级的顺序排列，即：

$$\boldsymbol{F}=(\boldsymbol{F}_1,\ \boldsymbol{F}_2,\ \cdots,\ \boldsymbol{F}_j,\ \cdots,\ \boldsymbol{F}_N)^{\mathrm{T}} \tag{3-149}$$

对应于任一平衡级 j 的偏差函数 $\boldsymbol{F}_j$，按照“H 函数、M 函数、E 函数”顺序排列：

$$\boldsymbol{F}_j=(H_j,\ M_{1,j},\ M_{2,j},\ \cdots,\ M_{C,j},\ E_{1,j},\ E_{2,j},\ \cdots,\ E_{C,j})^{\mathrm{T}} \tag{3-150}$$

同样，$\boldsymbol{F}_j$ 是（$2C+1$）阶行向量，$\boldsymbol{F}$ 是 $N(2C+1)$ 阶列向量。所以，NS-SC 法的数学模型为一个 $N(2C+1)$ 维的方程组，其矢量表达式为：

$$F(X)=0 \tag{3-151}$$

3. 线性化处理

设第 k 次迭代计算的未知量的初始近似值为 $\boldsymbol{X}^{(k)}$（$k=0,1\cdots$）在 $\boldsymbol{X}^{(k)}$ 处对 NS-SC 非线性方程组线性化，有：

$$\boldsymbol{F}(\boldsymbol{X}^{(k+1)})=\boldsymbol{F}(\boldsymbol{X}^{(k)})+\left[\frac{\partial \boldsymbol{F}(\boldsymbol{X}^{(k)})}{\partial \boldsymbol{X}}\right]\Delta \boldsymbol{X}^{(k)}=\boldsymbol{0} \tag{3-152}$$

式(3-152）可写成：

$$\left[\frac{\partial \boldsymbol{F}(\boldsymbol{X}^{(k)})}{\partial \boldsymbol{X}}\right]\Delta \boldsymbol{X}^{(k)}=-\boldsymbol{F}(\boldsymbol{X}^{(k)}) \tag{3-153}$$

式中的 **0** 也是向量，$\boldsymbol{0}=(0,0,\cdots,0)^{\mathrm{T}}$，为 $N(2C+1)$ 阶零列向量。式(3-153）表明，若给定变量初值 $\boldsymbol{X}^{(k)}$，系数矩阵和右端向量皆为常数，可求 $\Delta\boldsymbol{X}^{(k)}$。故式(3-153）是一个 $N(2C+1)$ 维的线性方程组，称为 NS-SC 线性方程组。

4. 系数矩阵建立

系数矩阵 $\boldsymbol{J}=[\partial \boldsymbol{F}(\boldsymbol{X})/\partial \boldsymbol{X}]$ 是一个将所有的 MEH 偏差函数分别对所有的未知量求导得

到的$N(2C+1)\times N(2C+1)$阶方阵，即它的元素都是某一MEH偏差函数对某一未知量的偏导数，称为Jacobian矩阵。由$\boldsymbol{F}$和$\boldsymbol{X}$的排列方式可知，Jacobian矩阵$\boldsymbol{J}$是一个很稀疏的具有三对角线结构的块矩阵，即：

$$\boldsymbol{J}=\frac{\partial \boldsymbol{F}}{\partial \boldsymbol{X}}=\begin{bmatrix} \boldsymbol{B}_1 & \boldsymbol{C}_1 & & & & & \\ \boldsymbol{A}_2 & \boldsymbol{B}_2 & \boldsymbol{C}_2 & & & & \\ & \ddots & \ddots & \ddots & & & \\ & & \boldsymbol{A}_j & \boldsymbol{B}_j & \boldsymbol{C}_j & & \\ & & & \ddots & \ddots & \ddots & \\ & & & & \boldsymbol{A}_{N-1} & \boldsymbol{B}_{N-1} & \boldsymbol{C}_{N-1} \\ & & & & & \boldsymbol{A}_N & \boldsymbol{B}_N \end{bmatrix} \tag{3-154}$$

式(3-154)中的$\boldsymbol{A}_j$、$\boldsymbol{B}_j$、$\boldsymbol{C}_j$为矩阵$\boldsymbol{J}$的块子矩阵，它们在$N(2C+1)\times N(2C+1)$阶方阵中分别表示平衡级j上的MEH偏差函数$\boldsymbol{F}_j$对平衡级$j-1$、j、$j+1$上未知量$\boldsymbol{X}_{j-1}$、$\boldsymbol{X}_j$、$\boldsymbol{X}_{j+1}$的偏导数：

$$\boldsymbol{A}_j=\frac{\partial \boldsymbol{F}_j}{\partial \boldsymbol{X}_{j-1}}=\begin{bmatrix} \frac{\partial H_j}{\partial v_{1,j-1}} & \cdots & \frac{\partial H_j}{\partial v_{C,j-1}} & \frac{\partial H_j}{\partial T_{j-1}} & \frac{\partial H_j}{\partial l_{1,j-1}} & \cdots & \frac{\partial H_j}{\partial l_{C,j-1}} \\ \frac{\partial M_{1,j}}{\partial v_{1,j-1}} & \cdots & \frac{\partial M_{1,j}}{\partial v_{C,j-1}} & \frac{\partial M_{1,j}}{\partial T_{j-1}} & \frac{\partial M_{1,j}}{\partial l_{1,j-1}} & \cdots & \frac{\partial M_{1,j}}{\partial l_{C,j-1}} \\ \vdots & & \vdots & \vdots & \vdots & & \vdots \\ \frac{\partial M_{C,j}}{\partial v_{1,j-1}} & \cdots & \frac{\partial M_{C,j}}{\partial v_{C,j-1}} & \frac{\partial M_{C,j}}{\partial T_{j-1}} & \frac{\partial M_{C,j}}{\partial l_{1,j-1}} & \cdots & \frac{\partial M_{C,j}}{\partial l_{C,j-1}} \\ \frac{\partial E_{1,j}}{\partial v_{1,j-1}} & \cdots & \frac{\partial E_{1,j}}{\partial v_{C,j-1}} & \frac{\partial E_{1,j}}{\partial T_{j-1}} & \frac{\partial E_{1,j}}{\partial l_{1,j-1}} & \cdots & \frac{\partial E_{1,j}}{\partial l_{C,j-1}} \\ \vdots & & \vdots & \vdots & \vdots & & \vdots \\ \frac{\partial E_{C,j}}{\partial v_{1,j-1}} & \cdots & \frac{\partial E_{C,j}}{\partial v_{C,j-1}} & \frac{\partial E_{C,j}}{\partial T_{j-1}} & \frac{\partial E_{C,j}}{\partial l_{1,j-1}} & \cdots & \frac{\partial E_{C,j}}{\partial l_{C,j-1}} \end{bmatrix} \tag{3-155}$$

$$\boldsymbol{B}_j=\frac{\partial \boldsymbol{F}_j}{\partial \boldsymbol{X}_j}=\begin{bmatrix} \frac{\partial H_j}{\partial v_{1,j}} & \cdots & \frac{\partial H_j}{\partial v_{C,j}} & \frac{\partial H_j}{\partial T_j} & \frac{\partial H_j}{\partial l_{1,j}} & \cdots & \frac{\partial H_j}{\partial l_{C,j}} \\ \frac{\partial M_{1,j}}{\partial v_{1,j}} & \cdots & \frac{\partial M_{1,j}}{\partial v_{C,j}} & \frac{\partial M_{1,j}}{\partial T_j} & \frac{\partial M_{1,j}}{\partial l_{1,j}} & \cdots & \frac{\partial M_{1,j}}{\partial l_{C,j}} \\ \vdots & & \vdots & \vdots & \vdots & & \vdots \\ \frac{\partial M_{C,j}}{\partial v_{1,j}} & \cdots & \frac{\partial M_{C,j}}{\partial v_{C,j}} & \frac{\partial M_{C,j}}{\partial T_j} & \frac{\partial M_{C,j}}{\partial l_{1,j}} & \cdots & \frac{\partial M_{C,j}}{\partial l_{C,j}} \\ \frac{\partial E_{1,j}}{\partial v_{1,j}} & \cdots & \frac{\partial E_{1,j}}{\partial v_{C,j}} & \frac{\partial E_{1,j}}{\partial T_j} & \frac{\partial E_{1,j}}{\partial l_{1,j}} & \cdots & \frac{\partial E_{1,j}}{\partial l_{C,j}} \\ \vdots & & \vdots & \vdots & \vdots & & \vdots \\ \frac{\partial E_{C,j}}{\partial v_{1,j}} & \cdots & \frac{\partial E_{C,j}}{\partial v_{C,j}} & \frac{\partial E_{C,j}}{\partial T_j} & \frac{\partial E_{C,j}}{\partial l_{1,j}} & \cdots & \frac{\partial E_{C,j}}{\partial l_{C,j}} \end{bmatrix} \tag{3-156}$$

$$C_j=\frac{\partial F_j}{\partial X_{j+1}}=\begin{bmatrix}\frac{\partial H_j}{\partial v_{1,j+1}} & \cdots & \frac{\partial H_j}{\partial v_{C,j+1}} & \frac{\partial H_j}{\partial T_{j+1}} & \frac{\partial H_j}{\partial l_{1,j+1}} & \cdots & \frac{\partial H_j}{\partial l_{C,j+1}}\\ \frac{\partial M_{1,j}}{\partial v_{1,j+1}} & \cdots & \frac{\partial M_{1,j}}{\partial v_{C,j+1}} & \frac{\partial M_{1,j}}{\partial T_{j+1}} & \frac{\partial M_{1,j}}{\partial l_{1,j+1}} & \cdots & \frac{\partial M_{1,j}}{\partial l_{C,j+1}}\\ \vdots & \vdots & \vdots & \vdots & \vdots & \vdots & \vdots\\ \frac{\partial M_{C,j}}{\partial v_{1,j+1}} & \cdots & \frac{\partial M_{C,j}}{\partial v_{C,j+1}} & \frac{\partial M_{C,j}}{\partial T_{j+1}} & \frac{\partial M_{C,j}}{\partial l_{1,j+1}} & \cdots & \frac{\partial M_{C,j}}{\partial l_{C,j+1}}\\ \frac{\partial E_{1,j}}{\partial v_{1,j+1}} & \cdots & \frac{\partial E_{1,j}}{\partial v_{C,j+1}} & \frac{\partial E_{1,j}}{\partial T_{j+1}} & \frac{\partial E_{1,j}}{\partial l_{1,j+1}} & \cdots & \frac{\partial E_{1,j}}{\partial l_{C,j+1}}\\ \vdots & \vdots & \vdots & \vdots & \vdots & \vdots & \vdots\\ \frac{\partial E_{C,j}}{\partial v_{1,j+1}} & \cdots & \frac{\partial E_{C,j}}{\partial v_{C,j+1}} & \frac{\partial E_{C,j}}{\partial T_{j+1}} & \frac{\partial E_{C,j}}{\partial l_{1,j+1}} & \cdots & \frac{\partial E_{C,j}}{\partial l_{C,j+1}}\end{bmatrix}\tag{3-157}$$

由于块子矩阵 A_j、B_j、C_j 中各项偏导数值或为零或为 1 或非零非 1，故 A_j、B_j、C_j 具有不规则结构。如果用－1（或 1）及＋、字符串＋…＋或对角线字符串表示的非零偏导数时，式(3-155)～式(3-157) 所表示的 A_j、B_j、C_j 的矩阵结构示意如下：

$$A_j=\frac{\partial F_j}{\partial X_{j-1}}=\begin{bmatrix}0 & \cdots & 0 & + & + & \cdots & +\\ 0 & \cdots & \cdots & 0 & -1 & \cdots & 0\\ \vdots & \ddots & \vdots & \vdots & \vdots & \ddots & \vdots\\ 0 & \cdots & 0 & 0 & 0 & \cdots & -1\\ 0 & \cdots & 0 & 0 & 0 & \cdots & 0\\ \vdots & \ddots & \vdots & \vdots & \vdots & \ddots & \vdots\\ 0 & \cdots & 0 & 0 & 0 & \cdots & 0\end{bmatrix}\tag{3-158}$$

$$B_j=\frac{\partial F_j}{\partial X_j}=\begin{bmatrix}+ & + & \cdots & \cdots & + & + & \cdots & \cdots & +\\ + & 0 & 0 & \cdots & 0 & + & 0 & \cdots & 0\\ 0 & \ddots & \ddots & \ddots & \ddots & \ddots & \ddots & \ddots & \vdots\\ \vdots & \ddots & \ddots & \ddots & \ddots & \ddots & \ddots & \ddots & 0\\ 0 & \cdots & 0 & + & 0 & \cdots & \cdots & 0 & +\\ + & + & \cdots & \cdots & + & \cdots & \cdots & + & +\\ + & \ddots & \ddots & \ddots & \ddots & \ddots & \ddots & \cdots & +\\ \vdots & \ddots & \ddots & \ddots & \ddots & \ddots & \ddots & \ddots & \vdots\\ + & \cdots & \cdots & + & + & + & \cdots & \cdots & +\end{bmatrix}\tag{3-159}$$

$$C_j=\frac{\partial F_j}{\partial X_{j+1}}=\begin{bmatrix}+ & \cdots & + & + & 0 & \cdots & 0\\ -1 & 0 & 0 & 0 & 0 & \cdots & 0\\ \vdots & \ddots & \ddots & \ddots & \ddots & \ddots & \vdots\\ 0 & \ddots & -1 & 0 & 0 & \ddots & 0\\ 0 & \ddots & 0 & 0 & 0 & \ddots & 0\\ \vdots & \ddots & \vdots & \vdots & \vdots & \ddots & \vdots\\ 0 & \cdots & 0 & 0 & 0 & \cdots & 0\end{bmatrix}\tag{3-160}$$

对于矩阵 A_j、B_j、C_j，称偏导数为零部分 Jacobian 子矩阵，偏导数非零部分 Jacobian 子矩阵。

5. 矩阵 A_j、B_j、C_j 中非零偏导数求解

对于以上块矩阵中的非零偏导数，是偏差函数 H_j、$E_{i,j}$ 对变量 $v_{i,j}l_{i,j}T_j$ 的偏导数，是温度、压力、液相分率和气相分率的函数。采用解析法时，需列出所有偏导表达式，如第 j 级能量偏差函数 H_j 对温度 T_j 的偏导数为：

$$\frac{\partial H_j}{\partial T_j}=\frac{\partial h_j^{L}}{\partial T_j}\sum_{i=1}^{C}l_{i,j}+\frac{\partial h_j^{V}}{\partial T_j}\sum_{i=1}^{C}v_{i,j} \tag{3-161}$$

对组分 1 的 $v_{1,j}$ 的偏导数为：

$$\frac{\partial H_j}{\partial v_{1,j}}=\left(\frac{\partial h_j^{V}}{\partial v_{1,j}}\right)(1+w_j)\sum_{i=1}^{C}v_{i,j}h_j^{V}(1+w_j) \tag{3-162}$$

对组分 1 的 $l_{1,j}$ 的偏导数为：

$$\frac{\partial H_j}{\partial l_{1,j}}=\left(\frac{\partial h_j^{L}}{\partial l_{1,j}}\right)(1+u_j)\sum_{i=1}^{C}l_{i,j}+h_j^{L}(1+u_j) \tag{3-163}$$

第 j 级相平衡偏差函数 E_j 对温度 T_j 的偏导数为：

$$\frac{\partial E_{i,j}}{\partial T_j}=l_{i,j}\frac{\sum\limits_{k=1}^{C}v_{k,j}}{\sum\limits_{k=1}^{C}l_{i,j}}\frac{\partial K_{i,j}}{\partial T_j} \tag{3-164}$$

NS-SC 法创始人纳佛塔利（L. M. Naphtali）和桑德霍尔姆（D. P. Sandholm）在其论文中列出所有偏导数。而焓 $h_j^{L}(h_j^{V})$ 和相平常数 $K_{i,j}$ 的偏导数取决于用于计算这些性质的特定关联式，并可以根据情况适当简化。一般说来，偏导数$\partial h_j^{V}/\partial T_j$、$\partial h_j^{L}/\partial T_j$、$\partial h_j^{L}/\partial l_{i,j}$、$\partial h_j^{V}/\partial l_{i,j}$、$\partial h_j^{L}/\partial v_{i,j}$、$\partial h_j^{V}/\partial v_{i,j}$、$\partial K_{i,j}/\partial T_j$、$\partial K_{i,j}/\partial l_{i,j}$、$\partial K_{i,j}/\partial v_{i,j}$ 均存在，可解析表示或数值估算，如采用差分替代微分的方式求解偏导数，即：

$$\frac{\partial f_i}{\partial x_i}\approx\frac{\Delta f_i}{\Delta x_i}=\frac{f(x_i+h_i)-f(x_i)}{h_i}\qquad(h_i=0.001x_i) \tag{3-165}$$

三、线性方程组迭代求解

1. 线性方程组求解

线性化 NS-SC 方程组（3-153）的系数矩阵（3-155）是由 N 阶块子矩阵 $\boldsymbol{A}_j$、$\boldsymbol{B}_j$、$\boldsymbol{C}_j$ 构成的矩阵，当块子矩阵 $\boldsymbol{A}_j$、$\boldsymbol{B}_j$、$\boldsymbol{C}_j$ 得到数值后，可采用块追赶法求解：

（1）求解条件：块子矩阵 $\boldsymbol{A}_j$、$\boldsymbol{B}_j$、$\boldsymbol{C}_j$ 的初值已知；

（2）一次迭代步骤

消元：

① $j=1$，$p_1=\boldsymbol{B}_1^{-1}\boldsymbol{C}_1$，$q_1=-\boldsymbol{B}_1^{-1}\boldsymbol{F}_1$；

② $2\leqslant j\leqslant N-1$，$p_j=(\boldsymbol{B}_j-\boldsymbol{A}_j)^{-1}\boldsymbol{C}_1$，$q_j=-(\boldsymbol{B}_j-\boldsymbol{A}_jp_{j-1})^{-1}(\boldsymbol{F}_j-\boldsymbol{A}_jq_{j-1})$；

③ $j=N$，$q_N=-(\boldsymbol{B}_N-\boldsymbol{A}_Np_{N-1})^{-1}(\boldsymbol{F}_N-\boldsymbol{A}_Nq_{N-1})$。

通过以上步骤，得到如下二对角块子矩阵：

$$\begin{bmatrix} I & p_1 & & & & & \\ & I & p_2 & & & & \\ & & \ddots & \ddots & & & \\ & & & I & p_j & & \\ & & & & \ddots & \ddots & \\ & & & & & I & p_{N-1} \\ & & & & & & I \end{bmatrix} \begin{bmatrix} \Delta X_1 \\ \Delta X_2 \\ \vdots \\ \Delta X_j \\ \vdots \\ \Delta X_{N-1} \\ \Delta X_N \end{bmatrix} = \begin{bmatrix} q_1 \\ q_2 \\ \vdots \\ q_j \\ \vdots \\ q_{N-1} \\ q_N \end{bmatrix} \tag{3-166}$$

回代：

① $j=N$，$\Delta X_N^{(k)}=q_N$；

② $j=N-1,N-2,\cdots,1$；$\Delta X_j^{(k)}=q_j-p_j\Delta X_{j+1}$。

通过回代，可得到迭代变量的校正值：

$$\Delta X^{(k)}=(\Delta X_1^{(k)},\ \Delta X_2^{(k)},\ \cdots,\ \Delta X_j^{(k)},\ \cdots,\ \Delta X_N^{(k)})^{\mathrm{T}} \tag{3-167}$$

2. 新迭代初值确定

每一轮 NS-SC 非线性方程组线性化求解后，可得到 $\Delta\boldsymbol{X}^{(k)}$。利用下式，得到新一轮迭代变量初值：

$$\boldsymbol{X}^{(k+1)}=t\Delta\boldsymbol{X}^{(k)}+\boldsymbol{X}^{(k)} \tag{3-168}$$

式中的 t 为校正因子，$t>1$ 为加速因子，可加快收敛步伐；$0<t<1$ 为阻尼因子，可保证迭代稳定。一般迭代初期，选择较小阻尼因子，以免发生迭代震荡，迭代接近收敛时，稳定性已保证，可采用较大阻尼因子。

3. 迭代判断

第 k 次迭代得到校正值 $X^{(k+1)}$ 后，需进行收敛性判断：

$$\tau=\sum_{j=1}^{N}\left\{(H_j)^2+\sum_{i=1}^{C}\left[(M_{ji})^2+(E_{ji})^2\right]\right\}\leqslant\varepsilon \tag{3-169}$$

$$\varepsilon=N(2C+1)(\sum_{j=1}^{N}F_j^2)\times10^{-10} \tag{3-170}$$

如果 $\tau\leqslant\varepsilon$，迭代结束，$X^{(k+1)}$ 即为所求值；如果 $\tau>\varepsilon$，并取 $X^{(k+1)}$ 为初值，进行下一轮次迭代。

四、初值选取及同时校正法步骤

1. 初值选取

(1) 各级温度 $T_j^{(0)}$：简化法确定塔顶塔底温度，内插法确定各级温度。

(2) 各级气液流率 $V_j^{(0)}$ 及 $L_j^{(0)}$：恒摩尔流确定各级气液流率。

(3) 混合物气液组成 $x_{ji}^{(0)}$、$y_{ji}^{(0)}$：所有进料混合一起，做塔压下的闪蒸，闪蒸气液比为：

$$e=\frac{D+\sum W_j}{B+\sum U_j} \tag{3-171}$$

闪蒸得到的气液产品组成即为各级气液组成初值 $x_{ji}^{(0)}$、$y_{ji}^{(0)}$。

(4) 组分流率（$l_{ji}^{(0)}$、$v_{ji}^{(0)}$）：$l_{ji}^{(0)}=x_{ji}^{(0)}L_j^{(0)}$，$v_{ji}^{(0)}=y_{ji}^{(0)}V_j^{(0)}$。

(5) 确定各级与平衡有关的参数，如各组分的活度系数和相平衡常数等。

(6) 确定各级、各组分的焓值及冷凝器、再沸器的热负荷。

2. 同时校正法步骤

(1) 设定各级温度、流率、组成初值：$T_j^{(0)}$、$V_j^{(0)}$、$L_j^{(0)}$、$x_{ji}^{(0)}$、$y_{ji}^{(0)}$。

(2) 计算 K_{ji}、h_j^V、h_j^L、H_i、$Q_{冷}$、$Q_{再沸}$。

(3) 计算摩尔分流率 $l_{ji}^{(0)}$、$v_{ji}^{(0)}$ 初值。

(4) 建立各级偏差函数关系式，并计算偏差函数平方和。

(5) 偏差函数平方和数据代入式(3-169) 及式(3-170) 并判断：

若 $\tau>\varepsilon$，则进入下一步；

若 $\tau\leqslant\varepsilon$，进入 (10)。

(6) 建立偏差函数块矩阵块子矩阵 $\boldsymbol{A}_j$、$\boldsymbol{B}_j$、$\boldsymbol{C}_j$，并用差分法求解矩阵中各元素。

(7) 解线性方程组计算 $\Delta X^{(k)}$。

(8) 设定校正因子，计算 $X^{(k+1)}$。

(9) 计算偏差函数平方和并用式(3-169) 及式(3-170) 判断：

$\tau>\varepsilon$，返回 (6)；

$\tau\leqslant\varepsilon$，进入下一步。

(10) 计算 V_j、L_j、Q_w、Q_u，计算结束。

习　题

3-1 用范拉尔方程计算乙醇-水物系，当乙醇浓度为 0.60 时的相对挥发度。已知常压下乙醇-水恒沸点为 78.15℃，恒沸组成：乙醇含量 0.90。

3-2 甲苯 (1)-水 (2) 物系在 1atm、84.1℃形成非均相恒沸物，恒沸组成为甲苯含量为 0.556，其液相组成如下：水层含水 0.99966、含甲苯 0.00034；甲苯层含水 0.0035、含甲苯 0.9965。试用液-液平衡估计该条件下的活度系数。

3-3 乙醚 (1)-水 (2) 物系在 1atm、34.15℃形成非均相恒沸物，恒沸点含乙醚 0.94855。其液相组成如下：水层含水 0.9878、含乙醚 0.0122；乙醚层含水 0.0564、含乙醚 0.9436。试用液-液平衡估计该条件下的活度系数。

3-4 苯水系统的恒沸精馏，进料量 100kmol/h，进料中含苯 0.99，含水 0.01。恒沸温度为 69.5℃。其恒沸组成为苯 0.7，水 0.3。当一塔顶部蒸气含水量取 0.25、二塔顶部含苯量取为 0.55 时塔顶温度为 75℃。塔顶产品冷凝到 65.5℃分层如下。水层：水 0.99938，苯 0.00062；苯层：水 0.0103，苯 0.9897。一塔底部得到含水 0.000086 的苯，二塔底部得到含苯 0.000004 的水。试求：(1) 各塔的气、液相流量 V、L 以及塔底产物量 W；(2) 计算这两个塔所需的理论板数。

3-5 甲苯水系统的恒沸蒸馏，进料量 100kmol/h、进料中含甲苯 0.9965，含水 0.0035。甲苯 (1)-水 (2) 物系在 1atm、84.1℃形成非均相恒沸物，恒沸组成为甲苯含量为 0.556，其液相组成如下：水层含水 0.99966、含甲苯 0.00034；甲苯层含水 0.0035、含甲苯 0.9965。若塔 1 底部得到含水 0.00008 的苯，塔 2 底部得到含甲苯 0.000005 的水，当一塔顶部蒸气含水量取 0.444，二塔顶部含苯量取为 0.556。试求各塔的气液相流量以及塔底产物量 W 和理论板数。

3-6 用修正基团贡献法计算温度为78.32℃、乙醇(1)-苯(2)-水(3)三元物系的活度系数，已知该物系的摩尔分数为$x_1=0.999$、$x_2=0.0001$、$x_3=0.0009$。

3-7 根据本章第三节内容，设计自夹带流程分离丁醇-水。原料量为100kmol/h、丁醇含量为0.24。要求得到纯度为0.999的丁醇及含丁醇为0.0001的水，确定其产物产量及平衡级。

3-8 以苯为恒沸剂，采用恒沸精馏制得乙醇，原料为含水0.11的乙醇溶液，已知原料流量为100kmol/h。要求乙醇塔塔釜含水量0.0009、含苯0.0001，水塔乙醇含量不超过0.01%、苯含量不超过0.005%，试确定产品量和水塔的操作线方程(已知塔顶为近恒沸组成：乙醇0.352、水0.5976、苯0.0504，冷凝后水层乙醇0.439、水0.498、苯0.063)，温度为65.5℃。

3-9 根据3-8的已知条件和计算结果试确定水塔平衡级。

3-10 恒沸精馏分离醋酸水溶液，夹带剂为乙酸正丁酯，已知乙酸正丁酯与水形成非均相恒沸物，恒沸温度为90.2℃，恒沸组成0.713(质量分数)，并形成酯层和水层。酯层：乙酸正丁酯0.9352，水0.065；水层：水0.812，醋酸正丁酯0.128。要求得到含水0.0002的醋酸和含醋酸0.0001的水，试确定流程及理论板数。

3-11 根据本章第三节内容，设计变压精馏分离乙醇-苯，进料量106kmol/h、进料中乙醇含量为0.67。要求分别得到99%纯度的乙醇和苯，确定产物产量和平衡级。

3-12 设计两精馏塔分离乙腈(1)-水(2)，设乙腈进料浓度为0.68，流量为100kmol/h，要求塔1底得到0.99纯度的水，塔2底为纯度为0.99的乙腈，确定两塔操作压力和平衡级。

3-13 两份醋酸甲酯(1)、甲醇(2)和水(3)溶液。溶液组成分别为$x_1=0.28$、$x_2=0.02$、$x_3=0.7$和$x_1=0.02$、$x_2=0.28$、$x_3=0.7$，试确定醋酸甲酯对甲醇的相对挥发度。设醋酸甲酯和甲醇的饱和蒸气压分别为$p_1^0=100\text{kPa}$、$p_2^0=80.22\text{kPa}$，已知双组分溶液端值常数为$A_{12}=0.447$、$A_{21}=0.411$；$A_{23}=0.36$、$A_{32}=0.22$；$A_{13}=1.3$、$A_{31}=0.82$(计算时取常用对数)。

3-14 以水为萃取剂对醋酸甲酯(1)-甲醇(2)物系进行萃取精馏；塔处理能力为100kmol/h，气相进料，进料组成为$x_1=0.50$，要求醋酸甲酯回收率为98%，塔顶醋酸甲酯量为塔顶产物的95%，塔顶萃取剂含量不超过0.003，塔内萃取剂浓度要求保持$x_S=0.7$。设计萃取精馏塔，端值常数见习题3-13。

3-15 以苯酚为萃取剂分离甲基环已烷(1)和甲苯(2)混合液，原料流量为100kmol/h，组成为$x_1=0.625$，饱和液体进料。要求甲基环已烷的回收率为98%，塔顶产品含甲基环已烷95%，要求塔顶产品苯酚含量不大于0.002，塔内萃取剂浓度$x_S=0.7$，此条件下，组分(1)和组分(2)的相对挥发度为$(\alpha_{12})_S=22$。求该塔顶塔底产物量、萃取精馏塔回流比和除回收段外的平衡级。

3-16 维尼纶生产过程中产生醋酸甲酯和乙醇混合物，现有醋酸甲酯-乙醇混合物1000kg/h，含醋酸甲酯0.68(摩尔分数)。为获得浓度为0.95的醋酸甲酯，拟采用水为溶剂的萃取精馏，且要求醋酸甲酯回收率为98%。要求精馏段萃取剂浓度维持$x_S=0.85$，操作回流比$R=120$，饱和液相进料。试确定萃取剂量及平衡级($\alpha_{12}=5.74$、$\alpha_{1S}=25.1$、$\alpha_{2S}=5.4$)。

第四章 多组分吸收和汽提

吸收在化学工业中的应用仅次于蒸馏，在石油化工、化肥、焦化等行业得到广泛应用。如炼厂气和焦化气加工过程中用吸收法除去气体混合物中的 CO_2、H_2S 及有机硫化物；用甘油、乙二醇作为吸收剂除去天然气中的水分；乙烯装置常用碱吸收裂解气中酸性成分（二氧化碳和硫化氢），此外，石油裂解气也常用冷油吸收法分离轻组分，一般是以 $C_3 \sim C_4$ 组分混合物作为吸收剂吸收裂解气中的乙烯而将甲烷、氢气等分离出来；丙烯氨氧化过程中以水作为吸收剂吸收丙烯腈、乙腈、氢氰酸等有机化合物；炼焦煤气的处理过程中常以洗油为吸收剂回收煤气中的苯、甲苯等化工原料；催化裂化、延迟焦化等炼油生产过程中都采用了吸收操作来分离气体混合物，另外吸收操作也常被用作处理化工厂的废气。本章将讨论溶解相平衡，吸收过程的物料平衡和热平衡，平衡级的近似计算和严格计算，吸收塔的效率和 HETP 估算及气提塔的计算等内容。

第一节 概 述

吸收现象似乎并不陌生，它存在于人们的生活中。但工业上的吸收定义为：利用气体混合物中的各个组分在某一液体吸收剂中的溶解度的不同，使较易溶解的组分和较难溶解的组分分离开的“单元操作”，典型流程见图 4-1。

一、吸收操作流程及典型设备

和精馏单元操作有所不同，工业上典型的吸收操作由两个互为可逆的过程，即吸收过程和解吸（汽提）过程构成。其缘由是工业上的吸收操作为连续过程，作为吸收剂的溶剂在吸收塔完成吸收后，溶质含量较高，无法再继续使用；其次，很多情况下，被吸收的溶质需要回收。因此，必须通过汽提过程使得被吸收物质与吸收剂有效分离，并使得溶剂中溶质浓度降到原来的初始低浓度，恢复活性返回到吸收塔继续使用。实质上，工业上的吸收过程是溶剂中溶质的溶解过程，汽提过程是溶剂中溶质的解吸过程。

吸收及汽提单元操作也是由特定的设备有机组合方能实现，主要设备为吸收塔或汽提塔，同时辅以换热器、冷却器、泵、压缩机等。吸收塔及汽提塔主要形式为板式塔、填料塔、喷洒塔和鼓泡塔（见图 4-2），比较常用的为填料塔和板式塔。其中板式塔一般由塔体、支撑裙座、塔板（包括溢流堰、降液管和受液盘）、人孔、进出口管线等构成；填料塔主要由塔体、支撑裙座、填料、液体分布器、填料定位器、除沫器、填料支撑板、人孔、进出口管线等构成。

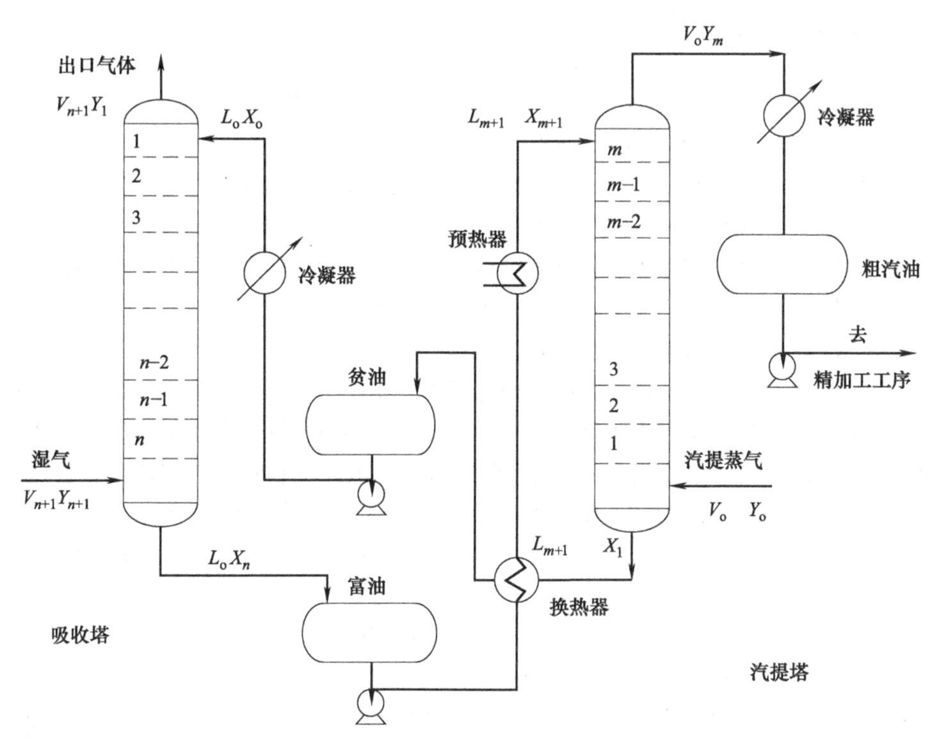

图 4-1 吸收和汽提典型流程

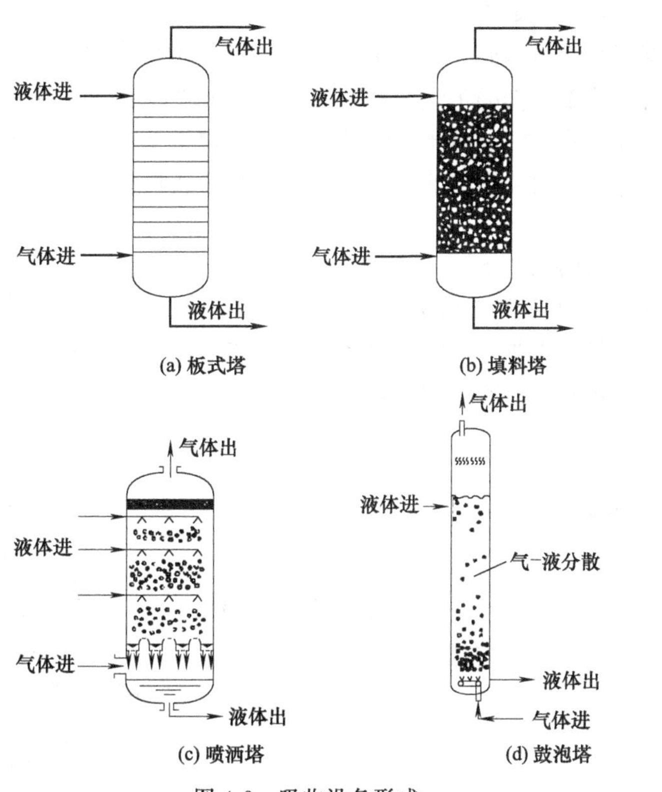

图 4-2 吸收设备形式

二、吸收操作分类

工业上的吸收操作根据作用和目的不同，可按下面方式分类。

(1) 根据吸收剂所吸收组分数目分类

分为单组分吸收和多组分吸收。例如裂解气分离中以冷油为吸收剂的脱甲烷塔，吸收剂可显著地溶解乙烯、乙烷、丙烯、丙烷等组分，此过程为典型多组分吸收；而用水为吸收剂脱除烟道气中的二氧化硫的过程可视为单组分吸收过程。单组分吸收和多组分吸收所采用的是完全不同的设计计算方法，尽管它们的设备及流程可能相同。

(2) 根据吸收过程分子间的作用力分类

分为物理吸收和化学吸收。溶质与吸收剂之间不发生化学作用或水解作用，即组分在气相和液相中的分子式相同，只是发生相变化，称为物理吸收；溶剂与溶质发生可逆的化学作用或水解作用，使得气相中组分转移到液相中，称为化学吸收，一般化学吸收过程亦包含有物理吸收。如前所述，裂解气冷油吸收工艺中的乙烯等组分溶于吸收剂时未发生任何反应，属于物理吸收过程。而用烧碱吸收硫化氢或二氧化碳时，当气体溶于吸收剂后会与吸收剂发生如下化学反应：

$$H_2S+2NaOH \longrightarrow Na_2S+2H_2O \tag{4-1}$$

$$CO_2+2NaOH \longrightarrow Na_2CO_3+H_2O \tag{4-2}$$

因此，硫化氢和二氧化碳的吸收过程属于化学吸收过程。对于化学吸收过程来讲，不仅要考虑气体溶于吸收剂的传质速率问题，还要考虑化学反应的速率问题。考虑篇幅，本章不讨论化学吸收，有兴趣读者可参阅有关资料。

码 4-1 化学吸收

(3) 根据吸收过程温度是否变化分类

分为等温吸收或非等温吸收。由于吸收过程为被吸收组分由气相转为液相的放热过程。对于浓度很低的单组分吸收而言，因被吸收的组分量很少，放出热量可以忽略不计，可视为等温吸收；但是对于多组分吸收，即使被溶组分浓度不高，吸收量也较大，一般都为非等温吸收，特别是形成非理想溶液的多组分吸收必然为非等温吸收，这一点必须充分注意。

(4) 依据吸收过程的工艺不同分类

① 单吸收流程　当吸收剂与被吸收的组分一起直接构成产品或者吸收液（废液）不需要解吸时，则该工艺只有吸收塔而没有解吸塔。例如氯化氢用水吸收成为盐酸，盐酸就成为产品，故不需要对溶剂进行汽提（图 4-3）。

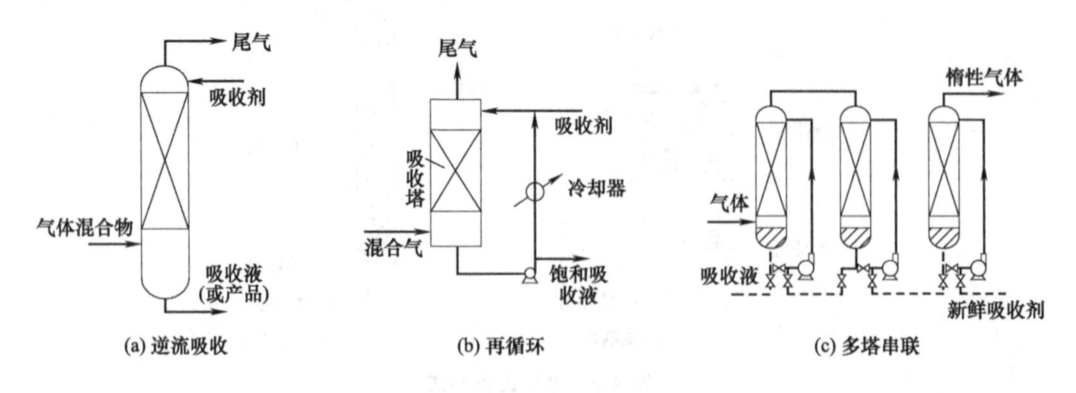

图 4-3　单吸收流程

② 单汽提流程 当液体物料中含有不需要的轻组分时，需要用汽提方式予以去除。如炼油工业中常以蒸汽为汽提剂将油品种的轻组分脱除。该工艺只有汽提过程而无吸收过程（图 4-4）。

③ 吸收蒸出塔流程 该流程适用于吸收尾气中某些组分在吸收剂中也有一定溶解度的情况，如石油裂解气分离过程中用 C_3 馏分作为吸收剂分离裂解气，因 C_3 馏分吸收剂不仅能很好地溶解乙烯，对甲烷、氢气也有一定的溶解度。为提高分离效率，一般采用吸收蒸出工艺。吸收蒸出塔实际上是吸收塔与精馏塔的提馏段的组合，原料气从塔中部进入，进料口上面为吸收段，进料口下部则为提馏段（亦称为蒸出段）。当吸收剂从塔上部送入后，在吸收段不仅吸收了大量的易溶组分，而且也吸收了尾气中部分较易溶于吸收剂的组分。当吸收液进入蒸出段后，与塔釜重沸器蒸发上来温度较高的蒸气相接触，使尾气中较易溶解的组分从吸收液中蒸出。塔釜的吸收液部分到重沸器中加热蒸发以提供蒸出段必需的热量，大部分则进入解吸塔内使易溶组分与吸收剂分离开。吸收剂经冷却后再送入吸收塔循环使用（图 4-5）。

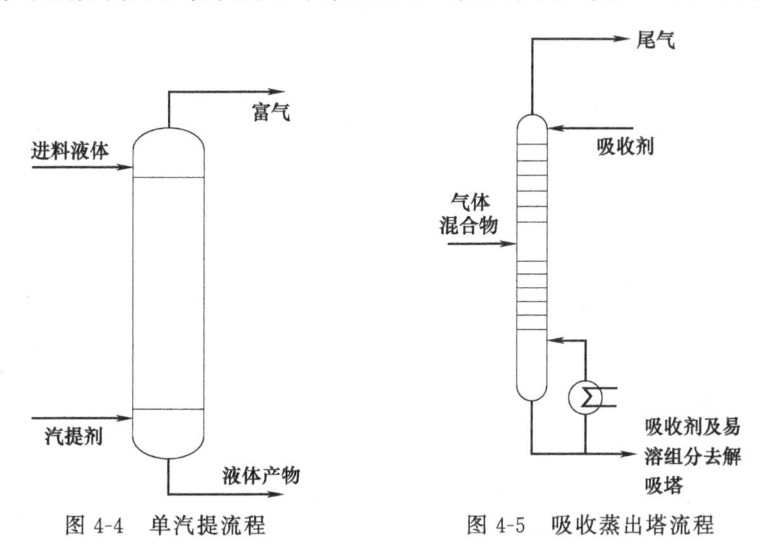

图 4-4 单汽提流程 图 4-5 吸收蒸出塔流程

④ 吸收-解吸塔流程 在气体混合物通过吸收方法将其分离为稀有气体和易溶气体两部分的情况下，一般均采用吸收-解吸联合使用的方式。在吸收塔内混合气体中的易溶组分被吸收剂吸收，而稀有气体则从吸收塔顶排出，吸收塔底含有易溶组分的吸收液被送往解吸塔。在解吸塔底部设有加热器，通过加热器提供热量使易溶组分蒸出并从解吸塔顶排出，解吸塔底的吸收剂经冷却后再送往吸收塔循环使用（图 4-6）。

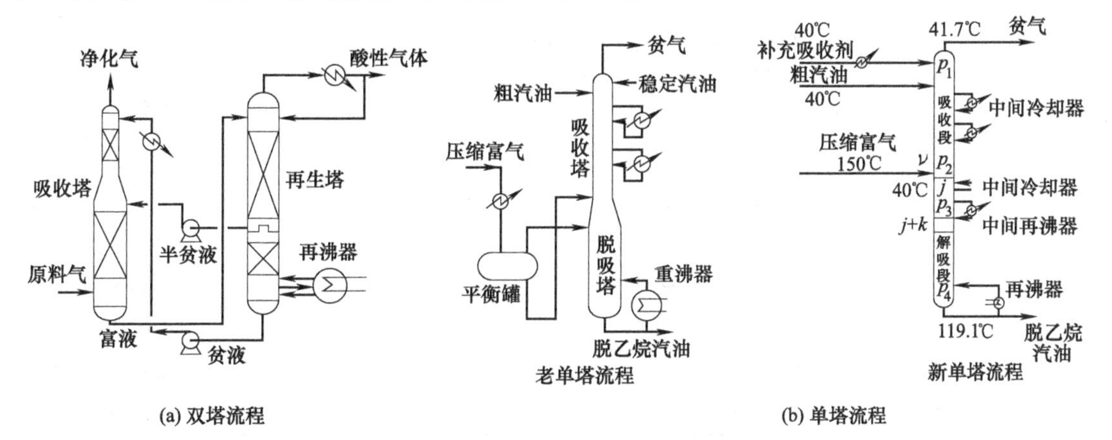

图 4-6 吸收-解吸塔流程

特别指出：目前工业上对合成氨原料气等工业气体中二氧化碳的分离所采用的最常用的方法仍然是吸收操作，表 4-1 为工业上典型的二氧化碳吸收单元操作。

表 4-1　工业上典型的二氧化碳吸收单元操作

类别	方法		溶剂	操作条件	效果	备注
物理吸收	低温甲醇法		甲醇	p:1～2MPa T:－75～0℃	$CO_2 \leqslant (10\sim20)\times10^{-6}$ $H_2S \leqslant 0.1\times10^{-6}$	脱碳脱硫化氢
	Selxol 法		聚乙二醇二甲醚	p:3.5～7.0MPa T:－10～10℃	$CO_2<0.1\%$ $H_2S<0.1\times10^{-6}$	脱碳脱硫化氢 溶剂昂贵 投资及操作费用高
	NHD 法		聚乙二醇二甲醚	p:1～8MPa T:≤38℃	$CO_2 \leqslant 0.1\%$	国内开发，已大规模用于生产
	碳酸丙烯脂法		碳酸丙烯酯	p:1.5～2.1MPa T:30～40℃	$CO_2 \leqslant 0.1\%\sim0.2\%$	二氧化碳回收率高、能耗低投资大，应用小合成氨厂
	NMP 法		N-甲基吡咯烷酮	p:4.9MPa T:40℃		$p>7$MPa 时经济，溶剂贵、应用少
化学吸收	改良热钠碱法	本非尔法	K_2CO_3 19～26% 二乙醇胺 2%～3% K_2VO_3 水溶液	p:690kPa～14MPa T:90～110℃	$CO_2<0.1$ $H_2S<5mg/m^3$	工艺最成熟，应用广泛，能耗低
		GV 无毒脱碳法	K_2CO_3＋氨乙酸	p:1.6～2.8MPa	CO_2 0.1%～0.4%	成本低，能回收高纯度二氧化碳
		复合活化磷酸钾法	K_2CO_3＋硼酸氨基酸二乙醇胺	p:1.1～2.6MPa T:75～105℃	$CO_2<0.2\%$	生产能力较 GV 法高 34%～105%。热耗降低 30%
		SCC-A 法	K_2CO_3＋亚乙基三胺	p:1.5～2.6MPa	$CO_2<0.1\%$	同时脱二氧化碳、硫化氢吸收能力比其他热钾碱法高 50%，能耗较 GV 法降低 40%
	醇胺法	BV 钾碱法	K_2CO_3＋KBO_2＋胺＋硼酸盐、钒酸盐	p:1.0MPa T:80～110℃	$CO_2<0.5\%$	较环丁砜、乙醇胺法蒸汽消耗减少 1/3，溶剂无损失、防腐性好
		一乙醇胺法	一乙醇胺水溶液			20 世纪 50 年代开发、工艺成熟、能耗低、设备小
		MDEA 法	N-甲基二乙醇胺＋水		$CO_2<0.5\times10^{-6}$	能耗最低、操作费用投资均低
	氨吸收法		氨水		$CO_2<0.2\%$	用于碳酸氢铵生产
	NaOH 法		$NaOH+H_2O$			裂解气脱二氧化碳

第二节 吸收的气液相平衡

吸收过程实质上是一个传质过程，传质过程的极限是相平衡，首先讨论吸收过程的相平衡。

一、吸收过程相平衡

首先观察气体的溶解过程：在设定的温度压力下，使含有某易溶组分的气体与某纯溶剂相接触，便发生溶解，即气相中易溶组分分压逐渐降低，液相中易溶组分的浓度逐渐增加。经过一定时间后，易溶组分的气相分压和液相中的浓度都不再变化，说明溶解不再进行，达到了相平衡。

气相物质在液相中溶质达到饱和浓度为止的状态称为相际动平衡，简称相平衡或平衡。平衡状态下气相中的溶质分压称为平衡分压或饱和分压。某组分的气液两相浓度达到平衡时液相中溶质浓度称为溶解度。若溶解度用 S 表示，以 p 代表分压、T 代表温度、M 代表溶质、V 代表溶剂，则 $S=f(p,T,M,V)$。如果使温度和压力恒定，则 $S=f(M,V)_{T,p}$。一般情况下，加压利于溶解，升温利于脱吸。

由于压力温度、溶解机理、溶液的热力学性质等不同，对于相平衡状态下的吸收平衡，溶解度和温度压力及溶质之间的关系差异很大，描述这种平衡关系既可以用简单的数学模型表示，也可以通过图形描述。下面介绍两个典型的数学模型。

1. 拉乌尔定律

如果低压条件下，气体组分溶解于吸收剂后所形成的溶液接近于理想溶液。则一定温度下，溶液中易溶组分的组成 x_i 与其气相分压 p_i 的关系符合简单的线性关系，即：

$$p_i=p_i^0x_i \tag{4-3}$$

式中，p_i 为组分 i 在气相中的平衡分压，kPa；x_i 为组分 i 在溶液中的摩尔分数；p_i^0 为组分 i 的饱和蒸气压，kPa。

当操作温度大大低于易溶组分的临界温度时，可以用拉乌尔定律来进行吸收过程的相平衡计算。p_i^0 可以通过安托尼方程式计算得到，也可以由查阅蒸气压数据得到。只要吸收液为理想溶液，拉乌尔定律适用于任何浓度的吸收过程。

2. 亨利定律

低压条件下，一定温度下的气体组分溶解于吸收剂所形成的溶液为稀溶液时，无论所形成的溶液为理想溶液或非理想溶液，溶液上方的气体溶质平衡分压与其在液相中的摩尔分数成正比，即：

$$p_i=E_ix_i \tag{4-4}$$

式中，E_i 为组分 i 的亨利系数，kPa；其他同式(4-3)。

吸收操作温度超过了易溶组分的临界温度时，可以用亨利定律来进行吸收过程的相平衡计算。系数 E 反映了气体在吸收剂中的溶解能力。相同气体分压下，亨利系数 E 大的气体，在溶液中的溶解度小。亨利系数 E 是非物性参数，与温度、组分、吸收剂有关，即 $E_i=f(T,M,V)$。但是一定温度和同一吸收剂下，亨利系数 E 仅与溶质有关，可表示为 $E_i=f(i)_{T,S}$。亨利系数 E 随温度升高而升高，溶解度随温度升高而下降。表 4-2 列举了部分气体在不同温度下溶解于水中的亨利系数值。亨利定律主要适用于稀溶液且溶液浓度越低精确度越高。因此，它能比较准确地反映难溶气体的平衡关系；但对于溶解度较高的气体，亨利定律仅适用于较低浓度条件。当液相组分浓度较高时，真实的溶解度要比亨利定律计算的数值低一些。一般来说，亨利定律适用于气体分压低于 0.1MPa 的条件，当压力过高时就会产生明显的误差。

亨利定律另一个重要表达式为：

$$p_i = H'_i c_i \tag{4-5}$$

式中，H'_i为浓度亨利系数，kPa·m^3/mol；c_i 为液相中组分 i 的浓度，mol/m^3；p_i 意义同前。

浓度亨利系数可用 $H'_i = E_i M_m / \rho_L$ 计算。工程上式(4-5) 用 $c_i = H_i p_i$ 表示更方便，其中 H'_i（$H'_i = 1/H_i$）表示气相分压为 1kPa 时溶液中 i 组分的浓度。亨利定律在多组分吸收相平衡计算中具有重要的作用。缺乏数据时，E_i（H'_i）可采用下式估计：

$$\ln \frac{E}{E_0} = A\left(1 - \frac{T_0}{T}\right) + B \ln \frac{T}{T_0} + C\left(\frac{T}{T_0} - 1\right) \tag{4-6}$$

式中，E_0 为 T_0（298.15K）时的亨利系数；A、B、C 为常数；T 为热力学温度。部分数据见表 4-2、表 4-3。

表 4-2　部分气体在不同温度下溶解于水中的亨利系数

气体	E_0	A	B	C	温度范围/K
空气	7262MPa	26.149	−21.652	—	273～374
氢	7179MPa	18.543	−16.889	—	273～354
二氧化碳	165.8MPa	23.319	−21.669	0.3257	273～354
硫化氢	54.75MPa	27.592	−20.231	0.3835	273～334
乙烷	3029MPa	44.827	−37.553	0.6861	273～354
乙烯	1181MPa	26.697	−20.511	—	273～346
丙烷	3747MPa	53.400	−44.324	—	273～349
丁烷	4612MPa	55.336	−14.862	—	273～349
甲烷	4041MPa	30.561	−25.038	0.0428	273～354

表 4-3　部分气体在非水溶液中的亨利常数参考值

溶剂	参数	气体				
		氢	氮	氧	甲烷	二氧化碳
己烷	E	153	73.6	51.2	20.1	—
	A	−1.421	1.681	5.520	0.826	
	B	0	−2.125	0	0	
	T	212～299	213～299	295～314	290～313	
四氯化碳	E	314	158	84.4	35.5	9.51
	A	−2.373	1.386	0.550	2.635	3.739
	B	0	−2.363	−0.554	−1.466	0
	T	273～334	253～334	273～334	253～334	283～304
正戊烷	E	391	230	125	49.0	10.4
	A	−2.730	4.087	2.932	3.858	3.770
	B	0	−5.646	−3.530	−3.230	0
	T	283～339	280～334	283～344	286～334	283～314

续表

溶剂	参数	气体				
		氢	氮	氧	甲烷	二氧化碳
丙酮	E	337	187	120	54.8	5.42
	A	−0.399	1.266	2.411	3.618	6.24
	B	−1.727	−2.349	−2.936	−2.957	0
	T	193～314	193～324	193～314	196～314	283～314
乙醇	E	492	284	174	793	15.8
	A	−1.473	−1.815	2.765	1.478	49.99
	B	0	−2.056	−2.358	0	−44.77
	T	193～314	213～324	248～344	290～314	283～314

再次强调：亨利定律只适用于气相总压接近常压或不太高的压力条件。例如 CO_2 在水中的溶解度，从常压到 0.5MPa 的压力，大体上都服从亨利定律。工业上用水吸收 CO_2 的操作压力多数在 1.2～2.0MPa 甚至更高压力下操作，当高压下吸收所形成的 CO_2 在水溶液中的组成 $x_i>0.015$ 时，以逸度代替分压，用亨利定律也可以得到比较正确的结果。

二、相平衡常数 K 与亨利常数 E 的关系

对吸收液而言，低浓度下符合亨利定律；理想溶液时，符合拉乌尔定律。相平衡常数 K 与溶液性质关联，下面讨论相平衡常数 K 与亨利常数 E 的关联性。

① 低压时气体溶解于液体形成理想溶液　溶液既符合亨利定律也符合拉乌尔定律，此时，$E_i=p_i^0$，因 $K_i=p_i^0/p$，所以 $E_i=pK_i$。

② 低压时气体溶解于液体形成非理想溶液　此时，拉乌尔定律的表达式为 $p_i=p_i^0\gamma_i x_i$。当溶液中溶质浓度很低时仍符合亨利定律。即 $\gamma_i p_i^0=E_i$，而 $K_i=\gamma_i p_i^0/p$，故仍有 $E_i=pK_i$。

③ 压力较高时形成非理想气体　若液相为理想溶液，拉乌尔定律的表达式为 $p_i=\varphi_i^* p_i^0 x_i$，当溶液中溶质浓度很低符合亨利定律时，逸度系数与亨利系数关系为 $\varphi_i^* p_i^0=E_i$，而 $K_i=\varphi_i^* p_i^0/p$，所以 $E_i=pK_i$。

综上所述，对于气体吸收，只要低浓度，便符合亨利定律，则存在 $E_i\equiv pK_i$。据此，可以用相平衡常数 K 来判断溶解度的大小：K 值大，表明 E 大，则气体的溶解度小；K 值小，表明 E 小，则气体的溶解度大；当温度升高时，K 值增大，溶解度减小。同时，对于烃类，因相平衡常数较亨利常数易得，故用相平衡常数进行吸收计算更为方便，但必须注意高压条件下不符合上述关系。

必须指出，由于溶液热力学性质等因素影响，吸收相平衡形式具有多样性。故应注意两点：其一，无论理想溶液或非理想溶液在低浓度下均服从亨利定律，任何浓度下的理想溶液均服从拉乌尔定律；其二，高压和非稀溶液情况下，需通过实验提供气液相平衡的数据或图表，或通过有关文献提供的气液平衡数据，作为吸收设计计算的依据。

第三节　吸收过程简捷计算——平均吸收因子法和热平衡

工业上的吸收操作依据原料浓度的差异分为富气吸收和贫气吸收，所谓贫气是指吸收过

程中被吸收组分总量低于原料量的5%，富气则指被吸收组分总量超过5%。多组分吸收过程计算基准是溶解相平衡，主要确定尾气组成、液气比、贫液（溶剂）量及富液组成、填料层高度（或实际塔板数）及热量衡算，方法有近似计算和严格计算，近似计算包括平均法和有效法。本节将讨论平均吸收因子法确定尾气组成、液气比和溶剂量、富液组成的确定、填料层高度及热量衡算等计算方法，有效吸收因子法将在第五节介绍，吸收过程的严格计算将在第七节介绍。

一、概述

对于吸收塔而言，塔内发生的是气体的溶解过程；而对汽提塔而言，则发生溶质的脱吸，这两个传质过程的终极目标都是实现相平衡。发生吸收或解吸的原因均是存在传质的推动力，当 $p_i > E_i x_i$ 时，气液相处于不平衡状态，i 组分由气相向液相传质，其推动力为 $(p_i - E_i x_i)$，该过程称为吸收；当 $p_i < E_i x_i$ 时，气液相也处于不平衡状态，i 组分由液相向气相传质，其推动力为 $(E_i x_i - p_i)$，该过程称为解吸；当 $p_i = E_i x_i$ 情况下，两相处于平衡状态，不再传质。实际上，由于吸收（汽提）塔为连续运行并存在传质阻力等因素，吸收塔的设计极限只能使得 $E_i x_i$ 接近 p_i 而无法达到 p_i。

1. 两类不同计算模式

化学工程设计中，吸收（汽提）的设计计算形成两类不同的模式，一类是以传质速率为基准的非平衡级模式，譬如以前讨论过的二元物系的吸收过程设计计算模式，在以传质速率模式中，理论基础为菲克定律、涡流扩散、双膜理论等，主要依赖吸收传质速率确定吸收填料层高度。其中吸收传质速率表达式为：

$$N_A = K_L (c_A^* - c_{AL}) \tag{4-7}$$

式中，N_A 为传质速率，kmol/(m^3·s) 或 kg/(m^3·s)；K_L 为传质系数，与溶剂、溶质、流动状态等有关，其倒数 $1/K_L$ 为传质阻力，m/s。

相应的吸收塔填料层高度计算式为：

$$Z = \frac{G}{k_{Ya} A} \int_{Y_2}^{Y_1} \frac{dY}{Y - Y_i} = H_G \times N_G \tag{4-8}$$

式中，k_{Ya} 为传质系数，一般通过实验或经验式获得。

以传质速率为基准的模式在二元组分吸收和化学吸收中得到广泛的应用，也可以用于化学吸收过程。另一类是以相平衡为基准的平衡级模式，平衡级模型重点研究吸收过程的相平衡及传质效率，通过平衡级数和板效率或等板高度得到吸收塔实际塔板数或填料层高度，多组分物理吸收多采用平衡级模式。

2. 多组分吸收计算

吸收设计中，在下列条件具备的情况下，方能进行计算工作：①入塔溶剂组成及温度；②原料气量组成及温度；③分离要求。

多组分吸收所采用设计计算方法分为近似法和严格法：近似法也称简捷法，包括作图法、平均吸收因子法和有效吸收因子法，其中平均吸收因子法主要用于贫气的吸收计算、有效吸收因子法用于富气吸收计算；严格计算包括逐板法、流量加和（SR）法、内外层法或同时校正法的 N-R 法。由于逐板计算法偏差较大，工程上基本摒弃，少理论板数的吸收（汽提）过程多采用 SR 法，非理想性强或复杂的吸收（汽提）过程应采用内外层法或同时校正法的 N-R 法。

二、平均吸收因子法

平均吸收因子（Kremser）法是确定吸收平衡级及相关参数所采用的一种近似计算法，适用于吸收量少的吸收过程，对于较大吸收量的吸收过程偏差较大，但工程上常用其计算结果为其它计算方法提供初值。

1. 平衡级、实际板和板效率

与精馏一样，通过气液两相在塔板上或填料表面接触传质，使得气相中轻组分含量在沿塔上升过程中逐步升高，而液相中轻组分含量在沿塔下降过程中逐步减少。发生在塔板或填料表面的传质过程十分复杂，两相间的传质量由传质速率和传质界面面积决定。传质系数及传质面积与物系的传递物性、流动状况、操作条件和设备结构尺寸等有关；传质推动力则与相平衡关系、操作条件、两相流动方式和各相的返混情况有关，板式塔中的雾沫夹带和漏液造成的级间返混对推动力产生着不利影响。传质速率和传质面积之间关系较为复杂，而且受物性（包括相平衡关系、力学和传递物性）、操作条件和设备结构三者交织作用的影响。工程上采用理论板和传质效率关联的模式表示实际板数，板式塔用平衡级和板效率表示，而填料塔则用平衡级和等板当量高度表示。

平衡级又称理论板，是假想的理想化两相间接触传质的场所，它符合如下三个假定：①进入该板的不平衡的物流，在其间发生了充分的接触传质，使离开该板的气液两相物流间达到了相平衡；②在该板上发生接触传质的气液两相各自完全混合，板上各点的气相浓度和液相浓度各自一样；③该板上充分接触后的气液两相实现了机械上的完善分离，离开该板的气流中不挟带雾滴，液流中不挟带气泡，也不存在漏液。所谓板效率就是表示实际级和理论板传质分离效果的差异，当气液两相各自浓度均匀并完全分离时，以气相浓度 y 表示的板效率 E_{MV} 的定义如下：

$$E_{MV}=\frac{y_{j,n}-y_{j,n+1}}{y_{j,n}^{*}-y_{j,n+1}^{*}} \tag{4-9}$$

式中，$y_{j,n}$、$y_{j,n}^{*}$ 分别为任意组分第 n 块板上气相的实际摩尔分数和平衡状态下的气相摩尔分数；$y_{j,n+1}$、$y_{j,n+1}^{*}$ 分别为任意组分第 $n+1$ 块板上气相的实际摩尔分数和平衡状态下的摩尔分数。

因此，上式中的分子为气相经实际板接触传质后的增浓值；分母则为经理论板接触传质后的增浓值；两者之比即为效率。对于整个板式塔，其板效率 E_0 可用下式表示：

$$E_0=N/N_A \tag{4-10}$$

式中，N 为塔的理论板数；N_A 为塔的实际板数。

板式塔引入平衡级和板效率两个概念后，使得为达到规定分离要求所需实际板数的确定，转变为理论板数和板效率确定；对于填料精馏塔，达到规定分离要求所需填料层高度 Z 的确定，转化为理论板数 N 和等板当量高度 HETP 的确定，填料层高度 Z 与理论板数等板当量高度关系如下：

$$Z=N\times \text{HETP} \tag{4-11}$$

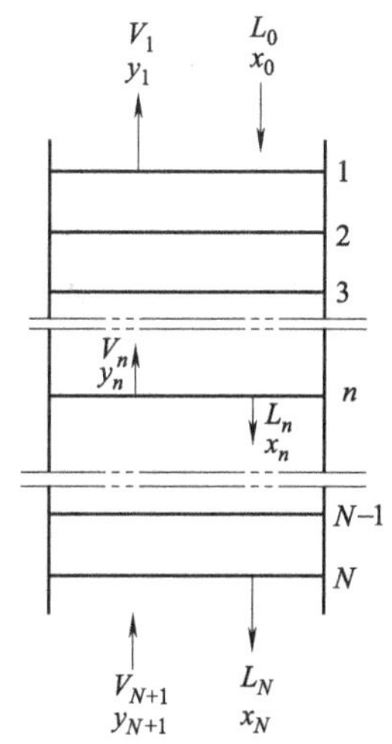

图 4-7 塔内气液流量示意

2. 平均吸收因子（A）和平衡级

如图 4-7 所示，设塔内液气流量为 L、V，组分 i 在塔顶的组成为 $Y_{i,1}$、进料组成为 $Y_{i,F}$、吸收剂中组分 i 的入塔组成为 $X_{i,0}$、

出塔为 $X_{i,N}$。设吸收液为低浓度理想溶液，符合亨利定律和拉乌尔定律。

任意一塔板 n 的物料关系如下式：

$$V_n Y_{i,n} + L_n X_{i,n} = V_{n+1} Y_{i,n+1} + L_{n-1} X_{i,n-1} \tag{4-12}$$

假设气液相流量 L、V 保持不变，可得

$$L(X_{i,n} - X_{i,n-1}) = V(Y_{i,n+1} - Y_{i,n}) \tag{4-13}$$

每层塔板上气液达到平衡，任意组分相平衡关系如下：

$$Y_i = K_i X_i \tag{4-14}$$

当吸收过程沿塔高度温度变化不大时，可视相平衡常数 K_i 为常数，且 $K_i = (K_{i,1} + K_{i,N})/2$，略去下标，则：

$$L(X_n - X_{n-1}) = V(Y_{n+1} - Y_n)$$

$$(Y_n - Y_{n-1})\frac{L}{VK} = Y_{n+1} - Y_n \tag{4-15}$$

令 $L/KV = A$（称吸收因子），在前述假设条件下 A 可以为常数，上式则变为：

$$Y_n = \frac{Y_{n+1} + AY_{n-1}}{1+A} \tag{4-16}$$

式(4-16) 表明：任一板上的任何组分气相组成与上下两板的该组分的气相组成的关系为恒定关系。这一结论意义重大。利用此关系式，自上而下（自下而上亦可）地进行物料衡算：

第一块塔板：
$$Y_1 = \frac{Y_2 + AY_0}{1+A} = \frac{(A-1)Y_2 + A(A-1)Y_0}{(A+1)(A-1)} = \frac{(A-1)Y_2 + A(A-1)Y_0}{A^2-1} \tag{4-17}$$

第二块塔板：
$$Y_2 = \frac{Y_3 + AY_1}{1+A} = \frac{Y_3 + A\dfrac{Y_2 + AY_0}{1+A}}{A+1} \tag{4-18}$$

经整理，得：
$$Y_2 = \frac{(A^2-1)Y_3 + A^2(A-1)Y_0}{A^3-1} \tag{4-19}$$

第三块塔板：
$$Y_3 = \frac{Y_4 + AY_2}{1+A} \tag{4-20}$$

将 $Y_2 = [(A^2-1)Y_3 + A^2(A-1)Y_0]/(A^3-1)$ 代入并整理得：

$$Y_3 = \frac{(A^3-1)Y_4 + A^3(A-1)Y_0}{A^4-1} \tag{4-21}$$

……

第 N 块塔板，有 $Y_{N+1} = Y_F$，于是：

$$Y_N = \frac{(A^N-1)Y_{N+1} + A^N(A-1)Y_0}{A^{N+1}-1} = \frac{(A^N-1)Y_F + A^N(A-1)Y_0}{A^{N+1}-1} \tag{4-22}$$

由全塔物料衡算：
$$VY_F + LX_0 = VY_1 + LX_N \tag{4-23}$$

X 以相平衡关系 $Y/K = X$ 代入物料衡算式 F，可得：

$$Y_F + \frac{LY_0}{KV} = Y_1 + \frac{LY_N}{KV} \tag{4-24}$$

联立式(4-22)、式(4-24) 并整理得：

$$\frac{Y_F - Y_1 + AY_0}{A} = \frac{(A^N-1)Y_F + A^N(A-1)Y_0}{A^{N+1}-1} \tag{4-25}$$

整理并加上下标，得：
$$\frac{Y_{F,i}-Y_{1,i}}{Y_{F,i}-Y_{0,i}}=\frac{A_i^{\ N+1}-A_i}{A_i^{\ N+1}-1} \tag{4-26}$$

将气相 $Y_{0,i}$ 换成液相：
$$\frac{Y_{F,i}-Y_{1,i}}{Y_{F,i}-K_iX_{0,i}}=\frac{A_i^{\ N+1}-A_i}{A_i^{\ N+1}-1} \tag{4-27}$$

式(4-27) 为任一组分 i 吸收过程中摩尔分数变化与平衡级数关系，将该式右式分子分母同乘以气体流量 V，其商不变，但分子代表 i 组分在吸收塔内被吸收的量。分母则代表进入吸收塔内 i 组分的总量，两者之比为吸收分率，用 η_i 来表示，则：
$$\frac{V(Y_{F,i}-Y_{1,i})}{V(Y_{F,i}-K_iX_{0,i})}=\frac{A_i^{\ N+1}-A_i}{A_i^{\ N+1}-1}=\eta_i \tag{4-28}$$

利用式(4-28)，在已知平衡级 N 和任意组分的吸收因子 A_i 情况下，可计算任意组分的吸收分率。将式(4-28) 变形为：
$$N=\frac{\lg\dfrac{A_1-\eta_1}{1-\eta_1}}{\lg A_1}-1 \tag{4-29}$$

根据式(4-29)，在已知关键组分吸收分率 η_1 和吸收因子 A_1 条件下，可以算出所需的理论板数 N。考虑设计方便，将式(4-29) 标绘成图（图 4-8），便于直接使用。图 4-8 横坐标为吸收因子、纵坐标为吸收分率，曲线为理论板数。该图也用于解吸过程，解吸工况下，横坐标为解吸因子，纵坐标为解吸分率，曲线为理论板数。

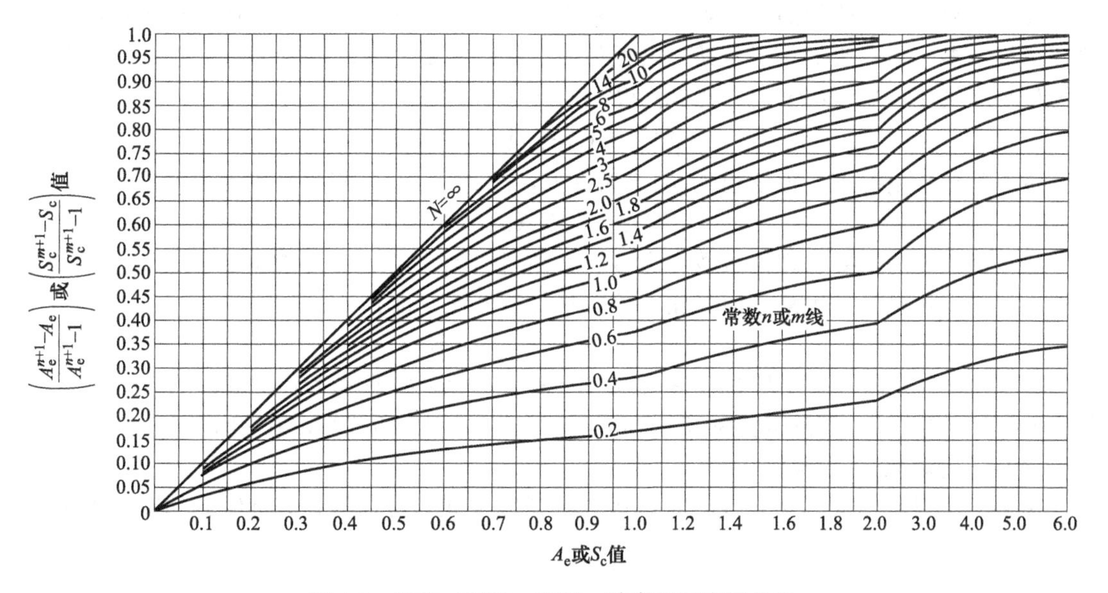

图 4-8　吸收（解吸）因子、效率和平衡级关系

【例 4-1】 某厂裂解气采用吸收分离工艺脱 C_4，塔进料 100kmol/h，进料组成如下表，塔操作压力 0.2MPa，吸收剂入塔温度 −10℃，原料气入塔温度 30℃，丁烷回收率 98%，若已知其吸收因子为 $A=2.24$，试确定理论板数。

组分	H_2	C_1^0	$C_2^=$	C_2^0	iC_4^0	Σ
f_i	40.8	35.0	15.0	3.0	6.2	100

解：(1) 解析法

$$N=\frac{\lg[(A_1-\eta_1)/(1-\eta_1)]}{\lg A_1}-1=\frac{\lg[(2.24-0.98)/(1-0.98)]}{\lg 2.24}-1=4.2\approx 5(\text{块})$$

(2) 图解法

由 $\eta=0.98$，$A=2.24$，查图 4-8 得 $N=5$。

3. Kremser 法步骤及计算过程

(1) 关键组分

与精馏类似，多组分吸收设计计算需要确定一个对分离起关键作用的组分，这个组分称为关键组分，一般用下标 1 表示。

(2) 吸收分率和吸收平均温度

吸收过程中关键组分的分离要求称为吸收分率 η_1，一般给定，若未给定，按下式估算：

$$\eta_1=\frac{f_1-v_{1,1}}{f_1} \tag{4-30}$$

式中，f_1 为塔底进料中关键组分的气体流量；$v_{1,1}$ 为离开吸收塔的关键组分的气体流量。

平均吸收因子法首先需要设定操作温度，一般操作温度为进料温度和吸收剂入塔温度的算数平均值，即 $T=(T_F+T_0)/2$。

(3) 最小液气比和液气比

吸收过程中，吸收剂的量对吸收影响极为显著，吸收剂流量减少，分离效果降低，需要的理论板增多，当吸收剂量降至某一最低值时，此时需要的理论板数达到无穷大。此液气比称为最小液气比，用 $(L/V)_{min}$ 表示。根据式(4-28)，有：

$$A_1^{N+1}-A_1=\eta_1 A_1^{N+1}-\eta_1 \tag{4-31}$$

最小气液比情况下，理论板 N 趋于无穷大，故 $A_{min}=\eta$。根据吸收因子的定义，有：

$$(L/V)_{min}=K_1 A_{min}=K_1\eta_1 \tag{4-32}$$

最小液气比时需要的理论板数无穷多，必须适当增大液气比才能得到合适的理论板数，工程上一般采用适当放大最小液气比的倍数估计液气比，即：

$$L/V=m(L/V)_{min}=mK_1\eta_1 \tag{4-33}$$

式中，m 为系数，可酌情取值，一般为 1.2～2。原化工部第六设计院建议，对于填料塔，液气比可取 1～10L/m^3 [喷淋密度为 15～40m^3/(m^2·h)]；对于板式塔，液气比取 0.3～5L/m^3。

(4) 平衡级数 N 的确定

由第三步得到的液气比 L/V，根据吸收因子定义式，可以得到关键组分的吸收因子 A_1：

$$A_1=\frac{1}{K_1}\left(\frac{L}{V}\right) \tag{4-34}$$

由关键组分的吸收因子 A_1 和吸收分率 η_1，通过式(4-29) 计算即得到理论板 N。

(5) 其他组分吸收率 η_i 及吸收量、尾气量确定

根据得到的液气比 (L/V) 和各组分的相平衡常数 K_i，可计算各组分的吸收因子 A_i：

$$A_i=\frac{1}{K_i}\left(\frac{L}{V}\right) \tag{4-35}$$

再由 A_i、N 用式(4-28) 可计算得到各组分的 η_i，并由此计算吸收量和尾气量：

$$L_N=\sum_{i=1}^{n} l_{i,N}=\sum_{i=1}^{n}\eta_i f_i \tag{4-36}$$

$$V_1=\sum_{i=1}^{n} v_{i,1}=\sum_{i=1}^{n}(1-\eta_i)f_i \tag{4-37}$$

(6) 吸收剂量确定

若入塔贫液（溶剂）量为 L_0，则出塔富液量 L'_N：

$$L'_N=L_0+(F-V_1) \tag{4-38}$$

由液气比及气体量可确定塔的 L：

$$L=\frac{F+V_1}{2}\left(\frac{L}{V}\right) \tag{4-39}$$

显然：

$$L=0.5(L_0+L'_N)=0.5(2L_0+F-V_1) \tag{4-40}$$

将上式变形并将式(4-39) 代入，得：

$$L_0=\frac{(F+V_1)(L/V)-F+V_1}{2} \tag{4-41}$$

考虑吸收过程原料对溶剂气提作用时，其溶剂量按下式计算：

$$L_0=\frac{(F+V_1)(L/V)-F+V_1}{2-\beta_0(1+L/V)} \tag{4-42}$$

式中，L/V 为液气比；F 为进料气体量，kmol/h；V_1 为尾气量，kmol/h；β_0 为溶剂的解吸分率，详见本章第四节。

【例 4-2】 裂解气经脱甲烷及脱丁烷后组成如下表，拟采用 C_6^0 馏分为吸收剂吸收脱 C_4，塔进料 100kmol/h，塔的绝对操作压力 0.22MPa，吸收剂入塔温度−5℃，原料气入塔温度 25℃，丁烷回收率 98%，取操作液气比为最小液气的 1.5 倍。试确定：(1) 吸收塔所需理论板数；(2) 各组分的吸收量及尾气量；(3) 吸收剂加入量。

组分	H_2	C_1^0	$C_2^=$	C_2^0	iC_4^0	Σ
f_i	2.8	12.8	64.4	16.5	3.5	100

解： (1) 以异丁烷为关键组分，塔的操作温度为[(−5)+25]/2=10℃。0.22MPa、10℃时各组分的 K_i 值列入下表。

(2) 操作液气比 (L/V)

$$A_{\min}=\eta_1=0.98 \qquad (L/V)_{\min}=K_1A_{\min}=0.98\times0.98=0.9604$$

操作液气比：$(L/V)=1.5(L/V)_{\min}=1.5\times0.9604=1.4406$

(3) 理论板数 N

$$A_1=\left(\frac{L}{VK_1}\right)=\frac{1.4406}{0.98}=1.47$$

$$N=\frac{\lg[(1.47-\eta_1)/(1-\eta_1)]}{\lg A_1}-1=\frac{\lg[(1.47-0.98)/(1-0.98)]}{\lg 1.47}-1=7.3\approx8(\text{块})$$

(4) 各组分的吸收量及尾气量

$$L_N=\sum_{i=1}^{n} l_{i,N}=\sum_{i=1}^{n}\eta_i f_i=12.7944(\text{kmol/h})$$

$$V_1=\sum_{i=1}^{n} v_{i,1}=\sum_{i=1}^{n}(1-\eta_i)f_i=87.2056(\text{kmol/h})$$

结果列入表中。

(5) 吸收剂加入量L_0

$$\beta_0 \approx S=\frac{K}{\frac{L}{V}}=0.06/1.4406=0.0416$$

$$L_0=\frac{(100+87.2056)\times 1.4406-100+87.2056}{2-0.0416\times 2.4406}=135.2137(\text{kmol/h})$$

$$\beta_0 L_0=0.0416\times 135.2137=5.6249(\text{kmol/h})$$

(6) 计算结果见下表

组分	H_2	C_1^0	$C_2^=$	C_2^0	iC_4^0	C_6^0	Σ
f_i	2.8	12.8	64.4	16.5	3.5		100
K_i(10℃)	1000	58	14.5	9	0.98	0.06	
A_i	0.0014	0.0248	0.0994	0.1601	1.47		
η_i	0.0014	0.0248	0.0994	0.1601	0.98	$\beta_0=0.0416$	
l_i	0.0039	0.3174	6.4014	2.6417	3.43	129.5888	142.3832
v_i	2.7961	12.4826	57.9986	13.8583	0.07	5.6249	92.8305

三、吸收过程热量衡算

吸收过程中，被吸的组分由气相变为液相时产生相变热。如果液相为非理想溶液，还会产生混合热。除非吸收量小或溶剂量较大的情况下不会产生温升，一般情况下吸收操作温度都要增加，影响吸收效果，故吸收过程设计必须进行热平衡计算并根据温升情况采取相应的措施。

(一) 混合热和吸收热

热力学中将具有一定数量的数个物质等压混合形成非理想溶液时所产生的热效应，称为混合热。尽管没有相变化，溶液混合时的热效应也相当可观。

热力学给出混合热定义如下：

$$\Delta H=H-\sum x_i H_i=\sum x_i \overline{H}_i-\sum x_i H_i \tag{4-43}$$

式中，H_i是混合物温度压力下组元i的摩尔焓；$\overline{H}_i$是混合物温度压力下组元i的偏摩尔焓；ΔH是形成1mol混合物的混合热。

式(4-43)不能直接用于计算吸收过程的混合热，热力学中的混合热通常用积分溶解热和微分溶解热表示，积分溶解热是1mol溶质溶解在某定量纯溶剂中所发生的焓变，常用ΔH_{int}表示。微分溶解热是将1mol溶质溶解在极大量溶液中，并仅使得溶液浓度发生无限小的变化，其焓变称为微分溶解热，一般用ΔH_{dit}表示。积分溶解热与微分溶解热不同，不仅与温度压力有关，与浓度亦有关，如将体积分数为0.00298的聚氯乙烯溶于环己酮时，其积分溶解热为−27kJ/kg，当聚氯乙烯体积分数为0.5228时，积分溶解热为−22.04kJ/kg。当溶液无限稀释时，积分溶解热等于微分溶解热。必须注意：热力学手册一般给出的是26℃、1atm条件下的溶解热数据值。若未注明终了溶液，则为无限稀释溶液，此时的溶解热数据即微分溶解热也是积分溶解热；若注明饱和溶液，溶解热即为1mol溶质溶解后形成饱和溶液时的积分溶解热。

积分溶解热和微分溶解热可按下式换算：

$$\Delta H_{\text{int}}=m\int_m^{\infty}\frac{\Delta H_{\text{dit}}}{m}\text{d}m \tag{4-44}$$

多组分吸收时，常按组分计算混合热。组分i的混合热是i组分在吸收过程中形成非理想溶液，其液相浓度发生变化时所产生的热，与温度压力有关，一般由积分溶解热得到。当

溶质 i 浓度由 $x_{i,1}$ 到 $x_{i,2}$ 时，其混合热为：

$$\Delta H_{i,d}=\Delta H_{i,2}+(1-x_{i,2})\frac{\Delta H_{i,2}-\Delta H_{i,1}}{x_{i,2}-x_{i,1}} \tag{4-45}$$

根据上式，若已知组分 i 在不同浓度下的积分溶解热，便可确定 i 组分在吸收过程的混合热。

工程上的溶解热和热力学中的微分溶解热和积分溶解热意义不同，是指单位量的气体分子溶解于吸收剂时产生的放热效应，即所放出的热量称为溶解热，也称吸收热。因此，工程上的溶解热应该包括相变热和混合热。若气体分子被吸收后形成溶液为理想溶液，没有混合热效应，此时的溶解热仅与温度压力有关，即 $\Delta H_{abs,i}=f(T,p)$，溶解热即为相变热；若气体分子被吸收后形成溶液为非理想溶液，则溶解热包括相变热和混合热。混合热与溶液的性质和浓度都有关，对于不发生电离作用的非理想溶液的溶解热与温度压力、溶液浓度等因素有关；对于溶质在溶液中发生电离的非理想溶液，则溶解热不仅与温度、压力、浓度有关，还与溶质的离子浓度有关。这时不仅考虑浓度影响，还要考虑离子浓度的影响。表 4-4 为一些组分在丙酮中的溶解热和冷凝热。

表 4-4 一些组分在丙酮中的溶解热和冷凝热

组分	温度范围/℃	溶解热/(kcal/kmol)	冷凝热/(kcal/kmol)
甲烷	−18～38	4670	1440
乙烯	−18～38	5572	2940
乙烷	−18～38	3849	3128
乙炔	−18～38	17083	9880
二氧化碳	−18～38	3698	2442

工程上一般不考虑电解质溶液，对于非电解质液态混合物的混合热实验数据可查阅相关文献。理想溶液溶解热比较容易得到，可通过组分的冷凝热数据，或利用焓图查得焓进行计算得到；对于吸收形成非理想溶液的溶解热，可通过下式得到：

$$\Delta H_{abs,i}=\overline{H_i'}-H_i'=R\left[\frac{d\ln E_i}{d(1/T)}\right] \tag{4-46}$$

式中，$\Delta H_{abs,i}$ 为组分 i 的吸收热，J/mol；$\overline{H_i'}$ 为组分 i 在给定温度压力下的无限稀释溶液中的偏摩尔焓，J/mol；H_i' 为组分 i 给定温度压力下的气体摩尔焓，J/mol；R 为热力学常数，8.314；E_i 为亨利系数，bar[1]；T 为热力学温度，K。

根据式(4-46)，如果已知组分的偏摩尔焓，可直接计算得到组分的吸收热，加和之后便得到总吸收热。若没有偏摩尔焓，可将式(4-46) 在边界条件 $T_1 \rightarrow T_2$、$E_1 \rightarrow E_2$ 下积分，得：

$$\Delta H_{abs,i}=\frac{RT_1T_2}{T_1-T_2}\ln\frac{E_{2,i}}{E_{1,i}}=\frac{RT_1T_2}{T_1-T_2}\ln\frac{K_{i,2}}{K_{i,1}} \tag{4-47}$$

式中，T_1、T_2 为温度变化范围，K；$E_{1,i}$、$E_{2,i}$ 为组分 i 在 T_1、T_2 温度下的亨利系数；$K_{i,1}$、$K_{i,2}$ 为组分 i 在 T_1、T_2 温度下的相平衡常数。

也可将式(4-46) 变形为：

$$d(\ln E_i)=\frac{\Delta H_{abs,i}}{R}d\left(\frac{1}{T}\right) \tag{4-48}$$

具体步骤是：在一定温度范围内取若干个 E_i 及相应的温度值，分别计算 $\ln E_i$ 和 $1/T$，

[1] 1bar=0.1MPa。

绘制 $1/T$-$\ln E_i$ 图，其斜率 k 即为 $\Delta H_{\mathrm{abs},i}/R$，则 $\Delta H_{\mathrm{abs},i}=kR$。

上面两种方法适用于溶质浓度不高情况下的吸收热估算。如果非低浓度吸收，估算值有较大偏差。

【例 4-3】 估计 15℃硫化氢在水中的吸收热和混合热（硫化氢 15℃时的汽化热约 17172kJ/kmol）。

解：（1）计算−5℃、0℃、5℃、10℃、15℃、20℃、25℃下的亨利系数，15℃时：

$\ln(E_i/54.75)=27.592\times(1-298/288)-20.231\times\ln(288/298)-0.3835\times(288/298-1)=-0.2548$

$E_i=42.43\mathrm{MPa}$，其他列表。

（2）计算 $1/T$ 和 $\ln E_i$。

（3）作图。

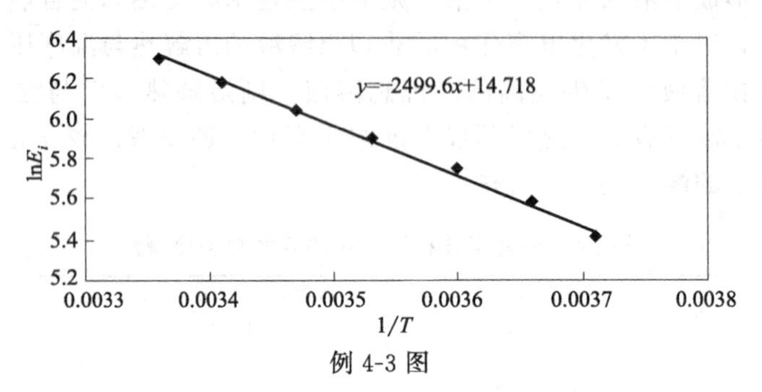

例 4-3 图

（4）$\Delta H_{\mathrm{abs},i}=kR=-8.314\times2499.6=20782(\mathrm{kJ/kmol})$

（5）混合热：$20782-17172=3610(\mathrm{kJ/kmol})$，合 24kJ/kg。

温度/K	268	273	278	283	288	293	298
E_i/bar	221.8	266.1	314.8	367.6	424.3	484.6	547.5
$\ln E_i$	5.402	5.584	5.752	5.907	6.05	6.183	6.305
$1/T$	0.00371	0.00366	0.00360	0.00353	0.00347	0.00341	0.00336

【例 4-4】 试确定 8 个大气压、18℃时丙烷溶于烃类的亨利系数、吸收热和混合热。

解：（1）查得 8 个大气压、18℃时 $K=0.91$，$E_i=8\times0.91=7.28$。

（2）查得 8 大气压、各温度的 K，列入下表。

（3）$E_i=pK$，计算各温度下的 $E_i=pK$，如 20℃时，$E_i=8\times0.935=7.48$，其余列入下表。

（4）计算 $1/T$ 和 $\ln E_i$，并作图。

（5）$\Delta H_{\mathrm{abs},i}=kR=-8.314\times1873=-15572(\mathrm{kJ/kmol})=-84.5(\mathrm{kcal/kg})$。

（6）查得 8 大气压、18℃时丙烷的蒸发潜热为 83kcal/kg，$84.5-83=1.5(\mathrm{kcal/kg})$，混合热很小可忽略，故其溶于烃类可视为理想溶液。

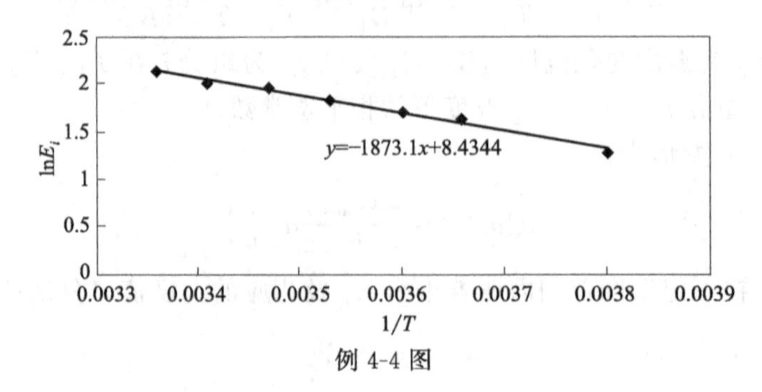

例 4-4 图

温度/K	263.15	273.16	278.15	283.15	288.15	293.15	298.15
K	0.445	0.630	0.7	0.780	0.88	0.935	1.05
E_i/bar	3.65	5.04	5.60	6.24	7.04	7.48	8.4
$\ln E_i$	1.270	1.617	1.723	1.831	1.951	2.012	2.128
$1/T$	0.0038	0.00366	0.0036	0.00353	0.00347	0.00341	0.00335

（二）吸收过程热平衡

在第二章的精馏简捷计算中，并未涉及热量衡算，缘于精馏过程特性：精馏塔的内回流以轻组分为主，在下流过程中的每块塔板上逐渐放出轻组分并溶入重组分；与此同时，塔底上升的重组分为主的蒸气则在每块塔板上逐渐脱除重组分，溶入轻组分，故精馏塔内气液流的量变化不是很大，简捷计算时将其视为“恒摩尔流”。由于气液流量相对稳定，各塔板上的热效应不是很大，因此，即使精馏简捷计算中不考虑热平衡也不严重影响结果。然而吸收塔则不同，吸收塔的液相回流为溶剂，在下流过程中不断地吸收溶质、流量增大；而原料气体在上升过程中组分不断被吸收、流量减少，气液相均不能视为恒摩尔流。同时热量传递也是由气相到液相，所以吸收伴随有放热效应。因此在吸收剂加入塔内后自上而下流动的过程中，随着溶剂中溶质浓度的不断加大，吸收液所得到的热量也不断积累。热量积累的直接后果就是吸收液温度升高，吸收过程的温度升高必然影响吸收率，因此，吸收操作应进行热量衡算并确定吸收过程的温升，简捷计算也不例外。

吸收液的温升幅度与气相溶质分压、吸收剂用量、溶质相变热、溶液的性质等因素有关，工程上主要措施如下。

1. 增加溶剂量或控制吸收液溶质浓度

如果溶剂不是很昂贵、操作温度非低温条件下、吸收液不为产品时，首先考虑通过增加溶剂量模式控制吸收过程温升，譬如 CO_2 物理吸收（丙烯酸酯法）和丙烯腈吸收塔都是采取加大溶剂的量措施控制温度的。但低温条件下不能采用此方案，因为获取低温能耗太大而且不经济。如果吸收液为产品也不能选择本方案，因为产品需要保证相应的浓度，不可随意改变浓度。

2. 降低溶剂温度

非低温条件下，如果溶剂较为昂贵，也可以采取降低溶剂温度的方式控制吸收温升。与中间冷凝器相比，降低溶剂温度工艺较为简单易行。

3. 置中间冷却器

在某些工况下，如富液为产品时不能随意变更浓度，可考虑增加中间冷却器或降低入塔溶剂温度。在吸收塔内设置一个或数个中间冷凝器，保持吸收塔内各层温度均衡地维持在预期的范围内，以保证塔内各层的吸收效果，例如裂解气分离中吸收法的脱甲烷塔就采用中间冷却器，既可以回收部分冷量，又降低吸收操作温度，也避免了高溶剂所造成的能耗损失。吸收塔中间冷却器设置形式是在塔的某块塔板上抽出液体，经冷却后返回塔，图 4-9 为铁钼催化剂法生产甲醛的流程，其中甲醛吸收塔就采用两段中间冷却器，以提高吸收效果。

4. 增加平衡级数

由于吸收过程理论板数对吸收效果影响不大，一般不考虑通过增加理论板的方式提高分离效果。

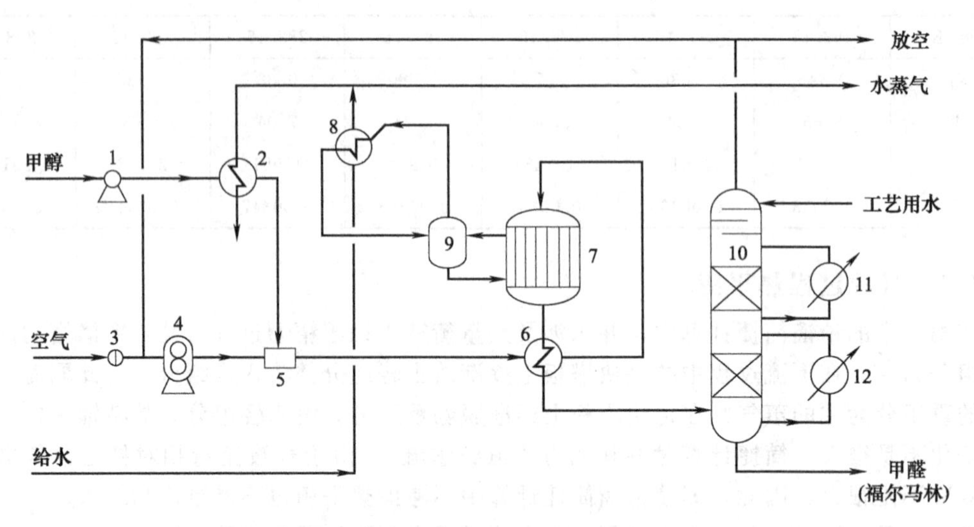

图 4-9 铁钼催化剂法生产甲醛流程

1—泵；2—蒸发器；3—过滤器；4—鼓风机；5—混合器；6—换热器；7—反应器；8—废热锅炉；9—载热体气液分离器；10—甲醛吸收塔；11,12—中间冷却器

吸收塔的热量衡算式如下：

$$G_F h_F + L_0 h_0 + h_{mix} - G_1 h_1 - L_N h_N = 0 \tag{4-49}$$

设置中间冷却器情况下，可采用如下的热平衡式：

$$G_F h_F + L_0 h_0 + h_{mix} - G_1 h_1 - L_N h_N - Q = 0 \tag{4-50}$$

式中，G_F、G_1、L_0、L_N 分别为进料、尾气、贫液和富液流量，kmol/h；h_{mix} 为被溶组分的混合热总量，$h_{mix}=\sum[(\Delta H_{mix,i}-\Delta h_i)_i l]$，kJ/h；$h_F$、$h_0$、$h_1$、$h_N$ 分别为单位流量的进料、尾气、贫液和富液的焓，kJ/kmol，其中 $h_F=\sum H_{F,i}M_i y_{F,i}$、$h_1=\sum H_{1,i}M_i y_{1,i}$、$h_0=\sum H_{0,i}M_i x_{0,i}$、$h_N=\sum H_{N,i}M_i x_{N,i}$；$H_{F,i}$、$H_{1,i}$、$H_{0,i}$、$H_{N,i}$ 分别为进料、尾气、贫液和富液中组分单位质量焓，kJ/kg；Q 为冷却器热负荷。

热平衡的步骤如下：首先确定尾气温度，一般情况下，可设定尾气温度高于溶剂温度 3～8℃；计算进料、入塔溶剂和尾气的焓值；热平衡以得到富液的焓值；通过试差，确定富液温度。

【例 4-5】 用水净化空气尾气，空气尾气温度为 29℃，含丙酮的体积分数为 0.02，流量为 600kmol/h。已知操作压力为 103.325kPa，溶剂水流量为 1650kmol/h，溶剂入塔温度为 22℃，丙酮收率为 0.98，试作热平衡。

解：(1) 富液丙酮量

$$600\times0.02\times0.98=11.76(\text{kmol/h})$$

(2) 设吸收塔尾气温度为 28℃，确定吸收液温度

28℃丙酮蒸气焓值为 145kcal/kg、空气焓值为 192kcal/kg、29℃丙酮蒸气焓值为 146kcal/kg、空气焓值为 200kcal/kg、22℃水的焓值为 20.04kcal/kg，

$$h_F=600\times0.98\times200\times29+600\times0.02\times146\times58=3512016(\text{kcal/h})$$

$$h_1=600\times0.98\times192\times29+600\times0.02\times(1-0.98)\times145\times58=3276002(\text{kcal/h})$$

$$h_0=1650\times18\times20.04=595188(\text{kcal/h})$$

富液焓值为 $h_N=h_F+h_0-h_1=3512016+595188-3276002=831202(\text{kcal/h})$

(3) 设富液温度为 27.6℃，该温度下，水焓值为 27.63kcal/kg，液体丙酮焓值为 14kcal/kg，

$$h_N=1650\times18\times27.63+11.76\times58\times14=830160(\text{kcal/h})$$

【例 4-6】 裂解气经脱甲烷后组成如下表，拟采用 C_7^0 馏分为吸收剂吸收脱 C_4，塔进料 100kmol/h，塔的绝对操作压力 0.1MPa，吸收剂入塔温度−20℃，原料气入塔温度−10℃，丁烷回收率 95%，取操作液气比为最小液气比的 1.341 倍。试确定：(1) 吸收塔所需理论板数；(2) 各组分的吸收量及尾气量；(3) 吸收剂加入量；(4) 热平衡，并估计丁烷的吸收效率（取尾气温度为−15℃）。

组分	CH_4	$C_2^=$	C_2^0	$C_3^=$	C_3^0	nC_4^0	Σ
f_i	3	8	34	27	13	15	100

解：(1) 以丁烷为关键组分，塔的操作温度为

$$[(-10)+(-20)]/2=-15(℃)$$

0.1MPa、−15℃各组分的 K_i 值列入下表。

(2) 操作液气比 (L/V)

$$A_{\min}=\eta=0.95$$

$$(L/V)_{\min}=K_iA_{\min}=0.62\times0.95=0.589$$

$$(L/V)=1.341(L/V)_{\min}=1.341\times0.589=0.7899$$

(3) 理论板数 N

$$A_1=\left(\frac{L}{VK_1}\right)=\frac{0.7899}{0.62}=1.274$$

$$N=\frac{\lg[(A_1-\eta_1)/(1-\eta_1)]}{\lg A_1}-1=\frac{\lg[(1.274-0.95)/(1-0.95)]}{\lg 1.274}-1=7(\text{块})$$

(4) 各组分的吸收分率、尾气量及组成，结果列入表中

$$L_N=\sum_{i=1}^{n}l_{i,N}=\sum_{i=1}^{n}\eta_if_i=24.8498(\text{kmol/h})$$

$$V_1=\sum_{i=1}^{n}v_{i,1}=\sum_{i=1}^{n}(1-\eta_i)f_i=75.1502(\text{kmol/h})$$

(5) 吸收剂加入量 L_0

$$\beta_0=0.006/0.7899=0.0076$$

$$L_0=\frac{(100+75.1502)\times0.7899-100+75.1502}{2-0.0076\times1.7899}=57.1391(\text{kmol/h})$$

$$\beta_0L_0=0.0076\times57.1391=0.4343(\text{kmol/h})$$

(6) 热平衡，设尾气温度为−15℃

$$h_N=621672+320128-428325=513475(\text{kcal/h})$$

可进一步求得富液温度为 22℃。

(7) 吸收效率核算：[(−20)+22]/2=1(℃)，0.1MPa、1℃丁烷的 $K_i=1.1$

$$A_1=\left(\frac{L}{VK_1}\right)=\frac{0.7899}{1.1}=0.718$$

$$\eta=\frac{0.718^8-0.718}{0.718^8-1}=0.696$$，效率下降 27%。

(8) 计算结果见下表

组分	CH_4	$C_2^=$	C_2^0	$C_3^=$	C_3^0	iC_4^0	C_7^0	Σ
f_i	3	8	34	27	13	15		100
K_i(15℃)	130	25	15	4	3.2	0.62	0.006	—
A_i	0.0061	0.0316	0.0527	0.1975	0.2468	1.274		
η_i	0.0061	0.0316	0.0527	0.1975	0.2468	0.95	$\beta_0=0.0076$	
l_i	0.0163	0.2528	1.7918	5.3325	3.2084	14.25	56.7048	81.5546
v_i	2.9857	7.7472	32.2082	21.6675	9.7916	0.75	0.4343	75.5845
H(−10℃)	174	164	168	160	157	154		
f_iHM_i	8352	36736	171360	181440	89804	133980		621672
H(−20℃)							56	
L_0HM_i							320128	320128
H(−15℃)	172	162	167	158	155	153	147	
vHM_i	8216	35141	161363	143786	66779	6656	6384	428325
H	140	121	101	84	82	79	72	(22℃)
lHM_i	37	856	5429	18813	11576	65294	408274	510279

第四节　汽提塔简捷计算——平均解吸因子法

就解吸来说，其目的旨在回收溶质或吸收剂再生，通常分为减压解吸和解吸剂解吸两种模式。所谓减压解吸，即吸收在加压下进行，然后将富液通过节流减压，使得溶质成气泡脱出。该过程与外界无热交换，为绝热过程。该方式只适用于溶解度较小的情况，故使用范围有限；而使用不含溶质的气体与富液进行逆流接触，使得溶质与富液分离并使得吸收剂得到再生的过程或使用气体分离出液体中某些组分的过程则为解吸剂解析过程，一般称为汽提(图 4-10)。解吸剂一般采用空气、水蒸气或稀有气体。用解吸剂再生吸收剂方式应用较为普遍。如上所述，汽提是用来回收被吸收的溶质并使吸收剂与溶质分离获得再生的单元操作。同时在某些情况下，汽提还用于去除液体中的轻组分，如炼油工业中常以蒸汽为汽提剂将油品中的轻组分脱除。所以汽提可以与吸收联合使用，也可以单独使用。

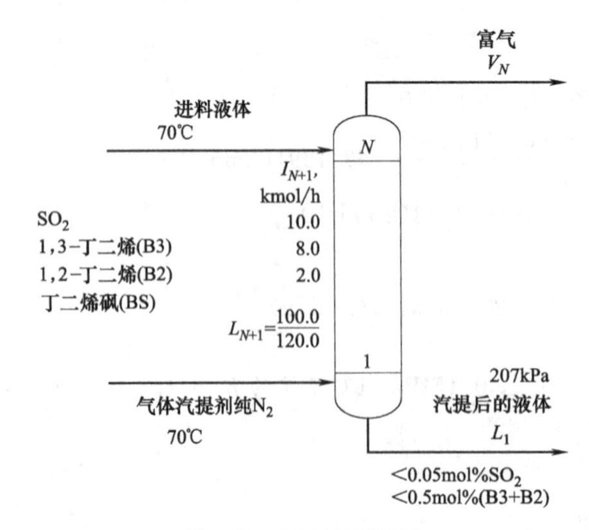

图 4-10　汽提应用实例

汽提塔的形式可以为板式塔或填料塔。无论何种形式的塔，原料都从塔顶部入塔、底部离塔；解吸剂从塔底部入塔，与液体原料在塔内逆流接触，并于塔顶和被提馏组分一起离塔。与吸收塔相反的是，浓端在塔顶，稀端在塔底。在汽提塔内液相中溶质的平衡分压大于气相中溶质的分压，

其推动力为 $y_{i,e}-y_i$。汽提过程中，需将溶质分子相变为气体，故为吸热过程，所以汽提剂温度一般等于或大于原料温度，否则将降低汽提效果。

解吸过程其实是吸收的逆过程，其计算方法与吸收操作类似，可以传质为基准进行设计计算，也可以相平衡为基准进行设计计算。以相平衡为基准的计算法中，有近似计算和严格计算，本节介绍近似计算。

一、平衡级、解吸分率和吸收因子关系

解吸过程同吸收一样，需要确定一个对分离起关键作用的组分，这个组分就叫关键组分（该关键组分比吸收过程关键组分重），用下标 h 表示。解吸过程中指定关键组分的分离要求称为解吸分率 β_h：

$$\beta_h=\frac{x_{N+1,h}-x_{1,h}}{x_{N+1,h}} \tag{4-51}$$

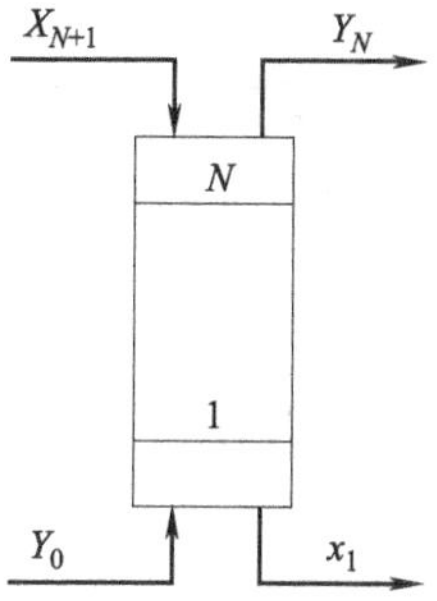

式中，$x_{N+1,h}$ 为原料关键组分的摩尔分数；$x_{1,h}$ 为出塔液中关键组分的摩尔分数。

如图 4-11 所示，按照第三节的推导过程，对汽提塔的解吸过程进行推导（顺序为由下到上），可得到类似式(4-39) 的关系式：

$$\beta=\frac{S^{N+1}-S}{S^{N+1}-1} \tag{4-52}$$

图 4-11 汽提示意图

式中，S 为脱吸因子，其中 $S=KV/L$；K 为塔操作温度下的相平衡常数；L 为进料流量；V 为提馏气体量；N 为汽提塔理论板数。

二、其它关系式及计算步骤

1. 解吸分率和操作温度

汽提过程中关键部分的解吸分率 β_h 一般给定，若未给定，按式(4-51) 估算。同平均吸收因子法一样，首先需要设定操作温度，工程上操作温度为进料温度和汽提剂入塔温度的算数平均值，即：

$$T=(T_F+T_{N+1})/2 \tag{4-53}$$

2. 最小气液比和气液比

解吸过程中，提馏剂的量对解吸影响同样显著，提馏剂流量减少，汽提效果降低，需要的理论板增多，当汽提剂量降至某一最低值时，此时需要的理论板数达到无穷大。此气液比称为最小气液比，用 $(V/L)_{min}$ 表示。根据式(4-52)，有：

$$S^{N+1}-S=\beta S^{N+1}-\beta \tag{4-54}$$

在最小气液比情况下，所需平衡级数为无穷大，故 $S_{min}=\beta$。根据脱吸的定义，有：

$$\left(\frac{V}{L}\right)_{min}=\frac{S_{h,min}}{K_h}=\frac{\beta_h}{K_h} \tag{4-55}$$

在最小气液比时，需要的理论板无穷多，必须适当增大气液比，以得到合适的理论板数，工程上一般采用下式估算气液比：

$$\frac{V}{L}=m\left(\frac{V}{L}\right)_{min} \tag{4-56}$$

m 为系数，可酌情选取，一般取 1.2～30。与吸收剂不同，汽提剂较为廉价，在不影响

分离效果的前提下，m 一般采用较大值。

3. 平衡级数 N 的确定

由上一步得到的气液比 V/L，再根据脱吸因子关系式，可以得到关键组分的脱吸因子 S_h：

$$S_h=K_h\left(\frac{V}{L}\right) \tag{4-57}$$

由关键组分的 S_h 和 β_h，通过下式计算即得到理论板数 N。理论板数 N 也可以通过查图得到。

$$N=\frac{\lg\dfrac{S_h-\beta_h}{1-\beta_h}}{\lg\beta_h} \tag{4-58}$$

4. 其它组分解吸分率 β_i 及汽提量、余液量确定

根据得到的气液比（V/L）和各组分的相平衡常数 K_i，可计算各组分的脱吸因子 S_i：

$$S_i=K_i\left(\frac{V}{L}\right) \tag{4-59}$$

再由 S_i、N 用式(4-52) 计算得到各组分的 β_i，并由此计算汽提出的组分量和余液量：

$$V_N=\sum_{i=1}^{n}v_{i,N}=\sum_{i=1}^{n}\beta_i f_i \tag{4-60}$$

$$L_1=\sum_{i=1}^{n}l_{i,1}=\sum_{i=1}^{n}(1-\beta_i)f_i \tag{4-61}$$

5. 汽提剂量 V_0 的确定

汽提剂用量可采用下式计算：

$$V_0=\frac{(F+L_1)(V/L)-F+L_1}{2} \tag{4-62}$$

考虑汽提过程原料的吸收影响，汽提剂也可按下式估算：

$$V_0=\frac{(F+L_1)(V/L)-F+L_1}{2-\eta_0(1+V/L)} \tag{4-63}$$

式中的 η_0 为汽提剂的吸收分率。需要指出：与吸收过程不同，汽提剂往往难以被原料溶解，故采用式(4-62) 或式(4-63) 有时得不到正确结果，这种情况下，一般采用粗略估计计算，即：

$$V_0=F(V/L) \tag{4-64}$$

式中，(V/L) 为汽提塔气液比；F 为原料流量。

汽提过程因液体汽化而需要一定热量，其热量由汽提剂提供。汽提热平衡时可假定出塔液体温度与原料相同，粗略估算出出塔汽提剂的温度，但一般情况下，因汽提剂廉价而量大，可忽略热量对汽提的影响而省略热平衡。

【例 4-7】 用空气汽提水中的 CO_2，已知水中 CO_2 浓度为 20000g/m^3，要求汽提后水中的 CO_2 浓度为 500g/m^3。已知塔的操作温度为 25℃、压力为 0.1MPa，原料水流量为 30t/h，25℃时 CO_2 在水中的亨利系数 $E=165.8$MPa。求理论板数和空气用量（设温度为 25℃）。

解：(1) 计算参数

$$x_{in}=\frac{20000/44}{1000000/18}=0.0082,\ x_{out}=\frac{500/44}{1000000/18}=0.000205,\ \beta=\frac{20000-500}{20000}=0.975$$

25℃时水的饱和蒸汽压为228.5Pa。

(2) 确定气液比

$$K=E/p=165.8/0.1=1658 \qquad \left(\frac{V}{L}\right)_{min}=\frac{S_{h,min}}{K_h}=\frac{0.975}{K_h}=\frac{0.975}{1658}=0.000588$$

取气液比为最小气液比的10倍　$\left(\frac{V}{L}\right)=10\times0.000588=0.00588$

(3) 确定平衡级

$$S_h=\left(\frac{V}{L}\right)K_h=0.00588\times1658=9.749$$

$$N=\frac{\lg\dfrac{S_h-\beta_h}{1-\beta_h}}{\lg S_h}=\frac{\lg\dfrac{9.749-0.975}{1-0.975}}{\lg 9.749}=2.5$$

(4) 确定各组分汽提量

二氧化碳 $V_{CO_2}=0.975\times30\times20000=585(kg/h)=13.3(kmol/h)$

水 $K=p_i^0/p=228.5/100000=0.002285$

$$S_{H_2O}=\left(\frac{V}{L}\right)K=0.00588\times0.002285=1.344\times10^{-5}$$

$$S^{N+1}-S=\beta S^{N+1}-\beta$$

$$\beta_{H_2O}=\frac{S_{H_2O}^{N+1}-S_{H_2O}}{S_{H_2O}^{N+1}-1}=\frac{0.00001344^{3.5}-0.00001344}{0.00001344^{3.5}-1}=0.00001344$$

$$V_{H_2O}=0.00001344\times30=0.4032(kg/h)=0.0224(kmol/h)$$

(5) 空气为溶解过程

$$E_{air}=7276MPa \qquad K_{air}=E_{air}/p=7276/0.1=72760$$

$$A_{air}=\frac{L}{VK_{air}}=\frac{1}{0.00588\times72760}=0.00234$$

$$\eta_{air}=\frac{A_{air}^{N+1}-A_{air}}{A_{air}^{N+1}-1}=\frac{0.00234^3-0.00234}{0.00234^3-1}=0.00234$$

(6) $V_0=(1+\eta_{air})\left(\frac{V}{L}\right)F=1.00234\times0.00588\times30000/18=9.823(kmol/h)$

$V_0=9.823\times22.4=220(m^3/h)$

其中溶解空气量为 $V_0'=\eta_{air}\dfrac{V}{L}F=0.023kmol/h$。

【例4-8】 如图4-11所示，在202kPa压力下，用70℃氮气汽提丁二烯砜中的二氧化硫和丁二烯，使得二氧化硫和丁二烯的含量小于0.0005和0.005，试估计氮气量和理论板数。原料温度为70℃，流量120kmol/h，组成见下表，已知70℃时丁二烯砜、1,2-丁二烯、1,3-丁二烯和二氧化硫的K值为0.005、3.01、4.53、6.95。

组分	丁二烯砜	1,2-丁二烯	1,3-丁二烯	二氧化硫	Σ
含量/mol	100	2	8	10	120

解：(1) 依题意，1,2-丁二烯关键组分

$$\beta_h=1-\frac{(120-20)\times0.005}{8+2}=0.95，S_{min}=\beta_h=0.95$$

$$\left(\frac{V}{L}\right)_{min}=S_{min}/K_h=\beta_h/K_h=0.95/3.01=0.3156$$

(2) 取气液比与最小气液比倍数分别为1.01、1.1、1.2、2、3计算相应气液比

$$\left(\frac{V}{L}\right)_{1.01}=0.3187，\left(\frac{V}{L}\right)_{1.1}=0.3472，\left(\frac{V}{L}\right)_{1.2}=0.3787，\left(\frac{V}{L}\right)_{2}=0.6312，\left(\frac{V}{L}\right)_{3}=0.9468$$

(3) 计算 S

$S_{1.01}=3.01\times0.3187=0.9593$ $S_{1.1}=3.01\times0.3472=1.045$ $S_{1.2}=3.01\times0.3787=1.140$

$S_2=3.01\times0.6312=1.90$ $S_3=3.01\times0.9468=2.8497$

(4) 确定理论板数

$$N_{1.01}=\frac{\lg\frac{S-\beta}{1-\beta}}{\lg S}=\frac{\lg\frac{0.9593-0.95}{0.05}}{\lg0.9593}=40.5(\text{块})$$

同样得到 $N_{1.1}\approx15$ 块，$N_{1.2}\approx10$ 块，$N_{2.0}\approx5$ 块，$N_{3.0}=3.5$ 块

(5) 计算汽提分率和组成，结果列表。由表可知，在最小理论板数 $N_3=3.5$ 时，丁二烯和二氧化硫的含量为0.0014和0.00012，故5种液气比均可以满足要求。

(6) 取1.2倍气液比，此时 $N_{1.2}=10$，$V=0.3787\times120=45.444(\text{kmol/h})$

出塔液中各组分含量如下：

丁二烯砜0.9981；1,2-丁二烯0.0010；1,3-丁二烯0.0002；二氧化硫0.000001。

(7) 计算结果见下表

项目		丁二烯砜	1,2-丁二烯	1,3-丁二烯	二氧化硫	Σ
f_i		100	2	8	10	120.0000
41	β	0.0016	0.95	1	1.0	
	l_i	99.8400	0.1	0.0	0.0	99.9400
15	β	0.0017	0.95	0.9993	1.0	
	l_i	99.8300	0.1	0.0056	0.0	99.9356
10	β	0.0019	0.95	0.9973	0.9999	
	l_i	99.8100	0.1	0.0216	0.0001	99.9317
5	β	0.0032	0.95	0.9959	0.9995	
	l_i	99.6800	0.1	0.0328	0.0050	99.8178
3.5	β	0.0047	0.95	0.9946	0.9988	
	l_i	99.5300	0.1	0.0432	0.0120	99.6852

第五节　吸收过程近似计算——有效吸收因子（Edmister）法

平均吸收因子关系式建立在吸收塔内温度不变化或变化不大的前提下。实际上由于吸收为放热过程，如果吸收质的量不是太少，必然使得塔内温度升高。因此平均吸收因子法仅适用于吸收组分浓度低、吸收量小的工况，否则计算结果与实际出入很大。故在吸收量不太小的工况下，一般是在平均吸收因子法结果基础上采用有效吸收因子法进行近似计算。

一、有效吸收因子 A_e 及关系式

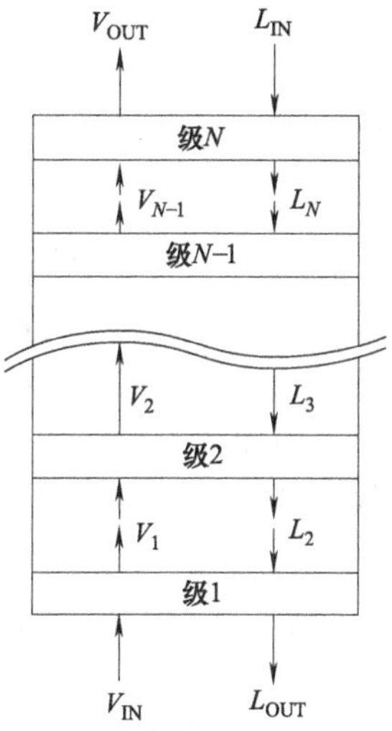

如图 4-12 所示，设塔内液、气流量为 L、V，i 组分在塔顶的组成为 $Y_{1,i}$、进料组成为 $Y_{F,i}$、吸收剂中 i 组分的入塔组成为 $Y_{0,i}$、出塔为 $Y_{N,i}$，并设吸收液为理想溶液，符合拉乌尔定律。v、l 为某组分的气、液流量，同时 $v=yV$，$l=xL$。于是，有下面关系式成立：

$$y_i=\frac{v_i}{V}=K_i\frac{l_i}{L} \tag{4-65}$$

变形，得：
$$l_i=\frac{L}{VK_i}v_i=A_iv_i \tag{4-66}$$

图 4-12 气-液流关系

从塔底开始做物料衡算（略去下标）：

第一块塔板：
$$v_1+l_1=l_2+v_F \tag{4-67}$$

将 $l_1=A_1v_1$ 代入并变形：

$$v_1=\frac{l_2+v_F}{A_1+1} \tag{4-68}$$

第二块塔板：
$$v_2+l_2=l_3+v_1 \tag{4-69}$$

将 $l_2=A_2v_2$、$v_1=\dfrac{l_2+v_F}{A_1+1}$代入并整理得：

$$v_2=\frac{(A_1+1)l_3+v_F}{A_1A_2+A_1+1} \tag{4-70}$$

同理，第三块塔板：
$$v_3+l_3=l_4+v_2 \tag{4-71}$$

可整理得：
$$v_3=\frac{(A_1A_2+A_1+1)l_4+v_F}{A_1A_2A_3+A_1A_2+A_1+1} \tag{4-72}$$

……

塔顶第 N 块板，有：

$$v_N=\frac{(A_1A_2\cdots A_{N-1}+A_1A_2\cdots A_{N-2}+\cdots+A_1+1)l_{N+1}+v_F}{A_1A_2A_3\cdots A_N+A_1A_2\cdots A_{N-1}+\cdots+A_1+1} \tag{4-73}$$

$$\eta_i=\frac{v_F-v_N}{v_F}=\frac{1}{v_F}(v_F-v_N)=\frac{1}{v_F}\left[v_F-\frac{(A_1A_2\cdots A_{N-1}+A_1A_2\cdots A_{N-2}+\cdots+A_1+1)l_{N+1}+v_F}{A_1A_2\cdots A_N+A_1A_2\cdots A_{N-1}+\cdots+A_1+1}\right] \tag{4-74}$$

式(4-74) 整理，得：

$$\frac{v_F-v_N}{v_F}=\frac{A_1A_2\cdots A_N+A_1A_2\cdots A_{N-1}+\cdots+A_1}{A_1A_2\cdots A_N+A_1A_2\cdots A_{N-1}+\cdots+A_1+1}-\frac{l_{N+1}}{v_F}\times\frac{A_1A_2\cdots A_{N-1}+A_1A_2\cdots A_{N-2}+\cdots+A_1+1}{A_1A_2\cdots A_N+A_1A_2\cdots A_{N-1}+\cdots+A_1+1} \tag{4-75}$$

2 块塔板时，式(4-75) 可写成：

$$\frac{v_F-v_N}{v_F}=\frac{A_1A_2+A_1}{A_1A_2+A_1+1}-\frac{l_3}{v_F}\times\frac{A_1+1}{A_1A_2+A_1+1} \tag{4-76}$$

入塔吸收剂可以认为不挥发，且不包含被吸收组分，故 $l_3/v_F\approx 0$，即：

$$\eta=\frac{v_F-v_N}{v_F}=\frac{A_1A_2+A_1}{A_1A_2+A_1+1} \tag{4-77}$$

若以吸收因子 A_e 取代 A_1、A_2，它们关系如下：

$$A_e=\sqrt{A_1(A_2+1)+0.25}-0.5 \tag{4-78}$$

1968 年，马多克斯（Maddox）等经过多年研究，发现吸收过程起主要作用的是塔顶和塔底的两块板，如塔为两块板时，总吸收量的 100%在此两块板完成；如为 3 块板塔，则塔顶塔底两块板完成总吸收量的 88%；如塔为 4 块板时，则塔顶塔底两块板完成总吸收量的 80%。因此吸收操作增加平衡级意义并不大，主要依靠降低溶剂含吸收组分浓度和提高液气比提高吸收效果。埃德密斯特将式(4-78) 推广到多块板：

$$A_e=\sqrt{A_1(A_N+1)+0.25}-0.5 \tag{4-79}$$

式中，A_e 为有效吸收因子；A_1 为塔底条件下的吸收因子；A_N 为塔顶条件下的吸收因子。

二、有效吸收因子法

有效吸收因子法是在拥有平衡级数、吸收量和溶剂量初值基础上，确定塔顶塔底温度、有效吸收因子及各组分的吸收分率，其步骤及过程如下：

(1) 估算理论板数、吸收量、溶剂量等初值，可采用平均吸收因子法得到相关参数。

(2) 初步设定塔顶尾气温度，一般可高于入塔溶剂温度 3～8℃。

(3) 根据吸收量设定缩减量 $M_0(M_0=V_F-V_N)$及塔顶塔底的液气比，即：

$$\left(\frac{L}{V}\right)_N=L_0/V_N \tag{4-80}$$

$$\left(\frac{L}{V}\right)_1=L_1/F \tag{4-81}$$

(4) 热平衡，初步确定富液温度、尾气量及富液量采用初值。

(5) 采用霍顿-富兰克林（Horton-Franklin）流量温度关联式，初步估算各层塔板上流量分布和温度分布：

首先，按下式估算流量分布：

$$\left(\frac{V_N}{V_F}\right)^{1/N}=\frac{V_n}{V_{n-1}} \tag{4-82}$$

式中，V_F 为进料摩尔流量；V_N 为尾气摩尔流量；V_n 为由塔底数第 n 块塔板上的气体摩尔流量；V_{n-1} 为由塔底数第 $n-1$ 块塔板上的气体摩尔流量。

通过式(4-82)，可以逐步得到塔内任一板上气体流量 V_n。气体流量 V_n 确定后，可通过式(4-83) 得到各板液体流量 L_{n+1}：

$$L_{n+1}=L_0+V_n-V_N \tag{4-83}$$

霍顿-富兰克林假设塔内任一两板间温度变化与两板间吸收量成比例，即：

$$\frac{V_F-V_n}{V_F-V_N}=\frac{T_1-T_{n+1}}{T_1-T_0} \tag{4-84}$$

式中，T_1 为富液温度；T_0 为入塔溶剂温度。根据式(4-84)，当气体流量取 $n=N-1$ 时，即可确定塔顶尾气温度 $T_{n+1}=T_N$。

(6) 根据富液和尾气温度，确定相平衡常数，进而根据塔顶、塔底液气比，确定塔顶、塔底吸收因子；对于溶剂需要确定塔顶、塔底的解吸因子。

(7) 确定进料各组分的有效吸收因子（溶剂确定有效气提因子）。

(8) 确定进料各组分的吸收分率（溶剂确定解吸分率）。

(9) 计算原料各组分尾气量和吸收量，溶剂需要计算汽提量和塔底剩余量。

(10) 重复 (3)～(9)，比较两次计算结果，如果两次得到的塔顶塔底温度几乎相同，即可结束计算。

(11) 如吸收分率未达到设计要求，需重新设定初值，重复上述计算步骤。

对于汽提过程，有效解吸因子法的步骤与有效吸收因子法一致，只是塔内流量分布和温度分布按下面关系式估算：

气提过程液体流量分布关系式：$\left(\dfrac{L_1}{L_F}\right)^{1/N}=\dfrac{L_n}{L_{n+1}}$ (4-85)

流量和温度关系为：$\dfrac{L_F-L_{n+1}}{L_F-L_1}=\dfrac{T_F-T_n}{T_F-T_1}$ (4-86)

式中，L_F 为进料摩尔流量；L_1 为尾液摩尔流量；L_n 为由塔底数第 n 块塔板上的液体摩尔流量；L_{n+1} 为由塔底数第 $n+1$ 块塔板上的液体摩尔流量；T_1 为塔底温度；T_F 为气提塔进料温度；T_n 为汽提塔第 n 块板上的温度。

【例 4-9】 裂解气采用吸收分离工艺脱丙烷，脱丙烷塔进料 100kmol/h，进料组成如下表：塔操作压力 8atm（绝），吸收剂入塔温度 5℃，原料气入塔温度 25℃，丙烷回收率 95%，吸收剂为正戊烷，液气比为最小液气比的 1.24 倍。试用有效吸收因子法确定吸收塔尾气和富液的组成及温度。

组分	C_0	$C_2^=$	C_2^0	$C_3^=$	C_3^0	Σ
摩尔分数/%	6.0	54	21	6.5	12.5	100

解：1. 确定初值，以丙烷为关键组分所确定初值见表，理论板数 $N=8$

组分	C_0	$C_2^=$	C_2^0	$C_3^=$	C_3^0	nC_5^0	Σ
f_i	6.0	54	21	6.5	12.5		100
K_i	18.8	4.4	2.84	0.93	0.788	0.062	(15℃)
A_i	0.0494	0.2111	0.3271	0.9989	1.179		
η_i	0.0494	0.2111	0.3271	0.8889	0.9500		
l_0						61.9002	
l_1	0.2964	11.3994	6.8691	5.7779	11.875	57.7715	93.9893
v_N	5.7036	42.6006	14.1309	0.7221	0.625	4.1287	67.9109

2. 有效吸收因子法

(1) 首次计算

① $N=8$，$L_0=61.9002$kmol/h，$V_N=67.9109$kmol/h

$\left(\dfrac{L}{V}\right)_1=\dfrac{93.9893}{100}=0.9399$，$\left(\dfrac{L}{V}\right)_N=\dfrac{61.9002}{67.9109}=0.9115$

② 设尾气温度，初设为 10℃，热平衡得到富液的焓：

$h_1=533286+298607-346770=485123$(kcal/h)，富液温度为 39℃。

③ 估算尾气温度：

$\left(\dfrac{67.9109}{100}\right)^{1/8}=\dfrac{67.9109}{V_7}$，解得 $V_7=71.2766$

$\frac{100-71.2766}{100-67.9109}=\frac{39-T_8}{39-5}$，解得 $T_8=8.6$（℃）。

④ 根据 T_1、T_N，确定 $A_{1,i}$、$A_{N,i}$ 和有效吸收因子 A_e

如甲烷：$A_e=\sqrt{0.0435\times(1+0.0536)+0.25}-0.5=0.0439$，余列表。

⑤ 计算溶剂有效脱吸因子

$$S_e=\sqrt{0.0532\times(1+0.1692)+0.25}-0.5=0.0587$$

⑥ 计算各组分吸收分率和溶剂解吸分率，如甲烷：$\eta=\frac{0.0439^9-0.0439}{0.0439^9-1}=0.0439$。

⑦ 计算吸收量、尾气量，结果见下表。

序号	组分	CH_4	$C_2^=$	C_2^0	$C_3^=$	C_3^0	nC_5^0	Σ
1	f_i	6.0	54	21	6.5	12.5		100
2	H_f(25℃)	190	173	182	170	168		
3	f_iH_f	18240	261576	114660	46410	92400		533286
4	H_0(5℃)						67	
5	l_0H_0						298607	298607
6	v_N	5.7036	42.6006	14.1309	0.7221	0.625	4.1287	67.9109
7	H_N(10℃)	183	167	173	164	160	162	
8	v_NH_N	16700	199200	73339	4974	4400	48157	346770
9	l_1	0.2964	11.3994	6.8691	5.7779	11.875	57.7715	93.9893
10	H_1(39℃)	152	126	129	95	91	84	
11	l_1H_1	721	40217	26583	23054	47548	349402	487525
12	K_N(8.6℃)	17	3.93	2.55	0.8	0.67	0.0485	
13	K_1(39℃)	21.6	6.4	4.3	1.7	1.49	0.159	
14	A_1	0.0435	0.1469	0.2186	0.5529	0.6308	0.1692(S_1)	
15	A_N	0.0536	0.2319	0.3575	1.1394	1.3604	0.0532(S_N)	
16	A_e	0.0439	0.1565	0.2394	0.6970	0.8187	0.0587(S_e)	
17	η	0.0439	0.1565	0.2394	0.6848	0.7828	0.0587	
18	$l_i=\eta f_i$	0.2634	8.4510	5.0274	4.4512	9.785	58.2667	86.2447
	v_i	5.7366	45.5490	15.9726	2.0488	2.7150	3.6335	75.6555

（2）迭代计算，经过 4 次迭代，结果如下：$N=8$，$L_0=61.9002$kmol/h，溶剂损失量为 3.9369kmol/h，$T_N=8.1$℃，$T_1=32$℃，丙烷收率为 78.56%，吸收量为 26.3062kmol/h，尾气量为 73.6938kmol/h，计算结果见下表。

项目	第 1 次					第 2 次				
	$T_N=8.5$℃，$T_1=35$℃					$T_N=8.4$℃，$T_1=34$℃				
	h_1/(kcal/h)	A_e	η_i	l_i	v_i	h_1/(kcal/h)	A_e	η_i	l_i	v_i
C_1		0.0401	0.0401	0.2406	5.7594		0.0405	0.0405	0.2430	5.7570
$C_2^=$		0.151	0.151	8.154	45.846		0.1520	0.1520	8.2060	45.7920
C_2^0		0.2322	0.2322	4.8762	16.1238		0.1906	0.1906	4.0026	16.9974
$C_3^=$		0.6759	0.6661	4.3297	2.1703		0.6775	0.6675	4.3388	2.1612
C_3^0		0.7861	0.7584	9.4800	3.0200		0.7896	0.7611	9.5138	2.9862
nC_5^0		0.0641	0.0641	57.9324	3.9678		0.0649	0.0649	57.8829	4.0173
Σ	449499			85.0129	76.8873	435797			84.1891	77.7111

续表

项目	第3次					第4次				
	$T_N=8.1℃, T_1=32℃$					$T_N=8.1℃, T_1=32℃$				
	h_1/(kcal/h)	A_e	η_i	l_i	v_i	h_1/(kcal/h)	A_e	η_i	l_i	v_i
C_1		0.0403	0.0403	0.2418	5.7582		0.0410	0.0410	0.2460	5.7540
$C_2^=$		0.1594	0.1597	8.6076	45.3924		0.1535	0.1535	8.2890	45.7110
C_2^0		0.2327	0.2327	4.8867	16.1133		0.2371	0.2371	4.9791	16.0209
$C_3^=$		0.6897	0.6783	4.4090	2.0910		0.7035	0.6904	4.4876	2.0124
C_3^0		0.8065	0.7783	9.6725	2.8275		0.8225	0.7856	9.8200	2.6800
nC_5^0		0.0649	0.0649	57.8829	4.0173		0.0636	0.0636	57.9633	3.9369
Σ	434109			85.7005	76.1997	439431			85.7850	76.1152

【例 4-10】 根据例 4-9 的条件和计算结果，若采用如下方式提高丙烷收率：(1) 降低溶剂温度；(2) 增加溶剂量；(3) 加设中间冷却器；(4) 提高理论板数。试计算不同条件下的丙烷收率。

解：(1) 溶剂温度降至－5℃时，丙烷收率为 82.88%；溶剂温度降至－10℃时，丙烷收率达到 89.88%，结果见下表。

项目	溶剂温度为－5℃					溶剂温度为－10℃				
	$T_N=8℃, T_1=30℃$					$T_N=7.4℃, T_1=25℃$				
	h_1/(kcal/h)	A_e	η_i	l_i	v_i	h_1/(kcal/h)	A_e	η_i	l_i	v_i
C_1		0.0427	0.0427	0.2562	5.7438		0.046	0.046	0.276	5.724
$C_2^=$		0.1621	0.1621	8.7534	45.2466		0.1833	0.1833	9.8982	44.1018
C_2^0		0.2515	0.2515	5.2815	15.7185		0.2815	0.2815	5.9115	15.0885
$C_3^=$		0.7531	0.6686	4.3459	2.1541		0.8759	0.8218	5.3417	1.1583
C_3^0		0.8870	0.8288	10.36	2.1400		1.0233	0.8988	11.235	1.265
nC_5^0		0.0584	0.0584	58.2852	3.6150		0.0536	0.0536	58.5823	3.3179
Σ	434489			87.2822	74.6180	441774			91.2447	70.6555

(2) 增加溶剂量：溶剂量增加 10% 时，丙烷收率达到 82.36%；溶剂量增加 25% 时，丙烷收率达到 92.59%，结果见下表。

项目	溶剂增加 10%					溶剂增加 25%				
	$T_N=8℃, T_1=30℃$					$T_N=8.6℃, T_1=33℃$				
	h_1/(kcal/h)	A_e	η_i	l_i	v_i	h_1/(kcal/h)	A_e	η_i	l_i	v_i
C_1		0.0441	0.0441	0.2646	5.7354		0.0525	0.0525	0.3150	5.685
$C_2^=$		0.1684	0.1684	9.0936	44.9064		0.1992	0.1992	10.7784	43.2216
C_2^0		0.2617	0.2617	5.4957	15.5043		0.3179	0.3179	6.6759	14.3241
$C_3^=$		0.7904	0.7617	4.9511	1.5489		0.9264	0.8520	5.538	0.962
C_3^0		0.8787	0.8236	10.295	2.205		1.0984	0.9259	11.5738	0.9262
nC_5^0		0.0565	0.0565	64.2431	3.8471		0.0451	0.0451	73.8857	3.4896
Σ	464791			94.3431	73.7471	559440			108.7668	68.6085

(3) 加设中间冷凝器，通过中间冷凝器，将富液温度控制到25℃时，丙烷收率为90.82%，将富液温度控制到15℃时，丙烷收率为96.06%，结果见下表。

项目	富液温度为25℃					富液温度为15℃				
	$T_N=7.4$℃, $Q=44.5$kJ/s					$T_N=62$℃, $Q=96.9$kJ/s				
	h_1/(kcal/h)	A_e	η_i	l_i	v_i	h_1/(kcal/h)	A_e	η_i	l_i	v_i
C_1		0.046	0.046	0.276	5.724		0.0517	0.0517	0.3102	5.6898
$C_2^=$		0.1849	0.1849	9.9846	44.0154		0.2234	0.2234	12.0306	41.9364
C_2^0		0.2622	0.2622	5.5062	15.1938		0.3475	0.3475	7.2975	13.7025
$C_3^=$		0.8939	0.8331	5.4152	1.0848		1.1203	0.9324	6.0606	0.4394
C_3^0		1.0471	0.9082	11.3525	1.1475		1.3065	0.9606	12.1200	0.3800
nC_5^0	444473	0.0532	0.0532	58.6071	3.2931	421035	0.0519	0.0519	58.6876	3.2126
Σ				91.1416	70.7586				96.5395	65.3607

(4) 将理论板提高50%，达到12块时，丙烷收率仅为82.69%，结果见下表。

项目	理论板为12				
	$T_N=7.1$℃, $T_1=32$℃				
	h_1/(kcal/h)	A_e	η_i	l_i	v_i
C_1		0.0413	0.0413	0.2478	5.7522
$C_2^=$		0.1554	0.1554	8.3916	45.6084
C_2^0		0.2402	0.2402	5.0442	15.9558
$C_3^=$		0.7200	0.7160	4.654	1.846
C_3^0		0.8473	0.8269	10.3363	2.1637
nC_5^0		0.0599	0.0599	58.1924	3.7078
Σ	442707			86.8663	75.0339

第六节　吸收塔填料层高度及塔板数计算

确定理论板数后，还要根据吸收塔所采取的形式，确定吸收塔的填料层高度或吸收塔实际塔板数。

一、吸收塔填料层高度计算

填料塔的填料层高度可用式(2-174)得到，其中等板高度(HETP)为实现分离效果的单级理论板数的填料层高度。我们知道操作线为一直线，低浓度下，平衡线亦为直线，若此两直线相互平行，等板高度与传质单元高度相等，即：

$$\mathrm{HETP}=H_{\mathrm{OG}} \tag{4-87}$$

若平衡线和操作线均为直线但相互不平行时，两者的关系为：

$$\mathrm{HETP}=H_{\mathrm{OG}}\times\frac{\ln(1/A)}{1/A-1} \tag{4-88}$$

式(4-87)、式(4-88) 表明以传质速率为基准和以相平衡为基准的传质高度相互关联，由此可知：虽然它们所取的计算方法基础根本不同，但可以彼此换算。两者之间关系工程上经常应用，因此，当平衡线为直线时，常通过传质单元高度 H_{OG} 确定等板高度 HETP。

(一) 传质单元高度估算

习惯上，用 H_{OG} 表示总气膜传质单元高度、H_{OL} 表示总液膜传质单元高度、H_G 表示气膜传质单元高度、H_L 表示液膜传质单元高度，它们之间关系如下：

$$\begin{cases} H_{OG}=H_G+H_L/A' \\ H_{OL}=H_L+A'H_G \end{cases} \tag{4-89}$$

式中，$A'=L/KV$，为吸收因子。对于液膜控制过程 $H_{OL}=H_L$，而气膜控制过程 $H_{OG}=H_G$。液膜传质单元高度可按下式估算：

$$H_L=\phi\left(\frac{L'}{\mu_L}\right)^j\left(\frac{\mu_L}{\rho_L D_L}\right)^{0.5} \tag{4-90}$$

式中，H_L 单位为 ft；ϕ、j 为常数（见表 4-5）；L'为液流质量流速，lb/(h • ft^2)；$\mu_L/(\rho_L D_L)$ 为液相施密特准数。

表 4-5 常数 ϕ、j 参考值

填料/in		ϕ	j	L'/[lb/(h • ft^2)]
拉西环	3/8	0.00182	0.46	400～15000
	1/2	0.00357	0.35	400～15000
	1.0	0.01000	0.22	400～15000
	1.5	0.01110	0.22	400～15000
	2.0	0.01250	0.22	400～15000
弧鞍型	1/2	0.00666	0.28	400～15000
	1.0	0.00588	0.28	400～15000
	1.5	0.00625	0.28	400～15000
3in 十字环排列		0.0625	0.09	3000～14000
6146 型		0.0154	0.23	3500～30000
6295 型		0.00725	0.31	2500～22000

气膜传质单元高度可按下式计算：

$$H_G=\frac{\alpha G^{\beta}}{L^{\gamma}}\left(\frac{\mu_G}{\rho_G D_G}\right)^{0.5} \tag{4-91}$$

式中，H_G 单位为 ft；α、β、γ 为常数（见表 4-6）；G、L 为气液质量流速，lb/(h • ft^2)；$\mu_G/(\rho_G D_G)$ 为气相施密特准数。

表 4-6 气膜传质常数数据

填料/in		α	β	γ	质量流速/[lb/(h • ft^2)]	
					G	L
拉西环	3/8	2.32	0.45	0.47	200～500	500～1500
	1.0	7.00	0.39	0.58	200～800	400～500
		6.41	0.32	0.51	200～600	500～4500
	1.5	17.3	0.38	0.66	200～700	500～1500
		2.58	0.38	0.40	200～700	1500～4500
	2.0	3.82	0.41	0.45	200～800	500～4500

续表

填料/in		α	β	γ	质量流速/[lb/(h·ft²)]	
					G	L
弧鞍型	1/2	32.4	0.30	0.74	200～700	500～1500
	1.0	0.811	0.30	0.24	200～700	1500～4500
	1.5	1.97	0.36	0.40	200～800	400～4500
		5.05	0.32	0.40	200～1000	400～4500
3in 十字环排列		650	0.58	1.06	150～900	3000～10000
6146 型		3.91	0.37	0.39	130～1000	3000～6500
6295 型		4.65	0.17	0.27	100～1000	2000～11500

（二）等板高度估算

迄今为止，尚无可靠准确的方法计算等板高度，不少研究者提出的计算方法误差都很大，目前 HETP 值主要依靠从工业应用的实际经验数据中选取，下面介绍常见估算等板高度的经验式供参考。需要注意，HETP 不仅用于吸收塔，也用于精馏塔等板高度计算。

1. 莫奇经验式

$$\mathrm{HETP}=38C_1(0.205G)^{C_2}(39.4D)^{C_3}Z_G^{1/3/}(\alpha\mu_L/\rho_L) \tag{4-92}$$

式中，G 为气体质量流速，kg/(m²·h)；D 为塔径，m；α 为相对挥发度；μ_L 为液相黏度，mPa·s；ρ_L 为液相密度，kg/m³；Z_G 为每段填料层高度，可取 3m；C_1、C_2、C_3 为与填料相关的参数，部分填料的 C_1、C_2、C_3 值见表 4-7。

表 4-7　部分填料的 C_1、C_2、C_3 值

填料	填料尺寸/mm	C_1	C_2	C_3
拉西环	6	—	—	1.24
	9	0.77	−0.37	1.24
	12.5	7.43	−0.24	1.24
	25	1.26	−0.1	1.24
	50	1.8	0.0	1.24
弧鞍型	12.5	0.75	−0.45	1.11
	25	0.80	−0.14	1.11

适用条件：常压、气速为泛点气速的 25%～85%；塔径大于填料尺寸的 8 倍且在 50～750mm 范围内；填料段高度 0.9～3.0m；气相负荷 648～9000kg/(m²·h)；高回流或全回流，相对挥发度 α 为 3～4。当塔径、气相负荷及相对挥发度等与适用条件相差较大时，与实际相差较大。

2. 诺顿（Norton）经验式

诺顿公司通过对大量填料的使用数据回归，得到 HETP 关联式，该经验式考虑了液体黏度及表面张力的影响：

$$\ln\mathrm{HETP}=h-0.187\ln\sigma+0.213\ln\mu_L \tag{4-93}$$

式中，h 为与填料有关的常数，见表 4-8；σ 为富液表面张力，N/m；μ_L 为富液黏度，mPa·s；HETP 为等板高度，ft。

适用条件：常压操作，4×10^{-3}N/m$\leqslant\sigma\leqslant$0.036N/m，0.08mPa·s$\leqslant\mu_L\leqslant$0.83mPa·s，且填料层内气液均匀分布。

表 4-8 HETP 关联式中常用的 h 值

填料类型	h 值	填料类型	h 值
No. 25IMTP	1.1308	D_g50mm 金属鲍尔环	1.6584
No. 38IMTP	1.15687	D_g25mm 瓷矩鞍环	1.1308
No. 50IMTP	1.1916	D_g38mm 瓷矩鞍环	1.4157
D_g25mm 金属鲍尔环	1.1308	D_g50mm 瓷矩鞍环	1.7233
D_g38mm 金属鲍尔环	1.3951		

诺顿公司给出 IMTP 填料的典型数据（表 4-9），适用条件：组分分子量不大于 100、表面张力不低于 0.013N/m、液体黏度不大于 0.7×10^{-3}Pa·s、多数组分常压沸点下的黏度为 0.22×10^{-3}Pa·s 以下。其他黏度条件下需要校正，见表 4-10。

表 4-9 常用英特洛克斯（IMTP）填料特性数据（环鞍型填料）

型号	填料个数/m^3	空隙率/%	填料因子 F_P	比表面积 a/(m^2/m^3)	HETP/mm
No. 25	168425	96.7	441	203	366～488
No. 40	50140	97.3	258	151	457～610
No. 50	14685	97.8	194	98	549～762
No. 70	4625	98.1	129	60	790～1060

表 4-10 液相黏度对填料等板高度的影响

黏度/mPa·s	HETP/mm	黏度/mPa·s	HETP/mm
0.22	100	1.5	150
0.35	110	3.0	175
0.75	130		

3. 基斯特（H. Z. Kister）式

基斯特（H. Z. Kister）建议按下组关系式粗略估算等板高度：对于低黏度液体，采用如鲍尔环等散装填料时，可按下式估算：

$$\text{HETP}=1.5d_p \tag{4-94}$$

式中，HETP 单位为 ft；d_p 为填料规格，in。

真空操作条件下，采用如鲍尔环等散装填料时，可按下式估算：

$$\text{HETP}=1.5d_p+0.5 \tag{4-95}$$

式中符号意义及单位同式(4-94)。

赛斯瑞格（R. E. Strige）建议：对于精馏过程或吸收过程的填料塔，当理论板数小于 15 时，等板高度需由计算结果乘以 1.2；理论板数在 15～25 时，等板高度需由计算结果乘以 1.15；高理论板塔，等板高度计算后无需校正。

对于低黏度液体，原化工部化学工程设计中心站提出鲍尔环的等板高度值如下：ϕ50mm 环的 HETP 约为 0.7～0.75m；ϕ38mm 环的 HETP 约为 0.55～0.60m；ϕ25mm 环的 HETP 约为 0.4～0.45m。高黏度液体的 HETP 值在 1.5～1.8m。

二、板式吸收塔塔板数确定

板式吸收塔可根据式(2-171)，通过理论板数和板效率得到实际塔板数，板效率吸收奥康奈尔图或板效率关联式确定。

(1) 奥康奈尔（O'connell）板效率图

奥康奈尔通过对多个实验室和工业蒸馏塔、吸收塔及汽提塔的运行数据分析，绘制了图 4-13 的板效率图 [曲线②为蒸馏塔、曲线③为吸收（汽提）塔]。其中曲线③的数据点的涵盖范围：塔径 0.05～2.743m；液体黏度 0.22～21.5cP；平均压力 3.34～101.33MPa；操作温度 15.5～75.5℃；总板效率为 8%～60%，吸收剂包括烃类和水，被吸收（汽提）组分为烃类、氨、二氧化碳。

(2) D-B 经验式

德利卡莫（H. G. Drickamer）和布拉德夫特（J. R. Bradford）提出如下经验式：

$$E_0 = 19.2 - 57.8\lg\mu_L \tag{4-96}$$

式中，E_0 为板效率，%；μ_L 为富液端的液体黏度，cP，适用范围 $0.2\text{cP} < \mu_L < 1.6\text{cP}$。

式(4-96) 是通过对 20 组烃类吸收及汽提时关键组分数据回归得到的，数据拟合平均偏差为 10.3%，最大偏差为 41%，注意该式不适用于非烃类。

(3) 埃德米斯特（W. C. Edmister）经验式

埃德米斯特提出以下面关联式对奥康奈尔图板效率曲线进行模拟，平均偏差为 16.3%，最大偏差为 157%。对实测板效率为 50%以上数据点的预测误差不超过 10%。液相的物性参数数据，以高浓度端较为准确，吸收采用富液条件的数据，解吸采用原料条件的数据：

$$\lg E_0 = 1.597 - 0.199\lg\left(\frac{KM_L\mu_L}{\rho_L}\right) - 0.0896\lg\left(\frac{KM_L\mu_L}{\rho_L}\right)^2 \tag{4-97}$$

式中，K 为相平衡常数；M_L 为液相的摩尔质量，g/mol；μ_L 为液相的黏度，cP；ρ_L 为液相的密度，lb/ft^3。

(4) 朱汝瑾关系式

$$\lg E_0 = -0.8586 + 0.245\lg\left(\frac{L_m}{G_m}\right) + 0.38\lg\left(\frac{p}{H'\mu_L}\right) + 0.302h \tag{4-98}$$

式中，(L_m/G_m)为液气相摩尔流速比；p 为总压，kPa；H'为亨利系数，$\text{kPa}\cdot\text{m}^3/\text{kmol}$；$\mu_L$ 为液体黏度，mPa·s；h 即 $(h_w + h_{ow})$，为堰高及堰液头，m。

适用范围：$0.4 < (L_m/G_m) < 8$，h 不大于 0.1m。试验结果表明，朱汝瑾式较奥康奈尔图和前两个经验式更接近实测值。

(5) M-S-V 修正式

麦克法兰、西格蒙德和温克尔统计了 806 个泡罩塔和筛板塔的二元系统（其中 285 个氨吸收塔）的试验数据，得到如下板效率关系式，式(4-99) 平均误差 10.6%，90%的计算值在试验值的±24%之内：

$$E_{MV} = 6.8(Re_V \cdot Sc)^{0.1}(Dg \cdot Sc)^{0.115} \tag{4-99}$$

式中，$Re_V = h_w G_V/\mu_L$，为气相修正雷诺数；h_w 为堰高；G_V 为孔质量气速；μ_L 为液体黏度；$Sc = \mu_L/\rho_L D_{AB}$，为液相施密特数；D_{AB} 为被吸收组分在液相中扩散系数；$1/D_g = \mu_L\mu_V/\sigma_L$ 为毛细管数，各物理量单位见式(2-163)。

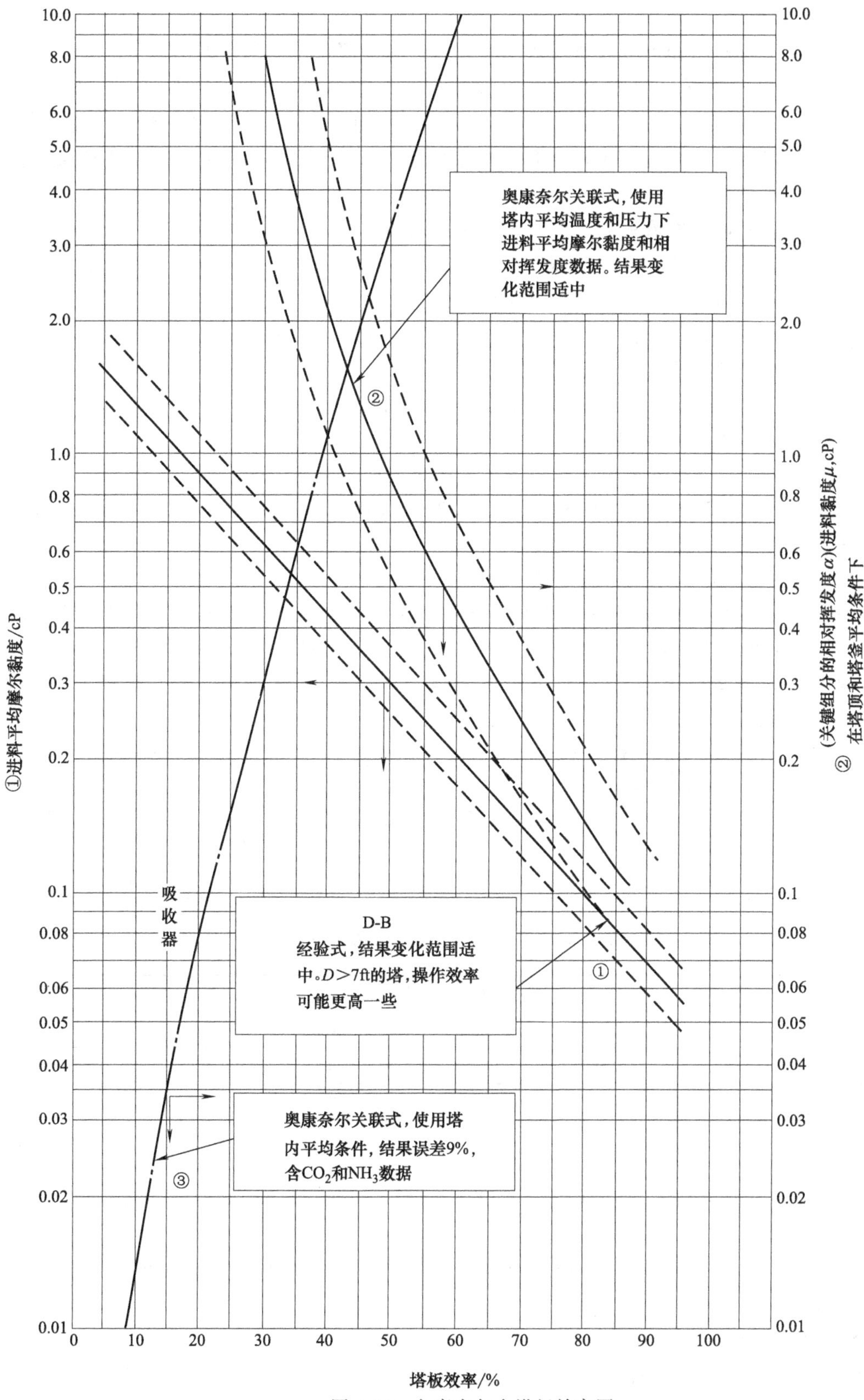

图 4-13　奥康奈尔全塔板效率图

(6) K-W 关系式

凯斯勒和温卡特提出如下吸收塔塔效率关系式，与奥康奈尔图的误差不大于5%：

$$E_0 = 0.37237 + 0.19339\lg(Hp/\mu_L) + 0.024816\lg(Hp/\mu_L)^2 \tag{4-100}$$

式中，H 为亨利系数，$lb/(atm \cdot ft^2)$；p 为操作压力，atm；μ_L 为液相黏度，cP。

【例 4-11】 根据例 4-2 的条件和结果，若富液温度为−10℃，试确定填料塔的吸收层高度和板式塔实际塔板数。

解：(1) −10℃时，富液的黏度和表面张力分别为：

$$\mu_L = (0.0022\times0.0^{1/3} + 0.045\times0.07^{1/3} + 0.0186\times0.072^{1/3} + 0.0241\times0.24^{1/3} + 0.9101\times0.45^{1/3})^3$$
$$= (0.0185 + 0.0077 + 0.015 + 0.6974)^3 = 0.403(cP)$$

$$\sigma_L = \sum x\sigma_i = 0.9101\times20 + 0.0241\times14.2 + 0.0186\times4.2 + 0.045\times2.0 + 0.0022\times0 = 18.71(dyn/cm)$$

(2) 板式塔塔效率和实际塔板数

$E_0 = 19.2 - 57.8\lg\mu_L = 19.2 - 57.8\lg0.403 = 42.01\%$

$N_A = 8/0.42 = 18.6 \approx 19$（块）

(3) 填料塔，用 ϕ25mm 的鲍尔环的等板高度和填料层高度

$\ln HETP = h - 0.187\ln\sigma + 0.213\ln\mu_L = 1.1308 - 0.187\ln18.71 + 0.213\ln0.403 = 0.3895$

即 $HETP = 1.2\times1.4762ft = 540mm$

$Z = 1.2\times8\times0.540 = 5.18(m)$，填料层分两段。

【例 4-12】 根据例 4-10 的条件和结果，平衡级为 12 级，富液温度 32℃，相平衡常数及液相摩尔质量组成见下表，气相流量为 $G=3061kg/h$，采用 ϕ25mm 弧鞍填料，塔径为 0.45m。试用下面方法计算填料塔的填料层高度：(1) 莫奇经验式；(2) 诺顿经验式；(3) 基斯特关系式。

序号	组分	CH_4	$C_2^=$	C_2^0	$C_3^=$	C_3^0	nC_5^0	Σ
1	K_1	21	5.85	3.87	1.46	1.27	0.124	(32℃)
2	x	0.0029	0.0966	0.0581	0.0536	0.1190	0.6698	1.0000
3	w	0.0008	0.0449	0.0290	0.0374	0.087	0.8009	1.0000

解：(1) 查得 8atm、32℃的液体组分黏度、表面张力、密度如下：

组分	CH_4	$C_2^=$	C_2^0	$C_3^=$	C_3^0	nC_5^0
$\rho_L/(kg/m^3)$	—	260	250	492	482	618
$\mu_L/mPa \cdot s$	—	0.02	0.03	0.08	0.100	0.212
$\sigma/(N/m)$	—	0.24	0.2	6.2	4.8	14.9

混合物密度为：

$\rho_L = 0.0449\times260 + 0.029\times250 + 0.0374\times492 + 0.087\times482 + 0.8009\times618 = 574(kg/m^3)$

混合物黏度为：

$$\mu_L = (0.0966\times0.02^{1/3} + 0.0581\times0.03^{1/3} + 0.0536\times0.08^{1/3} + 0.119\times0.1^{1/3} + 0.6698\times0.212^{1/3})^3$$
$$= 0.133(cP)$$

混合物表面张力：

$\sigma_L = 0.6698\times14.9 + 0.119\times4.8 + 0.0536\times6.2 + 0.0581\times0.2 + 0.0966\times0.24 = 10.92$ (dyn/cm)

(2) 莫奇经验式

$G=\dfrac{4\times3061}{3.14\times0.45^2}=19256[\mathrm{kg/(m^2\cdot h)}]$

$\mathrm{HETP}=38\times0.8\times(0.205\times19256)^{-0.4}\times(39.4\times0.45)^{1.11}\times3^{1/3}\left(\dfrac{1.27}{0.124}\times\dfrac{0.133}{574}\right)$

$=0.793(\mathrm{m})$

$Z=1.2N\times\mathrm{HETP}=1.2\times12\times0.793=11.42(\mathrm{m})$,填料层分4段。

(3) 诺顿经验式

$\ln\mathrm{HETP}=1.1308-0.187\ln10.92+0.213\ln0.133=0.2541$

$\mathrm{HETP}=1.289(\mathrm{ft})=0.398(\mathrm{m})$

$Z=1.2N\cdot\mathrm{HETP}=1.2\times12\times0.398=5.73(\mathrm{m})$，填料层分2段。

(4) 基斯特关系式

$\mathrm{HETP}=1.5d_p=1.5\times1=1.5(\mathrm{ft})=0.457(\mathrm{m})$

$Z=1.2N\cdot\mathrm{HETP}=1.2\times12\times0.457=6.58(\mathrm{m})$，填料层分2段。

【例4-13】 用水蒸气汽提氨，假定$G/L=0.2$，堰高$h_w=0.05\mathrm{m}$，堰上液层高度$h_{ow}=0.04\mathrm{m}$，氨浓度小于0.2%、亨利系数为$E=9.9\times10^5\mathrm{Pa}$，操作压力为常压，塔径1.5m，若空塔气速为1.5m/s，气相密度为$0.597\mathrm{kg/m^3}$，泡罩塔盘开孔率为$A_0=8\%$，试用奥康奈尔图、埃德米斯特式、朱汝瑾式、M-S-V式、K-W式计算塔效率，并与实测值比较(100℃时氨在水中扩散系数为$D_{AB}=8.68\times10^{-9}\mathrm{m^2/s}$)。

解：(1) 氨浓度小于0.2%，为稀溶液，视为水，100℃时

$\rho_L=958\mathrm{kg/m^3}=59.8\mathrm{lb/ft^3}$，$\mu_L=0.284\mathrm{mPa\cdot s}$，$\sigma_L=62\mathrm{dyn/cm}$

(2) 用奥康奈尔图

$K=E/p=990000/101325=9.77$

$\rho_L/KM\mu_L=59.8/(9.77\times18\times0.284)=1.197$，查得$E_0=41\%$

(3) 用埃德米斯特式

$M_L=18\mathrm{kg/kmol}=18\mathrm{lb/mol}$

$K_1=E_1/p=990/101.33=9.77$

$KM\mu_L/\rho_L=9.77\times18\times0.284/59.8=0.8352$

$\lg E_0=1.597-0.199\lg\dfrac{KM\mu_L}{\rho_L}-0.0896\left[\lg\left(\dfrac{KM\mu_L}{\rho_L}\right)\right]^2$

$=1.597-0.199\lg0.8352-0.0896(\lg0.8352)^2=1.597+0.0156-0=1.6126$

$E_0=41\%$

(4) 用朱汝瑾式

$H'=\dfrac{E}{\rho_L/M_m}=\dfrac{990}{958/18}=18.6\mathrm{kPa\cdot m^3/kmol}$

$\lg E_0=-0.8586+0.245\lg\left(\dfrac{L_m}{G_m}\right)+0.38\lg\left(\dfrac{p}{H'\mu_L}\right)+0.302h$

$=-0.8586+0.245\lg\left(\dfrac{1}{0.2}\right)+0.38\lg\left(\dfrac{101.325}{18.6\times0.284}\right)+0.302\times0.09=-0.1727$

$E_0=67.2\%$

(5) 用 M-S-V 式

$$Re_V=\frac{h_w G}{\mu_L}=\frac{0.05\times1.5\times0.597}{0.284\times10^{-3}\times0.08}=1971, Sc=\frac{\mu_L}{\rho_L D_{AB}}=\frac{0.284\times10^{-3}}{958\times8.68\times10^{-9}}=34.2$$

$$D_g=\frac{\sigma_L}{\mu_L u_V}=\frac{0.062\times0.08}{0.284\times10^{-3}\times1.5}=11.6$$

$$E_{MV}=6.8(Re_V\cdot Sc)^{0.1}(D_g\cdot Sc)^{0.115}$$

$$=6.8\times(1971\times34.2)^{0.1}\times(34.2\times11.6)^{0.115}=6.8\times2.135\times2.137\times1.328=41.1(\%)$$

$$\frac{1}{A}=\frac{KV}{L}=9.77\times0.2=1.954$$

$$E_T=\frac{\lg[1+E_{MV}(1/A-1)]}{\lg(1/A)}$$

$$=\frac{\lg[1+0.411\times(1.954-1)]}{\lg1.954}=\frac{0.14397}{0.2909}=0.494$$

(6) 用 K-W 式

$$Hp/\mu_L=\rho_L/K_1M_L\mu_L=1.197$$

$$E_0=0.37237+0.19339\lg(HP/\mu_L)+0.024816\lg(HP/\mu_L)^2$$

$$=0.37237+0.19339\lg1.197+0.024816\lg1.197^2=0.39$$

(7) 实测值

泡罩塔 $E_{MV}=77\%$ ($p=101.22\text{kPa}$, $T=100℃$)

根据式(2-157), $E_T=0.7039$

第七节 吸收平衡级严格计算——SR 法

虽然 BP 法很好地解决了窄沸程的精馏模拟计算，但并不能用于吸收及汽提，缘于宽沸时 BP 法采用的级温与 S 方程、H 方程与气相流率配对方式所产生的级温、流率等参数不收敛。苏嘉塔（A. D. Sujata）于 1961 年提出流量加和（SR）法，1967 年，伯宁翰（D. W. Burningham）和奥托（F. D. Otto）发展了 SR 法，使之简化和实用。SR 法仍采用 ME 方程组联立建立三对角方程组，但与 BP 法相反，用流率方程和 S 方程相匹配，利用 S 方程产生新的液相和气相流率，平衡级温度与 H 方程相匹配，并将牛顿-拉夫森法用于 H 方程校核温度 ΔT，产生新的温度进行迭代计算。该法简单准确，适用于平衡级数小于 10 的吸收和汽提过程，但存在收敛稳定性差，阻尼因子确定困难等不足。

目前，工程上对于类似吸收及汽提的宽沸程过程且平衡级小于 10 的一般物系，普遍采用 SR 法，非理想性强的物系或复杂的吸收（气提）过程，如吸收蒸出塔，则采用同时校正法的 N-R 法或内外层法，本节介绍流量加和法。

码 4-2 吸收蒸出塔及其物料衡算

一、必要条件

进料和原料温度组成及吸收塔操作压力设定：组分数为 c，塔内平衡数为 N；F_j 为 j 级进料，F_N 为塔底原料气，将溶剂视为第一级进料 F_1；V_j 为离开 j 级气体，V_1 为塔顶尾气；L_j 为离开 j 级液体，L_N 为塔底富液；U_j 为 j 级抽出液体，G_j 为 j 级抽出气体；Q_j

为 j 级热交换量，$H_{V,j}H_{L,j}$ 为 j 级气液相流体焓；$x_{i,j}$ 为 j 级液相摩尔分数，$y_{i,j}$ 为 j 级气相摩尔分数。吸收模型如图 4-14 所示。

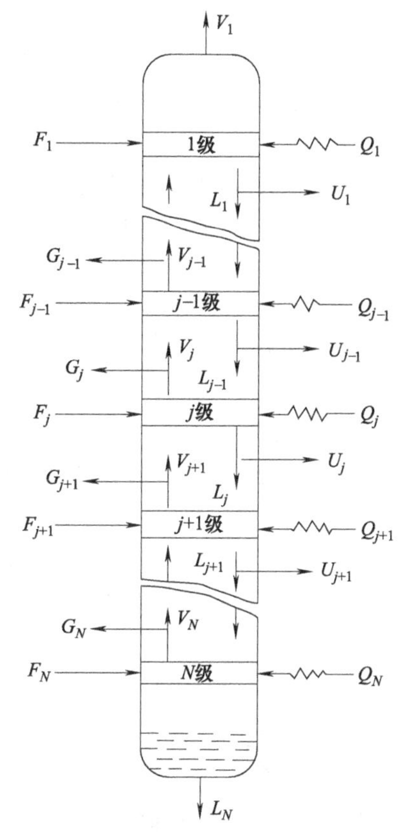

图 4-14 吸收模型图

二、托马斯法求解 ME 方程

1. 建立 ME 方程

(1) 将 $y_i=K_ix_i$ 方程代入 M 方程得任意塔板的 ME 方程

$$L_{j-1}x_{i,j-1}+V_{j+1}K_{i,j+1}x_{i,j+1}+F_jz_{i,j}-(L_j+U_j)x_{i,j}-(V_j+G_j)K_{i,j}x_{i,j}=0 \quad (4\text{-}101)$$

(2) 作第一级和任意块板 j 之间的物料衡算

$$V_{j+1}+\sum_{j=1}^{j}F_j=L_j+\sum_{j=1}^{j}U_j+\sum_{j=1}^{j}G_j+V_1 \quad (1\leqslant j\leqslant N) \quad (4\text{-}102)$$

变形得：

$$L_j=V_{j+1}+\sum_{j=1}^{j}(F_j-G_j-U_j)-V_1 \quad (1\leqslant j\leqslant N) \quad (4\text{-}103)$$

(3) 从第一级开始逐级列物料衡算方程

① 第一级总物料衡算：$V_1+U_1+L_1-F_1-V_2=0$ $(j=1)$ (4-104)

对 i 组分衡算： $V_1y_{i,1}+U_1x_{i,1}+L_1x_{i,1}-F_1z_{i,1}-V_2y_{i,2}=0$ (4-105)

即： $-(V_1K_{i,1}+L_1+U_1)x_{i,1}+V_2K_{i,2}x_{i,2}=-F_2z_{i,2}$ (4-106)

为简化方程形式，令：

$$-(V_1K_{i,1}+L_1+U_1)=B_1,\ V_2K_{i,2}=C_1,\ -F_1z_{i,1}=D_1 \quad (4\text{-}107)$$

则有：
$$B_1x_{i,1}+C_1x_{i,2}=D_1 \quad (4\text{-}108)$$

显然，只要有 V_1、U_1、V_2、F_1 及塔顶温度等参数，即可确定 B_1、C_1，下同。

② 对第二级作 i 组分物料衡算，根据 M 方程，有：

$$L_1x_{i,1}+V_3y_{i,3}+F_2z_{i,2}=(V_2+G_2)y_{i,2}+(L_2+U_2)x_{i,2} \quad (j=2) \quad (4\text{-}109)$$

将 $y_i=K_ix_i$ 代入并变形为：

$$L_1x_{i,1}-[(V_2+G_2)K_{i,2}+(U_2+L_2)]x_{i,2}+V_3K_{i,3}x_{i,3}=-F_2z_{i,2} \quad (4\text{-}110)$$

将 $L_1=V_2+F_1-U_1-V_1$ 代入，得：

$$(V_2+F_1-U_1-V_1)x_{i,1}-[(V_2+G_2)K_{i,2}+(L_2+U_2)]x_{i,2}+V_3K_{i,3}x_{i,3}=-F_2z_{i,2} \quad (4\text{-}111)$$

为简化方程组形式，令：

$$A_2=V_2+F_1-U_1-V_1,\ -(V_2+G_2)K_{i,2}-L_2-U_2=B_2,\ V_3K_{i,3}=C_2,\ -F_2z_{i,2}=D_2 \quad (4\text{-}112)$$

则有：
$$A_2x_{i,1}+B_2x_{i,2}+C_2x_{i,3}=D_2 \tag{4-113}$$

③ 对第 j 块板作 i 组分物料衡算，根据 M 方程，有：

$$L_{j-1}x_{i,j-1}+V_{j+1}y_{i,j+1}+F_jz_{i,j}-(V_j+G_j)y_{i,j}-(L_j+U_j)x_{i,j}=0 \quad (j=j) \tag{4-114}$$

将 $y_i=K_ix_i$ 代入并变形为：

$$L_{j-1}x_{i,j-1}+V_{j+1}K_{i,j+1}x_{i,j+1}-(V_j+G_j)K_{i,j}x_{i,j}-(L_j+U_j)x_{i,j}=-F_jz_{i,j} \tag{4-115}$$

消去液相流率，将 $L_{j-1}=V_j+\sum_{j=1}^{j-1}(F_j-G_j-U_j)-V_1$ 及 $L_j=V_{j+1}+\sum_{j=1}^{j}(F_j-G_j-U_j)-V_1$ 代入，有：

$$\left[V_j+\sum_{j=1}^{j-1}(F_j-G_j-U_j)-V_1\right]x_{i,j-1}+V_{j+1}K_{i,j+1}x_{i,j+1}-$$
$$\left[(V_j+G_j)K_{i,j}+V_{j+1}+\sum_{j=1}^{j}(F_j-G_j-U_j)-V_1+U_j\right]x_{i,j}=-F_jz_{i,j} \tag{4-116}$$

上式可整理为：

$$\left[V_j+\sum_{j=1}^{j-1}(F_j-G_j-U_j)-V_1\right]x_{i,j-1}-[(V_j+G_j)K_{i,j}+V_{j+1}+$$
$$\sum_{j=1}^{j}(F_j-G_j-U_j)-V_1+U_j]x_{i,j}+V_{j+1}K_{i,j+1}x_{i,j+1}=-F_jz_{i,j} \tag{4-117}$$

同样，为简化方程组形式，令：

$$\begin{cases} V_j+\sum_{j=1}^{j-1}(F_j-G_j-U_j)-V_1=A_j \\ (V_j+G_j)K_{i,j}+V_{j+1}+\sum_{j=1}^{j}(F_j-G_j-U_j)-V_1+U_j=B_j \\ V_{j+1}K_{j+1}=C_j \\ -F_jz_{i,j}=D_j \end{cases} \tag{4-118}$$

上式可变成：
$$A_jx_{i,j-1}+B_jx_{i,j}+C_jx_{i,j+1}=D_j \tag{4-119}$$

④ 塔底最后一块板：

$$L_{N-1}x_{i,N-1}+F_Nz_{i,N}-(V_N+G_N)y_{i,N}-L_Nx_{i,N}=0 \quad (j=N) \tag{4-120}$$

$y_i=K_ix_i$ 代入并变形为：

$$L_{N-1}x_{i,N-1}-(V_N+G_N)K_{i,N}x_{i,N}-L_Nx_{i,N}=-F_Nz_{i,N} \tag{4-121}$$

消去液相流率，将 $L_{N-1}=V_N+\sum_{j=1}^{N-1}(F_j-G_j-U_j)-V_1$ 代入，有：

$$\left[V_N+\sum_{j=1}^{N-1}(F_j-G_j-U_j)-V_1\right]x_{i,N-1}-L_Nx_{i,N}=-F_Nz_{i,N} \tag{4-122}$$

上式可整理为：

$$\left[V_N+\sum_{j=1}^{N-1}(F_j-G_j-U_j)-V_1\right]x_{i,N-1}-[(V_N+G_N)K_{i,N}+F_N]x_{i,N}+$$
$$V_{N+1}K_{i,N+1}x_{i,N+1}=-F_Nz_{i,N} \tag{4-123}$$

同样，为简化方程组形式，令：

$$\begin{cases} V_N + \sum_{j=1}^{N-1}(F_j - G_j - U_j) - V_1 = A_N \\ -\left[(V_N + G_N)K_{i,N} + L_N\right] = B_N \\ V_{N+1}K_{i,N+1} = C_N = 0 \\ -F_N z_{i,N} = D_N \end{cases} \tag{4-124}$$

上式可变成：
$$A_N x_{i,N-1} + B_N x_{i,N} = D_N \tag{4-125}$$

⑤ ME 方程组及三对角矩阵：

从塔顶第一板到塔底，组分 i 的 ME 方程组为：

$$\begin{cases} B_1 x_{i,1} + C_1 x_{i,2} = D_1 \\ A_2 x_{i,1} + B_2 x_{i,2} + C_2 x_3 = D_2 \\ \vdots \\ A_j x_{i,j-1} + B_j x_{i,j} + C_j x_{i,j+1} = D_j \\ \vdots \\ A_{N-1} x_{i,N-2} + B_{N-1} x_{i,N-1} + C_{N-1} x_{i,N} = D_{N-1} \\ A_N x_{i,N-1} + B_N x_{i,N} = D_N \end{cases} \tag{4-126}$$

写成三对角矩阵形式：

$$\begin{bmatrix} B_1 & C_1 & & & & & & \\ A_2 & B_2 & C_2 & & & & & \\ & A_3 & B_3 & C_3 & & & & \\ & & \ddots & \ddots & \ddots & & & \\ & & & A_j & B_j & C_j & & \\ & & & & \ddots & \ddots & \ddots & \\ & & & & & A_{N-1} & B_{N-1} & C_{N-1} \\ & & & & & & A_N & B_N \end{bmatrix} \begin{bmatrix} x_{i,1} \\ x_{i,2} \\ x_{i,3} \\ \vdots \\ x_{i,j} \\ \vdots \\ x_{i,N-1} \\ x_{i,N} \end{bmatrix} = \begin{bmatrix} D_1 \\ D_2 \\ D_3 \\ \vdots \\ D_j \\ \vdots \\ D_{N-1} \\ D_N \end{bmatrix} \tag{4-127}$$

若求解上面矩阵，即可求得各级任意组分 i 的摩尔分数 x_i，共有 N 个 x_i；对 c 个组分的 N 个理论级的吸收塔需解 c 个矩阵。可解得 $N\times c$ 个 x_i，即得到吸收过程所有 x_i。

2. 三对角矩阵求解

矩阵可采用如下步骤求解：

① 用下述公式消元：

$$\begin{cases} p_1 = C_1/B_1 & (j=1) \\ p_j = \dfrac{C_j}{B_j - A_j p_{j-1}} & (j=1,2,\cdots,N-1) \\ q_1 = D_1/B_1 & (j=1) \\ q_j = \dfrac{D_j - A_j q_{j-1}}{B_j - A_j p_{j-1}} & (j=1,2,\cdots,N) \end{cases} \tag{4-128}$$

② 消元结果：

$$\begin{bmatrix} 1 & p_1 & & & & & \\ & 1 & p_2 & & & & \\ & & \ddots & \ddots & & & \\ & & & 1 & p_m & & \\ & & & & \ddots & \ddots & \\ & & & & & 1 & p_{N-1} \\ & & & & & & 1 \end{bmatrix} \begin{bmatrix} x_{i,1} \\ x_{i,2} \\ \vdots \\ x_{i,m} \\ \vdots \\ x_{i,N-1} \\ x_{i,N} \end{bmatrix} = \begin{bmatrix} q_1 \\ q_2 \\ \vdots \\ q_m \\ \vdots \\ q_{N-1} \\ q_N \end{bmatrix} \tag{4-129}$$

③ 回代解方程组可按下式：

$$\begin{cases} x_N = q_N & (j=N) \\ x_{i,j} = q_j - p_j x_{i,j+1} & (j=1,2,\cdots,N-1) \end{cases} \tag{4-130}$$

三、流量加和及归一化

1. 流量加和

吸收操作过程中，气液相组成变化决定气液流量，当液相组成已知后，采用如下关系式确定液相和气相流率：

$$L_j^{k+1} = L_j^k \left(1 - \beta + \beta \sum_{i=1}^{C} x_{ij}^k\right) \tag{4-131}$$

$$V_j^{k+1} = L_{j-1}^{k+1} - L_N^{k+1} + \sum_{m=j}^{N} (F_m - G_m - U_m) \tag{4-132}$$

$$\varepsilon_k = \frac{\sum_{j=1}^{N} \left| \sum_{i=1}^{C} x_{ij}^k - 1 \right|}{CN} \tag{4-133}$$

式中，β 为校正因子，起避免过度校正作用。当 $\varepsilon_k > 0.05$ 时，$\beta = 0.5$；$\varepsilon_k < 0.05$，$\beta = 1$。

2. 各级气液组成归一化

利用下面关系式对各理论板上的液相组成和气相组成归一：

$$x_i = \frac{x_i}{\sum_{i=1}^{c} x_i} \tag{4-134}$$

$$y_i = K_i x_i \tag{4-135}$$

$$y_i = \frac{y_i}{\sum_{i=1}^{c} y_i} \tag{4-136}$$

四、求解 H 方程，校正温度

对任意 j 级，建立 H 方程：

$$L_{j-1} h_{\mathrm{L},j-1} + V_{j+1} h_{\mathrm{V},j+1} + F_j h_{\mathrm{F},j} - (L_j + U_j) h_{\mathrm{L},j} - (V_j + G_j) h_{\mathrm{V},j} - Q_j = 0 \tag{4-137}$$

用 H_j 表示任意理论板上温度偏差产生的热平衡偏差，则：

$$H_j = L_{j-1}h_{L,j-1} + V_{j+1}h_{V,j+1} + F_j h_{F,j} - (L_j + U_j)h_{L,j} - (V_j + G_j)h_{V,j} - Q_j \quad (4\text{-}138)$$

上式为温度 T_j 的函数。N 块理论板的吸收塔，上述热平衡偏差方程为 N 个，即关于 H_j 的方程组：

$$\begin{cases} H_1 = V_1 h_1 + (L_1 + U_1)h_1 - V_2 h_2 - F_1 h_{F,1} + Q_1 & j=1 \\ \vdots & \\ H_j = -L_{j-1}h_{L,j-1} + (V_j + G_j)h_{V,j} + (L_j + U_j)h_{L,j} - V_{j+1}h_{V,j+1} - F_j h_{F,j} + Q_j & 2 \leqslant j \leqslant N-1 \\ \vdots & \\ H_N = L_{N-1}h_{L,N-1} + (V_N + G_N)h_{V,N} + L_N h_{L,N} - F_N h_{F,N} + Q_N & j=N \end{cases} \quad (4\text{-}139)$$

当各级气液流率 V_j、L_j 及组成 $x_{j,i}$、$y_{j,i}$ 给定后，方程组为非线性方程组，可用 Newton-Raphson 求解。将式(4-139) 展开为泰勒级数并略去一阶偏导数以后的各项，得：

$$H_j^{k+1} = H_j^k + \left(\frac{\partial H_j}{\partial T_{j-1}}\right)^k \Delta T_{j-1}^k + \left(\frac{\partial H_j}{\partial T_j}\right)^k \Delta T_j^k + \left(\frac{\partial H_j}{\partial T_{j+1}}\right) \Delta T_{j+1}^k \quad (4\text{-}140)$$

$$\Delta T_j^k = T_j^{k+1} - T_j^k$$

式中，调整温度 T_j 的目标是满足热平衡方程，即使得 $H_j^{k+1}=0$，于是式(4-140) 可写成：

$$-H_j^k = \left(\frac{\partial H_j}{\partial T_{j-1}}\right)^k \Delta T_{j-1}^k + \left(\frac{\partial H_j}{\partial T_j}\right)^k \Delta T_j^k + \left(\frac{\partial H_j}{\partial T_{j+1}}\right) \Delta T_{j+1}^k \quad (4\text{-}141)$$

式中，$\Delta T_j^k = T_j^{k+1} - T_j^k$。

对上式求偏导。并令：

$$A_j = \left(\frac{\partial H_j}{\partial T_{j-1}}\right) = -L_{j-1}\left(\frac{\partial h_{L,j-1}}{\partial T_{j-1}}\right) \quad (4\text{-}142)$$

$$B_j = \left(\frac{\partial H_j}{\partial T_j}\right) = -(V_j + G_j)\left(\frac{\partial h_{V,j}}{\partial T_j}\right) - (L_j + U_j)\left(\frac{\partial h_{L,j}}{\partial T_j}\right) \quad (4\text{-}143)$$

$$C_j = \left(\frac{\partial H_j}{\partial T_{j+1}}\right) = -V_{j+1}\left(\frac{\partial h_{V,j+1}}{\partial T_{j+1}}\right) \quad (4\text{-}144)$$

$$D_j = -H_j \quad (4\text{-}145)$$

式中，h_V、h_L 为各级气液摩尔焓，可利用归一后的各级气液组成 $x_{i,j}$、$y_{i,j}$ 及各组分焓表达式得到：

$$h_{V,j} = \sum y_{i.j} H_{i,V} = \sum y_i (a_i + b_i T_j + c_i T_j^2) \quad (4\text{-}146)$$

$$h_{L,j} = \sum x_{i.j} H_{i,L} = \sum x_i (a_i + b_i T_j + c_i T_j^2) \quad (4\text{-}147)$$

将以上代入式(4-139)，变成矩阵形式：

$$\begin{bmatrix} B_1 & C_1 & & & & & & \\ A_2 & B_2 & C_2 & & & & & \\ & A_3 & B_3 & C_3 & & & & \\ & & \ddots & \ddots & \ddots & & & \\ & & & A_j & B_j & C_j & & \\ & & & & \ddots & \ddots & \ddots & \\ & & & & & A_{N-1} & B_{N-1} & C_{N-1} \\ & & & & & & A_N & B_N \end{bmatrix} \begin{bmatrix} \Delta T_1 \\ \Delta T_2 \\ \Delta T_3 \\ \vdots \\ \Delta T_j \\ \vdots \\ \Delta T_{N-1} \\ \Delta T_N \end{bmatrix} = \begin{bmatrix} D_1 \\ D_2 \\ D_3 \\ \vdots \\ D_j \\ \vdots \\ D_{N-1} \\ D_N \end{bmatrix} \quad (4\text{-}148)$$

矩阵式(4-148)为线性方程组，采用托马斯法解出 ΔT_j。

五、迭代温度确定

解出 ΔT_j 后，新的温度按下式确定：

$$T_j^{k+1}=T_j^k+\lambda\Delta T_j^k \tag{4-149}$$

式中，λ 为阻尼因子，以避免过度校正。通常 λ 为 0～1，首次计算 λ 可取 1。

六、流量加和法步骤

① 给定原始数据：理论板数、进料量及组成、吸收剂量及组成、塔操作温度，各组分的相平衡常数及气相、液相焓的温度表达式；

② 估算各级温度计气液流量参数，温度可按线性分布，流量可按恒摩尔流；

③ 托马斯法确定各级断面的 $x_{i,j}$；

④ 确定各级液相和气相流率；

⑤ 气液组成归一化；

⑥ Newton-Raphson 建立热平衡矩阵并用托马斯法求解各级温度差；

⑦ 确定阻尼因子 λ 和新温度 T_j^{k+1}；

⑧ 收敛判断：

$$\sum_{j=1}^{N}\frac{(T_j^k-T_j^{k-1})^2}{(T_j^k)^2}+\sum_{j=1}^{N}\frac{(V_j^k-V_j^{k-1})^2}{(V_j^k)^2}\leqslant\varepsilon \quad (\varepsilon=0.01N) \tag{4-150}$$

如不满足上式要求，则重复③～⑧。

【例 4-14】 裂解气采用中压油吸收分离工艺脱丙烷，脱丙烷塔进料 100kmol/h，进料组成如下表，塔操作压力 3.6MPa，吸收剂入塔温度－36℃，原料气入塔温度－10℃，丙烷回收率 98%，吸收剂为 nC_5^0。试用 PR 法确定组成及温度分布。该压力下各烃相平衡常数及气液焓表达式见以下两个表：

组分	C_0	$C_2^=$	C_2^0	C_3^0	C_4^0	Σ
分子%	84.0	10.0	3.0	2.5	0.5	100

组成	K 表达式	H_V/(kcal/mol)	H_L/(kcal/mol)
C_0	$3.39143+0.01443T-2.14286\times10^{-5}T^2$	$9.6T-65.76$	$9.888T+676.267$
$C_2^=$	$1.4285\times10^{-5}T^2+8.29\times10^{-3}T+0.74617$	$-0.26404T^2+128.34T-11377.1$	$24.07T-3912.21$
C_2^0	$0.52671+5.99\times10^{-3}T+2.75\times10^{-5}T^2$	$-0.1578T^2+83.765T-6317.49$	$22.56T-3693.266$
C_3^0	$1.27321\times10^{-5}T^2+2.32\times10^{-3}T+0.12521$	$11T+3969.35$	$23.06T-3311.91$
C_4^0	$0.05555+9.37914\times10^{-4}T+3.28571\times10^{-6}T^2$	$20.3T+2981.06$	$33.06T-5208.14$
nC_5^0	$0.00948+2.46893\times10^{-4}T+2.275\times10^{-6}T^2$	$26.64T+4092.08$	$37.08T-5547.56$

解：(1) 初步确定参数

级序	F	G_j	V_j	L_j	U_j	Q_j	T_j/K	T_j/℃
0	15.000						237.15	−36
1			100	15	0	0	242.35	−30.8
2			100	15			247.55	−25.6
3			100	15			252.75	−20.4
4			100	15			257.95	−15.2
5			100	15			263.15	−10
6			100	15			268.35	−4.8
7	100						263.15	−10

(2) 首次迭代

① 托马斯法解 ME 方程组：

以组分 1 为例，余列表：

$j=1$，$K_{1,1}=3.39143-0.01443\times30.8-2.14286\times10^{-5}\times30.8^2=2.927$

$K_{1,2}=3.39143-0.01443\times25.6-2.14286\times10^{-5}\times25.6^2=3.008$

$A_1=15$，$B_1=-V_1K_{1,1}-L_1-U_1=-100\times2.927-15.0=-307.7$，$C_1=V_2K_{1,2}=300.8$

相同方法其它各级得到 $A_2=15$，$B_2=-315.8$，$C_2=308.8$，$A_3=15$，$B_3=-323.8$，$C_3=316.7$，$A_4=15$，$B_4=-331.7$，$C_4=324.5$，$A_5=15$，$B_5=-339.5$，$C_5=332.2$，$A_6=15$，$B_6=-347.2$，$C_6=0$

得如下矩阵：

$$\begin{bmatrix} 307.7 & 300.8 & & & & \\ 15 & 315.8 & 308.8 & & & \\ & 15 & 328.8 & 316.7 & & \\ & & 15 & 331.7 & 324.5 & \\ & & & 15 & 339.5 & 332.2 \\ & & & & 15 & 347.2 \end{bmatrix} \begin{bmatrix} x_{1,1} \\ x_{1,2} \\ x_{1,3} \\ x_{1,4} \\ x_{1,5} \\ x_{1,6} \end{bmatrix} = \begin{bmatrix} 0 \\ 0 \\ 0 \\ 0 \\ 0 \\ -84 \end{bmatrix}$$

化简：

$j=1$，$P_1=C_1/(B_1-L_0P_0)=300.8/(-307.7)=-0.9776$，$q_1=D_{1,1}/B_1=0$

同样得到 $P_2=-1.02545$，$P_3=-1.02685$，$P_4=-1.0259$，$P_5=-1.0250$，$q_2=q_3=q_4=q_5=0$

$$q_6=\frac{D_{1,6}-L_5Q_5}{B_6-L_5P_5}=\frac{-84}{347.2-15\times1.025}=0.253145$$

$$\begin{bmatrix} -0.9776 & & & & & \\ & -1.0255 & & & & \\ & & -1.0268 & & & \\ & & & -1.0259 & & \\ & & & & -1.025 & \\ & & & & & 1 \end{bmatrix} \begin{bmatrix} x_{1,1} \\ x_{1,2} \\ x_{1,3} \\ x_{1,4} \\ x_{1,5} \\ x_{1,6} \end{bmatrix} = \begin{bmatrix} 0 \\ 0 \\ 0 \\ 0 \\ 0 \\ 0.253145 \end{bmatrix}$$

回代：

$x_6=Q_6=0.253145$

$x_5=Q_5-P_5x_6=1.025\times0.253145=0.259474$

$x_4=Q_4-P_4x_5=1.0259\times0.259474=0.266194$

$x_3=Q_3-P_3x_4=1.02685\times0.266194=0.273341$

$x_2=Q_2-P_2x_3=1.02545\times0.273341=0.280298$

$x_1=Q_1-P_1x_2=0.9776\times0.280298=0.274019$

所有组分结果列表如下。

序号	C_0	$C_2^=$	C_2^0	C_3^0	C_4^0	nC_5^0	Σ
1	0.274019	0.155460	0.056310	0.007663	0.000044	1.003513	1.497009
2	0.280298	0.187301	0.074603	0.022289	0.000237	1.009509	1.574237
3	0.273341	0.182644	0.076713	0.046243	0.000975	1.015638	1.595554
4	0.266194	0.169791	0.072921	0.080088	0.003507	1.022612	1.615113
5	0.259474	0.156173	0.067367	0.121180	0.011343	1.027201	1.642738
6	0.253145	0.144071	0.061833	0.163302	0.33324	0.973035	1.628710

② 确定各级流量：

$$\varepsilon_k=\frac{\sum_{j=1}^{N}\left|\sum_{i=1}^{C}x_{ij}^k-1\right|}{CN}=\frac{3.0486}{6\times6}=0.085>0.05，\beta=0.5$$

$j=1$，$L_1=15\times(0.5+0.5\times1.497009)=18.728$；$j=2$，$L_2=15\times(0.5+0.5\times1.574237)=19.307$；

$j=3$，$L_3=15\times(0.5+0.5\times1.595554)=19.467$；$j=4$，$L_4=15\times(0.5+0.5\times1.615113)=19.613$；

$j=5$，$L_5=15\times(0.5+0.5\times1.642738)=19.821$；$j=6$，$L_6=15\times(0.5+0.5\times1.62871)=19.715$。

$j=1$，$V_1=15-19.715+100=95.285$；$j=2$，$V_2=18.728-19.715+100=99.013$；

$j=3$，$V_3=19.307-19.715+100=99.592$；$j=4$，$V_4=19.467-19.715+100=99.752$；

$j=5$，$V_5=19.613-19.715+100=99.898$；$j=6$，$V_6=19.821-19.715+100=100.106$。

(3) 归一化结果列表

序号	组成	甲烷	乙烯	乙烷	丙烷	异丁烷	正戊烷
1	x	0.1831	0.1038	0.0376	0.0051	0.0	0.6704
	y	0.8857	0.0865	0.0229	0.0005	0.0	0.0044
2	x	0.1780	0.1190	0.0474	0.0141	0.0002	0.6413
	y	0.8600	0.1038	0.0298	0.0017	0.0	0.0047
3	x	0.1713	0.1145	0.0481	0.0289	0.0006	0.6366
	y	0.8510	0.1074	0.0322	0.0039	0.0	0.0055
4	x	0.1648	0.1051	0.0451	0.0496	0.0022	0.6332
	y	0.8473	0.1063	0.0324	0.0075	0.0001	0.0064
5	x	0.1579	0.0951	0.0410	0.0738	0.0069	0.6253
	y	0.8436	0.1041	0.0317	0.0126	0.0005	0.0075
6	x	0.1554	0.0885	0.0380	0.1003	0.0204	0.5974
	y	0.8391	0.1017	0.0308	0.0186	0.0017	0.0081

(4) 各级摩尔焓关系式

$j=0$：溶剂 $h_{L,0}=48689.43$

$j=1$：$h_{V,1}=-0.026474T^2+21.645T-1052.529$，$h_{L,1}=30.133T-4300.953$

$j=2$：$h_{V,2}=-0.032137T^2+24.218T-1286.670$，$h_{L,2}=29.805T-4366.379$

$j=3$：$h_{V,3}=-0.033468T^2+24.840T-1331.375$，$h_{L,3}=29.826T-4371.854$

$j=4$：$h_{V,4}=-0.033209T^2+24.746T-1302.096$，$h_{L,4}=29.872T-4377.632$

$j=5$：$h_{V,5}=-0.032517T^2+24.463T-1246.950$，$h_{L,5}=29.891T-4379.502$

$j=6$：$h_{V,6}=-0.03174T^2+24.142T-1184.407$，$h_{L,6}=29.663T-4344.209$

$j=7$：进料 $h_F=-2838.86$(kcal/kmol)

(5) 求解热方程，确定温差

① 求解矩阵参数，以第一级为例：

$j=1$，$T_0=237.15\text{K}$，$T_1=242.35\text{K}$，$T_2=247.55\text{K}$

$$B_1=V_1\left(\frac{\partial h_{V,1}}{\partial T_1}\right)+L_1\left(\frac{\partial h_{L,1}}{\partial T_1}\right)$$

$$=95.285\times(-2\times0.026474\times242.35+21.645)+18.728\times30.133=1404.083$$

$$C_1=-V_2\left(\frac{\partial h_{V,2}}{\partial T_2}\right)=-99.013\times(-2\times0.032137\times247.55+24.218)=-822.498$$

$$H_1=-V_2h_{V,2}-L_0h_{L,0}+L_1h_{L,1}+V_1h_{V,1}-Fh_F+Q$$

$$=-99.013\times(-0.032137\times247.55^2+24.218\times247.55-1286.67)$$

$$-15\times(37.08\times237.15-5547.56)+18.728\times(30.133\times242.35-4300.953)$$

$$+95.285\times(-0.026474\times242.35^2+21.645\times242.35-1052.529)$$

$$=-271246.717-48689.430+56217.327+251383.314=-12335.463(\text{kcal/h})$$

$$D_1=-H_1=12335.463(\text{kcal/h})$$

其余计算方法相同，结果列入矩阵：

$$\begin{bmatrix}1404.083 & -882.498 & & & & \\ -564.331 & 1397.943 & -788.96 & & & \\ & -575.445 & 1369.583 & -759.46 & & \\ & & -580.623 & 1345.339 & -734.181 & \\ & & & -585.88 & 1326.65 & -711.47 \\ & & & & -592.47 & 1296.27\end{bmatrix}\begin{bmatrix}\Delta T_1\\ \Delta T_2\\ \Delta T_3\\ \Delta T_4\\ \Delta T_5\\ \Delta T_6\end{bmatrix}=\begin{bmatrix}12335.46\\ 6566.15\\ 3193.39\\ 3517.55\\ 3754.82\\ -16330.65\end{bmatrix}$$

② 矩阵化简，结果如下：

$$\begin{bmatrix}-0.589 & & & & & \\ & -0.74 & & & & \\ & & -0.805 & & & \\ & & & -0.836 & & \\ & & & & -0.85 & \\ & & & & & 1\end{bmatrix}\begin{bmatrix}\Delta T_1\\ \Delta T_2\\ \Delta T_3\\ \Delta T_4\\ \Delta T_5\\ \Delta T_6\end{bmatrix}=\begin{bmatrix}8.786\\ 10.516\\ 9.846\\ 10.516\\ 11.85\\ -11.74\end{bmatrix}$$

迭代，确定温差 ΔT：

$\Delta T_6 = q_6 = -11.74\text{K}$

$\Delta T_5 = q_5 - p_5 \Delta T_6 = 11.85 - 0.85 \times 11.74 = 1.87$ (K)

$\Delta T_4 = q_4 - p_4 \Delta T_5 = 10.516 + 0.836 \times 1.87 = 12.08$ (K)

$\Delta T_3 = q_3 - p_3 \Delta T_4 = 9.846 + 0.8047 \times 12.08 = 19.57$ (K)

$\Delta T_2 = q_2 - p_2 \Delta T_3 = 10.598 + 0.74 \times 19.57 = 25.08$ (K)

$\Delta T_1 = q_1 - p_1 \Delta T_2 = 8.785 + 0.589 \times 25.08 = 23.56$ (K)

迭代计算，本题通过5次迭代，结果如下：

级数	气体流量						
	初设	0	1次	2次	3次	4次	5次
1	100	95.285	88.067	84.514	82.916	82.451	82.240
2	100	99.013	96.070	94.087	93.023	92.913	92.809
3	100	99.592	97.020	95.156	94.061	93.945	93.830
4	100	99.752	97.353	95.573	94.509	94.382	94.283
5	100	99.898	97.738	96.090	95.139	94.910	94.769
6	100	100.106	98.662	97.290	96.384	96.113	95.941
级数	液体流量						
	初设	0	1次	2次	3次	4次	5次
1	15	18.728	23.003	24.573	25.107	25.462	25.569
2	15	19.307	23.953	25.642	26.145	26.494	26.590
3	15	19.467	24.286	26.059	26.593	26.931	27.043
4	15	19.613	24.671	26.576	27.223	27.459	27.539
5	15	19.821	25.595	27.776	28.468	28.662	28.701
6	15	19.715	26.933	30.486	32.084	32.549	32.760
级数	温度分布/K						
	初设	0	1次	2次	3次	4次	5次
1	242.35	258.14	259.75	261.63	262.96	263.84	264.10
2	247.55	264.35	264.53	266.69	268.08	268.6	269.06
3	252.75	265.86	265.92	267.87	270.11	270.61	271.01
4	257.95	266.04	265.73	266.68	270.56	271.26	271.63
5	263.15	264.40	263.77	265.36	269.58	270.26	270.61
6	268.35	260.48	260.38	261.11	265.17	265.73	266.08

将结果绘图如下。

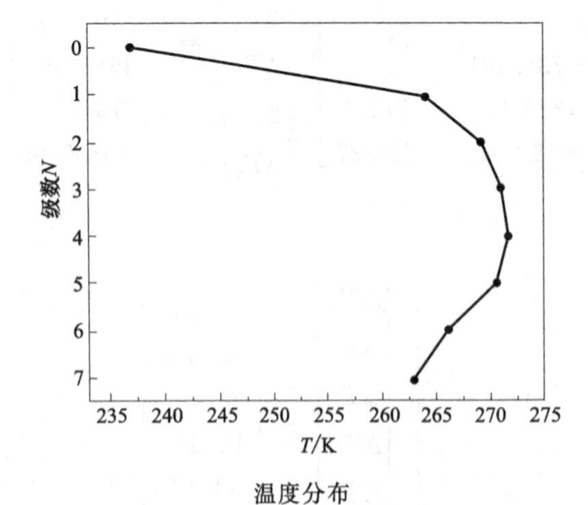

温度分布

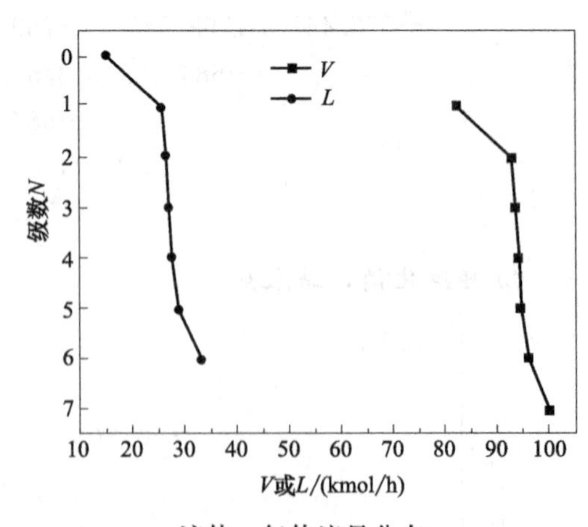

液体、气体流量分布

习 题

4-1 某厂脱乙烷塔塔顶气体组成如下表，用 C_5^0 作吸收剂除去其中的丙烯，吸收塔绝对操作压力为 6atm，丙烯的回收率为 0.99，求理论塔板数。已知进料为 100kmol/h，温度为 −15℃。吸收剂入塔温度为 −30℃，已知液气比为 0.956。

组分	C_1^0	$C_2^=$	C_2^0	$C_3^=$	Σ
x_i/%	0.6	45.0	54.0	0.4	100

4-2 裂解气采用吸出蒸出塔分离甲烷，操作压力为 3.5MPa，吸收剂入塔温度为 −30℃。原料组成如下表，入塔温度 9℃、流量 120.47296kmol/h，要求乙烯的吸收率为 0.98。当吸收段液气比为最小液气比的 1.5 倍时，吸收段理论板数为多少？

组分	C_1^0	$C_2^=$	C_2^0	$C_3^=$	C_3^0	iC_4^0	Σ
f_i/(kmol/h)	36.0597	51.6183	14.3507	17.2867	0.8049	0.3526	120.4729

4-3 某厂脱乙烷塔塔顶气体组成如下表，用 nC_5^0 作吸收剂除去其中的丁烷，吸收塔绝对操作压力 1atm，丁烷的回收率为 0.95，取操作液气比为最小液气比的 1.1 倍。求：①所需的理论板数；②各组分的回收率和出塔尾气组成；③加入吸收剂的用量。已知进料为 100kmol/h，入塔温度为 −10℃，吸收剂入塔温度为 −20℃。

组分	$C_2^=$	C_2^0	iC_4^0	Σ
x_i/%	41.3	34.5	24.2	100

4-4 某厂脱乙烷塔塔顶气体组成如下表，用 C_5^0 作吸收剂除去其中的丙烯，吸收塔绝对操作压力为 1atm，丙烯的回收率为 0.99，取操作液气比为最小液气比的 1.4 倍。试确定：①平衡级数；②各组分的回收率和出塔尾气组成；③加入吸收剂的用量。已知进料为 100kmol/h，入塔温度为 −15℃，吸收剂入塔温度为 −30℃（塔底富液温度按 −15℃计算）。

组分	C_1^0	$C_2^=$	C_2^0	$C_3^=$	Σ
x_i/%	49.7	36.5	10.5	3.3	100

4-5 裂解气采用吸收分离工艺脱丙烷，脱丙烷塔进料 100kmol/h，进料组成如下表，塔的绝对操作压力 1atm，吸收剂入塔温度 −35℃，原料气入塔温度 −15℃，丙烷回收率 95%，吸收剂为 C_6^0 馏分。试用平均吸收因子法确定：①吸收塔平衡级数；②吸收剂用量（液气比为最小液气比的 1.6 倍）。

组分	C_0	$C_2^=$	C_3^0	Σ
x_i/%	63	20.5	16.5	100

4-6 根据表中数据，试确定常压下、25℃时二氧化碳溶于水时的溶解热和混合热，已知 25℃时二氧化碳的冷凝热为 117.7kJ/kg。

温度/℃	0	5	10	15	20
E/atm	728	876	1040	1220	1420

4-7　试确定常压下，28℃时正戊烷的溶解热和混合热，已知正戊烷的汽化热为7776kcal/kmol。

4-8　某塔塔顶气体组成如下表，用 nC_5^0 作吸收剂除去其中的丙烯，吸收塔的绝对操作压力为6atm，丙烯的回收率为0.98，求：①理论板数；②各组分的回收率和出塔尾气组成；③对塔做热平衡，吸收效率降低多少。已知进料为100kmol/h，入塔温度为−15℃，吸收剂入塔温度为−30℃（液气比为最小也比的1.8倍）。

组分	CH_4	$C_2^=$	C_2^0	$C_3^=$	C_3^0	Σ
x_i/%	23.4	59.00	15.50	1.86	0.24	100

4-9　原料在5atm压力下，用 C_7^0 吸收烃，原料温度32℃，组成见表，要求正丁烷收率90%，吸收剂温度4℃，液气比为最小液气比的1.8倍。试确定理论板数和气、液量及温度。

组分	CH_4	C_2^0	C_3^0	iC_4^0	nC_4^0	iC_5^0	nC_5^0	Σ
x_i/%	80.36	10.4	5.8	0.90	1.7	0.04	0.8	1975

4-10　裂解气采用吸收分离工艺脱丁烷，脱丁烷塔进料100kmol/h，进料组成如下表，塔的绝对操作压力5atm，吸收剂入塔温度−10℃，原料气入塔温度20℃，丁烷回收率98%，吸收剂为 C_8^0 馏分。试用平均吸收因子法确定吸收塔的理论板数和组成及温度（取1.4倍液气比）。

组分	CH_4	$C_2^=$	C_2^0	C_3^0	nC_4^0	Σ
x_i/%	83	9.0	4.2	2.6	1.2	100

4-11　对表中物料进行闪蒸和汽提，以提取轻烃。原料压力为6atm、温度为0℃，在2atm下闪蒸。对闪蒸后重组分用159℃过热蒸汽进行汽提，蒸汽压力为2atm。要求汽提塔底部 nC_5^0 量不超过0.114kmol/h。试确定：①闪蒸汽化率及气液组成；②汽提塔理论板数及汽提剂的量。

组分	$C_2^=$	C_2^0	C_3^0	nC_4^0	nC_5^0	nC_8^0	Σ
f_i/(kmol/h)	2.80	20.75	30.09	4.90	1.17	40.29	100
z_i	0.028	0.2075	0.3009	0.049	0.0117	0.4029	1.00

4-12　某烃混合物压力流量1000kmol/h、压力345kPa、温度21℃，组成见下表。用150℃过热蒸汽进行汽提，汽提塔操作压力为345kPa。要求丙烷收率达到95%，试确定：①比较气液比为最小气液比10倍、2.5倍、1.5倍、1.1倍时汽提数据并比较；②选择合适的气液比确定理论板数、气液组成、汽提剂用量及热平衡。

组分	CH_4	C_2^0	C_3^0	nC_4^0	C_6^0	C_7^0	Σ
x_i	0.0003	0.0022	0.0182	0.0447	0.0859	0.8487	1.0000

4-13　根据习题4-8的条件和结果，用有效吸收因子法计算：①理论板数；②各组分的回收率和出塔尾气组成；③塔顶和富液温度。

4-14　根据习题4-3的条件和结果，用有效吸收因子法计算：①理论板数；②各组分的回收率和出塔尾气组成；③塔顶和富液温度。

4-15　根据习题4-10的条件和结果。试用有效吸收因子法确定吸收塔的理论板数和组成及温度。

4-16　根据习题4-9的条件和结果，用有效法确定理论板数和气、液量及温度。

4-17　根据习题4-15的条件和结果，采取增加冷却器方式，将丁烷收率提高到要求水平。

4-18　根据习题4-4的条件和结果，若采用DN25鲍尔环，试确定填料层高度。

4-19　根据习题4-4的条件及计算结果，试确定实际塔板数。

4-20　根据习题4-5的条件和结果，试确定采用No.38IMTP填料时填料层高度。

4-21　脱乙烷塔精馏段和提馏段的理论板数分别为8.6块和19.6块，其高度分别为6.9m和15.7m。拟用金属鲍尔环填料［D25（下塔）和D50（上塔）］对原有塔板分别进行更换改造。已知操作条件下，精馏段和提馏段液体黏度为0.06cP、0.05cP，表面张力2.5～3.5dyn/cm。试确定改造后精馏塔分离层高度。

4-22　原料组成如下表，已知原料流量为100kmol/h、温度为20℃，在3atm下用0℃的正戊烷为吸收剂吸收丁烷，丁烷收率为95%。用流量加和法确定各级组成及温度分布。

组分	C_2^0	C_3^0	nC_4^0	Σ
x_i/%	55	33	12	100

第五章 吸附

工业上的吸附是使多孔性固体吸附剂与流体混合物接触，利用流体混合物中的一种或数种组分吸附于吸附剂表面的性能，实现组分分离目的的操作。虽然吸附的脱水功能可以由其他单元操作如干燥所替代，但随着能源的匮乏加剧，吸附所具有的分离小分子功能的优点日益彰显出来，其应用将愈来愈广泛。

第一节 概 述

吸附现象的应用历史悠久。古埃及王国使用吸附剂对棉、丝等动植物纤维进行染色和鞣革，用木炭、骨炭对酒、水和砂糖等饮料及食品进行脱色精制；两千多年前我国秦汉时期，已经采用木炭吸湿和除臭，1978 年挖掘湖南长沙马王堆汉墓时发现墓穴中有用来吸收潮气的木炭，墓中的尸体和随葬品保存完好。

对吸附现象的研究大约有 200 年，1756 年瑞典矿物学家克朗斯提（A. F. Cronstedt）首次在玄武岩中发现辉沸石，而后科学家们发现其具有吸附性。1773 年世界上第一个对木炭吸附气体现象进行科学观察的是希尔（C. W. Sheele），1777 年冯塔纳（A. B. Fontana）报道了木炭脱除气体后能再次吸附一定量的气体。而后许多科学家出于科学兴趣和防止毒气等实用目的，广泛开展研究了各种物质对多种气体和液体的吸附性质。1850 年开始，英国科学家汤姆森（Thompson）和韦（J. T. Way）先后研究了土壤中的钙离子、镁离子，发现它们可以和水中的钾离子、铵离子发生交换，并且弄清了这种交换反应的发生是由于泡沸石在起作用。吸附在 20 世纪二三十年代成为独立的学科。

一、吸附分类

吸附作用主要基于固体表面的剩余表面能或表面官能团。根据吸附剂表面与被吸附物质作用力的不同，将吸附分为物理吸附和化学吸附。

低温条件下，氮气与活性炭接触时，则氮气被活性炭的微孔吸附后达到平衡。但此后对它进行加热使其温度上升时，又可简单地解吸下来。上述现象缘于被吸附的分子在固体表面通过分子间范德华力而松弛结合，称为物理吸附或范德华吸附。分子间的范德华力主要包括原子分子间的色散力、诱导力和静电力等，其大小与分子间距的 7 次方成正比。这类吸附的特征是吸附质与吸附剂不发生作用。此外，其吸附量随温度升高而急剧下降；吸附过程进行得极快，吸附平衡时常瞬间达到。物理吸附一般为放热过程，吸附放出的热称为吸附热，气体的物理吸附热通常与气体的液化热相近，一般为 10kcal/mol 以下。物理吸附分子层可以是单分子层，也可以为多分子层。与吸附相反，如前所述，当气体的压力降低或系统的温度上升时，被吸附的气体将很容易地从吸附剂表面逸出而不改变气体原来的性状，该现象称为脱附。脱附与吸附互为可逆过程。

与上述情况不同，当吸附剂表面某种官能团与被吸附分子之间产生化学反应，通过化学键力而进行的吸附称为化学吸附。化学吸附的吸附热在20～100kcal/mol之间，约等于化学反应热。化学吸附分子层为单分子层，且化学吸附具有选择性，吸附速率较物理吸附慢得多，吸附平衡需要相当长时间才能达到（升高温度可加快吸附速率）。如无机酸与表面具有碱性基团的活性炭接触时，酸就被吸附。此类吸附不易脱附，即使脱附，吸附质的化学成分也发生变化，不能恢复原来性状，故化学吸附不可逆。

应当说明，同一物质在较低温度下发生物理吸附，在较高温度时发生化学吸附。也就是说物理吸附常在化学吸附之前；也可能是两种吸附同时发生。特别指出，虽然化学吸附在催化作用方面十分重要，但由于篇幅所限，本章不进行特别讨论。

工程上，根据低温及高压利于吸附的原理，普遍采用的吸附技术主要是变温吸附（TSA）和变压吸附（PSA）。所谓变温吸附就是通过改变温度而交替实现吸附和脱附（再生）的工艺技术，同理，变压吸附即通过压力的改变而交替实现吸附和脱附（再生）的工艺技术，变压吸附前景看好。

另外，在水处理方面，通常采用称作离子交换的特殊吸附单元操作。离子交换属于化学吸附，即用离子交换树脂作为交换剂，通过吸附和再生的交替过程，除去水中的阴阳离子而得到纯净水的操作。

二、吸附应用

吸附的工业应用始于19世纪末，1890年开始生产活性炭，第一次世界大战时活性炭被用于防毒面具，1940年合成了人造沸石（分子筛），20世纪60年代美国联碳公司首座变压吸附回收氢气工业装置投入运行。20世纪70年代，研制出炭分子筛，我国从20世纪80年代起研制和生产炭分子筛，至今已形成一定规模。

（1）气体干燥

干燥空气是许多工业上最基本的要求，如工业生产过程的自动控制一般采用干燥的空气为气源作为各类仪表的驱动，为了保证在低温时自控系统的正常动作，需要将空气的露点降到－40℃以下，以确保仪表系统的正常运行；对天然气中的水分，常采用吸附法予以去除，以确保输送过程中的安全和天然气质量。

（2）变压制氢

氢气是非常重要的化工原料，用途很多，除合成氨、煤直接液化、甲醇合成和石油炼制需要氢外，氢气还广泛应用于化工、冶金、还原气覆盖、航天、浮法玻璃、电子工业等领域；氢还是催化剂还原最常用的气体。氢气的生产方法和提纯方法许多，但要制取高纯度氢气，采用变压制氢技术更为经济。

（3）二氧化碳、一氧化碳提纯

二氧化碳的用途十分普遍，据统计二氧化碳的40％用于生产其他化工产品（如尿素、碳铵、纯碱、甲醇），约35％用于提高石油采收率；高纯度二氧化碳在电子、医药研究及临床诊断用途很广。二氧化碳生产方法不少，其中变压吸附法以它工艺流程简单、便于操作，已逐渐成为很有竞争力的回收二氧化碳的方法之一。

(4) 吸附制氧、氮、氩

据估计世界上每年对空气产品（氧、氮、氩）的需求量在亿吨以上。空气分离有深冷分离、膜分离和吸附，深冷分离可得到99.999%的氮。大规模的空分装置多采用深冷分离法，对中小规模的空分装置而言，变压吸附法的投资和成本远低于深冷分离法，且可得到99.9%的氧，完全能满足要求。

(5) 吸附净化废水废气

如硝酸等尾气排放的 NO_x 经过吸附处理可降到50mg/L以下，目前吸附已成为处理挥发性有机化合物（VOC）最广泛的方法。以活性炭为吸附剂对工业废水的去除有机物、脱色、脱臭，以离子交换树脂去除废水中汞、镉、砷等重金属，乃至城市给水的高级处理，都应用愈来愈多。

(6) 吸附制备电子特种高纯气体

集成电路的发展对材料提出更苛刻的要求，要求“超纯”“超净”。目前高纯气体的杂质含量已从 10^{-6} 降到 10^{-9}。高纯气体及半导体制造工业中的外延气、掺杂气、刻蚀气、离子注入气等电子特种气体的制造方法，以吸附法最为广泛。

总之，吸附分离技术愈加重要和普遍。

吸附操作之所以得到广泛应用，缘于以下特点：①能耗低，与精馏操作相比，其能耗低得多，仅为精馏的20%～30%，因为吸附无须给予大量的热，在常温下即可进行，即使与吸收相比，能耗也低得多；②操作方便，吸附操作简单易行，既不需要回流，再生也方便；③吸附剂再生成本低，吸附剂消耗少。

第二节　吸附原理和吸附平衡

在界面化学中，吸附的概念是指在固相-气相、固相-液相、固相-固相、液相-气相、液相-液相等体系中某个相的物质密度或溶于该相中的溶质密度在相界面上发生改变的现象。除非特殊说明，一般情况下，吸附特指固体吸附剂对气体或液体分子的吸附。

一、吸附作用原理

就固体而言，具有吸附分子性能的固体表面几乎都不是清洁的理想表面，实际固体表面存在各种不均匀性，如晶体固体表面有台阶或螺旋错位，不同表面位置如平坦、凹坑、棱角处的原子所处的环境不同，其表面吸附势则不同。另外，当我们采用某种方式分割固体形成新的界面时，必然做功以切断物质内部原子、分子间的引力和化学键，意味着固体表面分子具有更大的表面能，表面能愈大愈具有吸附能力。同时，由于表面粒子暴露于外界，化学性质活泼，容易与吸附分子发生分解和氧化还原反应，还能形成与本体不同的表面电子能级。本体内部的杂质离子、原子和分子能够从本体内向表面缓慢自扩散，在表面聚集形成更稳定的状态，使表面浓度高于本体内部，当表面存在电负性或离子价不同的杂质离子或杂质原子时，能够推动或阻碍母体粒子的表面扩散，形成电子过剩或电子不足，发生电荷转移性吸附。还有，固体表面上存在如M—OH、M—NH_2、M—CO、N—COOH等一类的官能团，能形成吸附质的吸附位，发生电荷转移型吸附，还能发生化学反应。

当固体与气体相接触时，固体表面对气体的吸附、溶解和化学反应可能同时存在，此时，(它们) 都会引起气相压力的减少。因此，不能仅凭气相压力的减少而断定发生吸附现

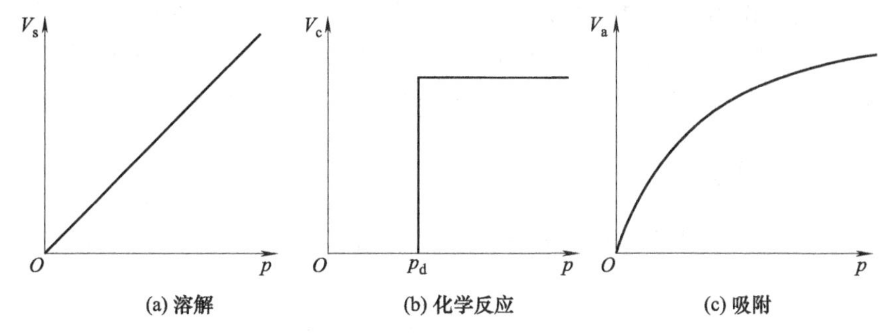

图 5-1 溶解、化学反应、吸附的 p-V 曲线

象，须依据三种作用过程特有的规律来判断。实验表明，在一定温度下，固体对气体发生溶解、吸附或化学反应时的气体的量 V 与气体的分压 p 的典型关系如图 5-1 所示。其中图 5-1(c) 表示气体被固体吸附时的吸附等温线（如硅胶吸附水时的关系曲线），图 5-1(a) 表示气体在固体中溶解时气体溶解量和压力的关系曲线（如氢气溶解在金属钯中），图 5-1(b) 表示气体与固体发生化学反应时的压力和物质的量的关系曲线（如硫酸铜与水蒸气的反应）。有时吸附吸收作用同时发生，这个过程用“吸着”表示。吸附过程分为物理吸附和化学吸附，在特殊情况下，两者同时发生，一般情况，温度是发生两类吸附的条件。图 5-2 为氢在镍粉上的吸附曲线。图中 1、2、3 分别表示氢的压力为 1.3kPa、26.7kPa、80.0kPa 时吸附量和温度的关系曲线，表明不同压力时其变化规律都一致：低温段时，吸附量随温度升高而急剧下降，显示出物理吸附的特征，低温利于吸附；中温段时，吸附量开始从最低点随温度升高而显著增加，表明化学吸附在进行（同时也存在物理吸附）；高温段，达到最高点后，吸附量随温度升高而下降，表明平衡向解吸方向移动（化学吸附为放热反应）。一般称吸附量最低点温度为临界温度，显然，在该温度以下，发生物理吸附。

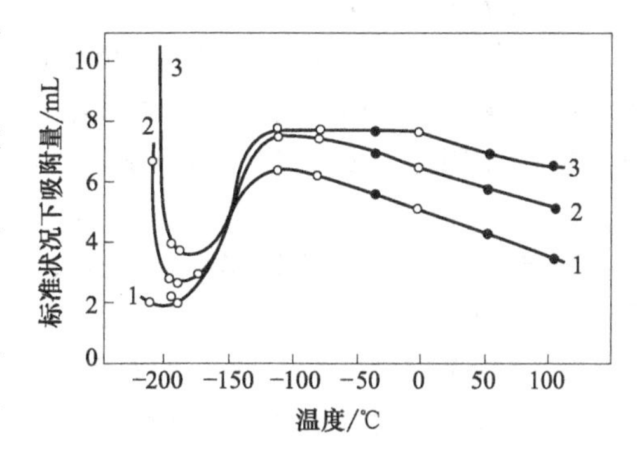

图 5-2 氢在镍粉上的吸附曲线

1—1.3kPa；2—26.7kPa；3—80.0kPa

1878 年，美国物理学家和化学家吉布斯 (J. W. Gibbs) 研究了表面张力和溶液浓度之间的关系，通过热力学推导出溶液浓度 C、表面张力 r 和吸附量 Γ 之间的定量关系：

$$\Gamma=-\frac{C}{RT}\left(\frac{\partial r}{\partial C}\right)_T \tag{5-1}$$

式中，Γ 为单位表面积上浓度的过剩量，即界面上的浓度与液相物质的浓度之差，它代表吸附量，mol/m^2；C 为液相吸附质浓度，mol/m^3；R 为气体常数，8.314；T 为吸附温度，K；r 为表面张力，N/m。

热力学认为恒温恒压下，任何物系都具有自动减小自由焓的趋势，表面张力（表面能）亦有自动减小之趋势。由式(5-1) 可知，随着吸附质浓度增加而液体的表面张力减少的物质，因它的 $(\partial r/\partial C)<0$，故其 Γ 为正值，即吸附质在界面上浓度是增长的，为正吸附；而对于随着吸附质浓度减小而液体的表面张力也减小的物质，因它的 $(\partial r/\partial C)>0$，故其 Γ 为负值，即吸附质在界面上浓度低于溶液内部的浓度，为负吸附。

感兴趣的吸附操作当然是正吸附。除非特殊说明，所讨论的吸附均为正吸附。吸附现象是吸附剂与吸附质之间发生相互作用，吸附剂和吸附质不同，其性质各不相同。它们的不同组合，决定吸附相互作用的不同。根据研究，吸附质和吸附剂之间的相互作用力为7种，即London色散力、偶极子相互作用力、四极子相互作用力、静电力、电荷转移相互作用力（氢键和酸碱π轨道相互作用）、表面修饰和细孔吸附等，有兴趣的读者可参阅有关专著。

二、纯物质吸附平衡

首先介绍吸附量，吸附量一般用q表示。气相吸附时吸附量是指单位质量吸附剂所吸附的吸附质的体积，即：

$$q=V/m \tag{5-2}$$

式中，q为单位质量吸附剂所吸附吸附质的体积，m^3/kg；V为吸附质体积，m^3；m为吸附剂的质量，kg。

液相吸附时吸附量一般指单位质量吸附剂所吸附的吸附质的质量，即：

$$q=m'/m \tag{5-3}$$

式中，q为单位质量吸附剂所吸附吸附质的质量，kg/kg；m'为吸附质的质量，kg；m为吸附剂的质量，kg。

工程上也常用单位体积吸附剂所吸附的吸附质的质量表示。若q'表示单位体积吸附剂的吸附量，则$\rho_v q=q'$，其中ρ_v为吸附剂的表观密度。

1. 气体吸附平衡

气体物质的吸附量q通常是单位质量吸附剂所吸附的吸附质在标准状态下的体积。当吸附达到平衡时，吸附质在固体上的吸附量q是热力学温度T、气体压力p和固体-吸附质之间的吸附作用势E的函数，用数学式描述为：

$$q=f(T, p, E) \tag{5-4}$$

对于给定的固体-气体体系，在温度T一定时，可认为吸附势E一定，其吸附量q仅为压力p的函数，即$q=f(p)_{T,E}$。该关系称为吸附等温线，图5-3为氨在炭上的吸附线等温。压力一定时吸附量q与温度T的关系叫吸附线等压，用数学式表示为$q=f(T)_{p,E}$。另外还有吸附等量线，用于根据温度变化计算等量微分吸附热，表达式为$q=f(T)_{\Gamma,E}$。图5-4为氨在炭上的等压吸附，图5-5为氨在炭上的等量吸附。

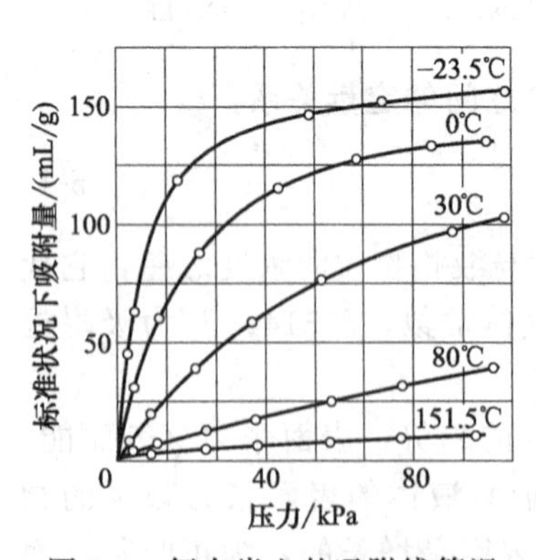

图5-3 氨在炭上的吸附线等温

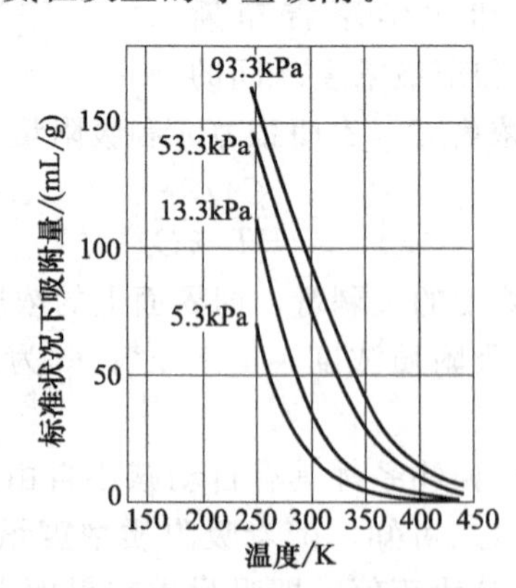

图5-4 氨在炭上的吸附线等压

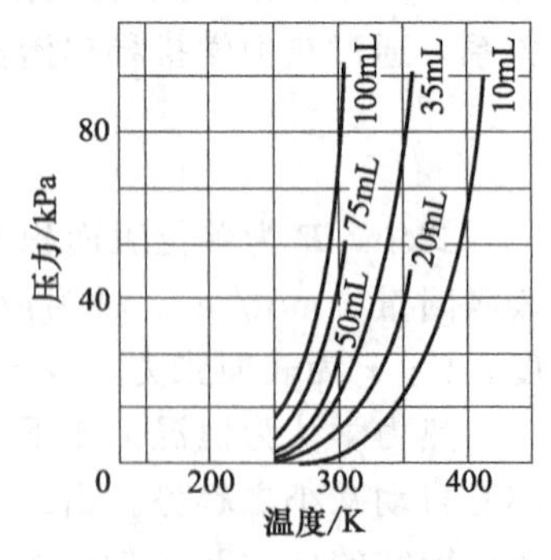

图5-5 氨在炭上的吸附线等量

虽然典型吸附曲线形状如图5-1(c)所示，但是吸附剂或吸附质的不同，其吸附曲线亦有差异。通过对多个吸附曲线的整理，布伦纳尔（S. Brunaure）等将气相吸附等温线归纳为六大类（见图5-6)，比较常见的是Ⅰ型、Ⅱ型和Ⅲ型吸附等温线。

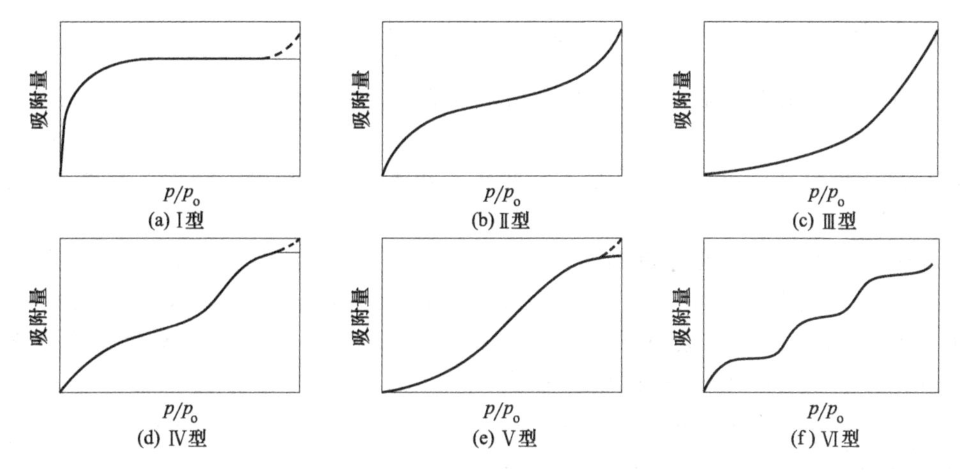

图 5-6 气相吸附等温线类型

Ⅰ—193℃下 N_2 在活性炭上吸附；Ⅱ—195℃在硅胶上吸附；Ⅲ—78℃下 Br 在硅胶上吸附；Ⅳ—50℃下苯在 FeO 上吸附；Ⅴ—100℃水蒸气在活性炭上吸附；Ⅵ—2700℃氮、氩、氪在活性炭（经石墨化处理）上吸附

如果对图 5-6 中的吸附等温线进一步分析，仍遵循一定的规律，即所有吸附等温线的类型无论浓度如何，皆可分为四大类（见图 5-7）：①线性等温吸附，如Ⅱ、Ⅲ、Ⅳ、Ⅴ型的最低浓度段和Ⅲ的高浓度段；②优惠型等温吸附，如Ⅰ、Ⅳ型的低浓度段，Ⅳ、Ⅴ的高浓度段及Ⅵ的某些浓度段；③非优惠型等温吸附，如Ⅲ、Ⅴ型的低浓度段及Ⅳ中浓度段、Ⅱ高浓度段；④不可逆等温吸附，如Ⅰ型中的高浓度段。四大类典型分类对吸附操作具有重要意义。

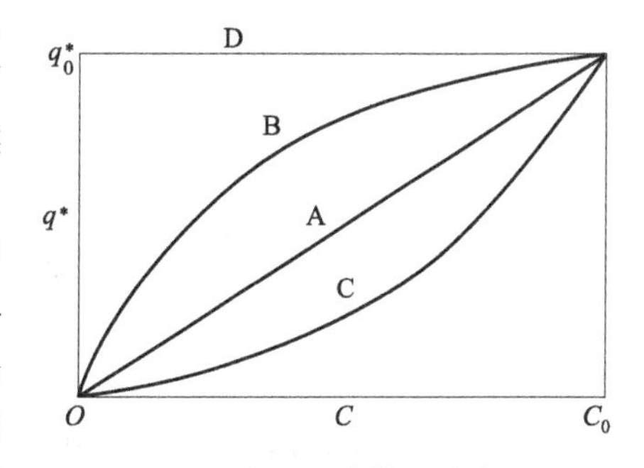

图 5-7 典型吸附等温线类型

吸附等温线也常用数学模型表示。具有代表性的方程是亨利（Henry）关系式、弗兰德利希（Freundlich）关系式、兰格缪尔（Langmuir）关系式、布伦纳尔-埃米特-特勒（Brunauer-Emmett-Teller），即 B-E-T 关系式。其中 B-E-T 关系式是建立在多分子层吸附模型基础上的吸附等温式，吸附等温线从吸附类型分析属于Ⅱ、Ⅲ型吸附等温线，由于公式参数多，工程上应用不多，一般用于吸附研究。下面介绍前三个关系式：

Henry 关系式：
$$q=Hp \tag{5-5}$$

亨利关系式为经验式，平衡压力与吸附量间为线性关系，亨利型吸附等温线符合低浓度下的吸附。其中 H 为常数，p 为平衡时的压力。

Freundlich 关系式：
$$q=kp^{1/n} \tag{5-6}$$

线性表达式为：
$$\lg q=\lg k+\frac{1}{n}\lg p \tag{5-7}$$

式中，q 为单位质量的吸附剂所吸附吸附质的体积或物质的量；p 为平衡压力；n 和 k 为常数。Freundlich 式为经验式，不少实验符合这个结果。大量实验表明，在中等压力范围内，比较多的吸附体系符合 Freundlich 式。从吸附类型看，Freundlich 经验式对介于Ⅰ和Ⅱ之间的吸附现象描述准确。用式(5-7) 作图，图形为直线，其斜率为 $1/n$，截距为 $\lg k$。

Langmuir 关系式：
$$q=\frac{q_m bp}{1+bp} \tag{5-8}$$

线性表达式为：

$$\frac{1}{q}=\frac{1}{q_{m}b}\times\frac{1}{p}+\frac{1}{q_{m}} \tag{5-9}$$

式中，q_m 表示最大吸附量；b 表示吸附剂与吸附质吸附特性的常数；p 表示平衡时的压力。

从吸附类型看，Langmuir 式符合 Ⅰ 型吸附。用式(5-9) 作图，图形为直线，其斜率为 $1/(bq_m)$，截距为 $1/q_m$。

Langmuir 式由是理论推导得到的，与许多单分子层的等温吸附吻合。如测得 249.5K 下氨在活性炭上的吸附及 196.5K 下二氧化碳在活性炭上的吸附等温线符合 Langmuir 式。

【例 5-1】 0℃下用活性炭吸附氮，数据如下，试确定如下等温线参数及等温线模型：(1) Langmuir 等温线；(2) Freundlich 等温线。

p/Pa	57.2	161	523	1728	3053	4527	7484	10310
q/(cm^3/g)	0.111	0.298	0.987	3.043	5.082	7.047	10.310	13.050

解：(1) Langmuir 等温线

将数据取倒数，结果列表，并做 $1/p$-$1/q$ 图。

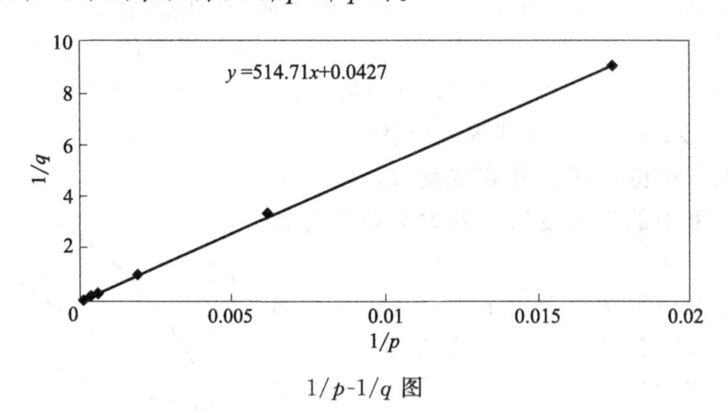

$1/p$-$1/q$ 图

则 $1/q_m=0.0427$，$q_m=243.419$，$1/(bq_m)=514.71$，$b=0.000083$

故其表达式为 $q=\dfrac{0.00194p}{1+0.000083p}$

(2) Freundlich 等温线

计算 $\lg p$ 和 $\lg q$，结果列表，并作 $\lg p$-$\lg q$ 图。

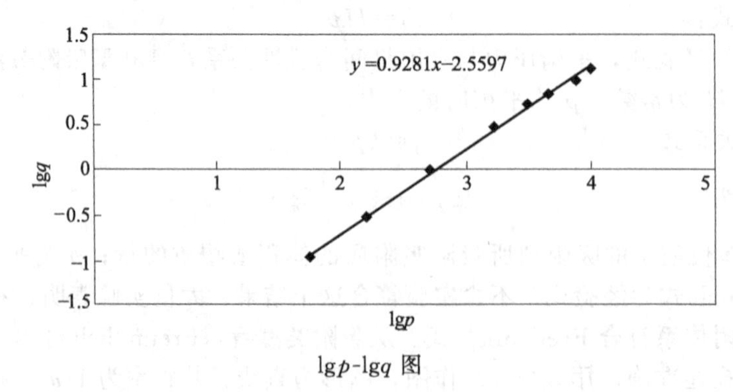

$\lg p$-$\lg q$ 图

则 $\lg k=-2.5597$，$k=0.002756$，$1/n=0.9281$

故其 Freundlich 式为 $q=0.002756p^{0.9281}$

p/Pa	57.2	161	523	1728	3053	4527	7484	10310
$q/(cm^3/g)$	0.111	0.298	0.987	3.043	5.082	7.047	10.310	13.050
$(1/p)\times10^3$	17.483	6.211	1.921	0.579	0.328	0.221	0.134	0.097
$1/q$	9.009	3.3557	1.0132	0.3268	0.1968	0.1419	0.0970	0.0766
$\lg p$	1.7574	2.2068	2.7185	3.2375	3.4847	3.6558	3.8741	4.0133
$\lg q$	−0.9547	−0.5258	−0.00867	0.4833	0.706	0.848	1.013	1.116

2. 液相吸附

当溶液中一种组分浓度远低于另一组分浓度时，将低浓度组分视为溶质，高浓度组分视为溶剂。所谓液相纯物质吸附是指忽略溶剂吸附的溶质吸附。液相吸附要比气相吸附复杂得多，除温度和吸附质浓度影响吸附外，还要考虑吸附剂-溶剂之间的相互作用、溶质-溶剂间的相互作用、溶质-吸附剂之间的相互作用，它们都影响吸附等温线的形状。另外，电解质和非电解质的吸附机理各不相同。对于电解质溶液的吸附可以视为电荷的交换或离子交换，因此，吸附质的溶解度、电离度及溶液的 pH 值都对吸附产生影响。对此有兴趣的读者可参阅有关文献，这里不再赘述。

非电解质溶液在多孔固体表面的吸附现象，主要是类似于化学吸附的单分子层吸附，但与化学吸附所不同的是溶质和表面的作用力随着离开表面距离的增大而迅速减弱，而且溶液的吸附热较小。本节仅介绍非电解质吸附，贾尔斯(C. H. Gites) 总结 1961 年以前文献中的大量稀溶液吸附实验数据后，将液相吸附等温线分成四大类 18 种形式(图 5-8)，四大类分别是 S 型、L 型、H 型和 C 型。

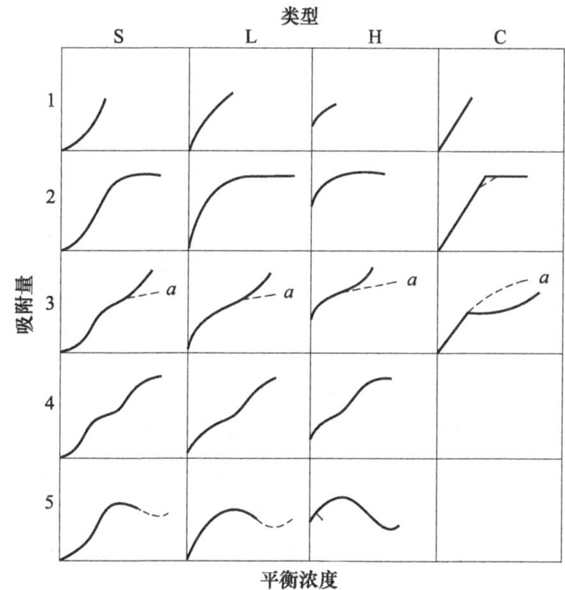

图 5-8 稀溶液溶质等温吸附类型

S 型吸附等温线，低浓度时等温线斜率低，随浓度增加而斜率增大，类似于气相吸附的非优惠型吸附曲线。这类吸附溶剂有强烈的竞争吸附能力，溶质以单一端基垂直或近似垂直地定向吸附于固体表面情况下，出现 S 型吸附等温线，如极性吸附剂氧化铝从极性溶剂水中吸附苯酚、硅胶吸附庚烷中的水都属于 S 型。L 型吸附等温线为最常见的吸附等温线，低浓度时等温线斜率大，随着浓度增加斜率减小，类似于气相吸附的优惠型吸附等温线。这类吸附是随着吸附剂中吸附位的覆盖，吸附质分子愈加难以碰撞到吸附位上，换而言之，吸附质分子在吸附剂表面非垂直排列，或者溶剂分子与吸附质没有强烈竞争，如二氧化硅从苯中吸附硝基苯及活性炭吸附水中乙酸均为 L 型吸附等温线。H 型吸附等温线实质为 L 型的特例，吸附质与吸附剂的亲和力很大，即使低浓度下，吸附质也几乎完全被吸附，溶液中残余量极少，相当于气相吸附的不可逆等温吸附，如活性炭吸附苯酚及吸附邻氨基苯甲酸都属于 H 型。C 型吸附等温线，这类吸附等温线起始阶段为线性，表示溶质在液相和相界面上为恒定分配，类似于气相吸附的线性吸附，可能的机理是发生吸附后，吸附剂发生膨胀而形成新的吸附位，不断吸附，不断形成新吸附位，如氧化铝吸附烷基磺酸钠属于C型吸附等温线。

同气相吸附一样，液相吸附等温线也可以数学模型近似表示，具有代表性的方程为亨利关系式、佛兰德里希关系式和兰格谬尔关系式。Henry关系式如下：

$$q=HC \tag{5-10}$$

式中，H为常数；C为平衡时的溶质浓度。

亨利关系式为经验式，表明平衡浓度与平衡吸附量为线性关系。极稀溶液的溶质吸附或低浓度下的吸附符合亨利关系式。

Freundlich经验式：

$$q=kC^{1/n} \tag{5-11}$$

或

$$\lg q=\lg k+\frac{1}{n}\lg C \tag{5-12}$$

式中，q为平衡衡吸附量；C为平衡浓度；n和k为常数，其中$1/n$与吸附质和吸附剂之间的亲和力有关，k取决于吸附容量和吸附质与吸附剂之间的亲和力。

本式亦为经验式，实验数据表明，浓度变化大的液相吸附与Freundlich式有偏差，但在中等浓度范围内，都近似地符合Freundlich式。特别是活性炭吸附水中的有机物，更适用于Freundlich式。用式(5-12)作图，图形为直线，其斜率为$1/n$，截距为$\lg k$。

Langmuir关系式：

$$q=\frac{q_0bC}{1+bC} \tag{5-13}$$

或

$$\frac{1}{q}=\frac{1}{q_0b}\times\frac{1}{C}+\frac{1}{q_0} \tag{5-14}$$

式中，q_0为最大吸附量；b为吸附常数；C为吸附平衡浓度。许多单分子层的等温吸附都符合Langmuir式。用式(5-14)作图，图形为直线，其斜率为$1/(bq_0)$，截距为$1/q_0$。对于液相吸附，和Freundlich式比较，Langmuir式的浓度适用范围更广，但在中等浓度范围内，其吻合度不如Freundlich式。

【例5-2】 通过实验室一组活性炭批量试验，完成从水溶液中去除农药的初步研究。在10个500mL三角瓶中，各注入250mL浓度为515mg/L的农药溶液。其中8个烧瓶各加入不同重量的粉末活性炭，另外两个为不加活性炭的空白样。每个烧瓶在密闭情况下，在25℃下震荡8h。然后分离上清液并分析其农药残留浓度，结果如下，试确定吸附等温线。

瓶号	1	2	3	4	5	6	7	8
农药浓度/(μg/L)	58.2	87.3	116.4	300	407	786	902	2940
炭剂量/mg	1005	835	641	491	391	298	290	253

解：(1) 将吸附等温式线性化

Langmuir关系式：$\frac{1}{q}=\frac{1}{q_0b}\times\frac{1}{C}+\frac{1}{q_0}$

Freundlich经验式：$\lg q=\lg k+(1/n)\lg C$

(2) 计算每个烧瓶中的q：$q=(C_0-C_e)V/m$

1号烧瓶$q=(515-0.058)\times0.25/1005=0.128(\mathrm{mg/mg})$，其余烧瓶计算方法相同，结果列于下表。

(3) 计算 $1/C$、$1/q$、$\lg C$ 和 $\lg q$，结果列表

(4) 用表中数据，分别作图

(5) 按下图 (a)：$1/q_0=2.0389$，$q_0=0.4905$

$1/(q_0 b)=0.3499$，$q_0 b=2.858$，$b=5.827$

故符合 Langmuir 关系式：$q=\dfrac{2.858C}{1+5.827C}$

(6) 按下图 (b)：$\lg k=-0.3669$，$k=0.430$，$1/n=0.3874$

故符合 Freundlich 经验式，$q=0.43C^{0.3874}$

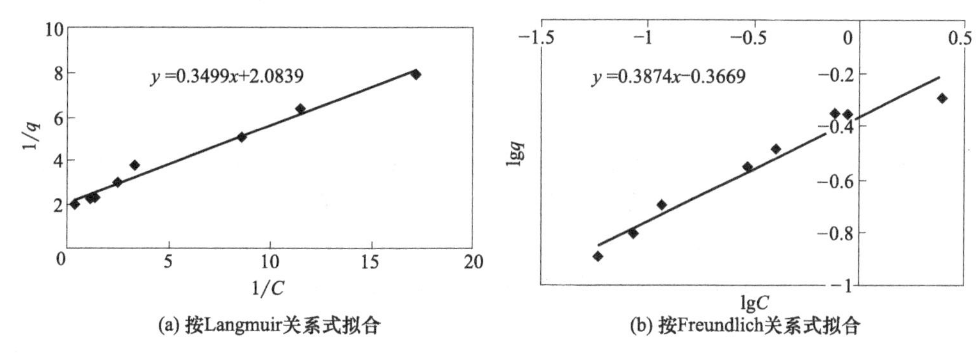

(a) 按Langmuir关系式拟合 (b) 按Freundlich关系式拟合

例 5-2 的吸附等温线图

例 5-2 的计算结果

瓶号	1	2	3	4	5	6	7	8
C/(mg/L)	0.058	0.0873	0.1164	0.300	0.407	0.786	0.902	2.94
$1/C$	17.2	11.5	8.59	3.33	2.46	1.272	1.109	0.34
$\lg C$	−1.236	−1.059	−0.934	−0.523	−0.39	−0.105	−0.045	0.396
q/(kg/kg)	0.128	0.154	0.201	0.262	0.329	0.431	0.443	0.506
$1/q$	7.81	6.49	4.98	3.82	3.04	2.32	2.26	1.976
$\lg q$	−0.893	−0.812	−0.697	−0.544	−0.483	−0.366	−0.354	−0.296

三、多组分吸附平衡

在工业上除单组分吸附外，更广泛的应用为多组分吸附，如废水净化的活性炭吸附。下面讨论多组分吸附平衡。在讨论多组分吸附及平衡之前，首先介绍组分干涉和选择性系数。

1. 多组分吸附的组分干涉和选择性系数

多组分系统的吸附特性与纯组分完全不同，不仅各组分和吸附剂的亲和力不同，而且各组分的吸附动力学性质亦不同，导致吸附速率的差异；各组分在移动相和固定相之间的平衡分配不同，产生大小不同的分配系数；各组分在吸附剂表面活性点上因活化生成络合物（或互相转换），从而使得不同的组分相互干涉。

一定浓度的多组分物系通过吸附柱时，流出的组分浓度不断改变，此变化规律可由透过曲线和浓度曲线表示。一般说来，浓度曲线表示在特定时间内，相内各组分由进口算起不同位置和浓度的关系，其中相可为移动（流体）相，亦可为固定（吸附）相。而浓度历程则表示自进口起的某位置上，相内组分浓度与时间的关系。流体流过床层的速度可分为主体移动相速度和组分移动速度，主体移动相速度仅取决于固定相的阻碍，而组分移动速度除了受主体移动相的

因素影响外，还受固定相的吸附及组分间的干涉影响，故其值要比主体移动相速度低。

同一温度下，各组分的平衡曲线不同，即固定相和移动相中任一组分含量存在差异。描述任一组分在固定相和移动相中差异的量称为分配比，常用 A_i 表示：

$$A_i=\frac{q_i}{C_i} \tag{5-15}$$

吸附理论中，常采用选择性系数 α 表示组分间的吸附差异，即：

$$\alpha_{ij}=\frac{A_i}{A_j}=\frac{q_iC_j}{q_jC_i}=\frac{y_ix_j}{x_iy_j} \tag{5-16}$$

且：

$$\begin{cases}\alpha_{ij}=1/\alpha_{ji}\\ \sum x=1\\ \sum y=1\end{cases} \tag{5-17}$$

式中，x_i 为 i 组分吸附质在流动相中的摩尔分数；y_i 为 i 组分吸附质在固定相中的摩尔分数。显然，若 $\alpha_{ij}>1$，i 组分优于 j 组分被吸附，两者可以分离；$\alpha_{ij}=1$，两者被均等吸附，不能分离；$\alpha_{ij}<1$，j 组分优于 i 组分被吸附，两者也可以分离。

由式(5-16) 及式(5-17)，对于目标组分的固定相和移动相组成，有：

$$\frac{y_m}{x_m}=\frac{y_m}{x_m}\times\frac{1}{\sum y_ix_i/x_i}=\frac{1}{\sum\frac{y_ix_m}{y_mx_i}x_i}=\frac{1}{\sum\alpha_{im}x_i} \tag{5-18}$$

即：

$$y_m=\frac{\alpha_{mm}x_m}{\sum\alpha_{im}x_i}\quad(\alpha_{mm}=1) \tag{5-19}$$

根据式(5-19)，欲使得固定相目标组分 m 的质量分数 y_m 大于移动相的质量分数 x_m，必须使得其他所有组分与目标组分之间的选择性系数均小于 1，即 $\alpha_{im}<1$ 或 $\alpha_{mi}>1$。

2. 二元组分及多组分气相吸附

单组分吸附的平衡式虽然不能直接用于多组分吸附量的计算，但是单组分的吸附等温线可以用来指示吸附容量的极限值和复杂吸附的分析基础。另外，亦有多组分体系中某组分的吸附不受其他组分影响，如丙酮蒸气和甲烷混合物与活性炭接触时，吸附剂活性炭对丙酮的吸附基本上不因难吸附气体甲烷的存在而影响吸附。这种情况下，如平衡压力取丙酮蒸气分压的话，可以应用纯蒸气的吸附等温线代替混合气体吸附等温线。

一般情况下，混合体系各组分是相互影响的。若气体或蒸气的二元混合物中两组分在被吸附时其吸附程度大致相同，则任何一个组分从混合物中被吸附的量，将因另一组分的存在而受影响。由于这样的系统包括吸附剂在内共三组分，所以标绘平衡数据时亦采用三角（等边三角或直角三角）相图表示。由于温度和压力对吸附量影响很大，故平衡相图仅为恒温恒压条件下的平衡关系。

图 5-9 为活性炭吸附氮-氧气平衡的三角相图（条件为－150℃、1atm）。三角形的三个顶点分别表示重量组成为 100%，三角形的 AB 边表示氮、氧共存，AC 边表示氮和活性炭共存，BC 则表示氧和活性炭共存。G 及 H 点则表示对单一气体的吸附量。设有氮和氧的混合气与活性炭充分接触达到平衡时，气相中氮和氧的浓度用 R 来表示，由于吸附剂不挥发，不会出现在气相，故 R 点必然落在线段 AB 上。氮和氧的质量分率可用 BR 和 AR 线段表示。吸附相中三个组分的相对量可用 E 点表示，通过 E 点向 AC 作垂线，其线段长度表

示B组分的比例，向AB作垂线，其长度表示C组分的比例，向BC作垂线，其长度表示A组分的比例。E和R是吸附相和气相达到平衡状态时表示其气（固）相的相应的两点，E点和R点连成ER线段，称为系线，故系线的两端则代表接触平衡时的两相组成。氮和氧（吸附质）在活性炭中的吸附容量，随气体混合物中浓度不同而变化（即在AB线上不同位置的R点，在GH线上便有不同的E点）。系线不通过吸附剂顶点，说明气相中两组分之比与吸附相中两组分之比有差异。

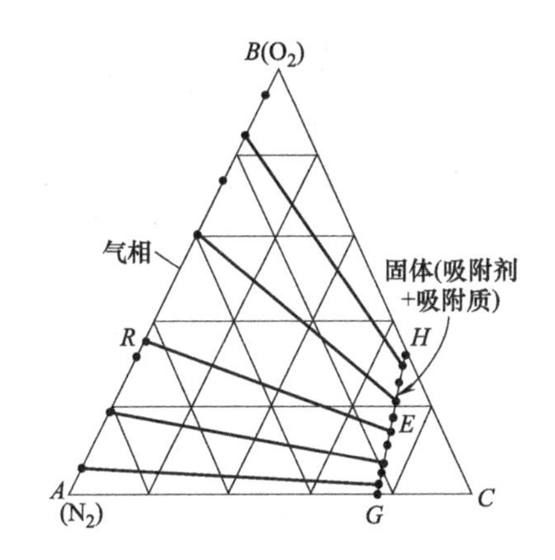

图 5-9 活性炭吸附氮-氧气平衡的三角相图

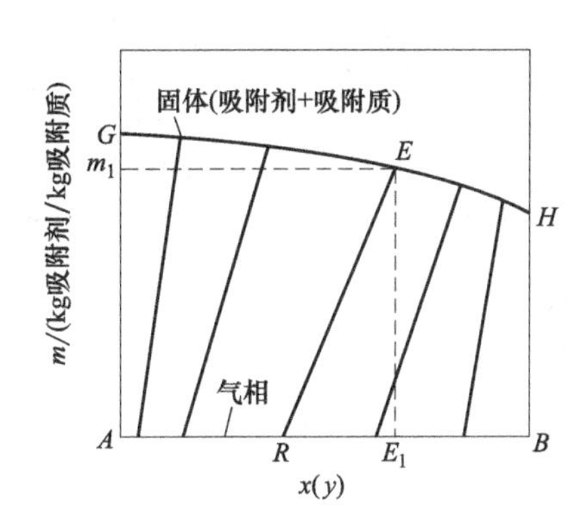

图 5-10 直角坐标相图

为了便于吸附剂用量的计算，常把三角相图改为直角坐标，一般称之为m-x-y相图，如图 5-10 所示。其纵坐标为m，表示单位质量的吸附质所需要的吸附剂的量；横坐标则为原三角相图中AB边，但意义不同，既表示吸附平衡时气相质量分数x，也表示吸附平衡时吸附相中吸附质的质量分数y。GH相当于原三角相图中的GH，表示纯组分吸附。二元物系吸附时，吸附相中吸附质的组成亦由横坐标读出，如E点的横坐标E_1即表示吸附相中吸附质的质量分率。同样，RE代表系线，表示吸附平衡时气相和吸附相中两相的组成，E点和R点分别表示吸附平衡时吸附相和气相中被吸附物质的质量分数。E点的纵坐标就表示单位质量吸附质所需要的吸附剂的量，如m_1所示。作GH线时，先通过实验得到吸附等温线，把相应的吸附容量取倒数即可得到m。

利用m-x-y相图，可以得到类似精馏的x-y图。设y为组分在吸附相中分数，x为组分在溶液相中的分数。图 5-11 为乙炔-乙烯二元物系以硅胶和活性炭为吸附剂的m-x-y相图和x-y图。在一定温度及总压下，乙炔-乙烯二元混合物，用硅胶吸附达到平衡时的关系如图 5-11(a) 所示，其上半部分为m-x-y相图，AB表示气相组成，GH表示吸附相的组成。下半部分则表示x-y图，是通过系线的两端点（如E、R）做垂线，E点垂线和对角线相交，再从交点做横轴的平行线与由R点引的垂线相交，即为ER点，通过多个点（余点以此类推），得到与精馏的y-x图相似的相图，这种相图用图解法求理论级数非常方便。由相图可知，用硅胶吸附乙炔-乙烯混合物，硅胶优先吸附乙炔。图 5-11(b) 是乙炔-乙烯二元混合物在活性炭上的吸附平衡关系。比较相图知道，吸附剂对吸附平衡影响很大，活性炭做吸附剂时不仅比硅胶吸附量大，被吸附质也发生变化，乙烯优于乙炔被吸附。

三组分及三组分以上的物系多以组成路程表示其组分的相平衡及系统的性质。三组分系统的组成路程亦可用三角相图表示，而四组分系统的组分路程则由正四面体表示，如图 5-12 和图 5-13。一般情况下，三组分以上系统相平衡多以数学模型表示。

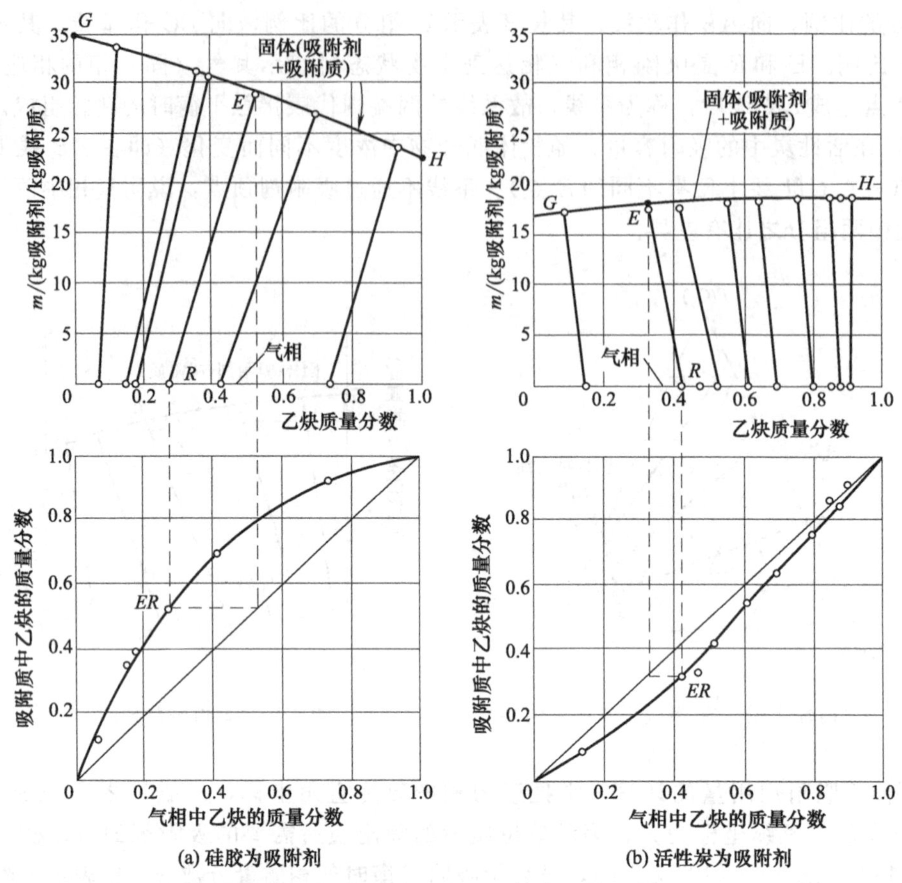

图 5-11　乙炔-乙烯二元物系在硅胶及活性炭上的吸附（25℃、1atm）

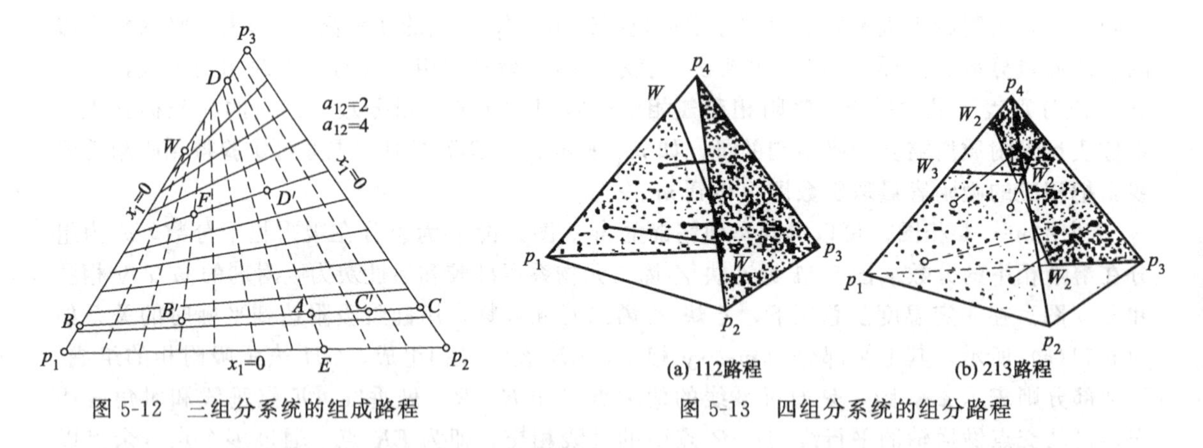

图 5-12　三组分系统的组成路程　　　　图 5-13　四组分系统的组分路程

气相双组分混合气的吸附平衡亦可采用修正的 Langmuir 方程表示。设 A-B 双组分系统，组分 A 和组分 B 在吸附剂内表面覆盖率为 θ_A、θ_B，k_1、k_2 为组分 A 和组分 B 的吸附速率常数，p_A、p_B 为组分 A 和组分 B 的气相分压，则组分 A 的吸附速率 U_A 可写为：

$$U_A=k_1 p_A(1-\theta_A-\theta_B) \tag{5-20}$$

设组分 A 的解吸常数为 k_1'，则解吸速率 U_A' 可写为：

$$U_A'=k_1'\theta_A \tag{5-21}$$

吸附平衡时，有 $U_A'=U_A$，即：$k_1'\theta_A=k_1 p_A(1-\theta_A-\theta_B)$　　(5-22)

式(5-22) 变形并令 $b_A=k_1/k_1'$，可得：$\theta_A=\dfrac{b_A p_A(1-\theta_B)}{1+b_A p_A}$ (5-23)

同理，有： $\theta_B=\dfrac{b_B p_B(1-\theta_A)}{1+b_B p_B}$ $(b_B=k_2/k_2')$ (5-24)

联解式(5-23)、式(5-24)，并令 $\theta_A=q_A/q_{mA}$、$\theta_B=q_B/q_{mB}$，代入得：

$$\begin{cases} q_A=\dfrac{b_A q_{mA} p_A}{1+b_A p_A+b_B p_B} \\ q_B=\dfrac{b_B q_{mB} p_B}{1+b_A p_A+b_B p_B} \end{cases} \tag{5-25}$$

式中，q_{mA}、q_{mB} 分别为组分 A 和组分 B 的最大吸附量；q_A、q_B 为组分 A 和组分 B 的吸附量。

下面讨论用选择性系数所表示的吸附相中 y 和移动相中 x 的平衡关系。对于移动相，有：

$$x_A=\frac{p_A}{p}=\frac{p_A}{p_A+p_B} \tag{5-26}$$

对于固相，亦有：$y_A=\dfrac{\theta_A}{\theta_A+\theta_B}=\dfrac{q_A/q_{mA}}{q_A/q_{mA}+q_B/q_{mB}}=\dfrac{b_A p_A}{b_B p_B+b_A p_A}$ (5-27)

故选择性系数可表示为：

$$\alpha_{AB}=\frac{y_A x_B}{y_B x_A}=\frac{\dfrac{b_A p_A}{b_A p_A+b_B p_B}\times\dfrac{p_B}{p_A+p_B}}{\dfrac{b_B p_B}{b_A p_A+b_B p_B}\times\dfrac{p_A}{p_A+p_B}}=\frac{b_A}{b_B} \tag{5-28}$$

式中，b_A、b_B 分别为组分 A、B 的吸附常数。

于是，式(5-27) 可写成：

$$y_A=\frac{b_A p_A/b_B}{p_B+b_A p_A/b_B}=\frac{\alpha_{AB} p_A}{p_B+\alpha_{AB} p_A}=\frac{\alpha_{AB} x_A p}{p_B+\alpha_{AB} p_A}=\frac{\alpha_{AB} x_A}{\alpha_{BB} x_B+\alpha_{AB} x_A} \tag{5-29}$$

式中，α_{AB} 为 A 组分对 B 组分的选择性系数；α_{BB} 为 B 组分对 B 组分的选择性系数，其值为 1；x_A、x_B 分别为流动相中组分 A、B 的质量分数；y_A 为吸附相中气体组分 A 的质量分数。

式(5-29) 与式(5-27) 是一致的。如前所述，吸附的选择性系数 α_{AB} 与精馏中相对挥发度及萃取中分配系数的意义类似，都表示任意两组分可分离程度。因此，若拟用某吸附剂分离二元气体混合物的组分，则其选择性系数必须不等于 1，而且其值愈大分离效果愈佳。

可将 Langmuir 关系式扩展到多组分，即：

$$q_i=\frac{b_i q_{m,i} p_i}{1+\sum_j b_j p_j} \tag{5-30}$$

式中，q_i 为气相混合物中组分 i 的吸附量；$q_{m,i}$ 为组分 i 覆盖整个表面时的最大吸附量；b_i 为组分 i 的吸附常数；b_j 为任一组分的吸附常数；p_i 为组分 i 的吸附平衡压；p_j 为任一组分 j 的吸附平衡压。

3. 二元及多组分液相吸附

液相吸附要比气相吸附复杂得多，除温度、浓度外，还要考虑吸附剂-溶剂之间的相互作用、溶质-溶剂间的相互作用、溶质-吸附之间的相互作用，它们都影响吸附等温线的形状，这里不再赘述。非电解质的多组分溶液的吸附仍然可以根据单组分吸附等温线推算多组分吸附等温线。根据单组分推算多组分的方法很多，类似于气相吸附，将 Langmuir 公式应用到二元液相均匀表面上的竞争吸附，用下式表示为：

$$q_A=\frac{q_A^* b_A C_A}{1+b_A C_A+b_B C_B} \tag{5-31}$$

$$q_B=\frac{q_B^* b_B C_B}{1+b_A C_A+b_B C_B} \tag{5-32}$$

式中，q 为组分的吸附量；C 为组分的吸附平衡浓度；b 为组分的吸附常数；q^* 为组分的饱和吸附量。气相多组分吸附 Langmuir 式也用于多组分液相吸附：

$$q_i=\frac{q_{m,i} b_i c_i}{1+\sum b_j c_j} \tag{5-33}$$

式中，q_i 为液相混合物中组分 i 的吸附量；$q_{m,i}$ 是组分 i 覆盖整个表面时的最大吸附量；b_i 为组分 i 的吸附常数；b_j 为任一组分的吸附常数；c_i 为组分 i 的吸附平衡浓度；c_j 为任一组分 j 的吸附平衡浓度。

式(5-33) 对液相多组分吸附预测结果不如气相吻合好，不推荐使用。建议将多组分稀溶液吸附处理成单组分吸附，其 Langmuir 式如下：

$$q=\frac{q_m bC}{1+bC} \tag{5-34}$$

式中，b 为吸附组分吸附常数；q_m 为吸附组分最大吸附量。

Freundlich 式如下：

$$q=kC^{1/n} \tag{5-35}$$

式中，n 和 k 为常数，对于少量水溶解于烃类中的吸附，以及少量有机物溶解于水的吸附，都可以采用上面的关系式，如废水处理的活性炭三级处理就可以按式(5-34) 或式(5-35) 计算平衡吸附量。

第三节　吸附的传质与传质速率

前面所讨论的吸附等温线是吸附达到平衡时吸附质溶度和吸附量的关系。作为吸附过程的另一方面，需要多少时间达到吸附平衡也很关键，即所谓的吸附过程传质问题。

一、吸附的传质过程

如在烧杯中加入含有吸附物质的溶液，然后加入吸附剂（如活性炭颗粒）进行搅拌。通过机械搅拌，烧杯内的溶质浓度在任何部位上都是均匀的，但靠近吸附剂颗粒表面的那一部分溶液附着于活性炭，并随吸附剂颗粒一起在烧杯内运动。因此这一部分溶液自然与烧杯内其他部位溶液浓度不同。这种在吸附剂表面和溶液之间存在的对流层薄膜称为界膜，界膜有气体界膜和液体界膜之分。根据对流扩散的理论，界膜之外，溶质浓度相同，不存在扩散阻力，传质阻力集中在界膜内。

移动到吸附剂颗粒表面的这一部分吸附质仅有少量吸附在吸附剂颗粒的外表面上，其余大部分通过颗粒内扩散到达吸附位置而进行吸附。吸附剂颗粒表面界膜内的吸附质浓度因内部扩散而减少，与溶液中的吸附质产生浓度差，因而在界膜上发生扩散使得膜内吸附质得以补充。随着时间的推移，吸附剂颗粒内吸附质增加，溶液内吸附质浓度减少，直到达到平衡，吸附不再进行。

上述由开始到吸附平衡的过程称为吸附传质过程。通过上述分析，达到平衡之前的吸附过程实质上可分解为吸附位置上的吸附反应、溶质在吸附剂颗粒外的界膜内的扩散和溶质在吸附剂内细孔中的扩散三个过程。因此，吸附传质过程受以下三个因素影响：

① 吸附质分子在吸附剂颗粒表面的界膜中的扩散速率；

② 吸附质分子在吸附剂内的扩散速率；

③ 吸附质分子在吸附剂细孔表面吸附位置上的吸附速率。

二、吸附位上的吸附

表示吸附量和时间关系的吸附速度关系式很多，仅介绍代表性的关系式。兰格谬尔从理论上研究了吸附速度，导出了恒压下吸附速度公式：

$$dq/dt=(k_1+k_2)(q_e-q) \tag{5-36}$$

令 $\varphi=k_1+k_2$，代入式(5-36)，在边界条件 $t=0$ 时，$q=0$；$t=t$ 时，$q=q$ 积分，得：

$$q/q_e=1-\exp(-\varphi t) \tag{5-37}$$

式中，q、q_e 分别为吸附量和平衡吸附量；t 为吸附时间；k_1、k_2 分别为吸附常数和脱附常数。

式(5-37) 成立的条件是吸附质分子不受阻碍地直接碰撞在吸附部位上，各种气体在金属表面上的物理吸附和活化吸附都符合此关系，如气体在活性炭上的物理吸附可以用此公式近似表示。在这类吸附中达到吸附平衡所需要的时间为 $10^{-16}\sim10^{-5}$s，故吸附实际上是在瞬间完成的。

班汉姆（D. H. Bangham）也提出了一个恒压下的速度公式：

$$dq/dt=q/mt \qquad (m>1) \tag{5-38}$$

积分得：

$$q=kt^{1/m} \tag{5-39}$$

式中，m 和 k 均为常数；q 为吸附量；t 为时间。

氯气在活性炭上的吸附符合式(5-38)。对于活性炭、硅胶等多孔性吸附剂，孔径有很大差异，有时在大孔的深处连着小孔，故一般开始时吸附速率快，后来吸附速率变慢。鲛岛（鲛岛实三郎）提出吸附前后期两个吸附速率关系式。对于低压下的吸附初期吸附速率公式：

$$q_1\ln\frac{q_1-q}{q_1}-q=mt \tag{5-40}$$

低压下吸附后期吸附速度公式：

$$q=n\ln t+k \tag{5-41}$$

式中，m、n、k 均为常数；q_1 为吸附初期最终吸附量；q 为吸附后期吸附量。

实验表明，活性炭吸附氨及硅胶吸附氨、正己烷、丙酮、四氯化碳和苯都符合该关系式。一般情况下，吸附位上的吸附速率远大于吸附传质过程的速率，故一般研究吸附过程速率不考虑吸附位上的吸附速率，仅研究吸附剂颗粒外和颗粒内的扩散速率。

三、界膜扩散

如前所述，所谓界膜就是当流体与吸附剂接触时，在吸附剂颗粒外表面包围一层薄薄的流体膜，膜内流体为层流状态，而膜外流体处于紊流。换而言之，颗粒外的扩散阻力集中在界膜内。

吸附质的界膜扩散速率定义为吸附质在单位时间和垂直于流动方向的单位面积上的通过

量（质量），即 $N_A=dn_A/Adt$。吸附质分子在流体界膜内的物质移动速率方程式为：

$$N_f=D_A\left(\frac{\Delta C}{\delta}\right)=k_f(C-C_i) \tag{5-42}$$

式中，N_f 为吸附质在界膜内的扩散速率，kg/(m^2 · h)；D_A 为吸附质的分子扩散系数，m^2/h；k_f 为吸附质的界膜扩散系数，m/h；C、C_i 为界膜两侧边界吸附质浓度，kg/m^3；δ 为界膜厚度，m。

对于界膜扩散系数 k_f，有多种估算方法，吉田（F. Yoshida）提出如下关系式：

$$\frac{k_f}{u}(Sc)^{2/3}=0.91\phi\{Re/[6(1-\varepsilon_v)]\}^{-0.51} \qquad \frac{Re}{6(1-\varepsilon_v)}<50 \tag{5-43}$$

$$\frac{k_f}{u}(Sc)^{2/3}=0.61\phi\{Re/[6(1-\varepsilon_v)]\}^{-0.41} \qquad \frac{Re}{6(1-\varepsilon_v)}>50 \tag{5-44}$$

丘（J. C. Chu）公式为：

$$\frac{k_f}{u}(Sc)^{2/3}=5.7[Re/(1-\varepsilon_v)]^{-0.78} \qquad \frac{Re}{1-\varepsilon_v}<30 \tag{5-45}$$

$$\frac{k_f}{u}(Sc)^{2/3}=1.77[Re/(1-\varepsilon_v)]^{-0.44} \qquad \frac{Re}{1-\varepsilon_v}>30 \tag{5-46}$$

对于液相吸附，卡伯利（J. J. Carberry）公式为：

$$\frac{k_f}{u}(Sc)^{2/3}=1.15[Re/(1-\varepsilon_v)]^{-0.5} \tag{5-47}$$

该公式在 $0.1<Re/\varepsilon<1000$ 时与实验值一致。

威尔逊（E. T. Wilson）公式为：

$$\frac{k_f}{u}(Sc)^{2/3}=1.09Re^{-2/3} \qquad 0.0016<Re<55 \tag{5-48}$$

$$\frac{k_f}{u}(Sc)^{2/3}=0.25Re^{-0.31} \qquad 55<Re<1500 \tag{5-49}$$

式中，Sc 为施米特（Schmidt）数，$Sc=\mu/(\rho D_{AB})$；u 为流体表观流速，m/s；ε_v 为吸附剂床层空隙率；ϕ 为吸附剂的形状系数，球形为 1，圆柱形为 0.91，无定形为 0.86。

液相界膜扩散系数一般为 $10^{-4}\sim10^{-3}$ cm/s，液膜厚度不大于 10^{-2} cm；气相界膜扩散系数远大于液相界膜扩散系数，约为液相界膜扩散系数的 10^4 倍，且气膜厚度也远低于液膜，故气相吸附时可忽略界膜扩散阻力。

【例 5-3】 将氮气中的丙酮在活性炭固定床中吸附去除，床中的某个位置压力为 136kPa，气流主体温度为 297K，流体中丙酮的摩尔分率为 0.05，试估计丙酮从流体主体到颗粒表面的扩散系数。已知颗粒平均粒径 0.004m，球形度为 0.65，空隙率为 0.48，流体的表观流速为 0.00352kmol/(m^2 · s)，丙酮在氮中的分子扩散系数为 0.085×10^{-4} m^2/s。

解：（1）采用空气参数为气体参数，查得常压下、297K 时，空气黏度为 1.83×10^{-5} Pa · s，密度为 1.189kg/m^3。操作条件下 $\rho=1.189\times136/101.325=1.6$(kg/m^3)

$$u=\frac{0.00352\times28}{1.6}=0.0616(\text{m/s})$$

（2）$Sc=\dfrac{\mu}{\rho D}=\dfrac{1.83\times10^{-5}}{1.6\times0.085\times10^{-4}}=1.35$

（3）$\dfrac{\rho ud}{\mu}\times\dfrac{1}{6(1-\varepsilon)}=\dfrac{1.6\times0.0616\times0.004}{1.83\times10^{-5}\times6\times(1-0.48)}=6.9<50$

(4) $k_f=0.91\phi\left[\frac{Re}{6(1-\varepsilon)}\right]^{-0.51}Sc^{3/2}u$

$k_f=0.91\times0.65\times6.9^{-0.51}\times1.35^{3/2}\times0.0616=0.021(\text{m/s})=2.1(\text{cm/s})$

四、颗粒内的扩散

吸附质在颗粒内的扩散根据其推动力的不同分为两种情况：如前所述，移动到吸附剂颗粒表面的吸附质仅有少量吸附在吸附剂颗粒的外表面上，其余大部分进入颗粒内细孔中空间。由于存在浓度差，进入细孔中空间的吸附质，一面沿通道向颗粒深处移动，一面被吸附在细孔壁的吸附位上。这种由于细孔内部溶液浓度梯度进行扩散而移动的现象称为细孔扩散。另外，被吸附在细孔入口处及细孔不同位置壁表面上的吸附质分子，由于其排列密度存在差异，则以细孔壁上的吸附量梯度为推动力，一点点地挪动吸附位置，并渐渐地向细孔深处移动（扩散），这种现象称为表面扩散。细孔扩散和表面扩散都是在吸附剂颗粒内部发生的扩散，两者合在一起称为颗粒内部扩散。

所有吸附剂都具有较高的孔隙率和比表面积，然而吸附剂的内孔结构是复杂的，如活性炭、氧化铝、硅胶具有单分散孔结构，而沸石分子筛则具有双分散孔结构。吸附剂颗粒是由粒径为 1～9μm 的晶粒加入少量黏结剂后造粒、焙烧而成。吸附质在吸附剂颗粒内的扩散包括晶粒之间的大孔扩散和晶粒内的微孔扩散，由于孔的结构和物质的扩散特性，吸附质分子在吸附剂颗粒内的扩散过程存在细孔扩散和表面扩散。

1. 细孔扩散（包括大孔和微孔）

在讨论实际多孔吸附剂的细孔扩散之前，先研究理想化的毛细管扩散模型。

(1) 毛细管扩散模型

当毛细管直径比扩散分子的平均分子自由程大许多时，发生分子扩散；毛细管直径小于平均分子自由程时发生努森（Kmundsen）扩散；而毛细管直径与平均分子自由程接近时，则分子扩散和努森扩散都发生，此时称为过渡区扩散。

在努森扩散区，吸附质 A 在单位毛细管截面积上的扩散速度 N_A[g/(cm^2·s)] 与浓度梯度成正比：

$$N_A=-D_{KA}(dC_A/dX) \tag{5-50}$$

式中，C_A 为吸附质浓度，g/cm^3；X 为扩散距离，cm；D_{KA} 为努森扩散系数，cm^2/s。

设毛细管平均直径为 d_p(cm)，温度为 T(K)，吸附质分子量为 M_A，则 D_{KA} 可以表示为：

$$D_{KA}=4850d_p(T/M_A)^{0.5} \tag{5-51}$$

在分子扩散区，吸附质 A 的扩散速度为：

$$N_A=-D_{AB}(dC_A/dX) \tag{5-52}$$

式中，D_{AB} 为分子扩散系数；dC_A/dX 为浓度梯度。

过渡区的扩散系数由博赞凯特（Bosanquit）公式计算：

$$1/D_N=1/D_{KA}+1/D_{AB} \tag{5-53}$$

式中，D_N 为过渡区扩散系数，cm^2/s。

上式不仅适用用于过渡区，也可作为计算颗粒内其他情况扩散系数的通式。

(2) 多孔粒子内细孔扩散

实际吸附剂的细孔并非是毛细管的均匀排列，而是具有各种形状和不同的孔径。应用与真实孔接近的细孔模型可以较好地估算颗粒内有效扩散系数，具有代表性的细孔模型为平行孔模型和随机孔模型。

平行孔模型假定毛细管平行排列，并且具有相同的孔径，毛细管在分子扩散方向有弯曲，分子扩散路程 L_e 比直线距离 L 大很多。吸附质 A 的表观扩散速度 N_{AP} 和粒子内多孔的细孔扩散的扩散系数 D_P 可用式(5-54) 和式(5-55) 表示：

$$N_{AP}=-D_P(dC_A/dX) \tag{5-54}$$

$$D_P=(\varepsilon/k^2)D_N=(\varepsilon/k^2)\frac{1}{1/D_{KA}+1/D_{AB}} \tag{5-55}$$

式中，k^2 称为弯曲系数，表示孔的弯曲程度，$k^2=(L_e/L)$；ε 为孔隙率，代表吸附剂粒子的细孔容积与包括细孔容积在内的总体积之比。如果吸附剂既有大孔，也有微孔，则细孔扩散系数 D_P 用式(5-56) 计算：

$$D_P=\frac{\varepsilon_a}{k^2}\times\frac{1}{1/D_{KA_a}+1/D_{AB}}+\frac{\varepsilon_i}{k^2}\times\frac{1}{1/D_{KA_i}+1/D_{AB}} \tag{5-56}$$

下标 a 和 i 分别代表大孔和微孔。表 5-1 为不同吸附剂的 ε、r 和 k^2 值。活性炭的 k^2 可取 4。

随机孔模型假定粒子含有微孔、粒子随机聚集且粉末的间隙构成大孔。因此，孔的排列方式有大孔和大孔的串联排列、微孔和微孔的串联排列、大孔和微孔的串联排列，扩散以上述三种方式同时进行，其细孔扩散的扩散系数可表示为：

$$D_P=\frac{\varepsilon_a^2}{1/D_{KA_a}+1/D_{AB}}+\frac{\varepsilon_i^2(1+3\varepsilon_a)}{(1-\varepsilon_a)}\times\frac{1}{1/D_{KA_i}+1/D_{AB}} \tag{5-57}$$

表 5-1　吸附剂的孔隙率 (ε)、平均孔径 (r) 和弯曲系数 (k^2) 的实验值

吸附剂	大孔		微孔		k^2
	ε_a	$r/\mu m$	ε_i	$r/\mu m$	
活性炭 A	0.29	1.16	0.33	0.5	3.9
活性炭 B	0.17	0.54	0.49	1.1	4.2
氧化铝凝胶	—	—	0.69	4.9	5.9
分子筛 A	0.32	0.17	0.24	0.45	3.4
分子筛 B	0.30	0.47	0.26	0.25	3.4

商品吸附剂多符合平行孔模型。许多情况下，气体分子从吸附剂表面进入大孔中并进行扩散，再吸附在微孔中。一般来说，微孔扩散速率很快，吸附速率常由大孔扩散速率控制。因此，对于活性炭吸附剂，可忽略微孔对吸附速率的影响，采用大孔的平均孔径和孔隙率估算细孔扩散的扩散系数 D_P。

2. 表面扩散

物理吸附的分子与细孔表面的作用力不是很强，可以在浓度降低的方向上发生移动。若吸附量梯度是表面扩散的推动力，则表面扩散量为：

$$N_{AS}=-D_S\rho_b(dq/dX) \tag{5-58}$$

式中，N_{AS} 为表面扩散速率，$kg/(m^2\cdot h)$；D_S 为表面扩散系数，m^2/h；ρ_b 为颗粒的密度，kg/m^3；q 为吸附量，kg/kg；X 为扩散距离，m。

对于 D_S 值，可采用式(5-59) 估算：

$$D_S=1.6\times10^{-2}\exp(-0.45Q/mRT) \tag{5-59}$$

式中，Q 为微分吸附热，cal/mol；m 为 D_S 和 Q 之间的关联数，活性炭取 2、硅胶取 1。

图 5-14 为包括化学吸附在内的各种吸附体系的 $\lg D_S$ 与 Q/mRT 的关系。

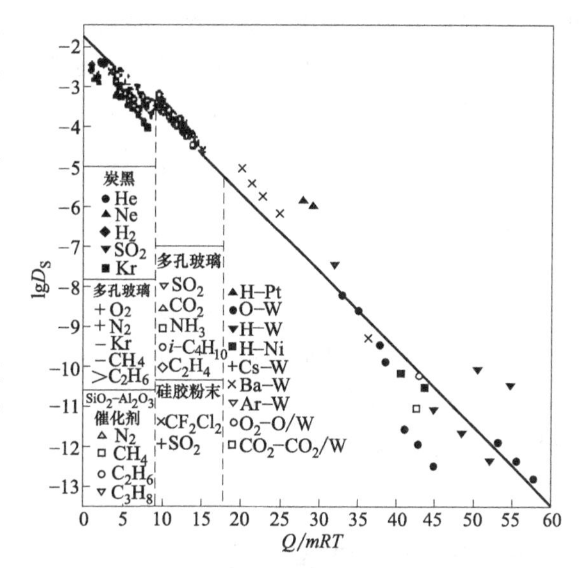

图 5-14 $\lg D_S$ 和 Q/mRT 的关系

3. 包括细孔扩散和表面扩散的颗粒内扩散

设细孔内吸附质浓度为 C、吸附量为 q，细孔扩散和表面扩散同时发生。颗粒内的扩散速率为 $N_{AP}+N_{AS}$，因此，吸附剂颗粒内的扩散速率可以表示为：

$$N_{AT}=-[D_P+D_S\rho_b(dq/dC_A)](dC_A/dX) \tag{5-60}$$

令 $[D_P+D_S\rho_b(dq/dC_A)]=D_e$，则有：

$$N_{AT}=-D_e(dC_A/dX) \tag{5-61}$$

式中，D_e 表示以细孔内浓度梯度为推动力时的粒子内有效扩散系数。如果以吸附量梯度（dq/dX）为推动力，式(5-60) 可写成：

$$N_{AT}=-[D_P/(\rho_b dq/dC_A)+D_S]\rho_b dq/dX=D'_e\rho_b dq/dX \tag{5-62}$$

其中，

$$D'_e=D_P/(\rho_b dq/dC_A)+D_S \tag{5-63}$$

D_e 和 D'_e 的关系为：

$$D_e=D'_e\rho_b(dq/dC_A)=\rho_b D'_e H \tag{5-64}$$

液相吸附时，除非亨利系数很大时方可忽略固膜扩散影响，其余均需考虑内扩散的阻力。气相吸附中，传质主要受颗粒内扩散控制，即使存在界膜扩散也可忽略，故颗粒内有效扩散系数 $D_e(D'_e)$ 是估算吸附传质阻力重要的参数。

4. 颗粒内传质方程

颗粒内扩散有效系数的物理意义可由式(5-65) 给出。图 5-15 为拟均态多孔丸模型，是由惠勒（A. Wheeler）提出的。设吸附质浓度为 C 的流体在球面处流入，在颗粒的 $\Delta r+r$ 处的浓度为 $\partial(C+\partial C\Delta r/\partial r)$，由 r 处流出，浓度为 ∂C，同时在 Δr 厚度内发生吸附，应用费克定律，并对此颗粒作吸附质的物料衡算，得：

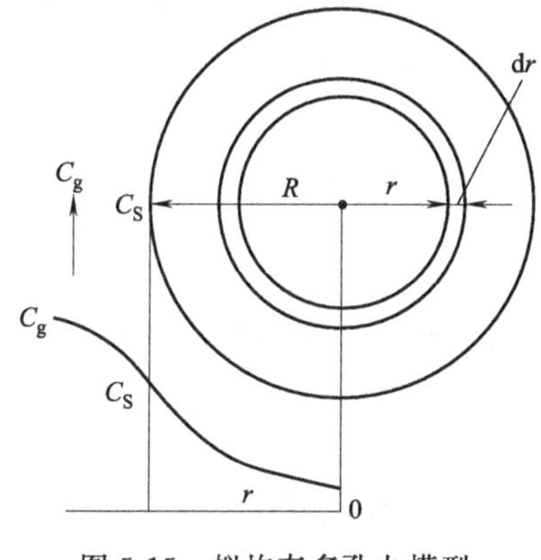

图 5-15 拟均态多孔丸模型

$$4\pi(r+\Delta r)^2 D_e\frac{\partial\left(C+\dfrac{\partial C}{\partial r}\Delta r\right)}{\partial r}=4\pi r^2\Delta r\frac{\partial q}{\partial t}+4\pi r^2 D_e\frac{\partial C}{\partial r} \tag{5-65}$$

当 $\Delta r\to 0$，有：

$$D_e\left(\frac{\partial^2 C}{\partial r^2}+\frac{2}{r}\frac{\partial C}{\partial r}\right)=\frac{\partial q}{\partial t} \tag{5-66}$$

式中，D_e 为颗粒有效扩散系数；q 为单位体积吸附剂的吸附量。

显然，式(5-66) 中的 D_e 用于整个球壳表面，当然包含孔道扩散系数和表面扩散系数。因此，D_e 表示以浓度差为推动力时吸附质在颗粒内扩散的有效扩散系数，与前面所述的颗粒内有效扩散系数意义一致。同样，如果以吸附量差为推动力，采用同样方法，可得到如下吸附质在颗粒内扩散的二阶微分方程：

$$D'_e\left(\frac{\partial^2 q}{\partial r^2}+\frac{2}{r}\frac{\partial q}{\partial r}\right)=\frac{\partial q}{\partial t} \tag{5-67}$$

其边界条件为：

$$\begin{cases} t=0, 0\leqslant r\leqslant r_0, q=0 \\ t>0, r=r_0, q=q_i \\ t\geqslant 0, r=0, \partial q/\partial r=0 \end{cases} \tag{5-68}$$

根据边界条件，此偏微分方程可解。并以此确定有效扩散系数 D'_e。前面已述，D_e 和 D'_e的关系为 $D_e=D'_e\rho_b(dq/dC_A)$。因此，确定了 D'_e即确定了 D_e。因式(5-67) 求解复杂，一般采用近似法确定颗粒内有效扩散系数。由于篇幅所限，不再赘述，读者可参阅有关文献资料。

五、吸附过程的传质速率

前面已述，吸附传质过程受吸附质在界膜中的扩散速率、吸附质在吸附剂内的扩散速率和吸附质在吸附剂内细孔表面吸附位置上的吸附速率三因素影响。

通常的物理吸附中，吸附位置上的吸附速率一般很快，可以认为在细孔表面的各个吸附位上的吸附质浓度和吸附量相平衡，因此，总吸附速率取决于界膜扩散与颗粒内扩散的扩散。一般在开始阶段，前者起主要作用，当吸附量增加的后期，后者起主要作用，但是也有两者共同发挥作用的情况。当然化学吸附往往对吸附过程速率起主要作用。

矛盾的双方是相互影响相互作用的，在吸附传质过程中，外扩散和内扩散同时进行，其扩散速率亦相互关联。虽然解释吸附过程内外扩散有各种理论，应用广泛的仍然是双膜理论。在讨论双膜理论之前，首先介绍吸附剂颗粒的参数。

1. 多孔吸附剂的性质与参数

多孔吸附剂为颗粒状和粉末两类。粒状分为球状、柱状或不定型，主要参数如下。

(1) 质量

表示吸附剂的量，符号 m，单位 kg。

(2) 密度

单位体积吸附剂具有的质量。密度可分为颗粒密度和表观密度。所谓颗粒密度即是由吸附剂颗粒的质量及体积所得到的密度，符号 ρ_b。而表观密度是指由一定质量的吸附剂与由此堆积而成的体积所计算出的密度，符号 ρ_v。对于同一吸附剂，显然 $\rho_b>\rho_v$。

(3) 体积和表观体积

颗粒体积，指一定质量吸附剂颗粒不包含颗粒空隙所具有的体积，符号 V_b。表观体积则指包括吸附剂颗粒和颗粒外空间在内的体积，符号 V_v。

(4) 表面积

一定量的吸附剂颗粒所具有的外表面积，符号 A_p。必须注意，尽管吸附剂颗粒具有不同的体积计算方法，但其表面积是一致的。

(5) 比表面积

单位体积吸附剂所具有的表面积。比表面积也有两种，一是由颗粒体积所计算的比表面积，符号 a_b；二是由表观体积所计算的表面积，符号为 a_v。

由前面所述，有：
$$m=\rho_b V_b=\rho_v V_v \tag{5-69}$$
$$A_P=a_b V_b=a_v V_v \tag{5-70}$$
由式(5-69) 和式(5-70)，有：
$$\frac{\rho_v}{\rho_b}=\frac{V_b}{V_v}\text{和}\frac{a_v}{a_b}=\frac{V_b}{V_v} \tag{5-71}$$
由式(5-71)，有：
$$\frac{a_v}{a_b}=\frac{\rho_v}{\rho_b} \tag{5-72}$$
式(5-72) 可写成：
$$a_v/\rho_v=a_b/\rho_b \tag{5-73}$$

(6) 球形颗粒的直径 d、体积 V_b、表面积 A_P 和比表面积 a_b 关系
$$V_b=\frac{\pi}{6}d^3 \tag{5-74}$$
$$A_P=\pi d^2 \tag{5-75}$$
$$a_b=A_P/V_b=6/d \tag{5-76}$$

对一定直径的颗粒，比表面积一定；颗粒的直径愈小，比表面积愈大，因此可以根据比表面积的大小，来表示颗粒的大小，特别是微小颗粒。

(7) 非球形颗粒的当量直径和球形度

① 体积当量直径 d_e　与实际颗粒体积 V_P 相等的球形颗粒的直径定义为非球形颗粒的当量直径。即：
$$d_e=\sqrt[3]{6V_P/\pi} \tag{5-77}$$

② 表面积当量直径 d_P　表面积等于实际颗粒表面积 A_P 的球形颗粒的直径定义为非球形颗粒的表面积当量直径。即：
$$d_P=\sqrt{A_P/\pi} \tag{5-78}$$

③ 比表面积当量直径 d_b　比表面积等于实际颗粒比表面积 a_b 的球形颗粒的直径定义为非球形颗粒的比表面积当量直径。即：
$$d_b=6/a_b \tag{5-79}$$

④ 形状系数 φ_s　亦称球形度，用于表征颗粒的形状与球形的差异程度。它定义为体积与实际颗粒相等时球形颗粒表面积 A_P 与实际颗粒的表面积 A 之比，即：
$$\varphi_s=A_P/A \tag{5-80}$$

由于体积相同时，球形颗粒的表面积最小，故非球形颗粒的 $\varphi_s<1$，而且颗粒与球形差别愈大，其 φ_s 值愈小。对非球形颗粒必须有两个参数才能确定其几何特性，通常选用 d_e 和 φ_s 来表征。

2. 双膜理论及吸附-传质速率关系式

为了讨论问题简便，首先研究单一颗粒的吸附传质速率问题。若使一球形吸附剂颗粒与含吸附质的流体充分接触，讨论其吸附传质情况。如前所述，将发生界膜扩散和颗粒内扩散。由于内扩散比较复杂，人们将界膜扩散和颗粒内扩散的阻力处理成与吸收过程类似的内外双层膜（流体膜和固膜），并将流态视为稳定状态。该理论主要观点如下：①相互接触的流体、固体间存在着定态的相界面，界面两侧各有一个有效滞流膜层，吸附质以分子扩散方式通过此二膜层；②在膜层以外的区域，吸附质浓度是均匀的，全部组成变化集中在两个有效膜层中；③膜内无物质积累，即 $dQ/dt=0$；④在相界面上存在某种吸附平衡（图 5-16）。

若外膜传质系数为 k_f，内膜传质系数为 k_S，假设外内膜两相界面上流体相界面吸附质

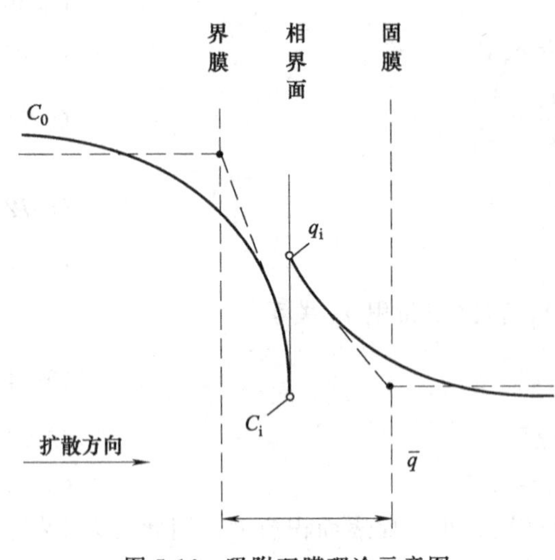

图 5-16 吸附双膜理论示意图

浓度为 C_i、固体相界面上吸附量为 q_i，且浓度 C_i 与吸附量 q_i 存在某种平衡关系，界膜边界吸附质浓度为 C_0，吸附剂颗粒内平均吸附量为 $\overline{q}$，吸附剂表观密度为 ρ_v，单位体积吸附剂具有的外表面积为 a_v，吸附剂表观体积为 V_v。稳态下，内外膜扩散速率相同，于是有：

$$N_A = k_f(C_0 - C_i) = k_S(q_i - \overline{q}) \tag{5-81}$$

式(5-81) 可写成"速率＝推动力/阻力"形式，即：

$$N_A = \frac{C_0 - C_i}{1/k_f} = \frac{q_i - \overline{q}}{1/k_S} \tag{5-82}$$

由于相界面上参数 C_i、q_i 难以测定，一般速率方程式以总传质扩散系数形式表示。当吸附平衡符合亨利定律时，有 $q_i = HC_i$、$q^* = HC_0$、$\overline{q} = HC^*$ 存在，其中，q^* 为与界膜边界溶质浓度 C_0 相平衡的吸附量；C^* 表示与颗粒内平均吸附量 $\overline{q}$ 相平衡的吸附质浓度。故传质过程参数可用 q^*、$\overline{q}$、C^*、C_0 表示，根据分比定理，式(5-82) 可写成：

$$N_A = \frac{C_0 H - C_i H + q_i - \overline{q}}{H/k_f + 1/k_S} = \frac{q^* - \overline{q}}{H/k_f + 1/k_S} = \frac{q^* - \overline{q}}{1/K_S} \tag{5-83}$$

式中，K_S 是以吸附剂吸附量为基准的总传质系数。

显然，式(5-83) 与式(5-82) 等价，但意义不同，式(5-83) 是以内外吸附量差为推动力的速率方程式。$1/K_S$ 表示推动力为吸附量差时的总传质阻力，根据式(5-83)：

$$\frac{1}{K_S} = \frac{H}{k_f} + \frac{1}{k_S} \tag{5-84}$$

同样可得到：

$$N_A = \frac{C_0 - C_i + q_i/H - \overline{q}/H}{1/k_f + 1/k_S H} = \frac{C_0 - C^*}{1/k_f + 1/k_S H} = \frac{C_0 - C^*}{1/K_f} \tag{5-85}$$

式中，K_f 是以流体浓度差为基准的总传质系数。

式(5-85) 与式(5-82) 等价，意义却不同，式(5-85) 表示以内外浓度差为推动力的速率方程式。其中 $1/K_f$ 为总阻力，它与吸附平衡系数 H、外膜扩散系数 k_f 及内膜扩散系数 k_S 的关系为：

$$\frac{1}{K_f} = \frac{1}{k_f} + \frac{1}{Hk_S} \tag{5-86}$$

以浓度为基准的总传质系数 K_f 与以吸附量为基准的总传质系数 K_S 的关系为：

$$K_f = HK_S \tag{5-87}$$

下面讨论特殊情况下总传质系数与单膜传质系数的关系及速率表达式。液体吸附的初期且流速比较低的情况下，界膜扩散阻力远大于固膜扩散阻力，可忽略内扩散阻力，为外扩散控制过程。这时有 $k_f = K_f$，于是扩散速率可写成：

$$N_A = k_f(C_0 - C^*) \tag{5-88}$$

气相吸附，或非低温、高浓度、高流速液体吸附，以及液体吸附后期，内扩散阻力远大于外扩散阻力，此时为内扩散控制过程。此过程中，$K_S = k_S$、$K_f = k_S H$，于是扩散速率可写成：

$$N_A = k_S (q^* - \overline{q}) \tag{5-89}$$

或

$$N_A = k_S H (C_0 - C^*) \tag{5-90}$$

3. 扩散-吸附速率关系式

通过界膜及固膜扩散到吸附剂颗粒内的吸附质要被吸附剂所吸附，考虑颗粒内不同半径上的吸附量存在差异，故设单位体积吸附的平均吸附量为 $\overline{q}$，则单位体积吸附剂的吸附速率为 $\mathrm{d}\overline{q}/\mathrm{d}t$，吸附剂体积为 V_v 的吸附速率为 $V_v \mathrm{d}\overline{q}/\mathrm{d}t$。如果吸附传质速率由颗粒的总扩散系数 K_f 和推动力（$C_0 - C^*$）表示，吸附剂外表面积为 A_P，则 $K_f(C_0 - C^*)A_P$ 代表通过界膜扩散进入到外表面积为 A_P 的传质速率。不言而喻，扩散到吸附剂中的吸附质必然被吸附剂所吸附，因此扩散速率和吸附速率存在如下关系式：

$$V_v \frac{\mathrm{d}\overline{q}}{\mathrm{d}t} = K_f (C_0 - C^*) A_P \tag{5-91}$$

上式变形后，可得：

$$\frac{\mathrm{d}\overline{q}}{\mathrm{d}t} = K_f a_v (C_0 - C^*) \tag{5-92}$$

式(5-92) 即是用总扩散系数 $K_f a_v$ 和浓度差为推动力所表示的扩散-吸附关系式。同理，以总扩散系数 $K_S a_v$ 和吸附量差为推动力所表示的扩散-吸附关系式为：

$$\frac{\mathrm{d}\overline{q}}{\mathrm{d}t} = K_S a_v (q^* - \overline{q}) \tag{5-93}$$

故扩散系数 $K_f a_v$ 或 $K_S a_v$ 及相应的推动力均可表示扩散-吸附关系。外扩散控制时，式(5-92) 可变形为：

$$\frac{\mathrm{d}\overline{q}}{\mathrm{d}t} = k_f a_v (C_0 - C^*) \tag{5-94}$$

一般说来，单纯的外扩散控制情况不多见，仅在液体吸附初期出现。内膜扩散控制时，式(5-93) 可写成：

$$\frac{\mathrm{d}\overline{q}}{\mathrm{d}t} = k_S a_v (q^* - \overline{q}) \tag{5-95}$$

或

$$\frac{\mathrm{d}\overline{q}}{\mathrm{d}t} = k_S a_v H (C_0 - C^*) \tag{5-96}$$

内扩散控制现象普遍存在，气相吸附以及高浓度液体吸附或液体吸附后期都属于内扩散控制。综上所述，总传质速率方程式以及传质-吸附速率关系式都需要总传质系数 K_f 或 K_S，而 $K_f(K_S)$ 必须由 k_f、k_S 及吸附平衡关系常数确定。必须指出的是，外膜扩散系数 k_f 与本节前面所介绍的界膜扩散系数 k_f 为同一物理量，可采用前面所叙述的方法确定之；而内膜扩散系数 k_S 与颗粒内有效扩散系数意义不同，不可混淆。关于内膜扩散系数 k_S 和颗粒内有效扩散系数，格莱考夫（E. Gleuckauf）提出随着吸附进行而吸附量 q_i 发生变化的吸附关系式：

$$\frac{\mathrm{d}\overline{q}}{\mathrm{d}t} = \frac{15 D'_e}{R_P^2} (q_i - \overline{q}) \tag{5-97}$$

而

$$\mathrm{d}\overline{q}/\mathrm{d}t = k_S a_v (q_i - \overline{q})$$

比较两式，可得：

$$k_S a_v = 15D'_e / R_P^2 \tag{5-98}$$

式中，R_P 为吸附剂颗粒的有效半径；a_v 为颗粒比表面积。

根据式(5-98) 及 D_e 和 D'_e 的关系，即可由 D_e 或 D'_e 确定 k_S。

【例 5-4】 氦气中含有 20×10^{-6} 的氪，通过床层高度为 5m 的活性炭固定床去除之。已知入口气参数：温度为 0℃、1atm，氪的等温吸附线为 $q=100c$（吸附量与平衡浓度单位为 g/cm^3）。床层表观气速为 0.1m/s，柱状活性炭直径 4mm、密度 $\rho_b=1.7g/cm^3$，球形度取 0.91。颗粒微孔孔径为 1.16μm，孔隙率为 0.31，曲率（弯曲系数）为 3.9，床层表观密度为 $\rho_v=0.41g/cm^3$，比表面积 $a_v=11.0cm^2/cm^3$，床层空隙率 $\varepsilon_v=0.50$，氦-氪的分子扩散系数 $D_{AB}=0.136cm^2/s$，氪的微分吸附热为 $-11717cal/mol$，试确定总传质系数（吸附剂颗粒柱高度取 1.8 倍柱径）。

解：(1) $D_{KA}=4850d_P(T/M_A)^{0.5}=4850\times1.16\times10^{-4}\times\left(\frac{273}{84}\right)^{0.5}=1.015(cm^2/s)$

(2) $D_N=\dfrac{1}{\dfrac{1}{D_{KA}}+\dfrac{1}{D_{AB}}}=\dfrac{1}{\dfrac{1}{1.015}+\dfrac{1}{0.136}}=0.120(cm^2/s)$

$D_P=(\varepsilon/k^2)D_N=\dfrac{0.31}{3.9}\times0.120=0.0095(cm^2/s)$

(3) $D_S=1.6\times10^{-2}\exp(-0.45Q/mRT)=1.6\times10^{-2}\exp\left(\dfrac{-0.45\times11717}{2\times1.987\times273}\right)=0.000124$ (cm^2/s)

(4) $D'_e=\left(\dfrac{D_P}{\rho_b dq/dC_A}+D_S\right)=\dfrac{0.0095}{1.7\times100}+0.000124=0.00018(cm/s)$

$d_P=\sqrt{A_P/\pi}=\sqrt{(2\pi R\times H+2\pi R^2)/\pi}=\sqrt{(2\times0.2\times0.2\times1.8\pi+2\times0.2^2\pi)/\pi}\approx0.607(cm)$

$R_P=d_P/2\approx0.304(cm)$

$k_S a_v=15D'_e/R_P^2=15\times0.00018/0.304^2=0.0292(s^{-1})$

(5) $u=0.1m/s=10cm/s$

查得氦气在温度为 0℃、1atm 下的密度 $\rho=1.25kg/m^3$，黏度 $\mu=1.66\times10^{-5}Pa\cdot s$

$d_e=\left(\dfrac{6V_P}{\pi}\right)^{1/3}=\left(\dfrac{6\times\pi\times0.2^2\times0.72}{\pi}\right)^{1/3}=0.56(cm)$

$\dfrac{\rho ud}{\mu}\times\dfrac{1}{6(1-\varepsilon_v)}=\dfrac{1.25\times0.1\times0.0056}{1.66\times10^{-5}\times6\times(1-0.5)}=14.1<50$

$Sc=\mu/(\rho D_{AB})=\dfrac{1.66\times10^{-5}}{1.25\times0.136\times10^{-4}}=0.98$

$k_f=0.91\phi\left[\dfrac{Re}{6(1-\varepsilon_v)}\right]^{-0.51}Sc^{3/2}u=0.91\times0.91\times14.1^{-0.51}\times0.98^{3/2}\times0.1=0.0208$ $(m/s)=2.08(cm/s)$

$k_f a_v=2.08\times11=22.88(cm/s)$

$K_S a_v=\dfrac{1}{H/k_f a_v+1/k_S a_v}=\dfrac{1}{100/22.88+1/0.0292}=0.02589s^{-1}$

$K_f a_v=HK_S a_v=0.02589\times100=2.59(m/s)$

第四节 吸附曲线

前面讨论了吸附剂颗粒的吸附-传质速率关系，在实际生产中情况还不是完全如此。例如当含吸附质流体流过固定床时，在流动过程中发生传质，传质时不仅与颗粒扩散有关，还受流动状态及床层弥散现象影响，比前面所述的颗粒传质要复杂。换句话说，前面所讨论的为静态传质，而实际发生的是动态传质，两者是有区别的。

一、固定床吸附过程、吸附过程曲线及吸附带

1. 固定床吸附过程和吸附带

工业上吸附多采用固定床操作。固定床的吸附过程如下：当溶液中的吸附质接触吸附剂（柱）时，吸附柱中必然存在一个吸附高度，能使吸附质浓度降到最低，称为吸附带或传质区。吸附完全在此区域内进行，继续运行时，吸附带则向下推移，当传质区前端移动到床层出口时，吸附柱尚有一个吸附带高度的区域处于未全部饱和状态，其出料仍处于合格程度，若继续运行，吸附带移出吸附柱，吸附剂全部饱和，此时进口处和出口处吸附质的浓度完全相同（图 5-17）。因此，整个吸附过程实质上是饱和区、传质区、未用区由前向后移动过程。换而言知，吸附开始于“未用区”，结束于“饱和区＋传质区”。在图 5-17 中，其中 L 表示吸附剂（柱）高度，δ 表示吸附带（传质区）厚度，并用点域表示（意为还具有部分吸附能力）；阴影部分为饱和区，表示已无吸附能力；空白部分为未用区，表示尚拥有全部吸附能力；吸附带还可表示为部分阴影部分空白，分界线为曲线形，同样表示吸附带尚有吸附部分吸附能力（图 5-18）。

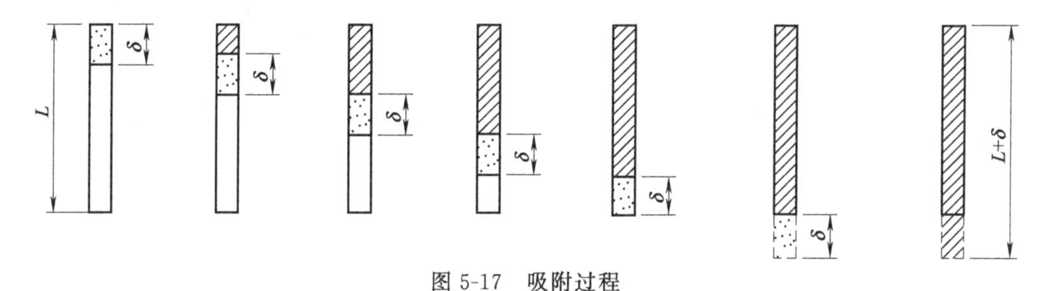

图 5-17 吸附过程

2. 负荷曲线和透过曲线

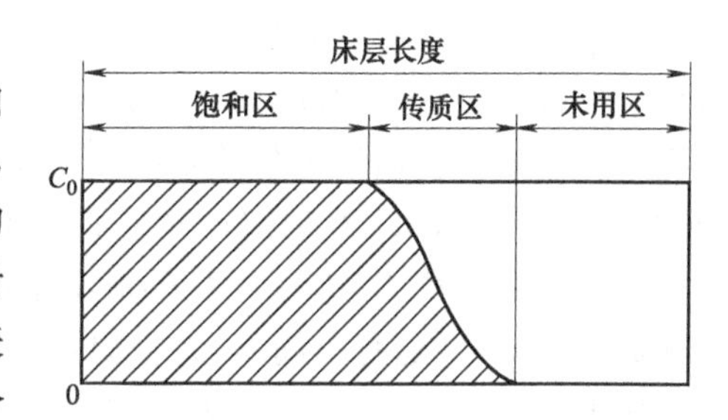

图 5-18 固定床操作的三个区

上述吸附过程的传质区曲线即为吸附负荷曲线，负荷曲线的纵坐标 C 表示溶液组分的浓度，横坐标 L 表示床层长度（图 5-19）。负荷曲线上的点表示吸附带不同截面的溶质浓度，表示吸附质沿吸附带长度浓度变化情况。曲线下面的阴影部分表示吸附带中的饱和区域，表示吸附带饱和程度的分布，负荷曲线上面部分空白，表示吸附带不同截面上空余的吸附能力。负荷曲线为反 S 形，形象地表示流体中吸附质在传质区的浓度呈 C_0 降至 0 的浓度分布，也表示传质区由后到前不同截面剩余吸附能力的分布。同样表示吸附带不同截面饱和程度的分布。负荷曲线形状依等温线的

不同在移动过程中发生的变化亦不同，在吸附速率无限大的假想情况下，吸附的负荷曲线为直角形［图 5-19(a)］，其长方形面积为吸附剂的吸附负荷量。实际上由于存在扩散阻力等因素，吸附（扩散）速率具有一定值，负荷曲线为图 5-19(b)～(f) 的形状。当组分初始浓度为 C_0 的溶液以等速进入床层时，在刚开始的时刻 τ_1，在床层入口会形成如图 5-19(b) 的反 S 形负荷曲线，此反 S 形负荷曲线称为传质前沿或吸附波；流体不断通入，在 τ_2 时刻，传质前沿移到床层的另一位置，……，当经过一段时间在 τ_e 时刻，传质前沿的前端已达到床层出口，此时应停止进料，以免吸附质溢出床层外达不到预期的分离效果［图 5-19(b)］。在 $0\sim\tau_e$ 的时间内，反 S 形传质前沿到达出口处时，$(Z-Z_e)$ 长度是溶液浓度为 C_0 的饱和区，此区域内吸附剂不再吸附吸附质，达到平衡状态，平衡浓度为 C_0；而曲线形状为 S 形传质的 Z_e 到 Z_0 的区域称为传质区，吸附质的传质在传质区进行，吸附带底部平衡浓度为 C_0，并逐渐降低，到吸附带顶部时浓度几乎为 0。传质区愈窄，表示阻力愈小，床层利用的效率愈高。在实际操作中，由于床层反复再生，吸附剂内已存在浓度为 C_R 的残余吸附质，传质前沿的形成与移动如图 5-19(c)～(e)。当传质前沿末端到达床层出口时床层已全部饱和不再吸附，溶液中吸附质的浓度入口与出口处相同［图 5-19(f)］。因此在实际操作中，当传质前沿到达出口时必须停止进料，更换吸附柱。综上所述，反 S 形吸附曲线（即传质区厚度）在移动过程中是变化的，吸附曲线形状的变化规律主要受平衡曲线的性质影响，吸附剂形状、粒度及使用周期对其也有影响。另外，负荷曲线与吸附质具有一一对应关系，多个组分应有多个曲线图形。

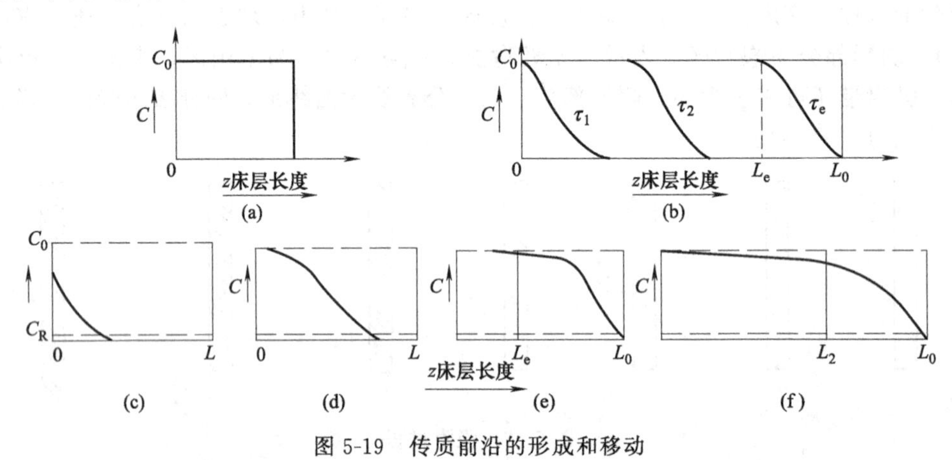

图 5-19　传质前沿的形成和移动

由于床层中移动相的吸附质浓度不方便测定，常用透过曲线表示吸附过程。透过曲线是以床层出口处吸附质浓度为纵坐标，以产物体积或时间为横坐标（图 5-20)。透过曲线形状为 S 形，它表示传质区吸附质浓度从 0 开始逐渐增加的过程。当出口浓度增加到允许的最高浓度 $C_b(C_b=0.05C_0)$ 时（产物体积为 V_b)，吸附柱要停止运行，柱内吸附剂须经过再生才能重新使用。称 C_b 为吸附柱的泄漏浓度，所生产的物料总量 V_b 称为有效吸附容量（亦称泄漏容量)，其运行时间 t_b 为吸附周期。若对出口浓度已经达到 C_b 的吸附柱继续运行，则吸附质浓度 C_x 迅速升高，甚至可以达到进口浓度 C_0，由于达到 C_0 的时间比较长，一般取 $C_x=0.95C_0$，称之为耗竭浓度，所生产的物料总量 V_x 称为耗竭容量，它代表吸附柱的总吸附能力，所用时间 t_x 称为耗竭时间。透过曲线和负荷曲线一样，也是在吸附过程由前向后移动（移动过程中形状同样发生变化)，只不过检测不到，只能检测到透过曲线移动到吸附柱末端的状态［图 5-20(b)］。

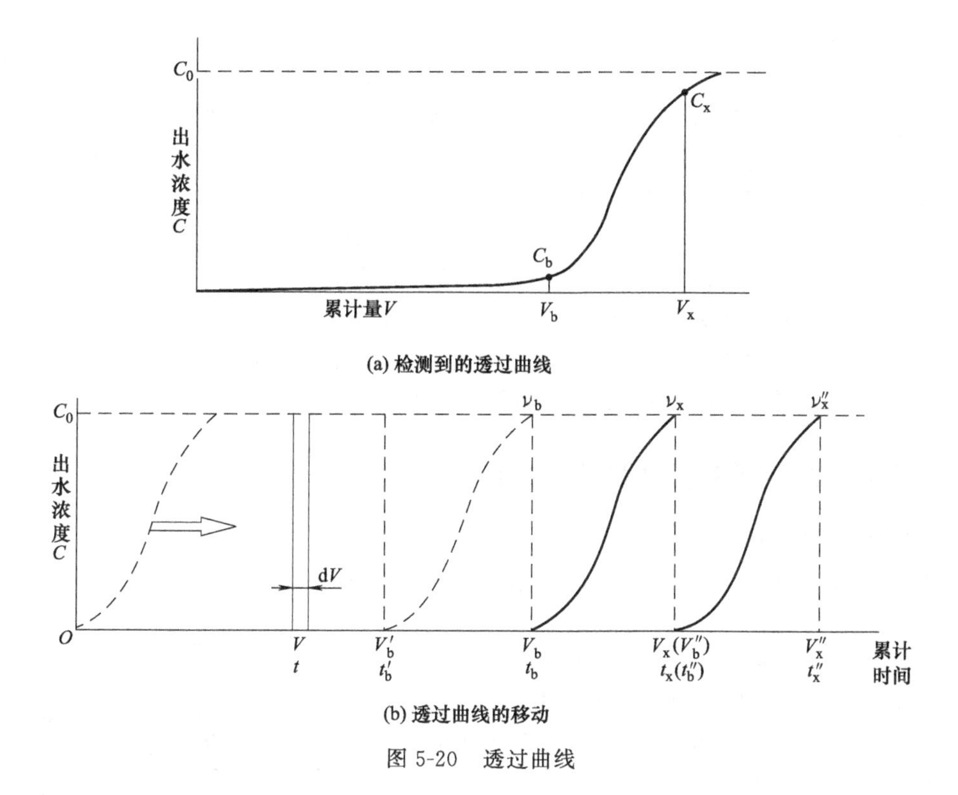

图 5-20 透过曲线

如果对同一工况的吸附质下传质过程分别作负荷曲线和透过曲线，可以发现两者的S段的形状是完全相同的，只不过方向相反（见图 5-21）。因此可以利用透过曲线描述传质区特性。和负荷曲线一样，透过曲线上的点代表吸附带不同位置上的溶质浓度，表示吸附质沿吸附带浓度变化情况。曲线下面的阴影部分表示吸附带中的饱和区域，表示吸附带饱和程度的分布，曲线上面部分空白，表示吸附带不同位置上空余的吸附能力。曲线S形描述流体中吸附质在传质区的浓度呈 C_0 降至 0 的浓度分布，也表示传质区由后到前剩余吸附能力的分布。同样表示吸附带饱和程度的分布。故可以通过透过曲线表示负荷曲线的吸附带区，其S形宽度即为传质区厚度 δ。

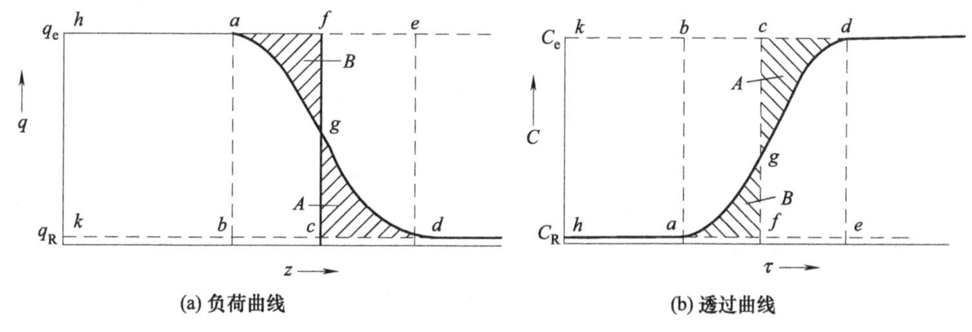

图 5-21 负荷曲线和透过曲线

3. 吸附带饱和分数

如图 5-22 的透过曲线传质区，若面积 $V_bV_x\upsilon_x\upsilon_b$ 代表吸附带的总吸附能力，由于与负荷曲线形状反向，故面积 $V_bV_x\upsilon_x$ 为已经消耗的吸附能力，面积 $V_b\upsilon_x\upsilon_b$ 代表剩余吸附能力，吸附带的饱和分数 f 定义为：

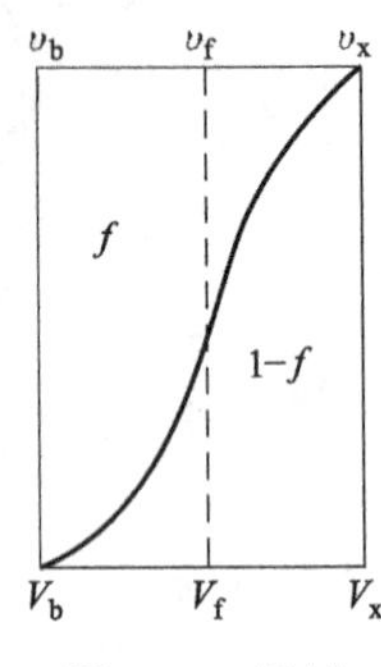

图 5-22 透过曲线传质区

$$f=\frac{剩余吸附能力}{总吸附能力} \tag{5-99}$$

在吸附带厚度 V_bV_x 上找一点 V_f，使得面积 $V_bV_fv_fv_b$ 与面积 $V_bv_xv_b$ 相等，则 $f=V_bV_fv_fv_b/V_bV_xv_xv_b$，由于其长度表示其吸附质的浓度 C_0 为定值，因此：

$$f=V_bV_f/\delta \tag{5-100}$$

由此，表示吸附带剩余吸附能力的厚度 $V_bV_f=\delta f$，则整个吸附柱的有效高度为（$L-f\delta$）。f 数值在 0～1 之间，一般为 0.4～0.7。必须注意的是，由于吸附等温线形状的差异、吸附阻力及操作条件等因素的影响，吸附带在移动过程中其形状是变化的。

二、床层内吸附带的移动和浓度分布

1. 床层传质方程和吸附带移动

首先讨论忽略床层传质阻力和轴向扩散的情况。如图 5-23 所示，流体以活塞流的方式流过床层 t 时间后，在距离入口的 z 处中微小吸附层 dz 的非稳定的物料平衡。填充层空隙率为 ε_v，床层横截面积为 A，到达截面 z 时溶液浓度为 C，流体表观流速为 u，在 $t\sim t+dt$ 的时间内，dz 层内吸附质的增加量 q_1 可用下式表示：

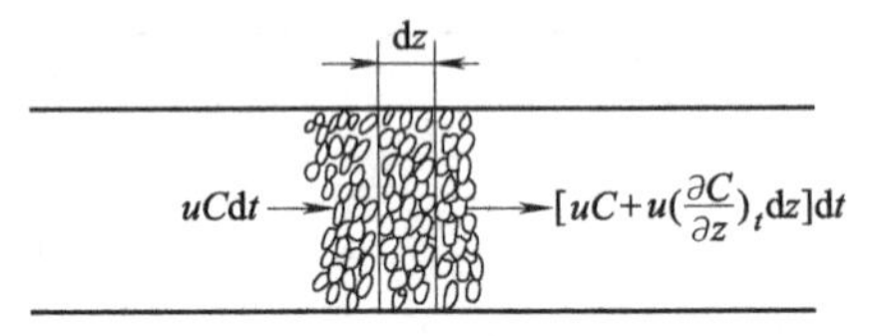

图 5-23 固定床吸附物料衡算

$$q_1=\varepsilon_v\left(\frac{\partial C}{\partial t}\right)_z A\,dz\,dt+(1-\varepsilon_v)\left(\frac{\partial q}{\partial t}\right)_z A\,dz\,dt \tag{5-101}$$

与此同时，根据流入 z 并从 $z+dz$ 流出的溶液浓度变化，求得在 dz 层内吸附质的累积量（q_2-q_3）：

$$q_2-q_3=uAC\,dt-uA\left[C+\left(\frac{\partial C}{\partial z}\right)_t dz\right]dt \tag{5-102}$$

由于 $q_1=q_2-q_3$，并用实际流速 u_0 取代表观流速 u：

$$\varepsilon_v\left(\frac{\partial C}{\partial t}\right)_z A\,dz\,dt+(1-\varepsilon_v)\left(\frac{\partial q}{\partial t}\right)_z A\,dz\,dt=\varepsilon_v u_0 AC\,dt-\varepsilon_v u_0 A\left[C+\left(\frac{\partial C}{\partial z}\right)_t dz\right]dt \tag{5-103}$$

故有：

$$u_0\left(\frac{\partial C}{\partial z}\right)_t+\left(\frac{\partial C}{\partial t}\right)_z+\left(\frac{1-\varepsilon_v}{\varepsilon_v}\right)\left(\frac{\partial q}{\partial t}\right)_z=0 \tag{5-104}$$

式中，q 为吸附剂单位体积吸附量；u_0 为流体实际流速。

式(5-104) 既没考虑传质阻力，也没考虑轴向弥散，是理想的固定床吸附传质方程。对于传质阻力和轴向弥散不能忽略情况下，鲁思文（D. M. Ruthven）提出如下方程：

$$-D_L\frac{\partial^2 C}{\partial z^2}+\frac{\partial(u_0C)}{\partial z}+\frac{\partial C}{\partial t}+\left(\frac{1-\varepsilon_v}{\varepsilon_v}\right)\frac{\partial\bar{q}}{\partial t}=0 \tag{5-105}$$

式中，D_L 为涡流扩散系数；$\bar{q}$ 为吸附剂的体积平均吸附量。$\bar{q}$ 考虑了吸附剂颗粒的吸附速率的差异及颗粒内的传质阻力对吸附量的影响。可按下式估算：

$$\bar{q}=\frac{3}{R_P^3}\int_0^{R_P} r^2 q\,dr \tag{5-106}$$

式(5-105) 的第一项用 D_L 考虑轴向扩散，第二项 $\partial(u_0C)/\partial z$ 表示流体流速沿轴向变化情况，两者为轴向弥散；第四项考虑了吸附过程颗粒内部的传质阻力。

下面讨论床层中吸附带移动速度表达式。吸附带上点的移动速率ν可以用下式表示：

$$\nu_{\mathrm{M}}=\left(\frac{\partial z}{\partial t}\right)_{\mathrm{M}} \tag{5-107}$$

式中，ν_{M}为吸附带上任意一点的移动速度。根据偏微分性质，式(5-107) 可写成如下形式：

$$\nu_{\mathrm{M}}=\frac{(\partial C/\partial t)_z}{(\partial C/\partial z)_t} \tag{5-108}$$

不考虑轴向扩散及传质阻力时，联立式(5-104)、式(5-108) 并整理，可得：

$$\nu_{\mathrm{M}}=\frac{u_0}{1+\left(\frac{1-\varepsilon_{\mathrm{v}}}{\varepsilon_{\mathrm{v}}}\right)\left(\frac{\partial q}{\partial C}\right)_z} \tag{5-109}$$

上式表明，吸附带上点的$\partial q/\partial C$影响该点的移动速度，而$\partial q/\partial C$与吸附等温线有关。

2. 吸附带移动的影响因素

(1) 吸附等温线对吸附带的影响

如前所述，当溶液通过床层时，在床内形成传质前沿（吸附波），传质区愈窄表示床层操作状况愈佳，吸附剂性能愈好。吸附波的形状及宽窄是固定床操作好坏的主要标志。其中吸附等温线对吸附波的影响是主要的。如图 5-7 所示，吸附等温线划分为不可逆型、线性型、优惠型和非优惠型：

① $\partial^2 f(C)/\partial C^2<0$ 称优惠型，即等温线的斜率随溶液浓度C的增加而减少，换而言之，吸附质的分子和固体吸附剂的分子之间的亲和力，随溶液浓度的增加而降低。

② $\partial^2 f(C)/\partial C^2=0$ 称线性型，指吸附质和固体吸附剂之间的亲和力保持恒定，和溶液中吸附质的浓度无关，吸附等温线的斜率不因溶液浓度变化而变化。

③ $\partial^2 f(C)/\partial C^2>0$ 为非优惠型，吸附等温线的斜率随着溶液浓度C的增加而增大，即吸附质和固体吸附剂分子间的亲和力随溶液浓度增加而加大。

因此，吸附等温线的类型对传质区宽度有很大影响。高优惠的吸附等温线吸附量从零迅速上升至接近饱和的接近垂直线形的吸附等温线，它的极限为矩形的吸附等温线，是不可逆吸附。根据式(5-109)，对于呈优惠型吸附等温线的吸附，由于吸附带上高浓度点的$\partial q/\partial C$小于低浓度点的$\partial q/\partial C$，则吸附带上高浓度点移动速率高于低浓度点的移动速率。故吸附带在移动过程中其宽度逐渐变窄，俗称压缩波［图 5-24(a)］。对于非优惠型吸附等温线的吸附带，因低浓度点的$\partial q/\partial C$大于高浓度点的$\partial q/\partial C$，使低浓度点的移动速率大于高浓度点的移动速率，故吸附带在移动过程中逐渐扩展［图 5-24(c)］。线性等温线时，高、低浓度点上的$\partial q/\partial C$为定值，吸附带上各点移动速率相同，其形状不变［图 5-24(b)］。于是，对于线性等温线，$\partial q/\partial C=H$，故式(5-109) 可写成：

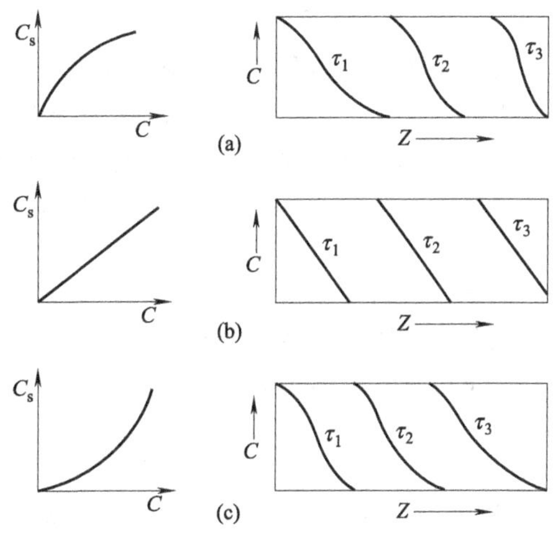

图 5-24 吸附等温线对吸附带的影响

$$\nu=\frac{u_0}{1+H\times\frac{1-\varepsilon_v}{\varepsilon_v}} \tag{5-110}$$

(2) 传质阻力和轴向弥散的影响

所谓传质阻力是指吸附剂颗粒的界膜阻力和颗粒内阻力，它们在吸附过程中实实在在存在；而轴向弥散是指因吸附剂颗粒大小的不同、床层间隙率的不均一而产生的沟流，流体流过固定相所产生的涡流和因流速不均所产生的浓度扩散及吸附柱轴向因浓度差引起的浓度梯度变化而造成的轴向扩散。式(5-105) 是考虑轴向弥散、床层流动阻力影响的传质方程，受颗粒传质阻力床层轴向扩散的影响，吸附带在移动过程中的形状变化与前述有所不同。如非优惠型吸附等温线的吸附带在移动中呈扩展趋势，它在轴向扩散和传质阻力的作用下，扩展趋势会加剧，传质区在床层移动过程中成比例的扩展，称为比例模式，该状况不利于吸附，为工程实践中应当避免的；线性吸附等温线的吸附带受传质阻力和轴向扩散影响，移动中将扩展，称为扩展模式；优惠型吸附等温线的吸附带受吸附等温线影响在移动过程中逐渐压缩，由于轴向扩散和传质阻力的影响，吸附波在向前移动过程中会终止陡变，并以固定的波形向前移动，称为恒定模式。比例、扩散、恒定三种模式比较，恒定模式最利于吸附。

恒定模式下的吸附带的移动速度可用下式表示：

$$\nu=\frac{u_0}{1+\frac{1-\varepsilon_v}{\varepsilon_v}\times\frac{q_0}{C_0}} \tag{5-111}$$

式中，q_0 是与原始浓度相平衡的吸附量；C_0 为流体原始浓度。

低浓度下，式(5-111) 可写成：

$$\nu=\frac{u_0\varepsilon_v C_0}{(1-\varepsilon_v)q_0} \tag{5-112}$$

优惠型吸附等温线固定床吸附时，从压缩波到形成恒定模式需要一定的床层长度，表 5-2 为选择性系数 α 与传质区长度 δ、最低床层长度 $L_{\min}$ 的关系。

表 5-2 形成定形吸附带所必需的床层长度

α	0.83	0.71	0.56	0.33
$L_{\min}/\delta$	5	2	1.1	0.74

3. 固定床传质方程求解及浓度分布

方程(5-104) 和方程(5-105) 表示吸附质在床层中的传质，而方程(5-66) 为颗粒内吸附质的扩散-传质，在颗粒表面处，被下面的连续性方程连在一起：

$$D_e\left(\frac{\partial C}{\partial r}\right)_{r=r_0}=k_f(C-C_{r_0}) \tag{5-113}$$

因此，解析法求解方程(5-104) 或方程(5-105) 时，必须关联式(5-113)。由于颗粒表面的吸附量和吸附质浓度均难得到，故仍采用以双膜理论为基础的扩散-吸附速率关系求解方程(5-104) 或方程(5-105)：

$$\frac{\partial\bar{q}}{\partial t}=K_S a_v(q^*-\bar{q})=K_f a_v(C-C^*) \tag{5-114}$$

式中，$\bar{q}$ 为吸附剂颗粒体积平均吸附量；C^* 为与 $\bar{q}$ 相平衡的吸附质浓度；C 为床层流体吸附质浓度；q^* 为与 C 相平衡的吸附量。

如扩散-吸附速率关系式为$\partial\overline{q}/\partial t=K_{f}a_{v}(C-C^{*})$时，对于式(5-104)，迈克尔斯（A. S. Michaels）提出兰格谬尔吸附平衡下的分析解：

$$\frac{K_{f}a_{v}C_{0}(t_{1}-t_{2})}{q_{0}}=\frac{1}{\alpha}\ln\left[\frac{C_{2}(C_{0}-C_{1})}{C_{1}(C_{0}-C_{2})}\right]+\ln\left(\frac{C_{0}-C_{2}}{C_{0}-C_{1}}\right) \tag{5-115}$$

式中，α 为选择性系数；C_1、C_2 为床层中任一位置上的吸附质浓度；t_1、t_2 是达到 C_1、C_2 浓度下的时间。由上式可知，无论在床层的任何位置，只要吸附质的浓度 C_1、C_2 相同，t_1-t_2 为定值，故表明优惠型吸附平衡下的吸附带宽度恒定。

对于线性平衡 $q=HC^{*}$，推动力为$\partial\overline{q}/\partial t=K_{f}a_{v}(C-C^{*})$时，可将式(5-104) 转化为双曲线形式的方程：$-(\partial C/\partial\xi)_{\tau}=(\partial C/\partial\tau)_{\xi}=C-C^{*}$，其解析解如下：

$$\frac{C}{C_{0}}=1-\exp(-\xi-\tau)\left[\sum_{n=1}^{\infty}\xi^{n}\frac{d^{n}J_{0}(2i\sqrt{\xi\tau})}{d(\xi\tau)^{n}}\right] \tag{5-116}$$

及

$$\frac{C^{*}}{C_{0}}=1-\exp(-\xi-\tau)\left[\sum_{n=1}^{\infty}\xi^{n}\frac{d^{n}J_{0}(2i\sqrt{\xi\tau})}{d(\xi\tau)^{n}}\right] \tag{5-117}$$

式中，J_0 为第二类贝塞尔函数；ξ 为与距离有关的无量纲参数；τ 为与时间有关的无量纲参数。

其中：

$$\xi=\frac{K_{f}a_{v}z}{u_{0}}\left(\frac{1-\varepsilon_{v}}{\varepsilon_{v}}\right) \tag{5-118}$$

$$\tau=K_{S}a_{v}(t-z/u_{0}) \tag{5-119}$$

式(5-119) 的图形见图 5-25，由图 5-25 知：ξ 愈大，曲线愈展，表明线性平衡时，吸附带呈扩展趋势。

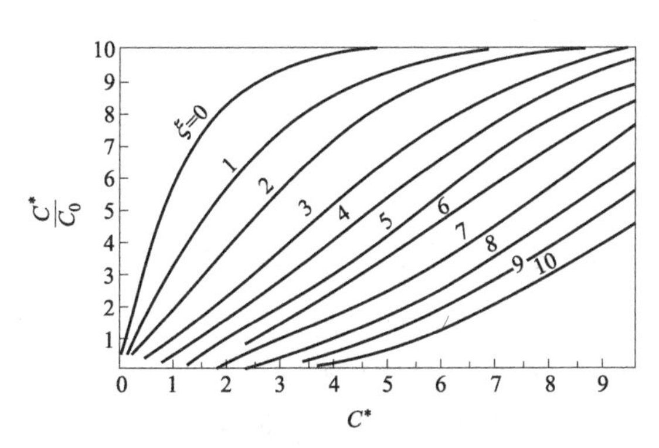

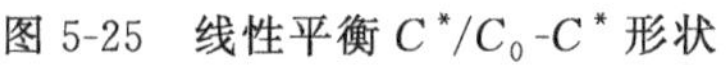
图 5-25 线性平衡 C^{*}/C_{0}-C^{*} 形状

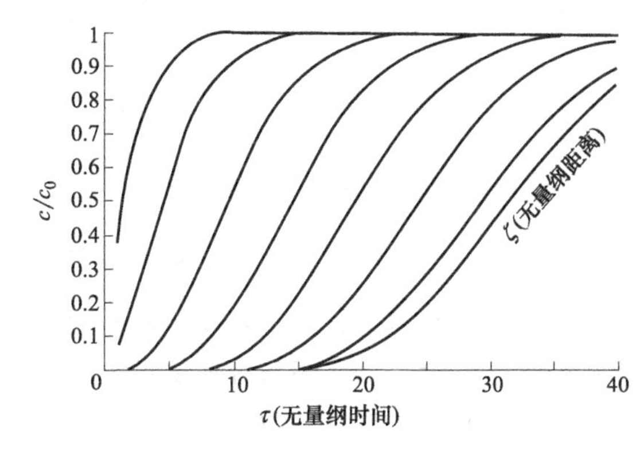

图 5-26 线性等温线下吸附质的床层浓度近似分布

线性平衡的解析解比较复杂，多名学者提出近似解，其中克林贝尔（A. Klinkenberg）等提出考虑传质阻力和床层弥散时两个有用的关系式，近似表示线性等温线下吸附质在床层任一位置和任一时间下的浓度分布，其图形如图 5-26 所示：

$$\frac{C}{C_{0}}=\frac{1}{2}\left[1+\mathrm{erf}\left(\sqrt{\tau}-\sqrt{\xi}+\frac{1}{8\sqrt{\tau}}+\frac{1}{8\sqrt{\xi}}\right)\right] \tag{5-120}$$

$$\frac{C^{*}}{C_{0}}=\frac{\overline{q}}{q_{0}}\approx\frac{1}{2}\left[1+\mathrm{erf}\left(\sqrt{\tau}-\sqrt{\xi}-\frac{1}{8\sqrt{\tau}}-\frac{1}{8\sqrt{\xi}}\right)\right] \tag{5-121}$$

ξ 为与距离有关的无量纲参数，关系式如下：

$$\xi=\frac{K_{f}a_{v}z}{u_{0}}\left(\frac{1-\varepsilon_{v}}{\varepsilon_{v}}\right) \tag{5-122}$$

τ 为与时间有关的无量纲参数，按下式计算：

$$\tau=K_{S}a_{v}(t-z/u_{0}) \tag{5-123}$$

式中，C 为床层内任一位置 z 上经时间 t 后的吸附质浓度，kg/m^3；C_0 为吸附质初始浓度，kg/m^3；C^* 为床层内任一位置 z 上经时间 t 后的与平均吸附量 $\bar{q}$ 相平衡的吸附质浓度，kg/m^3；q_0 为与吸附质初始浓度 C_0 相平衡的吸附剂的吸附量，kg/m^3；$\bar{q}$ 为床层内任一位置 z 上经时间 t 后的吸附剂平均吸附量，kg/m^3；K_f、K_S 分别为界膜、固膜扩散系数；u_0 为流体在床层中的实际流速，m/s；z 为床层深度，m；t 为时间，s；ε_v 为床层空隙率；a_v 为比表面积。

erf(x) 为误差函数，具有 erf($-x$)$=-$erf(x)性质，erf(x) 值可查阅表，近似解如下：

$$\mathrm{erf}(x)=\frac{2}{\sqrt{\pi}}\left(x-\frac{x^3}{1!\times 3}+\frac{x^5}{2!\times 5}-\frac{x^7}{3!\times 7}+\frac{x^9}{4!\times 9}-\cdots\right) \tag{5-124}$$

通过式(5-120) 或式(5-121) 可确定任意位置、任意时间下的无量纲浓度，无量纲浓度的矩阵即为浓度分布；也可确定床层内任意位置上吸附带不同浓度所需时间。

【例 5-5】 根据例 5-4 的条件及结果，试确定穿透时间 t_b，并计算不同时间条件下不同床层位置的浓度分数。

解：(1) 计算穿透时间，$z=500$cm 时

$u_0=u/\varepsilon_v=0.1/0.5=0.2(m/s)=20$(cm/s)

$$\xi=\frac{K_S a_v H z}{u_0}\left(\frac{1-\varepsilon_v}{\varepsilon_v}\right)=\frac{0.02589\times 100\times z}{20}\left(\frac{1-0.5}{0.5}\right)=0.13z=65$$

$C/C_0=0.05$，$0.05=\frac{1}{2}[1+\mathrm{erf}(E)]$，erf($E$)$=-0.9$，解得 $E=-1.163$，

$-1.163=\sqrt{\tau}-\sqrt{65}+1/8\sqrt{\tau}+1/8\sqrt{65}$，解得 $\tau=47.13$，

代入 $\tau=K_S a_v(t-z/u_0)$，有 $47.13=0.0259\left(t-\frac{500}{20}\right)$，解得 $t=1844\mathrm{s}=30.7\mathrm{min}$，

故在床层深度 5m 处，运行时间为 31min 时，浓度为进口浓度的 5%。

(2) 不同床层高度不同时间浓度分布计算，如 $z=4.0$m，$t=60$s 时

① $t=60$s，$\tau=K_S a_v(t-z/u)=0.02589\times(60-400/20)=1.04$，$\xi=0.13z=52$

$$E=\sqrt{\tau}-\sqrt{\xi}+\frac{1}{8\sqrt{\tau}}+\frac{1}{8\sqrt{\xi}}=\sqrt{1.04}-\sqrt{52}+\frac{1}{8\sqrt{1.04}}+\frac{1}{8\sqrt{52}}=-6.05$$

查得 erf(6.05)≈1，故$\frac{C}{C_0}=[1+\mathrm{erf}(E)]/2=0$

② $t=2100$s，$\tau=K_S a_v(t-z/u)=0.0259\times(2100-400/20)=53.870$

$\xi=0.13z=0.13\times 400=52$

$E=\sqrt{53.87}-\sqrt{52}+1/8\sqrt{53.87}+1/8\sqrt{52}=0.160$，查得 erf(0.160)$=0.179$

故$\frac{C}{C_0}=[1+\mathrm{erf}(E)]/2=(1+0.179)/2=0.5895$

余结果列入下表并绘图如下。

不同床层深度及时间浓度分布

$z=0.02m$			$z=0.1m$		
时间/s	无量纲时间 τ	浓度比 C/C_0	时间/s	无量纲时间 τ	浓度比 C/C_0
60	1.56	0.936623	60	1.55	0.669454
120	3.13	0.9868	120	3.12	0.871051
180	4.7	0.997213	180	4.68	0.953804
240	6.29	0.9993995	240	6.25	0.9836385
300	7.83	0.999868	300	7.82	0.9947625
600	15.66	0.999999928	360	9.38	0.998291
1200	31.32	1	600	15.65	0.999985
1500	39.15	1	900	23.48	0.999999972
			1200	31.31	1
			1500	39.14	1

$z=0.5m$			$z=1.0m$		
时间/s	无量纲时间 τ	浓度比 C/C_0	时间/s	无量纲时间 τ	浓度比 C/C_0
60	1.5	0.047582	60	1.44	0.000631
120	3.07	0.16458	180	4.57	0.024664
180	4.63	0.335687	300	7.7	0.141232
240	6.2	0.516921	480	12.4	0.4831
300	7.76	0.674563	720	18.67	0.858769
360	9.33	0.793962	900	23.36	0.963757
600	15.59	0.981187	1200	31.19	0.99786
900	23.42	0.999556	1500	39.02	0.999925
1200	31.25	0.999994	1800	46.85	0.999998
1500	39.08	1	2100	54.68	1
1800	46.91	1			

$z=2.0m$			$z=3.0m$		
时间/s	无量纲时间 τ	浓度比 C/C_0	时间/s	无量纲时间 τ	浓度比 C/C_0
60	1.31	0	60	1.18	0
300	7.57	0.0005715	600	15.27	0.000544
600	15.4	0.05346	1200	30.93	0.171686
900	23.23	0.361837	1800	46.59	0.797968
1200	31.06	0.76025	2100	54.42	0.946541
1500	38.89	0.949548	2400	62.25	0.9906
1800	46.72	0.993595	2700	70.08	0.998763
2100	54.55	0.999483	3000	77.91	1
2700	70.21	1			

$z=4.0m$			$z=5.0m$		
时间/s	无量纲时间 τ	浓度比 C/C_0	时间/s	无量纲时间 τ	浓度比 C/C_0
60	1.04	0	600	15	0
600	15.14	0.0000014	1800	46.33	0.037382
1200	30.8	0.009812	2400	62	0.39408
1800	46.46	0.290631	3000	77.65	0.855578
2100	54.08	0.589506	3300	85.48	0.952419
2400	62.12	0.831891	3600	93.31	0.987731
2700	69.95	0.949548			
3000	77.78	0.9886035			

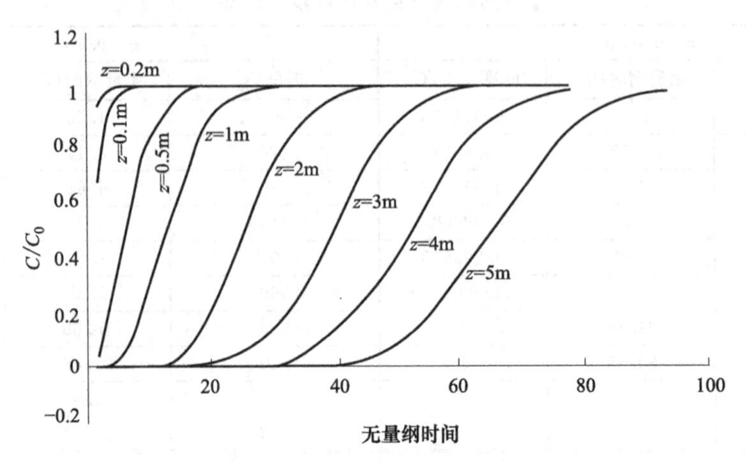

固定床线性吸附等温线浓度分布图

第五节　变温吸附

变温吸附是最早实现工业化的循环吸附工艺。吸附剂在常温或低温下吸附一定组分或物质，然后通过提高温度使被吸附物质从吸附剂上解吸出来，吸附剂同时恢复吸附能力，然后使吸附剂降至原来温度再进行下一吸附循环。因此，变温吸附一般可分为吸附剂的吸附、加热再生和冷却三个过程。变温吸附操作方式可分为釜式搅拌槽间歇操作和吸附器连续操作，连续操作又分固定床、移动床和流化床等形式。釜式设备并不多见，图 5-27 为固定床吸附设备结构示意图，其中图 5-27(a) 为立式固定床吸附设备，图 5-27(b) 为卧式固定床吸附设备。立式吸附设备多用于阻力降比较大的液体工况，卧式吸附设备多用于气体流体且阻力比较小的工况。无论是卧式还是立式，固定床一般为连续操作，根据工艺要求可采用并联或串并联方式切换运行，其流程见图 5-28。

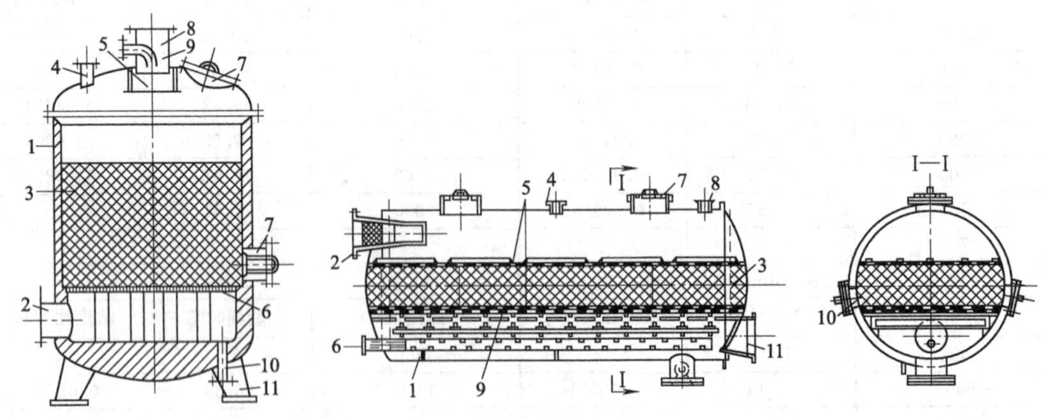

1—壳体；2—出料管；3—吸附剂；4—安全阀接口；5—布液器；6—支撑板；7—人孔；8—进料；9—吸附剂进口；10—吸附剂排出口；11—支撑

(a) 立式固定床吸附设备

1—壳体；2—进料口；3—吸附剂；4—安全阀接口；5—网格；6—再生气入口；7—吸附剂装填口；8—再生气出口；9—栅板；10—人孔；11—出料口

(b) 卧式固定床吸附设备

图 5-27　固定床吸附设备结构

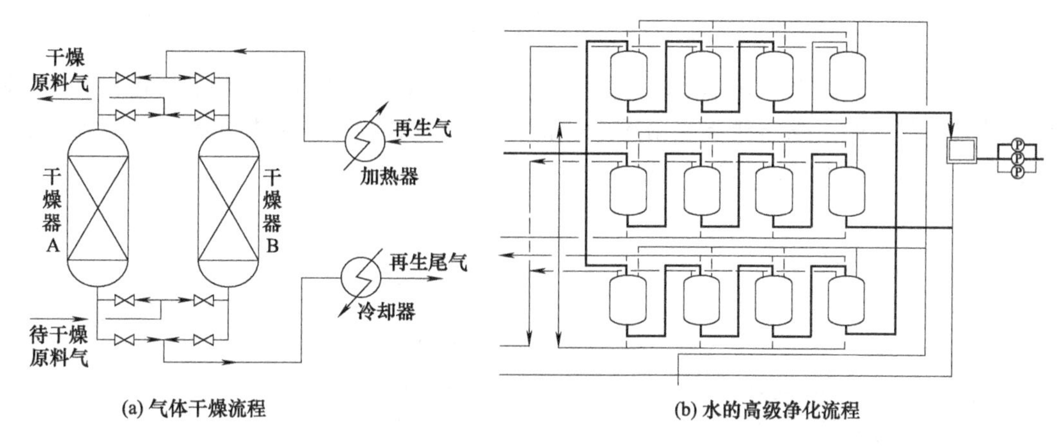

(a) 气体干燥流程　　(b) 水的高级净化流程

图 5-28　固定床吸附流程

对于变温吸附，工程上习惯将多组分吸附处理成纯组分吸附。吸附柱的设计包括吸附带宽度 δ、饱和度 f、吸附柱高度 Z、吸附时间 t 的确定，解决上述问题，需要通过物料衡算并和传质速率关联建立方程求解。

一、物料衡算和操作线方程

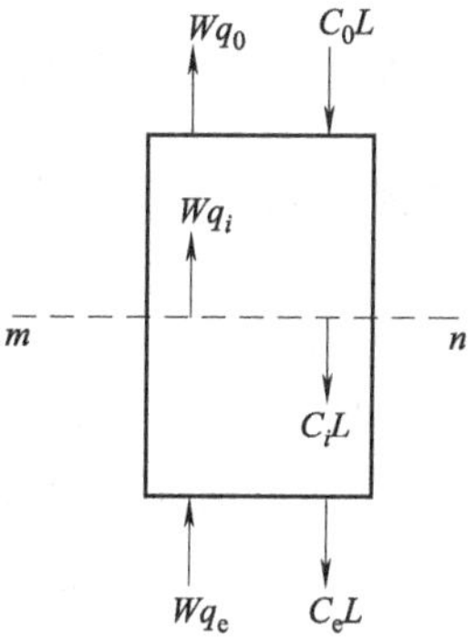

如 5-29 所示，视被吸附组分流体与吸附剂逆流流动，因此稳态下有：进入系统吸附质的量=离开系统吸附质的量。设塔底吸附剂的流量为 W，吸附质含量为 q_e，塔底物料流量为 L，浓度为 C_e。塔顶物料流量为 L，浓度为 C_0，吸附剂的流量为 W，吸附质含量为 q_0。任一截面上的物料流量为 L，浓度为 C_i，吸附剂流量为 W，浓度为 q_i。

Wq_0　C_0L　Wq_i　m　n　C_iL　Wq_e　C_eL

图 5-29　物料衡算示意图

若对任一截面与塔底部做物料衡算，有：

$$LC_e+Wq_i=LC_i+Wq_e \tag{5-125}$$

变形为：

$$q_i=\frac{L}{W}C_i+q_e-\frac{L}{W}C_e \tag{5-126}$$

若为新鲜吸附剂，$q_e=0$，出口吸附质浓度很低可视为 0，则：

$$q_i=\frac{L}{W}C_i \tag{5-127}$$

上式称为操作线方程，为一直线。表示同一截面上吸附量与流体组分浓度之间为线性关系。

对于全塔，则有：

$$q_0=\frac{L}{W}C_0+q_e-\frac{L}{W}C_e \tag{5-128}$$

新鲜吸附剂时，有：

$$q_0=\frac{L}{W}C_0 \tag{5-129}$$

因此：

$$\frac{L}{W}=\frac{q_0}{C_0} \tag{5-130}$$

由式(5-127) 和式(5-130)，有：

$$q=\frac{q_0}{C_0}C \tag{5-131}$$

上式为一直线，斜率为 q_0/C_0，它所代表的为操作线上的所有点。我们知道优惠型吸附等温线是向上凸起的，操作线与吸附等温线的关系见图 5-30。从图中可看出，在操作线和等温线之间存在推动力（$C-C^*$）或（q^*-q）。

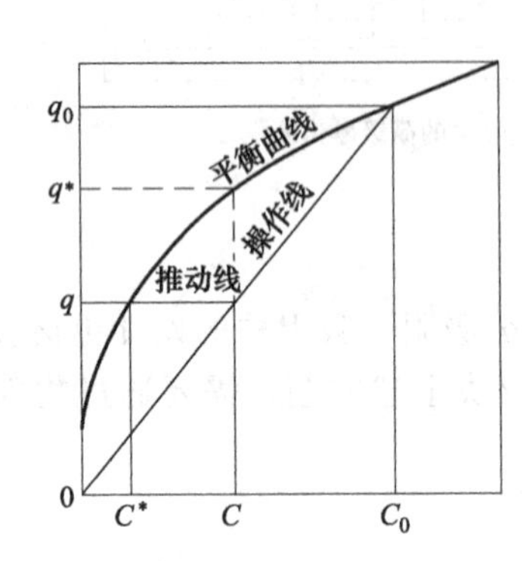

图 5-30 操作线和吸附等温线关系

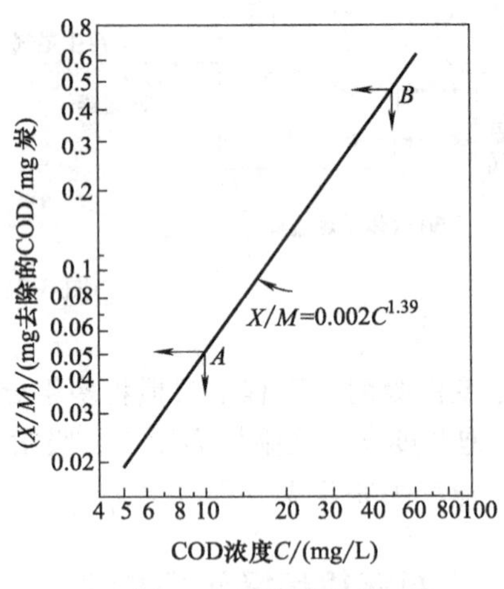

例 5-6 吸附等温线

【例 5-6】 用活性炭去除水中 COD 的等温线如图所示，若所需处理的废水含 COD 为 50mg/L，废水流量为 $378m^3/d$，处理后的 COD 浓度小于 10mg/L。该处理厂的运行温度与等温线温度相同。试用此等温线按下面情况估算每日所需碳量：(1) 间歇搅拌槽；(2) 单个连续搅拌槽；(3) 连续流固定床。

解：(1) 间歇搅拌槽

根据题意，平衡时，$C_e=10mg/L$

查图 $C_e=10mg/L$ 时，$q=0.05mg/mg$

每日去除 COD 量：378×(50－10)＝15120(g)

需要活性炭：15120/0.05＝302.4(kg)

(2) 单个连续搅拌槽

可视为完全混合式，因此，需要活性炭量与 (1) 相同。

(3) 根据题意，炭耗尽时，$C_e=50mg/L$，查图 $q=0.46$

每日去除 COD 量：378×50＝18900(g)

需要活性炭最低量：18900/0.46＝41.0(kg)

二、吸附带参数确定

1. 吸附带宽度 δ 和形成吸附带的时间 t_x-t_b 确定

设流体流量为 $L(m^3/h)$，浓度为 C，吸附剂的量为 W，吸附柱截面积为 A。吸附剂总传质速率系数为 K_f，与吸附量 q 对应的溶液平衡浓度为 C^*。我们在吸附柱的任一截面上取一微元 dy（图 5-31），在容积微元 Ady 内的吸附剂颗粒的比表面积为 a_v，其物料衡算式为：

$$-L\mathrm{d}C=N_{A}a_{v}A\mathrm{d}y \tag{5-132}$$

即：
$$-L\mathrm{d}C=K_{f}a_{v}(C-C^{*})A\mathrm{d}y \tag{5-133}$$

对式(5-133) 变形并积分，边界条件为 $y=0$，$C=C_{x}$；$y=\delta$，$C=C_{b}$：

$$\int_{0}^{\delta}\mathrm{d}y=\frac{L}{AK_{f}a_{v}}\int_{C_{b}}^{C_{x}}\frac{\mathrm{d}C}{C-C^{*}} \tag{5-134}$$

得：
$$\delta=\frac{L}{AK_{f}a_{v}}\int_{C_{b}}^{C_{x}}\frac{\mathrm{d}C}{C-C^{*}} \tag{5-135}$$

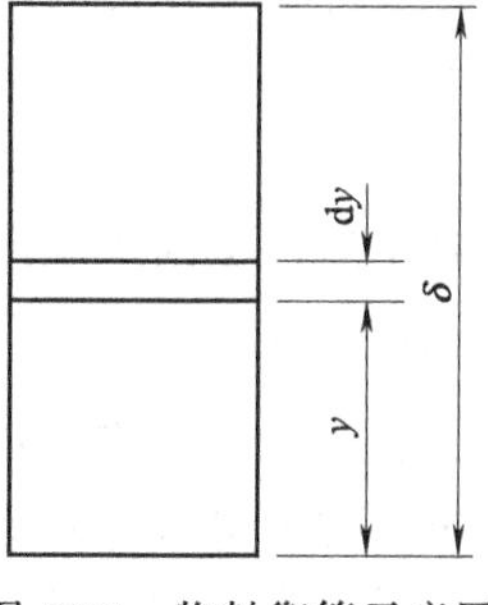

图 5-31 物料衡算示意图

将 $L=Au$ 代入：

$$\delta=\frac{u}{K_{f}a_{v}}\int_{C_{b}}^{C_{x}}\frac{\mathrm{d}C}{C-C^{*}} \tag{5-136}$$

令 $u/K_{f}a_{v}=H_{Of}$、$\int_{C_{b}}^{C_{x}}\mathrm{d}C/(C-C^{*})=N_{Of}$ 于是有：

$$\delta=H_{Of}N_{Of} \tag{5-137}$$

式中，H_{Of} 为吸附单元高度；N_{Of} 为吸附单元数。传质系数不同，传质单元高度和传质单元数表达式亦不同，式(5-138) 为另外 3 种传质系数下的吸附带表达式：

$$\begin{cases}\delta=\dfrac{u}{k_{f}a_{v}}\displaystyle\int_{C_{b}}^{C_{x}}\dfrac{\mathrm{d}C}{C-C_{i}}=H_{f}N_{f}\\ \delta=\dfrac{u}{k_{S}a_{v}}\displaystyle\int_{q_{b}}^{q_{x}}\dfrac{\mathrm{d}\bar{q}}{q_{i}-\bar{q}}=H_{S}N_{S}\\ \delta=\dfrac{u}{K_{S}a_{v}}\displaystyle\int_{q_{b}}^{q_{x}}\dfrac{\mathrm{d}\bar{q}}{q^{*}-\bar{q}}=H_{OS}N_{OS}\end{cases} \tag{5-138}$$

工程上常采用质量流速 G[kg/(m^{2}·h)]，此时，式(5-136) 可写成：

$$\delta=\frac{G}{\rho K_{f}a_{v}}\int_{C_{b}}^{C_{x}}\frac{\mathrm{d}C}{C-C^{*}}=\frac{G}{K_{f}'a_{v}}\int_{C_{b}}^{C_{x}}\frac{\mathrm{d}C}{C-C^{*}} \tag{5-139}$$

式中，K_{f}'为容量传质系数，$K_{f}'=K_{f}\rho$，kg/(m^{2}·h)；ρ 为流体密度。

优惠型等温线不考虑吸附带变形，其传质区长度 δ 可用式(5-136)～式(5-139) 表示。设吸附带移动速度为 ν，到达 C_{b} 时的时间为 t_{b}，到达 C_{x} 时的时间为 t_{x}，则吸附带形成时间为 $t_{x}-t_{b}$，有：

$$\delta=\nu(t_{x}-t_{b}) \tag{5-140}$$

式中，$t_{x}-t_{b}$ 为吸附带形成时间。

将式(5-136) 代入式(5-140) 并变形：

$$t_{x}-t_{b}=\frac{u}{\nu K_{f}a_{v}}\int_{C_{b}}^{C_{x}}\frac{\mathrm{d}C}{C-C^{*}} \tag{5-141}$$

式(5-140) 变形：

$$t_{b}=t_{x}-\frac{\delta}{\nu}\approx\frac{1}{\nu}(L-\delta) \tag{5-142}$$

式中，L 为固定床床层长度。

将吸附移动速度表达式及式(5-136) 代入式(5-142)：

$$t_{b}=\frac{\varepsilon_{v}C_{0}+(1-\varepsilon_{v})q_{0}}{uC_{0}}\left(L-\frac{u}{K_{f}a_{v}}\int_{C_{b}}^{C_{x}}\frac{\mathrm{d}C}{C-C^{*}}\right) \tag{5-143}$$

低浓度下的优惠性吸附等温线下，$\nu=uC_0/[(1-\varepsilon_v)q_0]$，于是：

$$t_b=\frac{(1-\varepsilon_v)q_0}{uC_0}\left(L-\frac{u}{K_f a_v}\int_{C_b}^{C_x}\frac{dC}{C-C^*}\right) \tag{5-144}$$

对于线性吸附等温线的吸附，因吸附带在移动中扩展，应采用式(5-120) 或式(5-121) 确定透过时间 t_b。

2. 吸附单元高度确定

吸附带 δ 值可分解为吸附单元数和吸附单元高度分别计算。吸附单元高度的确定关键在于总传质系数。如果已知总传质系数，可方便地计算出吸附单元高度。没有总传质系数的情况下，需要根据气相或液相吸附，采用相应的方式求得总传质系数。气体吸附时可采用公式法计算得到吸附传质系数 $K_f a_v(K_S a_v)$，详见例 5-4；液体吸附多采用实验法确定有效扩散系数 D'_e，进而通过式(5-98) 确定吸附传质系数 $k_S a_v$，再根据界膜扩散和吸附等温线数据确定总传质系数。

下面介绍近似确定总传质系数 $K_f a_v$ 的方法：用吸附质浓度为 C_0 的溶液 1L，加吸附剂 1g，不断测定水样中残余吸附质的浓度，直到达到平衡浓度 C_e 为止。实验过程中溶液中吸附质减少速率等于吸附质的吸附速率，因此有下式成立：

$$-\frac{dC}{dt}V=K(C-C_e)V=m\frac{dq}{dt} \tag{5-145}$$

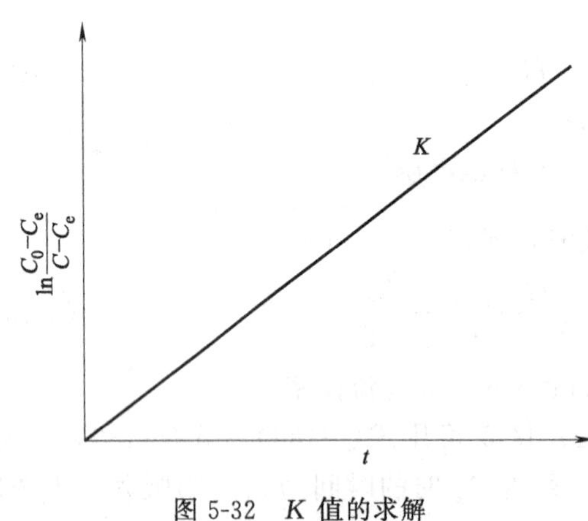

图 5-32　K 值的求解

式中，q 为单位质量吸附剂的吸附量；V 为溶液体积；C 为任意时刻吸附质浓度；C_e 为吸附平衡时吸附质浓度；m 为吸附剂质量；K 为溶液浓度减少系数，因 $V=1$、$m=1$，故：

$$-\frac{dC}{dt}=K(C-C_e) \tag{5-146}$$

上式在边界条件：$t=0$，$C=C_0$；$t=t$，$C=C$ 下积分，得：

$$\ln\frac{C_0-C_e}{C-C_e}=Kt \tag{5-147}$$

将实验数据代入式(5-147)，可绘制如图 5-32 所示的直线，其斜率即为 K。

根据吸附-扩散速率关系式，有：

$$K(C-C_e)V/m=K_f(C-C^*)A_P/m \tag{5-148}$$

式中，A_P 为吸附剂颗粒表面积。

因 $V=1$、$m=V_m\rho_b=1$，故：

$$K(C-C_e)=K_f a_v(C-C^*)/\rho_b \tag{5-149}$$

式中，a_v 为吸附剂比表面积；ρ_b 为吸附剂颗粒密度；V_m 为吸附剂颗粒体积。

当 C_e 等于 C^* 时，$K=K_f a_v/\rho_b$，故可用 $K_f a_v/\rho_b$ 近似代替 K。

【例 5-7】 用含 TOC 为 320mg 溶液 1L，加活性炭 1g（颗粒密度为 $2200kg/m^3$），不断测定水样中残余 TOC 的量，直到达到平衡浓度为止。吸附试验数据如下表，试确定传质系数 $K_f a_v$。

时间/min	1	2	4	8	16	22
TOC/(mg/L)	314	305	290	261	232	207

解：(1) 依题意，$C_0=320\text{mg/L}$，$C_e=207\text{mg/L}$。

(2) 分别计算 C_0-C_e 和 $C-C_e$，如 320－207＝113，314－207＝107，结果列入下表。

(3) 分别计算 $(C_0-C_e)/(C-C_e)$ 和 $\ln[(C_0-C_e)/(C-C_e)]$，如 113/107＝1.056，ln1.056＝0.054 结果列入下表。

(4) 作 $\lg[(C_0-C_e)/(C-C_e)]$-t 图

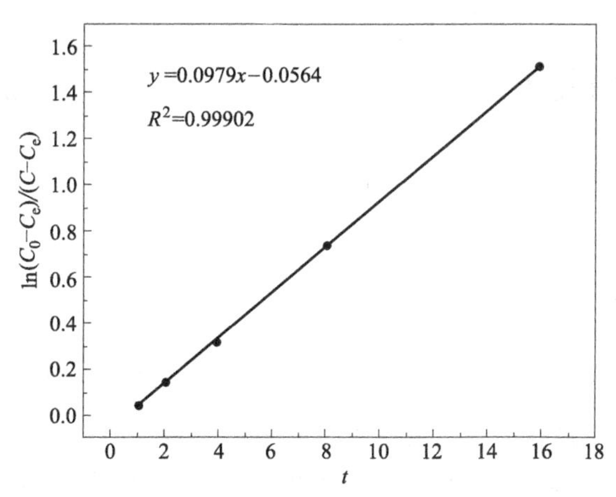

(5) 斜率为 0.0979，即 $K_f a_v/\rho_b=0.0979$，$K_f a_v=0.0979\times2200=215.4(\text{min}^{-1})$。

序号	时间	1	2	4	8	16	32
1	C	314	305	290	261	232	207
2	$C-C_e$	107	98	83	54	25	0
3	C_0-C_e	113	113	113	113	113	113
4	$\frac{C_0-C_e}{C-C_e}$	1.056	1.153	1.361	2.093	4.520	
5	$\ln\frac{C_0-C_e}{C-C_e}$	0.054	0.142	0.308	0.739	1.509	

3. 吸附单元数的确定

吸附单元数可采用辛普森数值积分或近似积分求解，这里介绍近似积分。式(5-136) 的吸附单元数可表示为：

$$N=\sum_{0}^{C_0}\left(\frac{1}{C_i-C_i^*}\right)_{均}\Delta C \tag{5-150}$$

式中，$[1/(C_i-C_i^*)]_{均}$为相邻点的 $1/(C_i-C_i^*)$ 均值；ΔC 为相邻点 C 的差值。

具体方法是在浓度范围内，取 n 个点，可得到 n 个 C_i、C_i^* 和 $n-1$ 个 ΔC，分别计算 $C_i-C_i^*$ 和 $1/(C_i-C_i^*)$，并在相邻点取 $[1/(C_i-C_i^*)]$ 平均值，得到 $n-1$ 个 $[1/(C_i-C_i^*)]_{均}$，然后乘以对应的 ΔC 并相加即为传质单元数。

4. 饱和度 f 的确定

对式(5-136) 的积分的上下限高度按从 0 到 y、浓度按从 C_b 到 C 积分，有：

$$\frac{y}{\delta}=\frac{\int_{C_b}^{C}\frac{\mathrm{d}C}{C-C^*}}{\int_{C_b}^{C_x}\frac{\mathrm{d}C}{C-C^*}} \tag{5-151}$$

式(5-99) 可写成：

$$f=\frac{剩余吸附量}{具有吸附量}=\frac{\int_{V_b}^{V_x}(C_0-C)\mathrm{d}V}{(V_x-V_b)C_0} \tag{5-152}$$

将上式变换得：

$$f=\int_0^1\left(1-\frac{C}{C_0}\right)\mathrm{d}\left(\frac{V-V_b}{V_x-V_b}\right) \tag{5-153}$$

实际上，当吸附层厚度从 y 增加到 δ 时，物料量亦从 $V-V_b$ 增加到 V_x-V_b，两者成正比，即：

$$\frac{y}{\delta}=\frac{V-V_b}{V_x-V_b} \tag{5-154}$$

式(5-154) 可写成：

$$\mathrm{d}\left(\frac{y}{\delta}\right)=\mathrm{d}\left(\frac{V-V_b}{V_x-V_b}\right) \tag{5-155}$$

上式代入式(5-153)：

$$f=\int_0^1\left(1-\frac{C}{C_0}\right)\mathrm{d}\left(\frac{y}{\delta}\right)=\sum\left(1-\frac{C}{C_0}\right)_{i-(i+1),均}\Delta\left(\frac{y}{\delta}\right) \tag{5-156}$$

根据式(5-156) 可确定 f，具体做法参见吸附单元数的确定。

【例 5-8】 用某型号活性炭处理高浓度废水，已知活性炭的容量传质系数 $K'_f a_v=7000\mathrm{kg/(m^2\cdot min)}$，废水流量为 $50\mathrm{kg/(m^2\cdot min)}$、$COD_{Mn}$ 浓度为 3000mg/L，吸附柱的泄漏和耗竭浓度按 100mg/L 和 2800mg/L 计算。活性炭的实验数据见表，试确定吸附带高度。

在烧杯中用 1L 水及 1g 活性炭进行的实验

投加有机物量/mg	平衡浓度 C_e/(mg/L)	吸附量 /mg	投加有机物量/mg	平衡浓度 C_e/(mg/L)	吸附量/mg
10.062	10	0.062	1532.61	1500	32.610
50.290	50	0.292	2035.71	2000	35.710
105.56	100	5.56	2535.88	2500	57.880
520.00	500	19.230	3039.47	3000	39.470
1027.78	1000	27.780			

解：(1) 根据表中数据绘制平衡线如下图

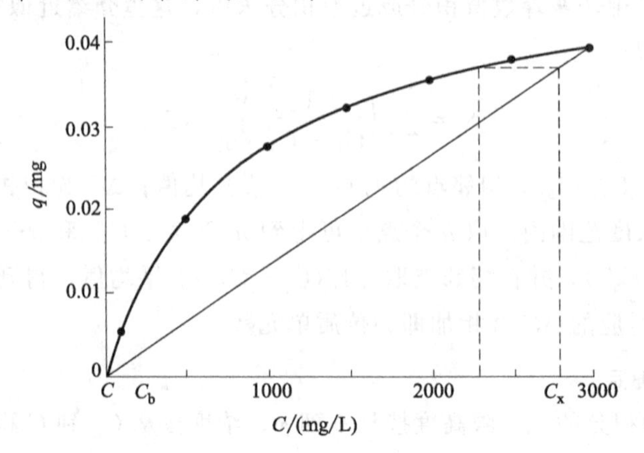

(2) 连接平衡线两端点直线即为操作线，操作线方程为 $q=26C$。

(3) 图中在 2800mg/L 至 100mg/L 范围内，分别取 C 和 C^*，如：$C=2800$mg/L，$C^*=2300$mg/L。余类同，共取 8 点，结果列入下表。

(4) 分别计算 $C-C^*$、$1/(C-C^*)$、$[1/(C-C^*)]_{均}$，如 $C=100$、$C^*=20$ 时 $C-C^*=100-20=80$，$1/(C-C^*)=1/80=0.125$，$\Delta C_1\times[1/(C-C^*)]_{1-2均}=(0.0125+0.00333)/2=0.00792$，结果列入下表。

(5) 计算 ΔC，如 $400-100=300$，结果列入下表。

(6) 计算 $\Delta C\times[1/(C-C^*)]_{均}$，如 $\Delta C_1\times[1/(C-C^*)]_{均,1}=300\times0.00792=2.376$，将各个 $\Delta C\times[1/(C-C^*)]_{均}$ 相加，结果列入下表。

(7) $\dfrac{L}{K'_{\mathrm{f}}a_{\mathrm{v}}}=50/7000=0.00714$，根据下表中序号 7，$\sum\dfrac{\Delta C}{C-C^*}=5.794$

$$\delta=\frac{L}{K_{\mathrm{f}}a_{\mathrm{v}}}\sum\frac{\Delta C}{C-C^*}=0.00714\times5.794=0.0414(\mathrm{m})$$

序号	项目	数据									Σ
1	C	100	400	800	1200	1600	2000	2400	2800	3000	
2	C^*	20	100	230	370	600	900	1350	2300		
3	$C-C^*$	80	300	550	830	1000	1100	1050	500		
4	$1/(C-C^*)$	0.0125	0.00333	0.00182	0.0012	0.0010	0.00091	0.00095	0.002		
5	$[1/(C-C^*)]_{均}$	0.00792	0.0026	0.0015	0.0011	0.0009	0.0009	0.0015			
6	ΔC	300	400	400	400	400	400	400			
7	$\Delta C[1/(C-C^*)]_{均}$	2.376	1.032	0.604	0.440	0.380	0.372	0.588			5.794

三、吸附柱设计

吸附柱设计包括吸附柱高度、工作时间、水力负荷和压降的确定。

1. 吸附柱高度及工作时间的确定

如设溶质浓度为 C_0，溶液以 u 的速度通过床层，出口浓度为 C_e，床层内的流型为典型的活塞流，床层的横截面积为 A，那么经过 T 时间后，进入床层中的溶质量 q' 为：

$$q'=uAC_0T \tag{5-157}$$

式中，u 为表观流速；T 为吸附时间。

若床层长度为 L，吸附剂表观密度为 ρ_{v}，单位质量吸附剂的饱和吸附量为 q_0，则吸附剂床层吸附的溶质量为 q：

$$q=q_0\rho_{\mathrm{v}}A(L-f\delta) \tag{5-158}$$

式中，δ 为吸附带厚度；f 为饱和分数。

显然，在吸附时间内，吸附量等于流入量，即：

$$q_0\rho_{\mathrm{v}}A(L-f\delta)=uAC_0T \tag{5-159}$$

将式(5-159) 变形，得：

$$T=\frac{q_0\rho_{\mathrm{v}}}{uC_0}(L-f\delta) \tag{5-160}$$

当 $L \gg \delta$ 时：

$$T=\frac{q_0\rho_v L}{uC_0} \tag{5-161}$$

式(5-160) 表明：吸附柱工作时间与吸附剂饱和吸附量、吸附柱长度成正比，与流体流速、吸附质浓度成反比。若已知吸附柱长度等参数，通过式(5-160) 或式(5-161) 可确定吸附柱工作时间。式(5-159) 也可写成：

$$L=\delta+\frac{uC_0T}{q_0\rho_v} \tag{5-162}$$

已知吸附柱工作时间，可由式(5-162) 确定吸附柱长度。

2. 水力负荷及压降

在进行吸附器设计时，必须选择适当的水力负荷，即选择合适的表观流速 u。一般对于液体流体，负荷范围应为 5～25m/h，对于气体流体，其负荷应为 0.05～0.2m/s。

流体通过床层时产生能量损失，压力降可按下式计算：

$$\Delta p=\zeta\frac{z}{d_e}\frac{u_0^2\rho}{2g} \tag{5-163}$$

式中，Δp 为床层压降，kg/m^2；ζ 为 Re 的函数，当 Re 在 20～7000 时，$\zeta=16/Re^{0.2}$；z 为床层长度，m；d_e 为吸附剂颗粒当量直径，$d_e=2\varepsilon_v d_n/[3(1-\varepsilon_v)]$，m；$d_n$ 为平均粒径，$d_n=\sqrt{2d_1^2d_2^2/(d_1^2+d_2^2)}$，m；$u_0$ 为实际流速，m/s；ρ 为流体密度，kg/m^3。

【例 5-9】 根据例 5-8 的条件和结果，若用吸附器床层高度为 10m、床层空隙率为 0.3。吸附剂表观密度为 $\rho_v=900kg/m^3$。试确定吸附带的饱和度和吸附柱的工作周期。

解：(1) 计算 $\sum\Delta C/(C-C^*)_{均}$，将各个 $\sum\Delta C/(C-C^*)_{均}$ 相加，结果列入下表中第 2 行。

(2) $\dfrac{y}{\delta}=\sum\dfrac{\Delta C}{C-C^*}/5.794$，结果列入表中第 3 行。

(3) 计算 $\Delta\left(\dfrac{y}{\delta}\right)$，$\Delta\left(\dfrac{y}{\delta}\right)$ 等于相邻的 y/δ 之差，结果列入表中第 4 行。

(4) 根据 $C_0=3000mg/L$ 和表中第 1～2 行数据，分别计算 C/C_0、$1-C/C_0$、$(1-C/C_0)_{均}$。如 $C=100$ 时，$C/C_0=100/3000=0.033$，$1-C/C_0=1-0.033=0.967$，$1/(C-C_0)_{1-2均}=(0.967+0.867)/2=0.917$，结果列入表中第 5～7 行。

(5) 计算 $\left(1-\dfrac{C}{C_0}\right)_{均}\Delta\left(\dfrac{y}{\delta}\right)$，结果列入表中第 8 行，得 $f=0.6843$。

(6) 有效吸附容量 $q_0\rho_vA(L-f\delta)=\dfrac{39.47}{1000}\times900\times1\times(10-0.6843\times0.0414)=354(kg)$。

(7) 工作周期：$u=3000kg/(m^2\cdot h)=3000/1000=3(m/h)$

按式(5-160) 计算：$354\times10^3/(3000\times3000\times10^{-3})=39.3(h)$

按穿透时间计算 $q_0/C_0=39\times10^{-3}/(3000\times10^{-6})=44$

$$\nu=\frac{u_0}{1+\left(\dfrac{1-\varepsilon_v}{\varepsilon_v}\right)\left(\dfrac{q_0}{C_0}\right)}=\frac{3/0.7}{1+\dfrac{0.3\times44}{0.7}}=0.236$$

$$t_b=\frac{1}{0.236}\times(10-0.0414)=42.2(h)$$

序号	项目	数据								Σ
1	$\Delta C[1/(C-C^*)]_{均}$	2.376	1.032	0.604	0.440	0.380	0.372	0.588		5.792
2	$\Sigma\Delta C/(C-C^*)_{均}$	2.376	3.408	4.012	4.452	4.832	5.204	5.792		5.792
3	y/δ	0.410	0.588	0.693	0.768	0.834	0.899	1.000		
4	$\Delta(y/\delta)$	0.410	0.178	0.105	0.075	0.066	0.065	0.101		
5	C/C_0	0.033	0.133	0.267	0.400	0.533	0.667	0.800	9.933	
6	$1-C/C_0$	0.967	0.867	0.733	0.600	0.467	0.333	0.200	0.067	
7	$(1-C/C_0)_{均}$	0.917	0.800	0.667	0.534	0.400	0.267	0.134		
8	$\left(1-\dfrac{C}{C_0}\right)_{均}\Delta\left(\dfrac{y}{\delta}\right)$	0.375	0.142	0.070	0.040	0.026	0.017	0.0125		0.6843

由例 5-8 和例 5-9 可知，水的净化采用变温吸附时，床层厚度往往远大于吸附带宽度，吸附柱工作时间在十几小时甚至几十小时以上。故 f 可以在 0.4～0.7 范围内选取，甚至可以忽略不计。

【例 5-10】 含水的丙酮处理量为 4t/h，用填充 4Å 分子筛的固定床吸附干燥，原料中水分从 5000mg/L 干燥至 10mg/L，每 12 小时为一周期，表观流速为 5.4m/h，4Å 分子筛的平衡吸附量 $q_0=0.19$，分子筛运转后劣化率取 $R=0.2$，残留水分量 $q_R=0.04$，已知流体密度 $\rho_L=792\text{kg/m}^3$，吸附剂颗粒密度 $\rho_b=2000\text{kg/m}^3$，床层空隙率为 0.66，表观密度 $\rho_v=720\text{kg/m}^3$。试计算吸附器尺寸和吸附剂装填量。

解：解法一

(1) 计算有效吸附容量 q_d

$$q_d=q_0(1-R)-q_R=0.19\times(1-0.2)-0.04=0.112(\text{kg/kg})$$

(2) 吸附剂装填量 W 计算

$$W=\frac{G}{q_d}=\frac{4\times12\times5}{0.112}=2143(\text{kg})$$

(3) 计算吸附器直径

床层容积 $V=\dfrac{W}{\rho}=\dfrac{2143}{720}=2.98(\text{m}^3)$，吸附器截面积 $A=\dfrac{G}{u\rho_L}=\dfrac{4000}{5.4\times792}=0.935(\text{m}^2)$

吸附器直径 $D=\sqrt{\dfrac{4A}{\pi}}=\sqrt{\dfrac{4\times0.935}{\pi}}=1.1(\text{m})$

(4) 计算床层高度

饱和吸附床层有效高度 $L'=\dfrac{V}{A}=\dfrac{2.98}{0.935}=3.19(\text{m})$

考虑吸附带的厚度，取 $L=1.3L'=1.3\times3.19=4.15(\text{m})$

(5) 吸附剂装填量

单个吸附器装填吸附剂：$4.15\times3.14\times0.55^2=3.94(\text{m}^3)$

连续运行需要两个吸附器，装填量为：$2\times3.94\times720=5674(\text{kg})\approx5.7(\text{t})$

解法二

液相吸附可考虑为优惠型吸附。

(1) 计算有效吸附容量 q_d

$q_d=q_0(1-R)-q_R=0.19\times(1-0.2)-0.04=0.112(\text{kg/kg})$

(2) 计算吸附带移动速度

$q_0=0.112\times2000=224(\text{kg/m}^3)$

$q_0/C_0=224/5=44.8$

$$\nu=\frac{u_0}{1+\left(\frac{1-\varepsilon_v}{\varepsilon_v}\right)\left(\frac{q_0}{C_0}\right)}=\frac{5.4/0.66}{1+\frac{0.34}{0.66}\times44.8}=0.34$$

(3) 计算床层长度

$L=\nu t_b=0.34\times12=4.08(\text{m})$

(4) 计算吸附器直径

$$Q=4000/792=5.05(\text{m}^3/\text{h}),\ u=5.4\text{m/h},\ R=\sqrt{\frac{5.05/5.4}{3.14}}=0.55(\text{m}),\ D=1.1\text{m}$$

(5) 吸附剂装填量

单个吸附器装填吸附剂：$4.02\times3.14\times0.55^2=3.82(\text{m}^3)$

连续运行需要两个吸附器，装填量为：$2\times3.82\times720=5500(\text{kg})=5.5(\text{t})$

【例 5-11】 某合成氨厂的粗原料气成分如下表，它含有水分和微量氨，需通过吸附器除掉，试设计确定吸附器尺寸。已知条件：操作压力表压为 50kg/cm^2，吸附器吸附时间 12h，净化后气体要求：$H_2O<0.03\text{g/m}^3$，$NH_3<3\text{g/m}^3$。吸附器工作温度为环境温度约 30℃。吸附剂性能如下：除水用粗孔硅胶，颗粒尺寸 $\phi4\sim8\text{mm}$，球形，$\rho_v=450\text{kg/m}^3$，$\varepsilon=0.5$，吸水容量 0.075g/g；除微量氨用细孔硅胶，颗粒尺寸 $\phi2\sim4\text{mm}$，球形，$\rho_v=700\text{kg/m}^3$，$\varepsilon_v=0.44$，吸氨容量 0.06g/g。

组分	H_2	N_2	Ar	CH_4	H_2O	NH_3	Σ
X_i(体积百分数)/%	62.34	20.63	3.89	13.07	0.08	0.03	100
$V_i/(\text{m}^3/\text{h})$	1870.2	618.9	115.8	392.1	2.4	0.79	3000

再生气组成如下：

组分	H_2	N_2	Ar	CH_4	Σ
X_i(体积百分数)/%	15.91	46.94	7.04	30.11	100
$V_i/(\text{m}^3/\text{h})$	207.1	611.2	91.6	392.1	1302

解：(1) 吸附水分所需粗硅胶量 W_{H_2O}

原料气干燥后，气体露点可达到−40℃，含水量可忽略，根据物料衡算，则：

$$W_{H_2O}=\frac{V_{H_2O}M_{H_2O}\tau}{22.4\alpha_{H_2O}}=\frac{2.4\times18\times12}{22.4\times0.075}=309(\text{kg})$$

考虑吸附带厚度及劣化因素，取安全系数 1.25，故吸附水分硅胶量为：$309\times1.25=386(\text{kg})$

(2) 计算吸附水分硅胶的体积 V_{H_2O}

$$V_{H_2O}=\frac{W_{H_2O}}{\rho_{vH_2O}}=386/450=0.86(\text{m}^3)$$

(3) 计算吸附氨的硅胶的量 W_{NH_3}

$$W_{NH_3}=\frac{V_{NH_3}M_{NH_3}\tau}{22.4\alpha_{NH_3}}=\frac{0.79\times17\times12}{22.4\times0.06}=120(\text{kg})$$

考虑吸附带厚度及劣化因素，取安全系数 1.25，故吸附氨的硅胶量为：

$120\times1.25=150(\mathrm{kg})$

(4) 计算吸附水分硅胶的体积 V_{NH_3}

$$V_{NH_3}=\frac{W_{NH_3}}{\rho_{vNH_3}}=150/700=0.21(\mathrm{m^3})$$

(5) 吸附剂总容积 V

$$V=V_{H_2O}+V_{NH_3}=0.86+0.21=1.07(\mathrm{m^3})$$

(6) 吸附器的尺寸

计算工作条件下的物料流量：$V_t=\frac{p_0VT}{pT_0}=\frac{1\times3000\times303}{51\times273}=65.29(\mathrm{m^3/h})$

考虑气量的波动，取 25%的安全系数，故气量为：$1.25\times65.29=81.6(\mathrm{m^3/h})$

取表观气速为 $u=0.045\mathrm{m/s}$

$$D=\sqrt{\frac{4V_t}{3600\pi u}}=\sqrt{\frac{4\times81.6}{3600\times\pi\times0.045}}\approx0.8(\mathrm{m})$$

而正常流量下的表观气速为：$u=\frac{4\times65.29}{3600\times\pi\times0.8^2}=0.036(\mathrm{m/s})$

床层高度 H：$H=\frac{V}{0.785D^2}=\frac{1.07}{0.785\times0.8^2}=2.13(\mathrm{m})$

径高比为：2.13/0.8=2.66

(7) 确定床层压力降 Δp

粗硅胶的阻力 Δp_1，查得各组分的密度及黏度如下：

组分	H_2	N_2	Ar	CH_4
ρ(0℃、760mmHg)/(kg/m^3)	0.09	1.25	1.78	0.717
μ(30℃、50atm)/10^{-6}Pa·s	90	187	248	128

将原料气中 H_2O、NH_3 两个被吸收组分剔除后，其余组分归一化处理：

62.34/(100−0.08−0.03)=0.624

20.63/(100−0.08−0.03)=0.2065，其余同此。

原料气在工作环境下的密度计算式为：

$$\rho=\frac{T_0}{T}p\sum X_i\rho_i=\frac{273}{303}\times51\times(0.624\times0.09+0.2065\times1.25+0.0387\times1.78+0.1308\times0.717)$$
$$=21.92(\mathrm{kg/m^3})$$

原料气在工作环境下的黏度计算式为：$\mu=\frac{\sum X_i\sqrt{M_iT_{ci}}\times\mu_i}{\sum X_i\sqrt{M_iT_{ci}}}$

$$=\frac{0.624\times90\sqrt{2\times33}+0.2065\times187\sqrt{28\times126}+0.0387\times248\sqrt{40\times151}+0.1308\times123\sqrt{16\times91}}{0.624\sqrt{2\times33}+0.2065\sqrt{28\times126}+0.0387\sqrt{40\times151}+0.1308\sqrt{16\times91}}\times10^{-6}$$
$$=159.04\times10^{-6}(\mathrm{Pa\cdot s})$$

$$d_n=\sqrt{\frac{2d_1^2d_2^2}{d_1^2+d_2^2}}=\sqrt{\frac{2\times0.008^2\times0.004^2}{0.008^2+0.004^2}}=0.005(\mathrm{m})$$

$$\varepsilon_v=1-\frac{\rho_{v1}}{\rho_{v2}}=1-\frac{450}{700}=0.36$$

$$d_e=\frac{2}{3}\times\frac{\varepsilon_v}{1-\varepsilon_v}d_n=\frac{2}{3}\times\frac{0.36}{1-0.36}\times0.005=0.0019(\text{m})$$

$$u_0=\frac{u}{\varepsilon_v}=\frac{0.045}{0.36}=0.125(\text{m/s})$$

$$Re=\frac{d_e u_0 \rho}{\mu g}=\frac{0.0019\times0.125\times21.92}{1.62\times10^{-6}\times9.81}=328$$

$$\zeta=16/Re^{0.2}=\frac{16}{328^{0.2}}=5.02$$

粗硅胶床深 z_{H_2O}：$z_{H_2O}=\dfrac{W_{H_2O}}{\rho_v 0.785D^2}=\dfrac{386}{450\times0.785\times0.8^2}=1.707(\text{m})$

$$\Delta p_1=\zeta\frac{z}{d_e}\frac{u_0\rho}{2g}=5.02\times\frac{1.707\times0.125^2\times21.92}{0.0019\times2\times9.81}=78.73(\text{kg/m}^2)$$

同样可计算出吸附氨的硅胶的 $\Delta p_2=48.7(\text{kg/m}^2)$

$\Delta p=78.73+48.7=127.43(\text{kg/m}^2)=1.25(\text{kPa})$

第六节　变压吸附

变压吸附（简称 PSA）气体分离技术，由于具有工艺简单、可同步去除多种杂质组分、产品纯度高、操作弹性大、自动化程度高、操作费用低、吸附剂寿命长、投资省、维护方便等特点，发展迅速，已成为气体干燥、氢气纯化、中小规模空气分离及其他混合气体分离和纯化的主要技术之一。所谓变压吸附法（PSA）实质上是在较高压力下吸附，于低压下进行解吸而实现吸附剂再生的吸附法，由于吸附过程的循环在常温下进行，而压力的变化非常迅速，因而吸附循环通常只需数分钟甚至数秒就可完成。因此，尽管变压吸附容量不是很高，但其吸附剂利用率高，处理量大、设备相对小。

变压吸附也称无热吸附或等温吸附，其原因是该技术吸附剂的再生不需要外加热量。另外，吸附剂的热导率通常很小，过程近于绝热操作，变压吸附周期又很短，吸附热来不及散失，可供解吸之用。吸附热和解吸热所引起的床层温度变化一般不大，可近似看作等温过程。

一、概述

变压吸附和变温吸附有很大不同。变温吸附通常是在常温下吸附，加热升温解吸再生。变温吸附过程，因吸附剂的传热系数较小，升温降温需要较长时间，并需要较大的传热面积。而无热源的变压吸附是通过使被吸附气体压力的周期性变化而实现吸附和解吸的，即在压力下吸附，在低压或真空下解吸，吸附剂同时得到再生。有时为了减少变压吸附使用的吸附剂的量，在降压解吸的同时，升温加热冲洗气体，使吸附剂的解吸再生加快。表 5-3 为对空气的脱湿干燥的两种方法比较。由表 5-3 可知：变温吸附切换时间较长，可达几十分钟甚至数小时，变压吸附切换时间短，需要频繁切换；变压吸附再生气体消耗率可达 15%～20%，而变温吸附再生气体消耗仅 4%～8%；变压吸附法不需要加热，在常温常压下即可操作，流程简单。另外变压吸附还能同时去除各种气体杂质，如 CO、CO_2、NH_3 等杂质气体，可省去预处理设备，简化了流程，能取得较高纯度的气体产品。

表 5-3 变温、变压吸附比较

原料、吸附质、吸附剂		操作条件		
原料	被吸附成分	项目	变温吸附	变压吸附
空气中石油蒸汽	石油蒸汽(氧化铝)	吸附柱尺寸	1.0	升温再生法的 1/3～3/4
甲烷和氢	甲烷(分子筛)	使用吸附剂	硅胶、氧化铝等	活性炭、氧化铝、分子筛
甲烷和氮	甲烷(分子筛)	处理量	100～50000m^3/h	1～1000m^3/h
二氧化碳和氮	二氧化碳(硅胶)	使用压力	0～35kg/cm^2	5～15kg/cm^2
甲烷和空气	甲烷(活性炭)	水分量	20～40℃(饱和)	20～35℃(饱和)
甲烷和氢	甲烷(活性炭)	柱切换时间	6～8h	5～10min
乙烯和氮	乙烯(活性炭)	出口气露点	－40～－20℃	－40℃以下
氢和一氧化碳	一氧化碳(活性炭)	再生温度	150～200℃	20～35℃
天然气	汽油馏分(分子筛和活性炭)	再生气消耗	4%～8%	15%～20%
正构烷烃	异构烷烃(分子筛)	加热用设备	大	无
天然气、重整氢气	硫化氢(活性炭)			

由于常用吸附剂床层的空隙率都很高，如硅胶和活性氧化铝床层的空隙率约 67%、分子筛床层为 74%、活性炭床层约 78%，而且变压吸附是在较高压力下吸附、较低压下解吸。在降压解吸时，床层中死空间的弱吸附组分将随着较强吸附组分一起排出床层，造成弱吸附组分的损失，因此床层中吸附剂颗粒之间的空隙（称为床层死空间）中所包含的气体量不能忽略。早期变压吸附技术的产品回收率较低为该技术的主要缺点，近年来在如何回收床层死空间中的产品组分方面做了大量工作，回收率已有很大提高。

本章第二节中已讨论过，吸附剂对不同气体的吸附能力的差异程度可以用选择性系数 α_{ij} 表示。在变压吸附中为了反映死空间中的气体对分离的影响，定义 K_i 为吸附床的吸附系数，即：

$$K_i = \frac{q_i}{V_\varepsilon x_i} \times \frac{Tp_0}{pT_0} \tag{5-164}$$

式中，q_i 为吸附剂所吸附的 i 组分在标准状态下的体积，m^3；V_ε 为吸附剂床层的死空间体积，m^3；T_0、T 分别为标准状态下和系统的温度，K；p_0、p 分别为标准状态下和系统的压力，MPa；x_i 为组分在气相中的摩尔分率；K_i 为吸附系数，为吸附剂所吸附的量与床层中吸附质的量之比。

上式表示吸附剂所吸附的量与床层中吸附质的量之比，K_i 与分离系数（选择性系数）α_{ij} 关系定义为：

$$\alpha_{ij} = \frac{K_i + 1}{K_j + 1} \tag{5-165}$$

码 5-1 吸附剂

表 5-4、表 5-5 为常压及 20℃下不同吸附剂对不同二元组分的分离系数。为了有效分离待分组分，变压吸附中一定根据待分物系正确选择吸附剂，使得 α_{ij} 不小于 2。

表 5-4 常见组分对各种吸附剂的分离系数 α_{ij}（一）

吸附剂	CO_2	CH_4	CH_4	CO	CO	N_2	CH_4
	CH_4	CO	N_2	N_2	H_2	H_2	H_2
硅胶	6.4	1.31	1.86	1.42	2.9	2.05	3.8
活性炭	2.09	2.07	2.84	1.37	6.97	5.1	14.4

表 5-5 常见组分对各种吸附剂的分离系数 α_{ij} (二)

吸附剂	CO_2	CO	CH_4	N_2	CO	CH_4	CO
	CO	CH_4	N_2	H_2	N_2	H_2	H_2
5Å 分子筛	3.15	1.79	1.4	6.9	2.5	9.65	17.2
钠丝光沸石	2.23	1.18	1.39	71.2	1.65	15.5	18.0
13X 分子筛	4.7	1.58	1.52	5.25	2.4	8.0	12.6

在 PSA 技术中，分离过程特性以产品纯度、产品回收率和吸附剂的生产能力这三个参数来衡量。由于从 PSA 过程得到的产品流出物的浓度和流量都随时间变化（这里的产品纯度是指流出物中产品组分的平均浓度），产品回收率是产品流出物中包含的产品组分总量除以进料的产品组分总量所得到的百分率，而吸附剂生产能力为每单位时间单位吸附剂量所处理的原料气量或生产的产品气量。上述三个参数对于任何一个给定的 PSA 过程都是相互关联的。产品纯度对某一给定的工艺都是预先确定的，由使用产品的后续工艺要求所决定。而产品回收率取决于多个因素，它不仅取决于所需产品的纯度，还取决于原料气的成分，产品纯度愈低，分离系数愈大，弱组分的收率愈高。同时，PSA 工艺循环步骤的配置对产品回收率亦有影响：采用均压操作虽然可回收放压初期排出的含产品组分浓度较高的气体以提高产品收率，但是是以增加吸附剂量为代价的；抽真空解吸比用产品气清洗收率要高，但投资费用和操作费用都将增加。另外，吸附剂的生产能力还取决于吸附剂的有效吸附容量及吸附前特性，有效吸附容量大以及吸附带较为陡峭时，则床层利用率高，所需床层体积小，如从空气中制氧的中小型装置。用合成沸石做吸附剂时，由于压力升高时氧、氮的分离系数降低，故制氧流程中压力一般控制在 $4kg/cm^2$ 左右，变压吸附法常不能兼顾富氧的纯度和回收率。如回收率在 60% 时，其纯度为 30%～40%，当富氧纯度达到 85%时，其回收率仅为 1%。改进后的 PSA 工艺，当富氧纯度大于 90%时，其回收率也仅达到 50%，能耗与深冷分离工艺的空分装置相近，制取 $1m^3$ 氧仅为 0.6kW·h。因此，变压吸附法制氧设备的制氧能力为 1～80t/d 的规模是经济的。

由于氧和氮分子的扩散速率不同，用 4Å 合成沸石做吸附剂时，氧的吸附量比氮低（表 5-6），但能比氮优先被吸附，直至维持在恒定的吸附量时，氮的吸附量才随着时间的延长而不断升高，直至达到平衡态（图 5-33）。

表 5-6 4Å 合成沸石吸附剂对氧、氮的吸附量

吸附气体	吸附量/(mL/g)	分子直径/Å
O_2	2.2	2.8×3.9
N_2	6.2	3.0×4.1

另外，变温吸附操作的吸附分离是在垂直于常温吸附等温线和高温吸附等温线之间的垂线进行，而变压吸附操作可以视为等温过程，其工作状况近似地沿着等温吸附等温线进行，于较高分压 p_2 下吸附，在较低分压 p_1 下解吸（图 5-34）。所采用的压力变化方式有：常压下吸附，真空下解吸；加压吸附，常压解吸；加压下吸附，真空下解吸。

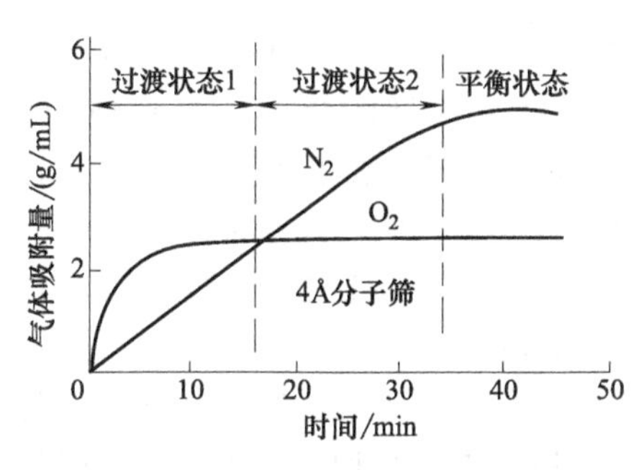

图 5-33 氧、氮的吸附量和时间的关系

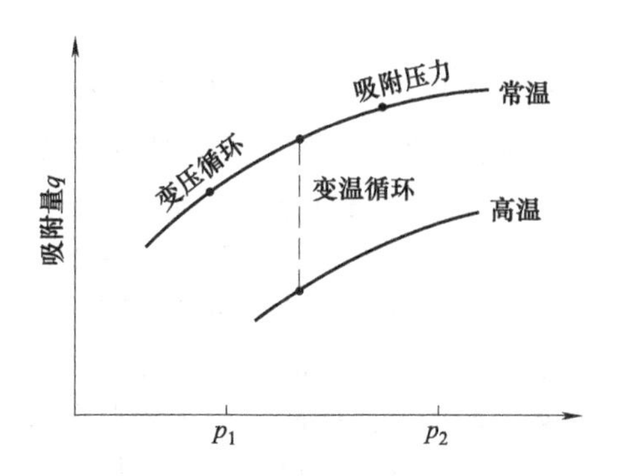

图 5-34 变压吸附和变温吸附

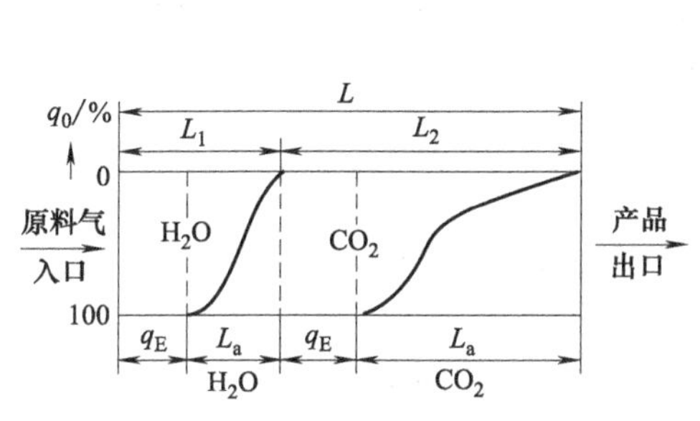

图 5-35 水和 CO_2 双组分系统吸附

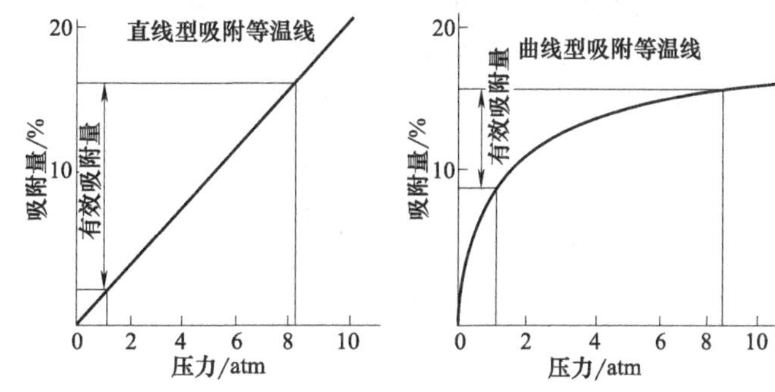

图 5-36 吸附等温线的形状对有效吸附量的影响

25℃温度下，对 CO_2 的吸附等温线以 13X 沸石的斜率最大，硅胶的斜率最小。而且斜率都随温度升高而减小。动态吸附时，如流动体系含有 H_2O 和 CO_2，其浓度分布曲线可见图 5-35。由图中可看出：H_2O 先被吸附，其透过曲线的斜率较大，传质区较窄，然后才进行 CO_2 的吸附，其透过曲线的倾斜度较小，随之传质区加长。H_2O 的传质区高度为 CO_2 的传质区高度的一半。当 CO_2 浓度很高时，甚至可能部分地把优先吸附的 H_2O 置换出来。因此，在计算吸附塔高度时，要把 H_2O 的传质区高度和 CO_2 的传质区高度两者合并计算。

变压吸附系沿着吸附等温线进行，吸附等温线的斜率对其影响很大，比如线性吸附等温线的有效吸附容量比曲线型吸附等温线的大（图 5-36），故变压吸附的吸附时间很短，以保证工作区处于线性等温线上。同时，由于变压吸附是通过高、低压交替进行吸附、解吸操作，故变压吸附的有效吸附量 Δq_0，是以高、低压下的吸附量 q_0^H 和 q_0^L 的差值表示：

$$\Delta q_0 = q_0^H - q_0^L \tag{5-166}$$

此外，变压吸附的床层高度还需考虑床层利用率，根据床层利用率和床高于传质区长度之比的关系，当床层高度与传质区长度之比低于 3 时，床层利用率小于 80%，故变压吸附床层高度不得低于传质区长度的 3 倍。

二、工艺流程

早期的变压吸附为双塔和四塔流程，目前变压吸附工艺多采用 6 塔以上流程，大型变压吸附装置常采用 8 塔或 10 塔流程。其中双塔流程步骤为：稳压、泄压、放空、充压；四塔一均流程的步骤为：吸附、均压放压、顺向放压、逆向放压、清洗、均压充压、最终充压 7 个环节。

1. 双塔变压吸附

以含氢废气（H_2-N_2）回收氢为例介绍：以5Å分子筛为吸附剂，在（550±10)℃下活化2h，活化后的5Å分子筛吸附N_2能力较强，因而氮被选择的吸附，得到纯净的氢。图5-37为双塔变压吸附装置。原料气经电磁阀进入塔A在加压状态下进行吸附，塔B由阀2′控制在大气压下解吸和抽真空，塔A所产氢气通过单向阀3和阀5入缓冲罐，在塔B抽完真空及塔A饱和前一段时间关闭阀2′，开启单向阀4′，塔A向塔B充压。当塔A在操作条件下（系统压力$p=18kg/cm^2$、温度8℃），床层吸附剂逐渐为N_2所饱和，在产品中尚未流出前某一时间停止吸附，即关闭单向阀3、开启阀1′，将塔A中与原料气相同组成的死空间气体，从进口端逆向放压解吸，排出已吸附的氮气，然后进一步抽空，抽空至解吸的真空度（500mmHg）。与此同时塔B已充压完毕开启阀2在加压状态下进行吸附并通过单向阀3′和阀5向缓冲罐送氢气。每个塔从吸附、放压、抽空和充压完毕共需61s，各工序时间分配如图5-38。A、B两塔床层的操作过程完全一样，彼此相互交替进行，A塔床层开始放压解吸时，B塔床层由充压转入吸附操作。

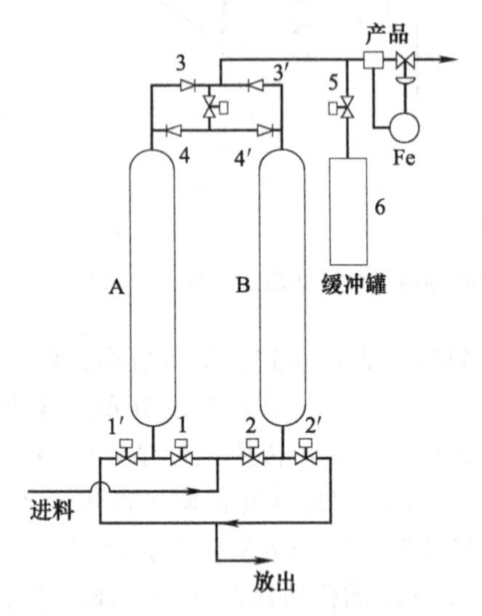

图5-37 双塔变压吸附装置

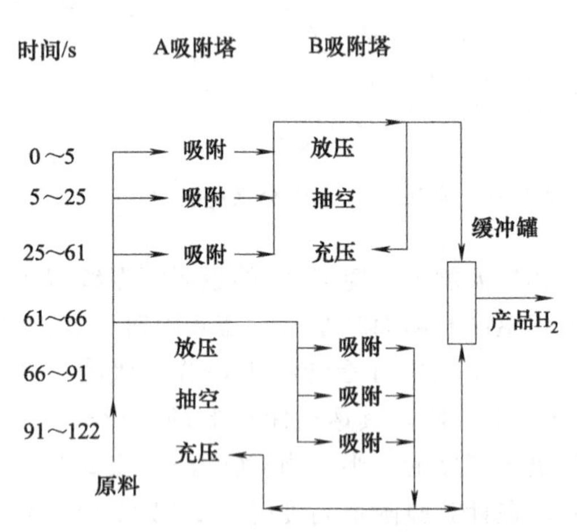

图5-38 双塔变压吸附操作示意图

2. 四塔变压吸附

由于简单工艺流程的变压吸附操作的床层内死空间气体中的产品组分难以回收，降压放空过程中的死空间气体损失，使产品组分的收率降低。系统压力愈高，损失愈大。要提高回收率，一方面要研制性能优良的吸附剂，更主要的是要改善操作条件，回收死空间内的大量原料气，回收方法是添加缓冲罐和采用多塔流程方式。工程上多吸附器形式更为常用，图5-39为四床变压吸附流程及工作顺序。原料从塔底进入塔A，由下而上通过床层，出塔产品送入缓冲罐以送入下一工序，其余B、C、D三个吸附器处于均压、放压、清洗等状态。当塔A吸附质的浓度前沿接近床层出口时，关闭吸附塔A的原料气阀和产品气阀，使其停止吸附，通过均压、放压回收塔A死空间内的有效气体，目的是将吸附的杂质解吸出来，使吸附剂由于降压而得到再生，顺向放压结束后，依次打开程控阀将产品放入缓冲罐中。当吸附器A处于均压、放压、清洗和充压时，相应的吸附器处于工作状态，以保持产品的连续性。

下面以美国联碳公司的PSA工艺为例，介绍四塔一均工艺变压吸附步骤（以塔A为例）。

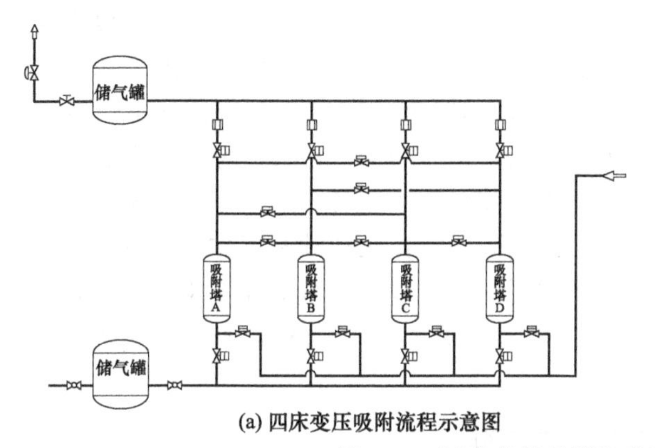

(a) 四床变压吸附流程示意图

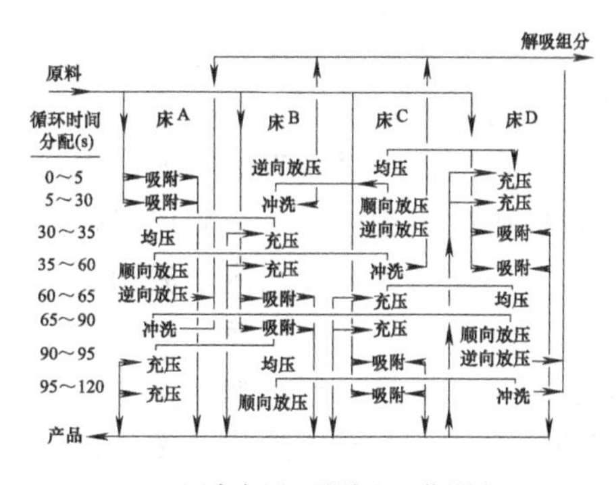

(b) 四床变压吸附流程工作顺序

图 5-39 四床变压吸附流程及工作顺序示意图

① 吸附 在指定压力下，使原料气吸附，在吸附前沿未达到出口时停止吸附，使吸附前沿和床层出口之间保留一段未用的床层，所得到的气体产品一部分作为 D 柱的二段充压气体，一部分作为产品排出。

② 均压 塔 A 和再生完毕、处于低压状态的塔 B，以出口端相连接进行均压（对塔 B 来讲是一段均压）。均压后的压力约为原始压力的一半，此时塔 A 的吸附前沿向前推进，但并未达到出口，均压气体的纯度和气体产品纯度基本相同。

③ 顺向放压 塔 A 内的气体节流到最低压力，用来冲洗已经进行逆向放压其压力达到最低的塔 C，顺向放压的压力（对塔 C）控制到吸附前沿刚到达塔 A 出口而未耗竭为止。

④ 逆向放压 开启塔 A 进口的阀门，以使残留气体压力降至最低，一般为大气压，使残留的吸附杂质排出一部分。

⑤ 冲洗 利用塔 D 顺向放压的气体冲洗塔 A，冲洗后，塔 A 内的吸附剂基本再生完毕。

⑥ 一段充压 利用塔 B 的均压气体使塔 A 进行一段充压。

⑦ 二段充压 用塔 C 的气体产品的一部分使塔 A 充压到产品的压力，准备下一循环吸附操作。

其实，所有操作过程都是四个塔共同完成的，只是各塔阶段不同，相互补充，四床一均工艺循环时序见表 5-7。

表 5-7 四床一均工艺循环时序表

吸附床	1	2	3	4	5	6	7	8
1	A		E1D	PP	D	P	E1R	FR
2	D	P	E1R	FR	A		E1D	PP
3	E1D	PP	D	P	E1R	FR	A	
4	E1R	FR	A		E1D	PP	D	P

注：A—吸附；E1D—均压；PP—顺向放压；D—逆向放压；P—清洗；E1R——一段充压；FR—最终充压。

四塔变压吸附流程通过均压和顺向放压操作，回收了死空间的大部分气体产品，回收率可增加 75%～80%，同时用于充压的气体产品耗量减少，气体产品的压力也减少了波动。显然，变压吸附塔数愈多，产品回收率愈高，产品压力波动愈小。

3. 多床变压吸附工艺时序及特点

目前，8 塔三均工艺和 10 床三均工艺在生产上得到广泛应用，极大地提高了产品收率，

表 5-8 为 10 床三均工艺循环时序表。多床 PSA 工艺具有如下特点：①多床工艺可以多次均压，提高了产品的纯度和收率，同时也降低了能耗。8 床以上工艺，工程上一般采用三次均压，压力比不低于 12；②多床工艺适应大规模需要，同时产品稳定。多床情况下，有 2 个或 3 个床层同时进行吸附，如 6 床二均工艺为 2 个床层同时吸附，8 床三均工艺则有 3 个床层同时吸附，相当于 3 套 4 床工艺的处理能力。不仅如此，由于各个床层处于吸附的不同阶段，产品压力、纯度和流量波动小；③多床工艺提高装置操作灵活性和可靠性，变压吸附中四通阀比较容易发生故障，对于四床工艺，如果四通阀发生故障，只能停车检修。但是多床工艺却可以转换运行，如 8 床工艺可以将其切换成 7 床或 6 床工艺继续运行，10 床工艺可切换成 9 床或 8 床等形式继续运行。

表 5-8　10 床三均工艺循环时序表

<table>
<tr><th>吸附塔</th><th>A</th><th>B</th><th>C</th><th>D</th><th>E</th><th>F</th><th>G</th><th>H</th><th>I</th><th>J</th></tr>
<tr><td>1</td><td rowspan="6">A</td><td>E1R</td><td>E3R</td><td rowspan="2">P</td><td>D</td><td rowspan="2">PP</td><td>E3D</td><td>E1D</td><td rowspan="2">A</td><td rowspan="4">A</td></tr>
<tr><td>2</td><td>FR</td><td>E2R</td><td rowspan="3">P</td><td rowspan="3">PP
D</td><td>E2D</td></tr>
<tr><td>3</td><td rowspan="6">A</td><td>E1R</td><td>E3R</td><td>D</td><td>E3D</td><td>E1D</td></tr>
<tr><td>4</td><td>FR</td><td>E2R</td><td rowspan="3">P</td><td rowspan="3">PP</td><td>E2D</td></tr>
<tr><td>5</td><td rowspan="6">A</td><td>E1R</td><td>E3R</td><td>P</td><td>E3D</td><td>E1D</td></tr>
<tr><td>6</td><td>FR</td><td>E2R</td><td rowspan="3"></td><td rowspan="3">PP</td><td>E2D</td></tr>
<tr><td>7</td><td>E1D</td><td rowspan="6">A</td><td>E1R</td><td>E3R</td><td>D</td><td>E3D</td></tr>
<tr><td>8</td><td>E2D</td><td>FR</td><td>E2R</td><td rowspan="3">P</td><td rowspan="3">PP</td></tr>
<tr><td>9</td><td>E3D</td><td>E1D</td><td rowspan="6">A</td><td>E1R</td><td>E3R</td><td>D</td></tr>
<tr><td>10</td><td rowspan="3">PP</td><td>E2D</td><td>FR</td><td>E2R</td><td rowspan="3">P</td></tr>
<tr><td>11</td><td>E3D</td><td>E1D</td><td rowspan="6">A</td><td>E1R</td><td>E3R</td><td>D</td></tr>
<tr><td>12</td><td rowspan="3">PP</td><td>E2D</td><td>FR</td><td>E2R</td><td rowspan="3">P</td></tr>
<tr><td>13</td><td>D</td><td>E3D</td><td>E1D</td><td rowspan="6">A</td><td>E1R</td><td>E3R</td></tr>
<tr><td>14</td><td rowspan="3">P</td><td rowspan="3">PP</td><td>E2D</td><td>FR</td><td>E2R</td></tr>
<tr><td>15</td><td>D</td><td>E3D</td><td>E1D</td><td rowspan="6">A</td><td>E1R</td><td>E3R</td></tr>
<tr><td>16</td><td rowspan="3">P</td><td rowspan="3">PP</td><td>E2D</td><td>FR</td><td>E2R</td></tr>
<tr><td>17</td><td>E3R</td><td>D</td><td>E3D</td><td>E1D</td><td rowspan="4">A</td><td>E1R</td></tr>
<tr><td>18</td><td>E2R</td><td rowspan="3">P</td><td rowspan="3">PP</td><td>E2D</td><td>FR</td></tr>
<tr><td>19</td><td>E1R</td><td>E3R</td><td>D</td><td>E3D</td><td>E1D</td><td rowspan="2">A</td></tr>
<tr><td>20</td><td>FR</td><td>E2R</td><td>P</td><td>PP</td><td>E2D</td></tr>
</table>

注：A—吸附；E1D——一次均压；E2D—二次均压；E3D—三次均压；PP—顺向放压；D—逆向放压；P—清洗；E3R—前三次均压充压；E2R—前二次均压充压；E1R——一段均压充压；FR—最终充压。

三、变压吸附的工艺计算

二元组分变压吸附的模拟计算尚未成熟，目前工程上多采用近似计算确定有关参数，对于多组分的物系，可根据分离要求及分离系数的差异，将其视为含惰性组分的二元物系再进行设计计算。

当吸附柱高度为 L，饱和度为 f，总有效吸附容量 q_d 可以用下式计算：

$$q_d=\rho_v A(L-f\delta)\Delta q_{0d} \tag{5-167}$$

式中，ρ_v 为堆积密度，kg/m^3；Δq_{0d} 为压力和低压下有效平衡吸附量，$\Delta q_{0d}=q_{0d}^H-q_{0d}^L$。

1. 床层容积和吸附剂需要量

不发生膨胀操作的二元组分吸附过程，强吸附的杂质组分 A 的吸附前沿推进到正好达到床层出口时停止吸附过程，较弱吸附的产品组分 B 的最大回收率 η 为：

$$\eta=1-1/\alpha \tag{5-168}$$

式中，α 为选择性系数。

上式表明，α 愈大，回收率愈高。在带有膨胀（泄压）操作的二元组分吸附过程中，强吸附组分 A 的吸附前沿进行到离出口还有一段距离时就停止的吸附过程，然后进行膨胀（泄压）操作使膨胀结束时强吸附组分 A 的吸附前沿正好到达出口，此时，产品 B 的最大回收率 η'为：

$$\eta'=1-\frac{x'_B x_A}{\alpha x_B x'_A}=1-\frac{(1-x'_A)x_A}{\alpha(1-x_A)x'_A} \tag{5-169}$$

令 $Q=\frac{(1-x'_A)x_A}{(1-x_A)x'_A}$，式(5-168) 可写成：

$$\eta'=1-Q/\alpha \tag{5-170}$$

式中，x_A 为易吸附组分膨胀前的摩尔比；x'_A为易吸附组分膨胀后的摩尔比。

因较强吸附组分 A 膨胀后 x'_A大于膨胀前的 x_A（膨胀后吸附在吸附剂上的 A 组分解吸下来），因而 Q 小于 1，故带有膨胀的吸附操作的最大回收率 η'大于不带膨胀吸附操作时的最大回收率 η，按照两个组分保留在床层内的量各自进行等温膨胀的模型，设膨胀前后系统的压力分别为 p 和 p'，则膨胀比 p/p'与最大回收率 η'的关系为：

$$\ln\frac{p}{p'}=\frac{1}{\alpha-1}\left\{\ln\left(1-x_A+\frac{x_A}{Q}\right)-\alpha\ln[x_A+(1-x_A)Q]\right\} \tag{5-171}$$

其中，$Q=\alpha(1-\eta')$。

若带有膨胀操作，吸附压力为 p，在膨胀到压力为 p'后进行再生操作，这样，$1m^3$ 床层容积与被吸附组分 A 的体积 N_A 关系有下式存在：

$$N_A=\frac{(K_A+1)\varepsilon_v x'_A p' T_0}{p_0 T}-\delta_A \tag{5-172}$$

式中，K_A 为吸附系数；N_A 为单位床层体积吸附的 A 组分的体积，m/m^3；ε_v 为吸附剂床层的空隙率；δ_A 为单位体积床层再生后残留的 A 组分的体积，m^3/m^3；T、T_0 分别为操作条件下和标准条件下的热力学温度，K；p_0 为标准压力，单位同操作压力。

若需处理的原料气流量为 N_F，那么床层容积 V_A 可由下式计算：

$$V_A=N_F x_A t/N_A \tag{5-173}$$

式中，t 为循环一周期内的纯吸附时间。

吸附剂装填量可以按下式计算：

$$W_A=\rho_v V_A \tag{5-174}$$

若吸附对象为多组分物系，可根据情况转化为二元物系，但由于组分间也存在相互作用，因此，当上述关系式用于多组分物系时，只能粗略估算，作为进一步设计的基础。

2. 床层压力降

气流通过吸附床层颗粒的间隙使动能损失而产生压力降，压力降的大小可按下式计算：

$$\Delta p/L=\xi_1\mu u+\xi_2\rho_0 u^2 \tag{5-175}$$

式中，Δp 为床层压力降，Pa；L 为床层高度，m；μ 为气体黏度，kg/(m·s)；ρ_0 为气体密度，kg/m^3；ξ_1、ξ_2 为系数，$\xi_1=1.50(1-\varepsilon_v)^2/(\varepsilon_v^3 d_p)$，$\xi_2=1.75(1-\varepsilon_v)^2/(\varepsilon_v^3 d_p^2)$；$d_p$ 是与颗粒等比表面积的圆球直径，m。

3. 床层运行气速 u 和直径 D

对于上流运行的吸附器，如果气流速度 u 所产生的压力降 Δp 大于吸附器床层表面密度 ρ_B 与重力加速度 g 乘积，将使床层流态化。其流化气速按下式估算：

$$u_m=-\frac{\mu\xi_1}{2\rho_0\xi_2}+\left[\left(\frac{\mu\xi_1}{2\rho_0\xi_2}\right)^2+\frac{\rho_v g}{\rho_0\xi_2}\right]^{1/2} \tag{5-176}$$

式中，u_m 为吸附器空塔流化气速，m/s。

对于上行运行的吸附器，床层实际运行气速 u 取值一般为流化气速的 0.75%～0.80%；而下行运行的吸附器，其实际运行气速 u 为上行运行气速的 2 倍，即为流化气速的 1.5～1.6 倍。气速确定后，可按下式确定吸附器直径：

$$D=\sqrt{\frac{4Q}{\pi u}} \tag{5-177}$$

为避免壁效应，吸附器床层直径至少为吸附剂颗粒直径的 30 倍，床层高度不低于吸附剂颗粒直径的 100 倍。

【例 5-12】 合成氨厂驰放气提氢的 PSA 装置回收氢，若已知原料气的量为 3000m^3/h，组成为 CH_4 0.167，N_2 0.18，Ar 0.073，H_2 0.58。杂质组分在分子筛吸附剂上的吸附容量按大小顺序排列为 CH_4＞N_2＞Ar，因此 Ar 为分离关键组分，Ar 和 H_2 在 1MPa 压力下吸附容量为 2.41cm^3/g 和 0.413cm^3/g（平衡浓度均为 $x_i=0.1$），吸附床层空隙率 $\varepsilon=0.74$、吸附剂粒径 $d_p=3$mm、床层的堆积密度 $\rho_v=720$kg/m^3。若采用四床流程一次均压操作，吸附压力和顺放结束时的压力分别为 2.1MPa 和 0.5MPa，操作温度为 25℃，试计算最大回收率和吸附剂用量（注：驰放气是化工生产中，不参与反应的气体或因品位过低不能利用，在化工设备或管道中积聚而产生的气体）。

解：(1) 计算氢和氩的分离系数 $\alpha_{Ar\text{-}H_2}$

$$K_{Ar}=\frac{q_{Ar}Tp_0}{V_\varepsilon pT_0x_{Ar}}=\frac{2.41\times0.72\times298\times0.10133}{0.74\times1\times273\times0.1}=2.59$$

$$K_{H_2}=\frac{q_{H_2}Tp_0}{V_\varepsilon pT_0x_{H_2}}=\frac{0.413\times0.72\times298\times0.10133}{0.74\times1\times273\times0.1}=0.445$$

$$\alpha_{Ar\text{-}H_2}=\frac{K_{Ar}+1}{K_{H_2}+1}=\frac{2.59+1}{0.45+1}=2.48$$

(2) 计算 Q 和 x'_A，$p=2.1$MPa，$p'=0.5$MPa，$\alpha=2.48$，$x_A=0.42$

$$\ln\frac{p}{p'}=\frac{1}{\alpha-1}\left\{\ln\left(1-x_A+\frac{x_A}{Q}\right)-\alpha\ln[x_A+(1-x_A)Q]\right\}$$

$$\ln\frac{2.1}{0.5}=\frac{1}{2.48-1}\left\{\ln\left(1-0.42+\frac{0.42}{Q}\right)-2.48\ln[0.42+(1-0.42)Q]\right\}$$

用牛顿法计算得，$Q=0.270$

$$Q=\frac{(1-x'_A)x_A}{(1-x_A)x'_A}\text{，即 }0.27=\frac{(1-x'_A)\times0.42}{(1-0.42)x'_A}\text{，解得 }x'_A=0.728$$

(3) 计算最大回收率 η'

$$\eta'=1-\frac{(1-x'_A)x_A}{\alpha(1-x_A)x'_A}=1-\frac{0.42\times(1-0.728)}{2.48\times(1-0.42)\times0.728}=0.89$$

(4) 计算需要床层容积 V_A

$$N_A=\frac{(K_A+1)\varepsilon x'_A p' T_0}{p_0 T}-\delta_A$$

$$=\frac{(2.59+1)\times0.74\times0.728\times0.5\times273}{0.10133\times297}-0=8.758$$

设每个循环的吸附时间为 3min，于是：

$V_A=N_F x_A t/N_A=3000\times3\times0.42/(60\times8.758)=7.1934(m^3)$

(5) 计算吸附剂装填量

$W_A=1.2\rho_A V_A=1.2\times0.72\times7.1934=6.216(t)$

单塔装填量为 1.56t。

【例 5-13】 根据例 5-12 的条件及计算结果，确定变压吸附压降、塔径及吸附剂层高。

解：(1) 确定阻力系数

$\xi_1=1.5(1-0.74)^2/(0.74^3\times0.003)=83.4(Pa)$

$\xi_2=1.75(1-0.74)^2/(0.74^3\times0.003)=97.3(Pa)$

(2) 确定黏度和密度

查得各组分的密度及黏度如下：

组分	H_2	N_2	Ar	CH_4
ρ(0℃、760mmHg)/(kg/m^3)	0.09	1.25	1.78	0.717
μ(25℃、21atm)/10^{-7}P	95	192	256	135

原料气在工作环境下的密度计算式为：

$$\rho_m=\frac{T_0}{T}p\sum X_i\rho_i$$

$$=\frac{273}{298}\times21\times\sum(0.58\times0.09+0.073\times1.78+0.18\times1.25+0.167\times0.717)$$

$$=10.14(kg/m^3)$$

原料气在工作环境下的黏度计算式为：

$$\mu_m=\frac{\sum X_i\sqrt{M_i T_{ci}}\times\mu_i}{\sum X_i\sqrt{M_i T_{ci}}}$$

$$=\frac{0.58\times95\sqrt{2\times33}+0.18\times192\sqrt{28\times126}+0.073\times256\sqrt{40\times151}+0.167\times135\sqrt{16\times191}}{0.58\sqrt{2\times33}+0.18\sqrt{28\times126}+0.073\sqrt{40\times151}+0.167\sqrt{16\times191}}\times10^{-7}$$

$$=175.04\times10^{-7}P$$

(3) 计算临界气速

$$u_m=-\frac{\mu\xi_1}{2\rho_0\xi_2}+\left[\left(\frac{\mu\xi_1}{2\rho_0\xi_2}\right)^2+\frac{\rho_v g}{\rho_0\xi_2}\right]^{1/2}$$

$$=-\frac{175\times83.4}{2\times10.14\times97.3}+\left[\left(\frac{175\times83.4}{2\times10.14\times97.3}\right)^2+\frac{720\times9.8}{10.14\times97.3}\right]^{1/2}$$

$$=0.47(m/s)$$

(4) 取 $u=0.75u_m=0.75\times0.47=0.35(m/s)$

(5) 计算压降

$$\Delta p/L=\xi_1\mu u+\xi_2\rho_0 u^2$$
$$=83.4\times175\times0.35+97.3\times10.14\times0.35^2$$
$$=5229(Pa)$$

(6) 塔径

四床一均工艺下，单塔工作流量为：$3000/3600(m^3/h)=0.833m^3/s$

$$D=\sqrt{\frac{4Q}{\pi u}}=\sqrt{\frac{4\times0.833}{\pi\times0.35}}=1.74(m)，取1.8m$$

(7) 吸附层高度

$$A=\pi D^2/4=3.14\times1.8^2/4=2.543(m^2)$$
$$H=1.2V/A=1.2\times7.193/2.543=3.39(m)$$

变压吸附是一种不稳态的过程，机理复杂，也有人建立了数学模型，但工程上应用不多，有兴趣者可参阅相关资料。

码 5-2 二元组分变压吸附数学模型

习 题

5-1 于 296K 下纯甲烷气体被活性炭吸附，实验数据如下。试确定 Freundlich 和 Langmuir 型等温线。

p/psia	40	165	350	545	760	910	970
$q/(cm^3/g)$	45.5	91.5	113	121	125	126	126

注：psia 为 lb/in^2，1psia=6.8948kPa。

5-2 110℃下纯苯蒸气在硅胶上的吸附数据如下。试确定：(1) 亨利等温线方程；(2) Freundlich 方程；(3) Langmuir 方程，并说明哪个等温线与数据拟合最好。

吸附量/(10^{-5}mol/g)	2.6	4.5	7.8	17.0	27.0	78.0
苯分压/atm	5.0×10^{-4}	1.0×10^{-3}	2.0×10^{-3}	5.0×10^{-3}	1.0×10^{-2}	2.0×10^{-2}

5-3 用活性炭吸附水中甲苯，得到数据如下，试确定：(1) Freundlich 吸附等温线；(2) Langmuir 吸附等温线。

C/(mg/L)	0.01	0.02	0.05	0.1	0.2	0.5	1	2	5	10
q/(mg/g)	12.5	17.1	23.5	30.3	39.2	54.5	70.2	90.1	125.5	165

5-4 用活性氧化铝脱出甲苯中的水，实验数据如下，试确定吸附等温线方程。

C/(mg/L)	25	50	75	100	150	200	250	300	350	400
q/(mg/g)	19	31	42	51	65	82	95	109	121	133

5-5 用活性氧化铝固定床 21℃下吸附空气中的水分，空气表观质量流速为 $0.80kg/(m^2\cdot s)$、含水率为 0.008，床层某位置压力为 653.3kPa、空隙率为 0.442，吸附剂颗粒直

径 3.3mm，试确定界膜扩散系数（水在空气中的扩散系数为 $0.0584cm^2/s$）。

5-6 已知床层内径为 0.6076m，空隙率为 0.5。温度为 20℃、压力为 1atm 时质量流量为 1.134kg/min，苯的摩尔分率为 0.005（余为空气），吸附剂为球形硅胶，粒径为 3mm。试估算颗粒外部传质系数（苯在空气中的扩散系数为 $0.065\times10^{-4}m^2/s$）。

5-7 根据例 5-3 的条件，计算考虑主体扩散和努森扩散下的颗粒内孔道扩散系数，补充已知条件如下：吸附剂颗粒孔隙率 0.48、平均孔径 2.5μm、曲率为 2.75。

5-8 利用习题 5-5 的条件和结果估算固膜扩散系数和总扩散系数。其中吸附剂颗粒密度 $1.38g/cm^3$、颗粒孔隙率 0.52、平均孔径 60nm、曲率为 2.3，假设吸附等温线为 $q=120C$（不考虑颗粒内表面扩散）。

5-9 利用习题 5-6 的条件和结果估算固膜扩散系数。补充条件如下：颗粒密度 $1.15kg/m^3$，平均孔径 250Å，孔隙率为 0.7，曲折度 3.2，微分吸附热为－11000cal/mol，平衡等温式为 $q=5210C$。

5-10 20℃和 1atm 下含有 0.9%的苯（摩尔分数）的空气，以 30m/min 的表观流速进入固定床吸附塔。该塔内径 0.6m、高 1.8m，床中填充 4×6 筛孔硅胶颗粒 735lb，颗粒有效径为 0.26cm，床层空隙率为 0.5，在特定温度环境下对苯的等温吸附进行实验测定，得如下平衡关系：$q=5120C^*$。通过模拟实验，表明该过程为线性推动力过程，其模拟方程为$\partial\overline{q}/\partial t=0.206H(C-C^*)$。试计算透过曲线移动速度及穿过吸附柱所需时间，并和采用 Klinkenbenberg 的近似浓度分布方程所计算的排出气流中苯浓度降至进入浓度的 5%时所需的时间相比较。

5-11 根据习题 5-5 及习题 5-8 的条件和结果，试计算透过曲线移动速度及穿过吸附柱所需时间，固定床层柱高 3m。采用 Klinkenbenberg 的近似浓度分布方程所计算：(1) 床层出口处透过曲线的透过时间；(2) 绘制床层 2m 处的透过曲线；(3) 比较两处的透过时间。

5-12 对含丙酮蒸气浓度为 $12g/m^3$ 的空气用活性炭固定床进行吸附回收试验，试验活性炭床层高度 0.8m，气流表观流速为 3cm/s，温度 20℃，活性炭球形 ϕ4mm，床层间隙率 $\varepsilon_v=0.5$，吸附剂颗粒密度 $1.8g/cm^3$、表观密度为 $700kg/m^3$，孔隙率 0.52、平均孔径 0.2μm、曲率为 2.0，在 20℃时吸附等温线 $q=20C$。试确定床层末端透过曲线的透过时间（不考虑颗粒内的表面扩散，丙酮在空气中的扩散系数参见例 5-3）。

5-13 用含某农药为 102mg 溶液 1L，加活性炭 $1g(\rho_v=400kg/m^3)$，不断测定水样中残余的浓度，直到达到平衡浓度为止。吸附试验数据如下表，试确定传质系数 K_fa_v。

时间/min	2	4	8	16	32	60
剩余浓度/(mg/L)	96	93	90	88	86	85

5-14 已知炭床的水力负荷为 $0.4074m^3/(m^2\cdot min)$，废水经炭床处理后，ABS 浓度从 10mg/L 降至 0.5mg/L 以下，经实验测定，该浓度下的吸附量为 0.128。炭床的工作周期为 30 天，如果采用双炭床并联运行。试计算每个吸附器所需要的最小高度（假定吸附带高度为 1m，饱和度可取 0.65，优惠型吸附）。

5-15 已求得活性炭的容量传质系数 $K'_fa_v=5000kg/(m^3\cdot min)$，其堆积比重为 $\rho_v=600kg/m^3$，床层孔隙率为 0.4，装置成 6m 高的吸附床层以处理有机废水。废水负荷为 $60kg/(m^2\cdot min)$，浓度为 200mg/L，吸附柱的泄漏和耗竭浓度按 20mg/L 和 180mg/L 计算。活性炭的实验数据见表，请确定：(1) 吸附带高度；(2) 吸附柱达到泄漏时的饱和度；(3) 吸附柱的工作周期。

吸附量/(mg/g)	6	11.5	19.5	26.5	32.1	41	45	48.8	50
COD 平衡浓度/(mg/L)	10	20	40	60	80	120	150	180	200

5-16 拟初步设计活性炭固定床，以处理含苯 200mg/L 的废水。已知 20℃时，炭的粒径为 1.5mm 时活性炭的吸附等温方程：$q=0.0241C^{0.683}$（式中 q 单位为 kg/kg，C 的单位 mg/L)，废水流量为 2.2716m^3/h。希望利用现有直径为 0.6m 的炭床，炭的堆积密度为 $\rho_v=350kg/m^3$。总传质系数为 7.65×10^{-2}cm/s。要求炭床在达到泄漏浓度 5mg/L 以前必须运行 30 天，试确定吸附带高度和床层高度。

5-17 根据习题 5-12 的条件及试验结果，欲回收流量为 36m^3/min 的空气中的丙酮，丙酮含量同习题 5-12，要求吸附器运行周期不低于 6min。试确定：(1) 床层长度；(2) 固定床尺寸及吸附剂用量。

5-18 裂解气中的水分对深冷分离产生严重后果，工业上常采用固定床变温吸附操作将裂解气中水分脱除。某乙烯厂裂解气流量为 50000kg/h，含水蒸气 0.006，要求将裂解气中水分降至 0.000003 以下。拟采用 3Å 分子筛双床工艺，已知 3Å 分子筛吸附容量为 0.07（质量分数)，装填密度为 680kg/m^3，吸附温度 15℃，工作周期 4h，操作压力 40atm。试确定固定床尺寸及吸附剂用量（裂解气密度可按 40kg/m^3 计)。

5-19 某制氢装置原料气组成如下：CH_4 0.254、N_2 0.146、H_2 0.60。杂质组分在分子筛吸附剂上的吸附容量按大小顺序排列为 $CH_4>N_2$，因此 N_2 为分离关键组分，N_2 和 H_2 在 1MPa 压力下吸附容量为 7.5cm^3/g 和 1.5cm^3/g（平衡浓度均为 $x_i=0.1$)，吸附床层空隙率 $\varepsilon=0.74$、吸附剂粒径 $d_p=3$mm、床层的堆积密度 $\rho_v=700kg/m^3$。若已知原料气的量为 9000m^3/h，采用四床流程一次均压操作，吸附压力和顺放结束时的压力分别为 2.5MPa 和 0.5MPa，操作温度为 25℃，试计算最大回收率和吸附剂用量。

5-20 根据习题 5-19 的条件及计算结果，确定变压吸附压降、塔径及吸附剂层高度。

5-21 根据表 5-4 中数据，变压吸附提纯氢，已知原料为氢、甲烷和二氧化碳，其中甲烷含量为 0.20，二氧化碳含量为 0.15（摩尔分数)，原料量为 10000m^3/h。吸附剂为硅胶，粒径 $d_p=3$mm、床层的堆积密度 $\rho_v=600kg/m^3$、床层空隙率为 0.65，采用四床流程一次均压操作，吸附压力和顺放结束时的压力分别为 3.0MPa 和 0.5MPa，操作温度为 25℃，试计算最大回收率和吸附剂用量。

5-22 根据习题 5-21 的条件及计算结果，确定变压吸附压降、塔径及吸附剂层高度。

附录1 相平衡常数

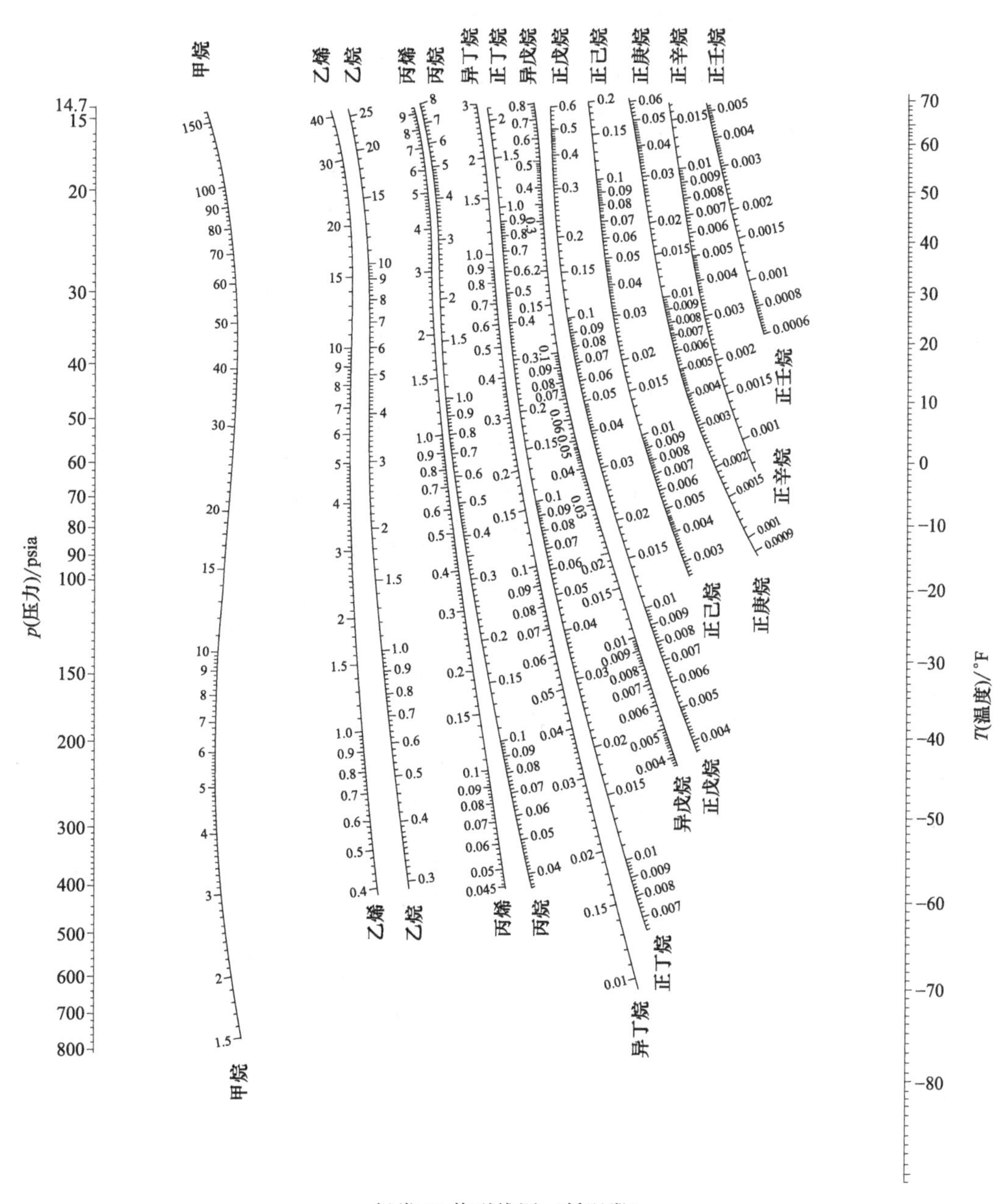

烃类 K 值列线图（低温段）

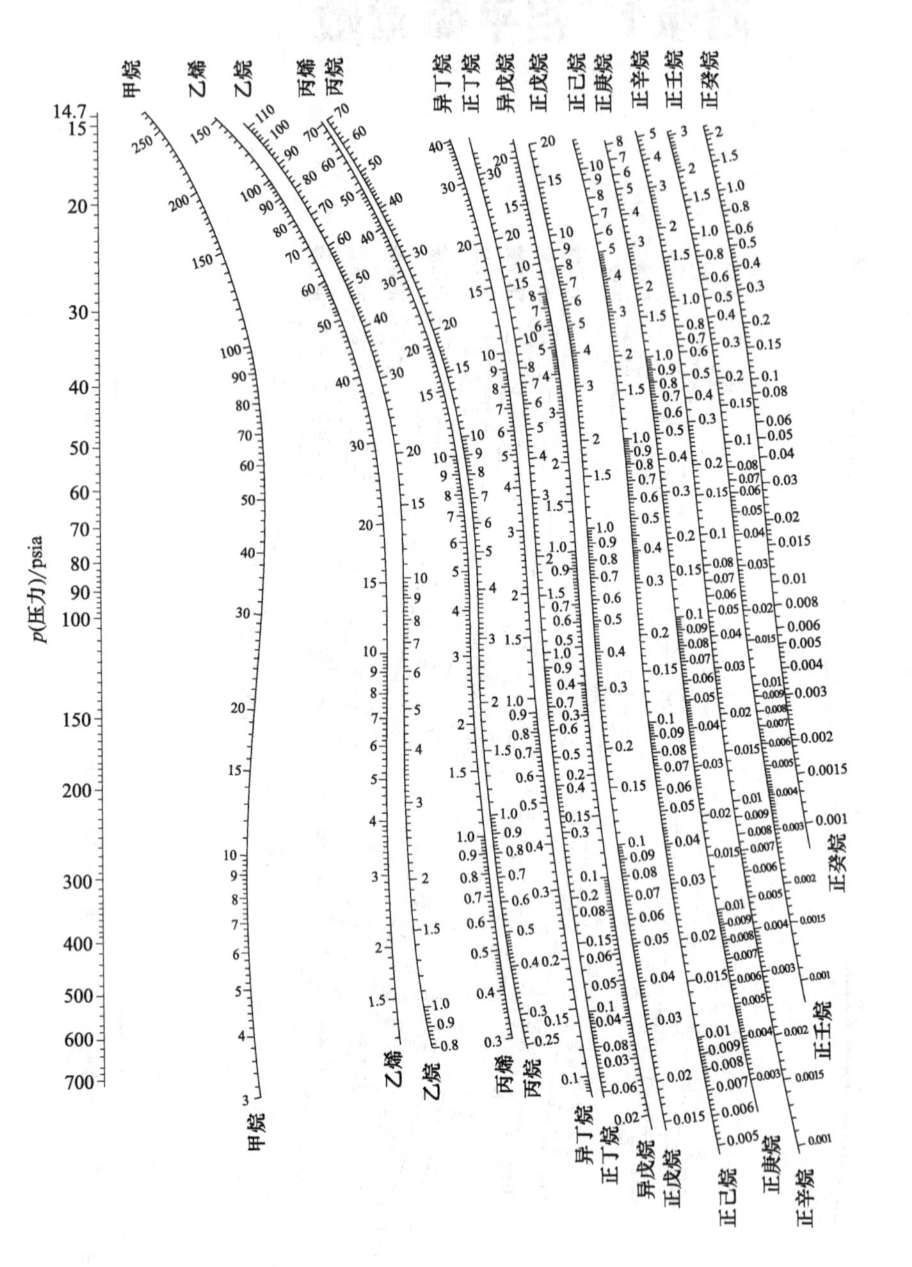

烃类 K 值列线图（高温段）

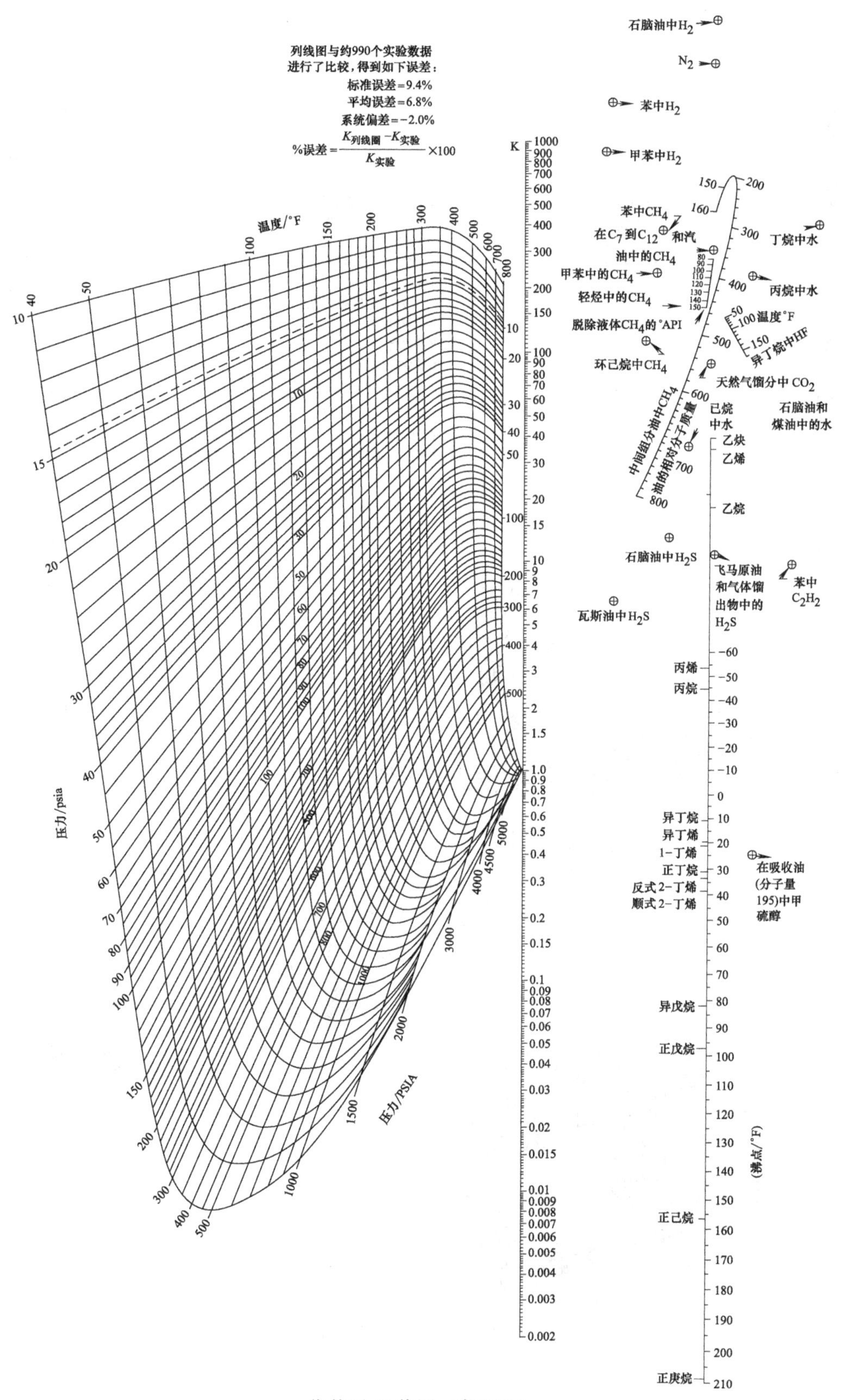

列线图与约990个实验数据
进行了比较，得到如下误差：
标准误差=9.4%
平均误差=6.8%
系统偏差=−2.0%
%误差=$\frac{K_{列线图}-K_{实验}}{K_{实验}}$×100
温度/°F
压力/psia
压力/PSIA
K
石脑油中H_2
N_2
苯中H_2
甲苯中H_2
苯中CH_4
在C_7到C_{12}和汽油中的CH_4
甲苯中的CH_4
轻烃中的CH_4
脱除液体CH_4的°API
环己烷中CH_4
中间组分油中CH_4
油的相对分子质量
丁烷中水
丙烷中水
温度°F
异丁烷中HF
天然气馏分中CO_2
已烷中水
石脑油和煤油中的水
乙炔
乙烯
乙烷
石脑油中H_2S
飞马原油和气体馏出物中的H_2S
苯中C_2H_2
瓦斯油中H_2S
丙烯
丙烷
异丁烷
异丁烯
1−丁烯
正丁烷
反式2−丁烯
顺式2−丁烯
在吸收油(分子量195)中甲硫醇
异戊烷
正戊烷
正己烷
正庚烷
(沸点/°F)

收敛压 K 值图（高温段）

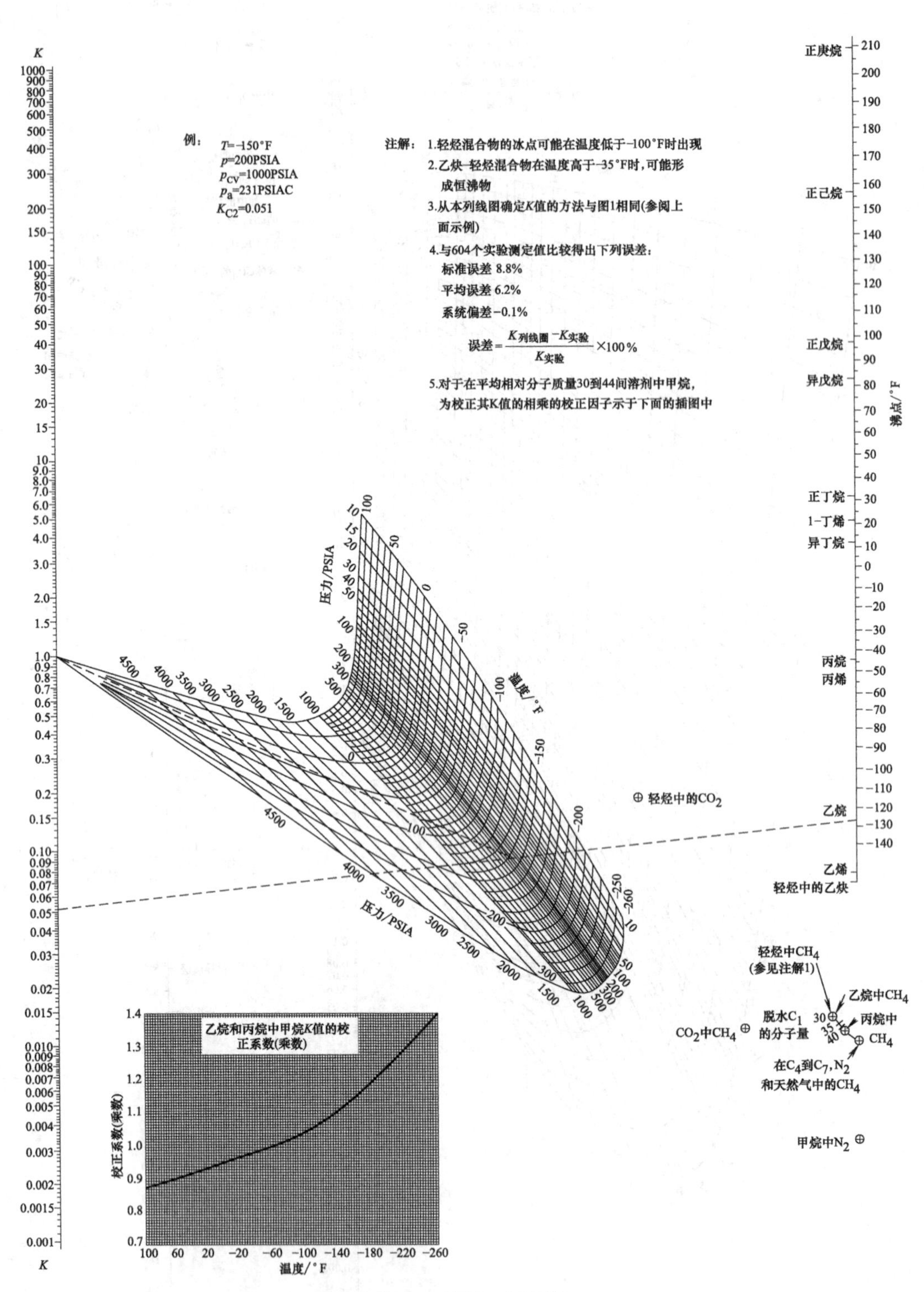
例：
T=-150°F
p=200PSIA
p_{CV}=1000PSIA
p_a=231PSIAC
K_{C2}=0.051
注解：1.轻烃混合物的冰点可能在温度低于-100°F时出现
2.乙炔-轻烃混合物在温度高于-35°F时，可能形成恒沸物
3.从本列线图确定K值的方法与图1相同(参阅上面示例)
4.与604个实验测定值比较得出下列误差：
标准误差 8.8%
平均误差 6.2%
系统偏差 -0.1%
误差=$\frac{K_{列线图}-K_{实验}}{K_{实验}}\times 100\%$
5.对于在平均相对分子质量30到44间溶剂中甲烷，为校正其K值的相乘的校正因子示于下面的插图中
K
压力/PSIA
温度/°F
沸点/°F
正庚烷
正己烷
正戊烷
异戊烷
正丁烷
1-丁烯
异丁烷
丙烷
丙烯
乙烷
乙烯
轻烃中的乙炔
轻烃中的CO_2
轻烃中CH_4
(参见注解1)
乙烷中CH_4
丙烷中CH_4
脱水C_1的分子量
CO_2中CH_4
在C_4到C_7, N_2和天然气中的CH_4
甲烷中N_2
乙烷和丙烷中甲烷K值的校正系数(乘数)
校正系数(乘数)
温度/°F

收敛压 K 值图（低温段）

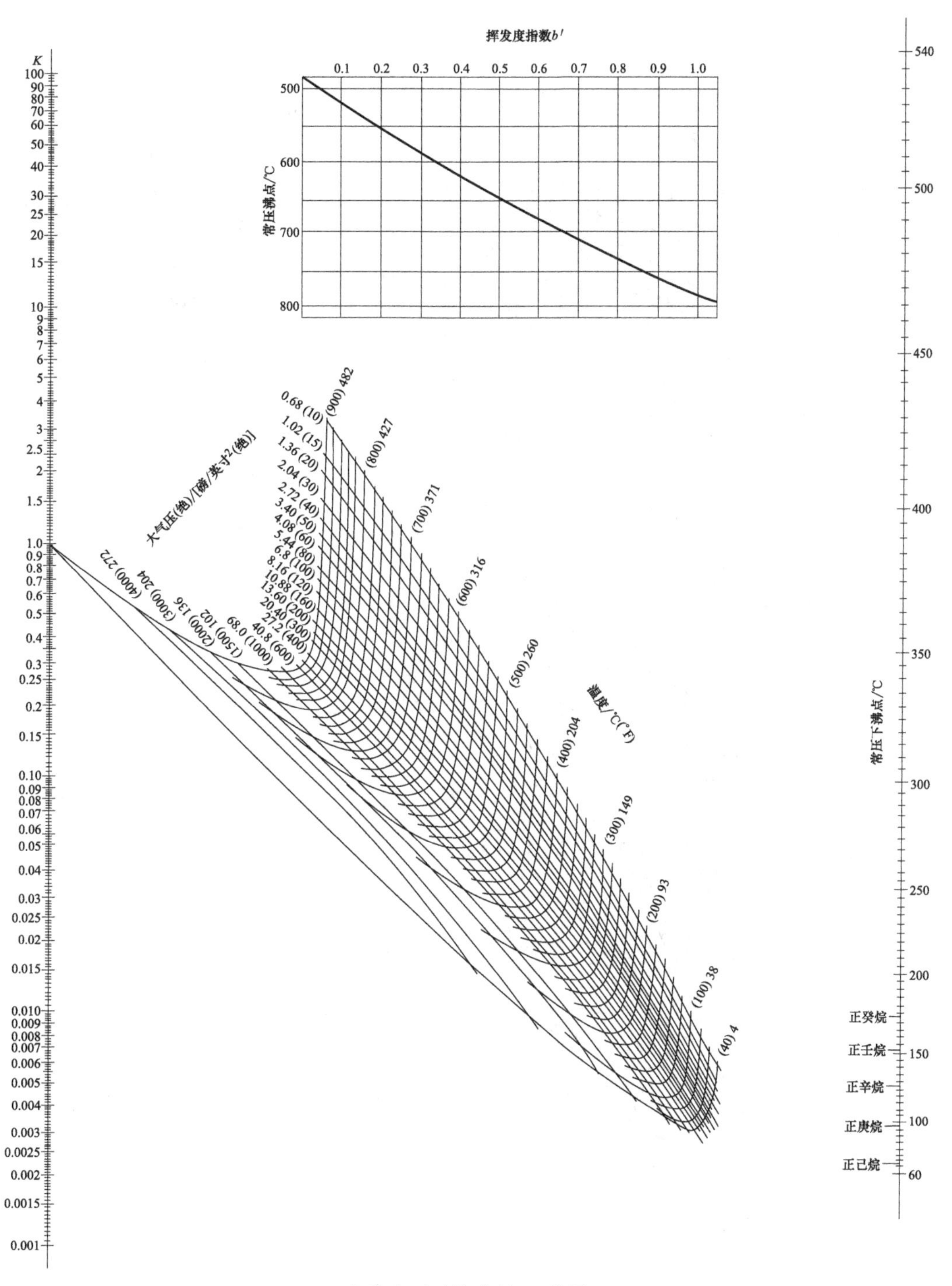

高沸点石油馏分的 K 值图

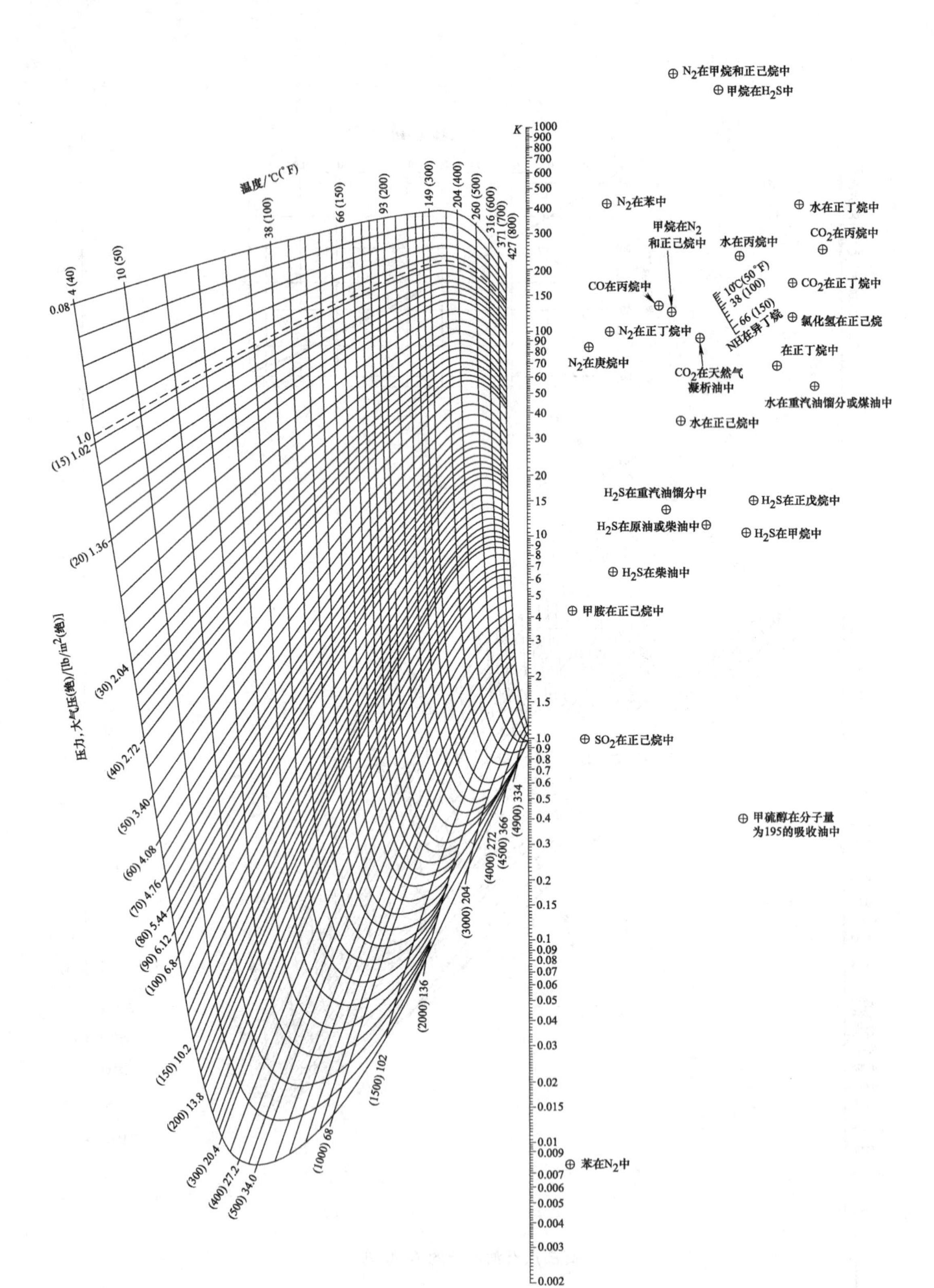

非烃类收敛压 K 值图（高温段）

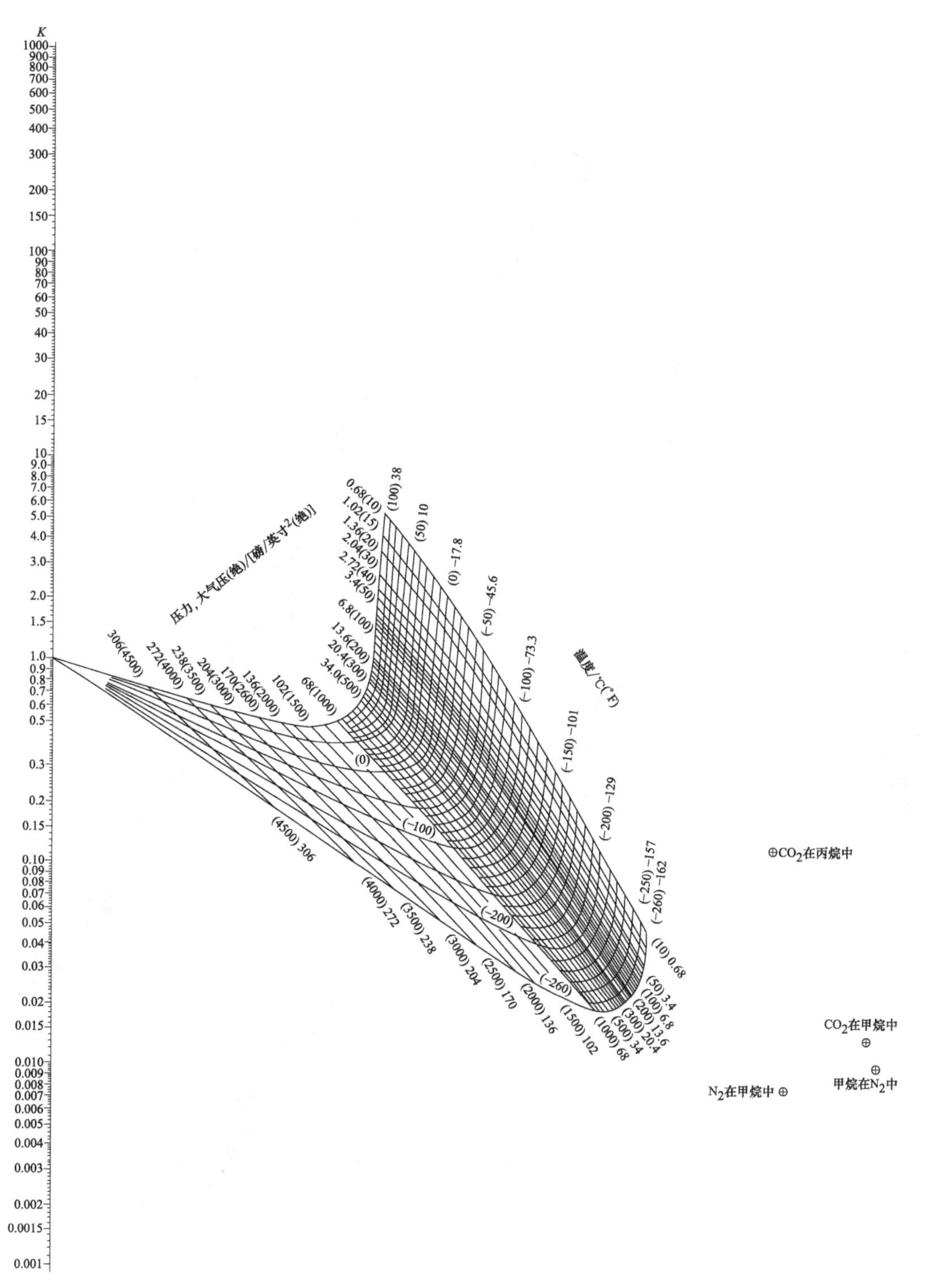

非烃类收敛压 K 值图（低温段）

附录2 焓图

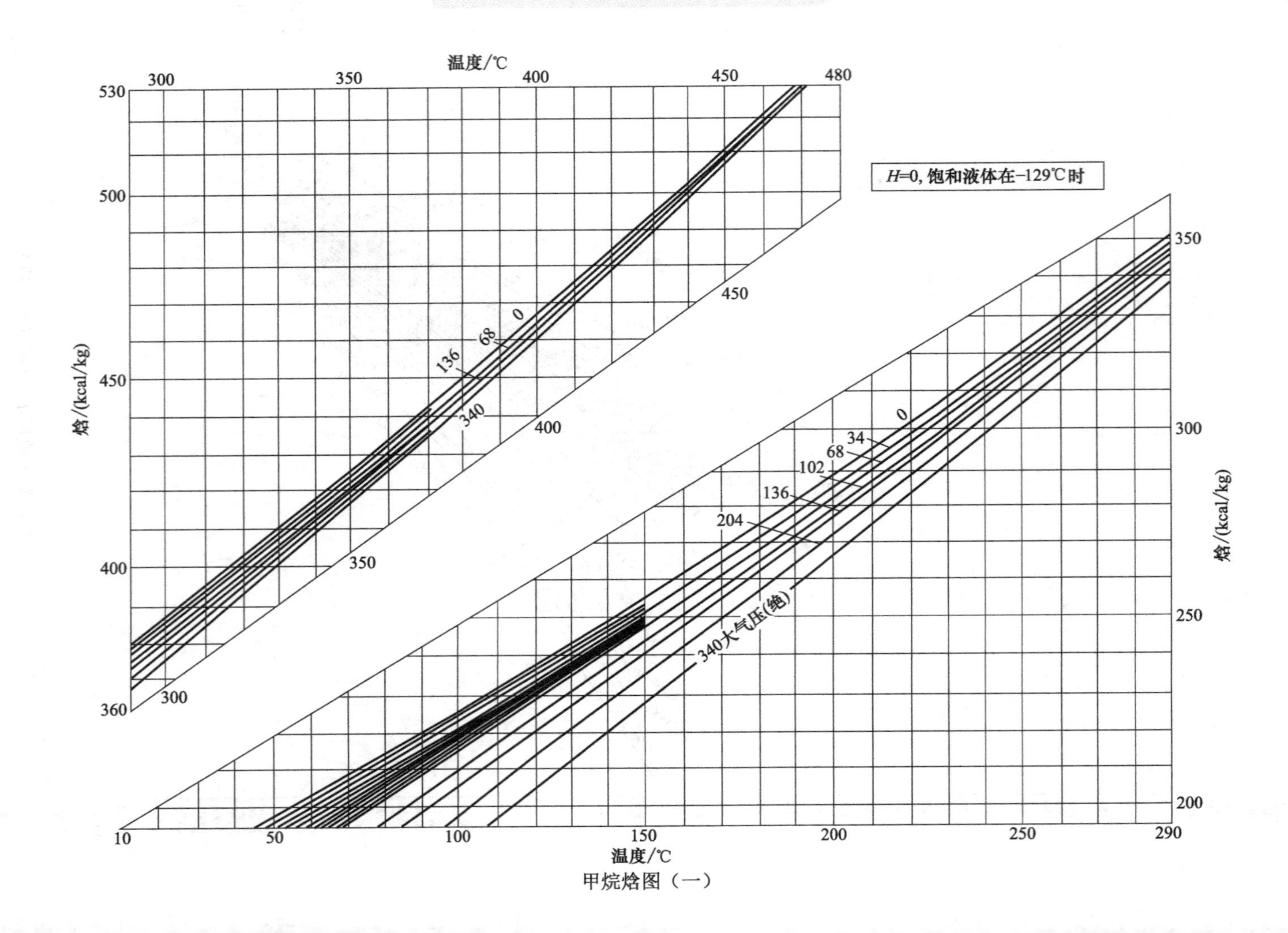
温度/℃
300
350
400
450
480
530
500
450
400
360
焓/(kcal/kg)
0
68
136
340
300
350
400
450
H=0, 饱和液体在-129℃时
350
300
250
200
焓/(kcal/kg)
0
34
68
102
136
204
340大气压(绝)
10
50
100
150
200
250
290
温度/℃

甲烷焓图（一）

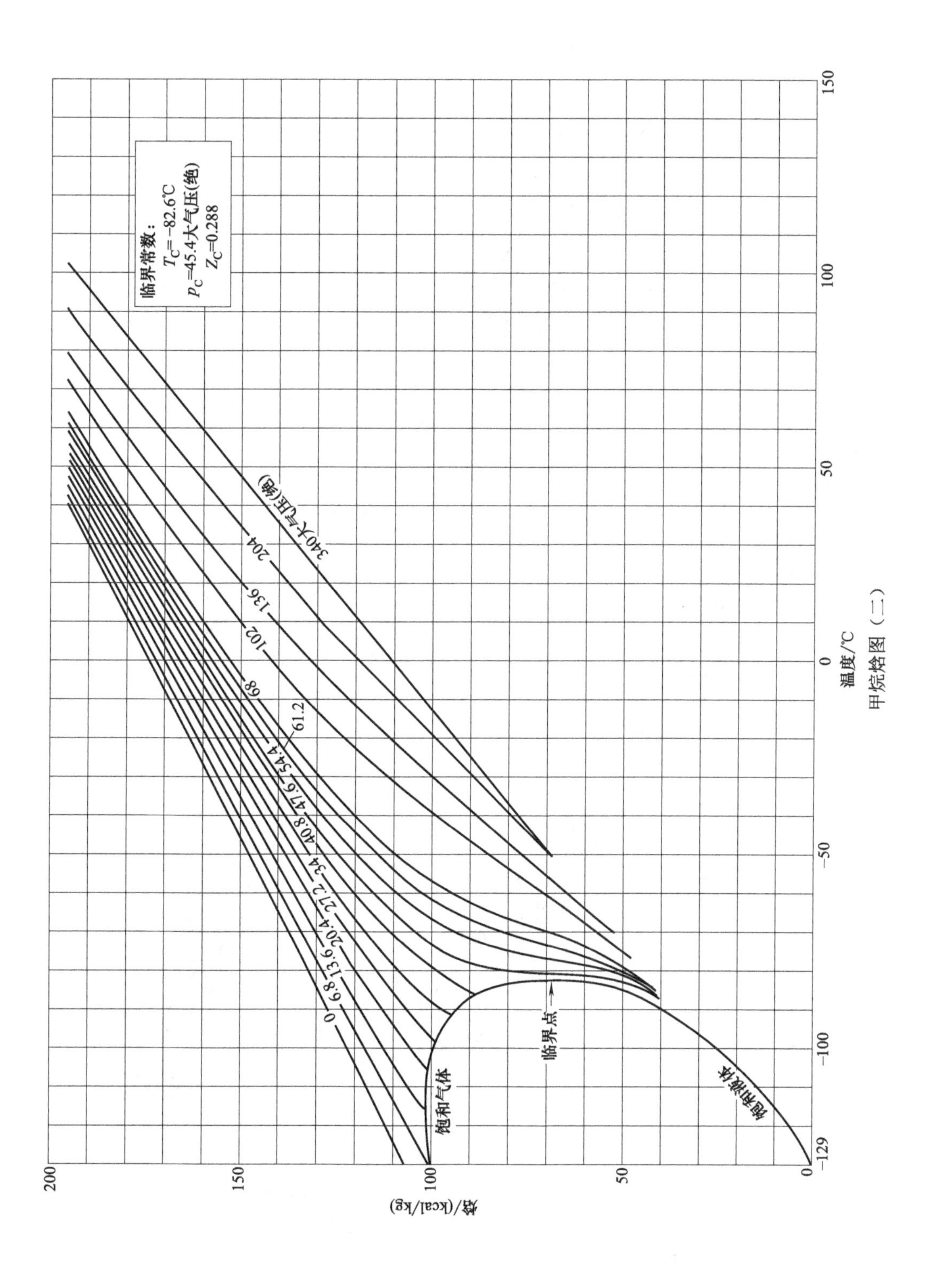
临界常数：
T_C=−82.6℃
p_C=45.4大气压(绝)
Z_C=0.288
340大气压(绝)
204
136
102
68
61.2
54.4
47.6
40.8
34
27.2
20.4
13.6
6.8
0
临界点
饱和气体
饱和液体
温度/℃
−129
−100
−50
0
50
100
150
焓/(kcal/kg)
200
150
100
50
0

甲烷焓图（二）

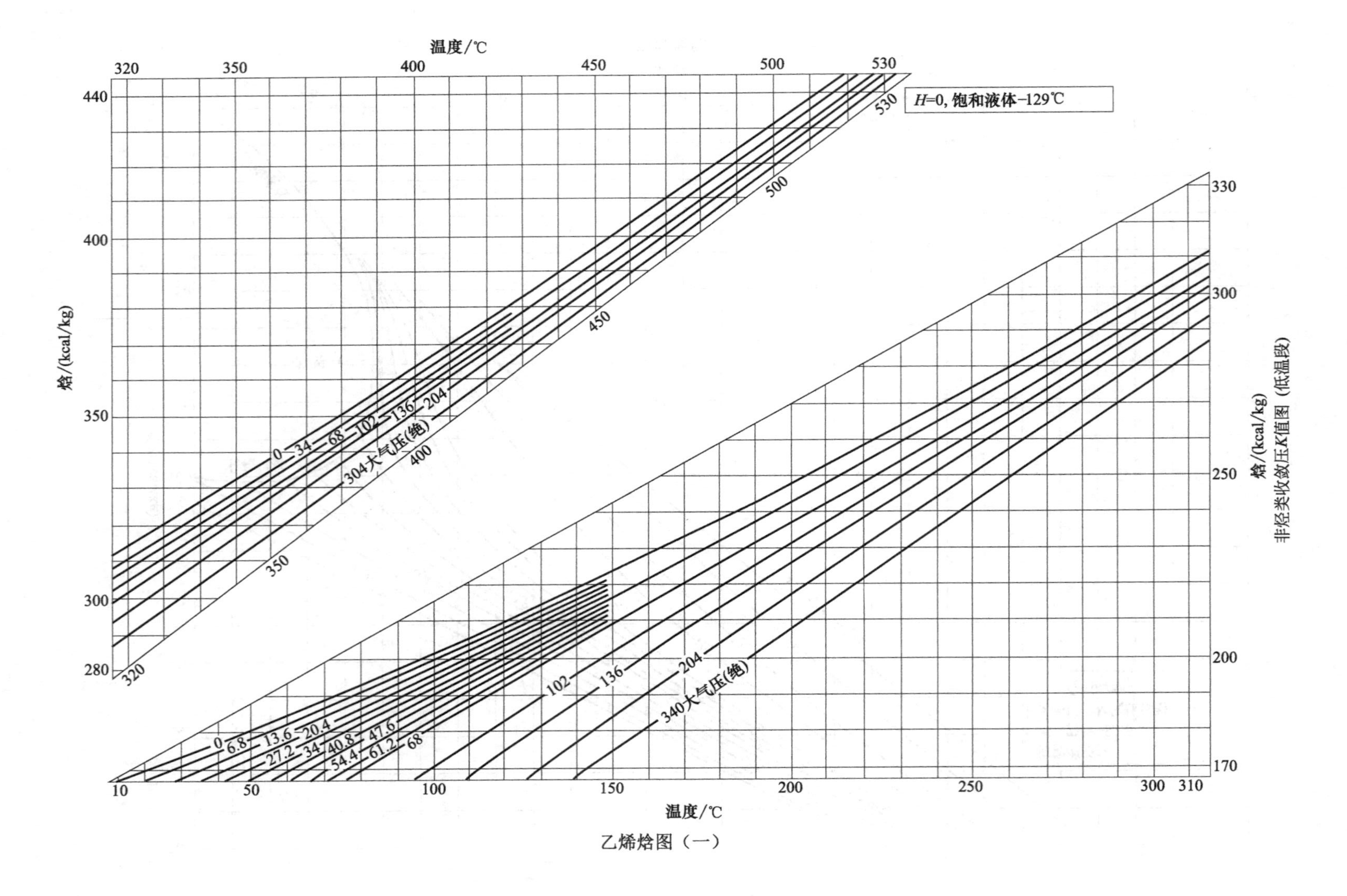

温度/℃
320
350
400
450
500
530
H=0，饱和液体-129℃
焓/(kcal/kg)
440
400
350
300
280
0—34—68—102—136—204
304大气压(绝)
320
350
400
450
500
530
焓/(kcal/kg)
非烃类收敛压K值图（低温段）
330
300
250
200
170
0—6.8—13.6—20.4
27.2—34—40.8—47.6
54.4—61.2—68
102
136
204
340大气压(绝)
10
50
100
150
200
250
300
310
温度/℃

乙烯焓图（一）

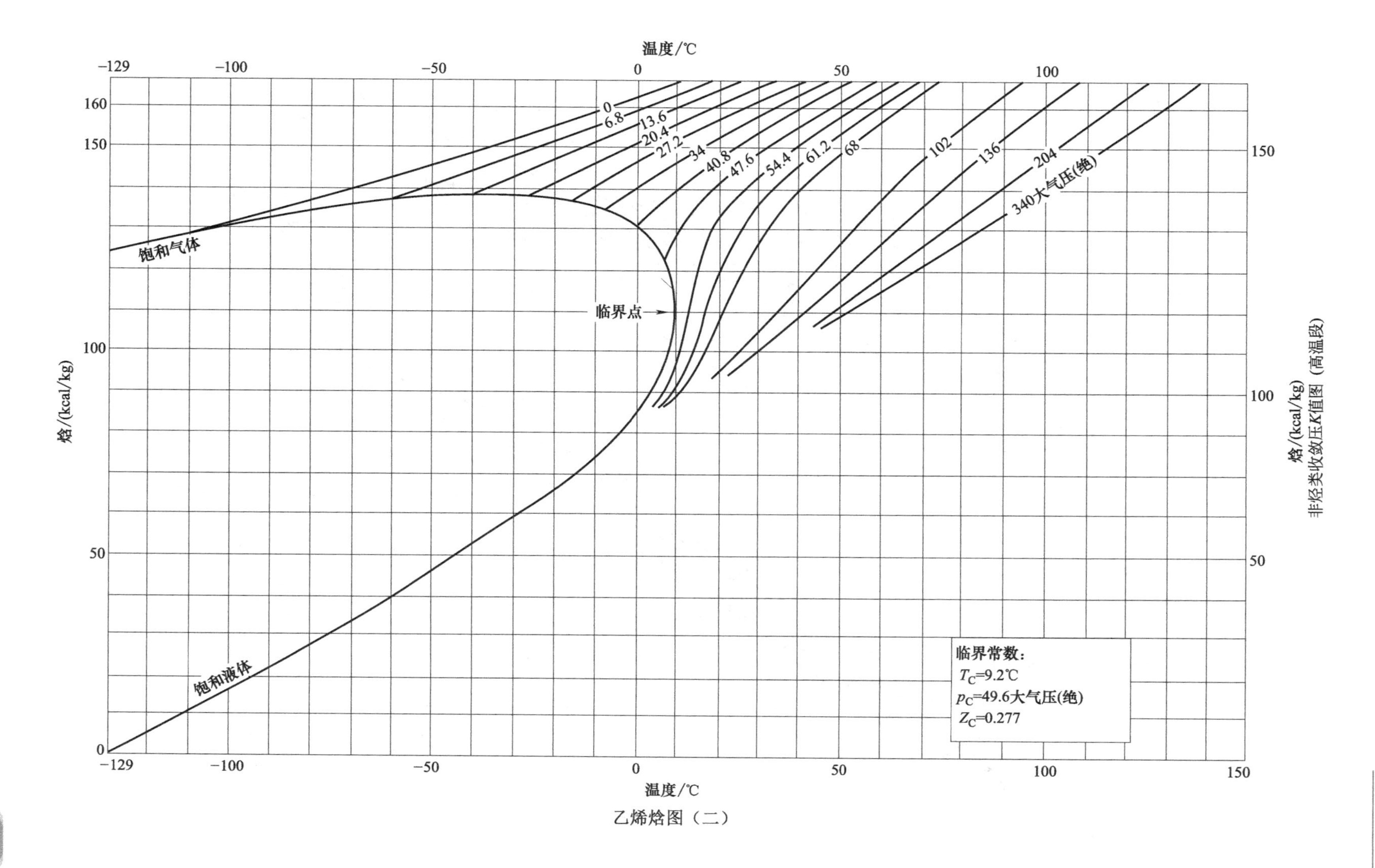
温度/℃
焓/(kcal/kg)
焓/(kcal/kg)
非烃类收敛压K值图（高温段）
0
6.8
13.6
20.4
27.2
34
40.8
47.6
54.4
61.2
68
102
136
204
340大气压(绝)
饱和气体
临界点
饱和液体
临界常数：
T_C=9.2℃
p_C=49.6大气压(绝)
Z_C=0.277

乙烯焓图（二）

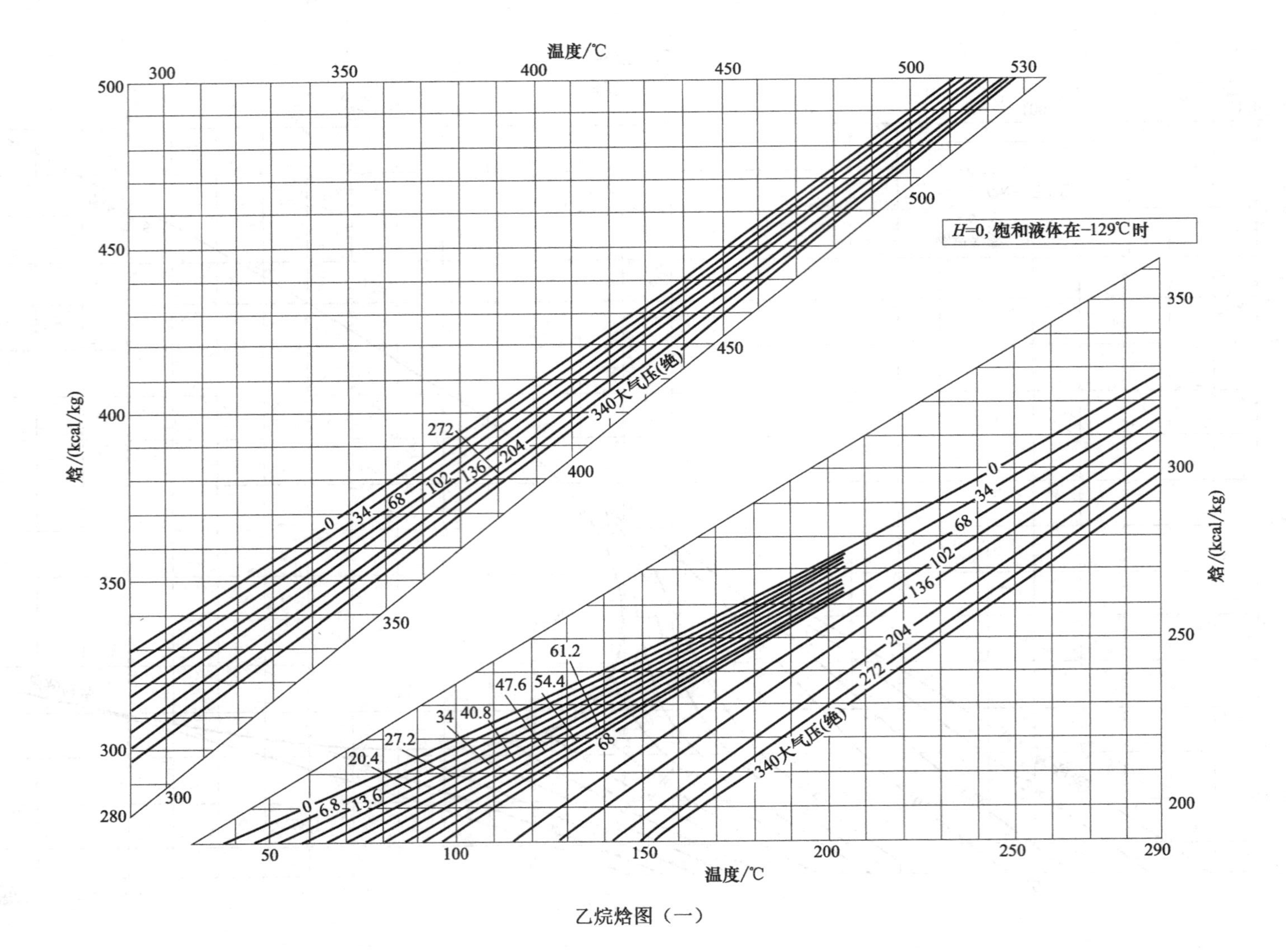

乙烷焓图（一）

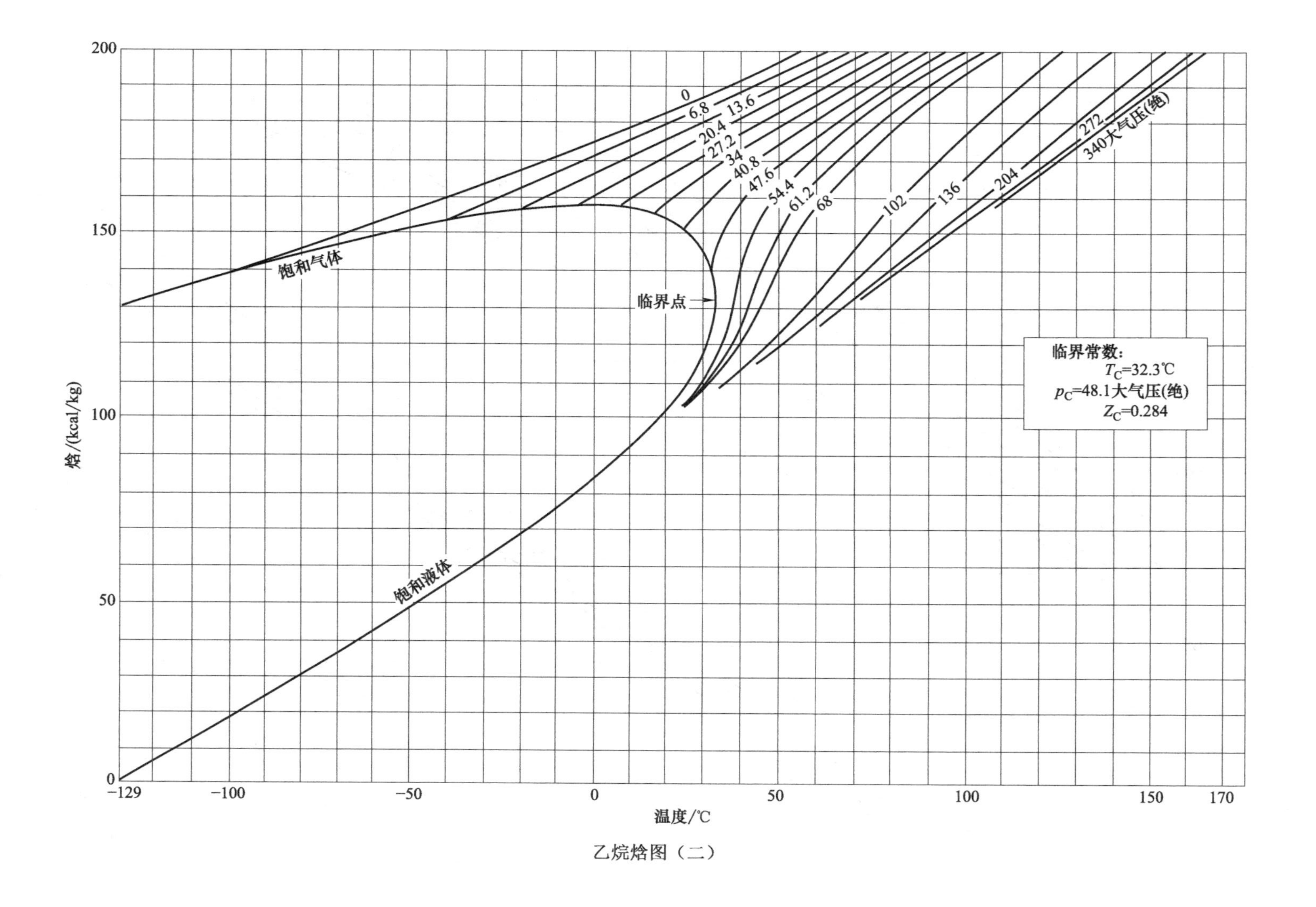

临界常数:
T_C=32.3℃
p_C=48.1大气压(绝)
Z_C=0.284
0
6.8
13.6
20.4
27.2
34
40.8
47.6
54.4
61.2
68
102
136
204
272
340大气压(绝)
饱和气体
临界点
饱和液体
焓/(kcal/kg)
200
150
100
50
0
−129
−100
−50
0
50
100
150
170
温度/℃

乙烷焓图（二）

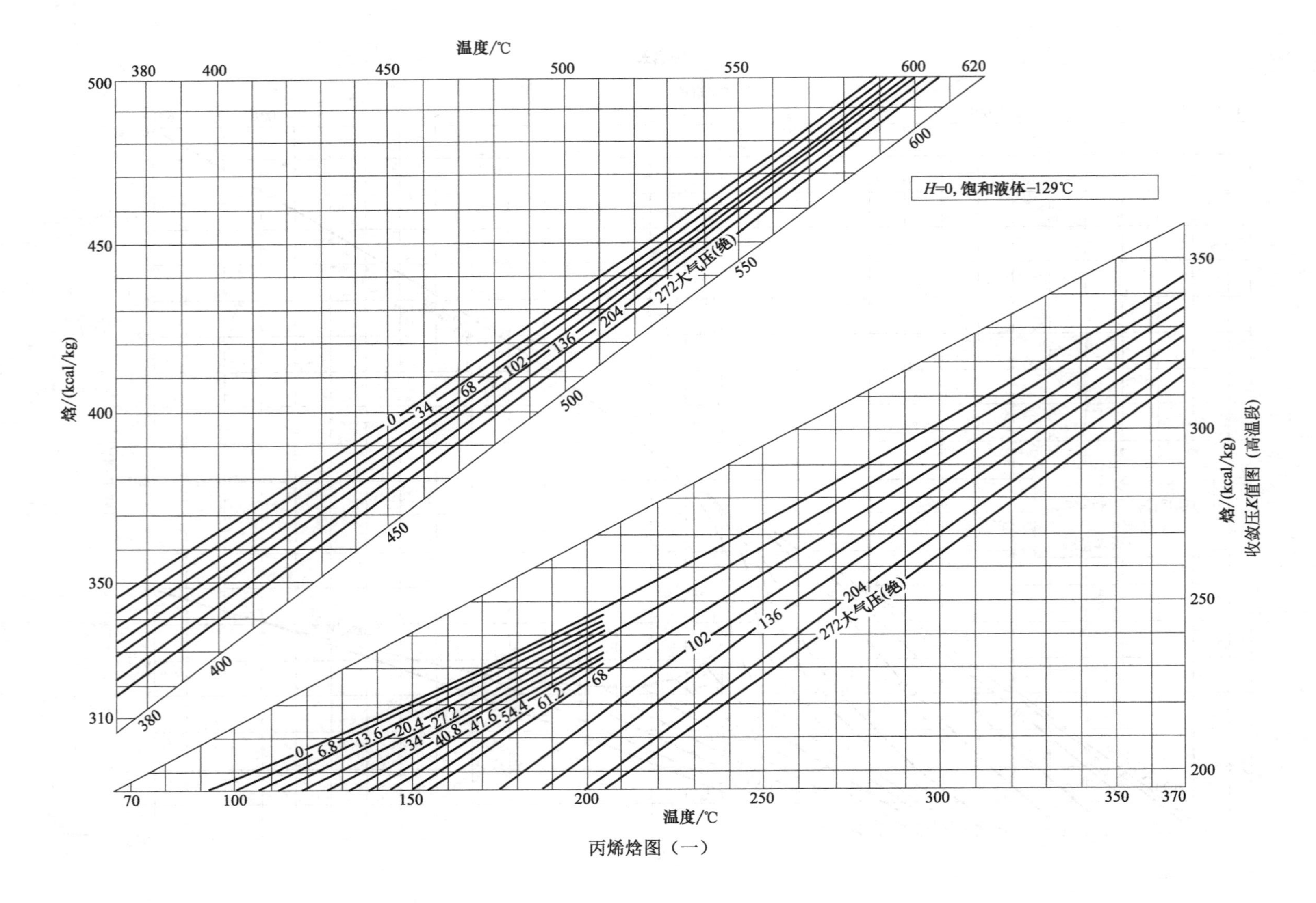

温度/℃
380
400
450
500
550
600
620
500
450
400
350
310
焓/(kcal/kg)
H=0，饱和液体-129℃
272大气压(绝)
204
136
102
68
61.2
54.4
47.6
40.8
34
27.2
20.4
13.6
6.8
0
70
100
150
200
250
300
350
370
温度/℃
350
300
250
200
焓/(kcal/kg)
收敛压K值图（高温段）

丙烯焓图（一）

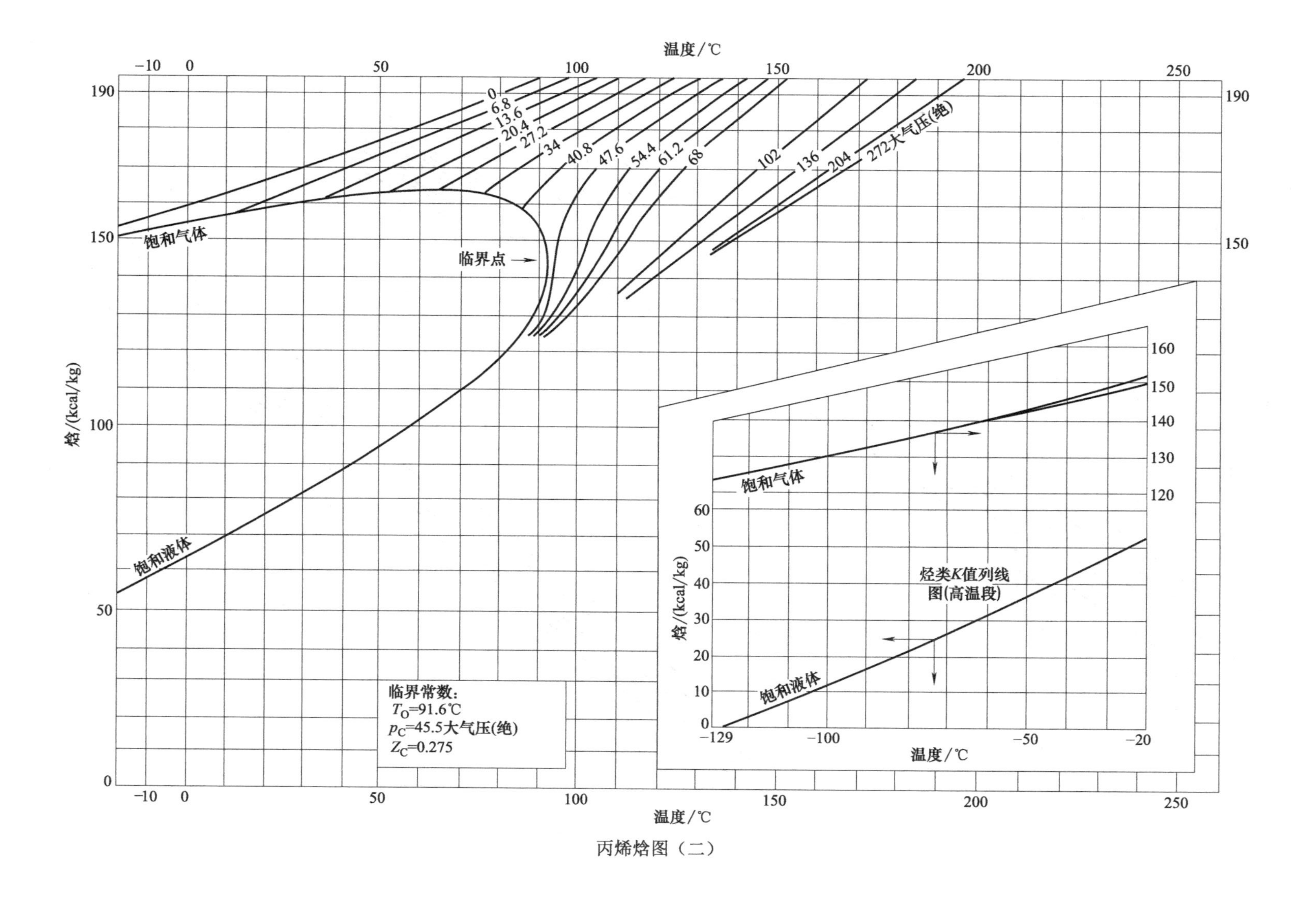

温度/℃
焓/(kcal/kg)
饱和气体
饱和液体
临界点
0
6.8
13.6
20.4
27.2
34
40.8
47.6
54.4
61.2
68
102
136
204
272大气压(绝)
临界常数：
T_O=91.6℃
p_C=45.5大气压(绝)
Z_C=0.275
烃类K值列线图(高温段)

丙烯焓图（二）

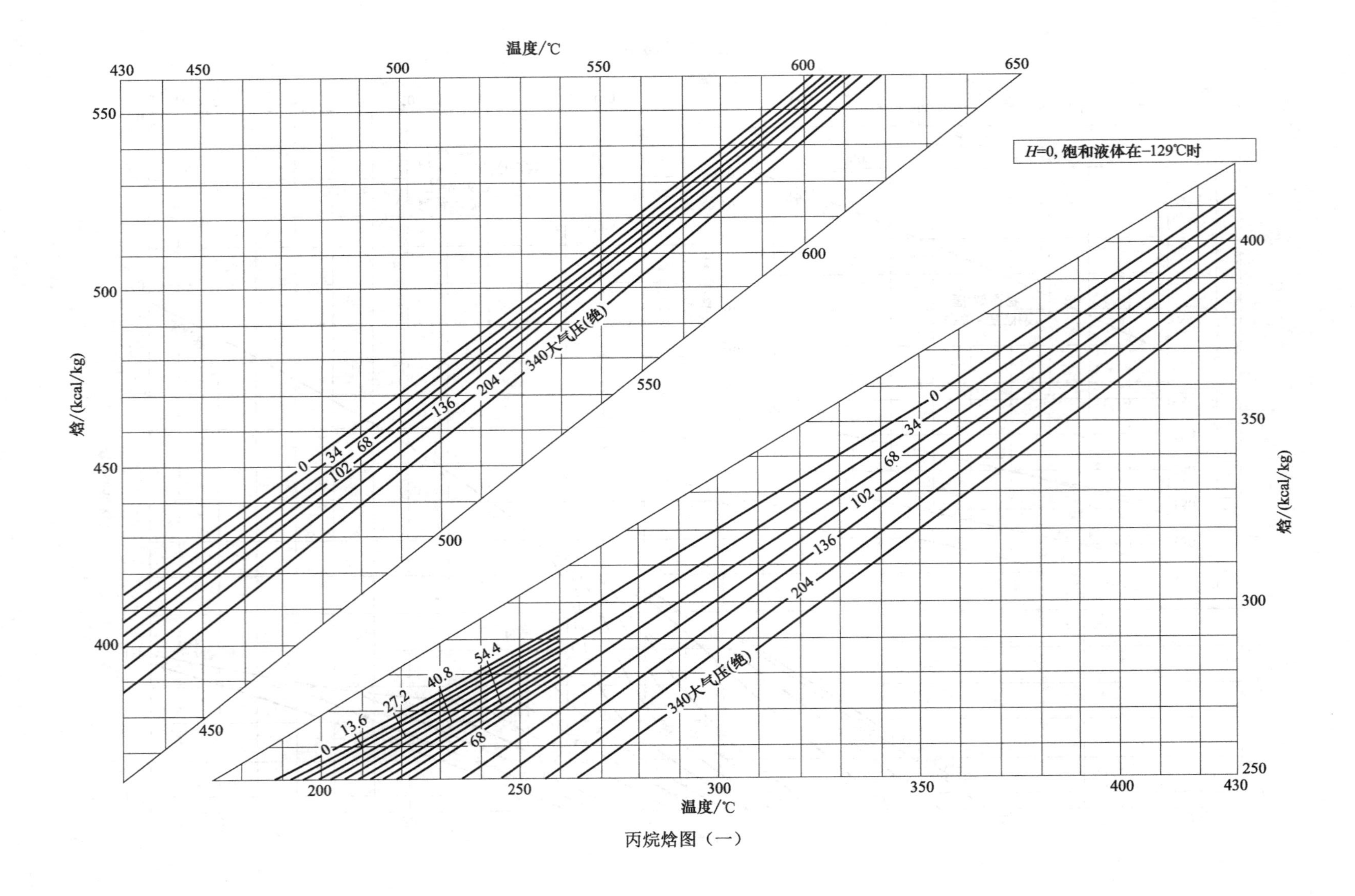

温度/℃
焓/(kcal/kg)
H=0，饱和液体在−129℃时
340大气压(绝)
204
136
102
68
34
0
54.4
40.8
27.2
13.6

丙烷焓图（一）

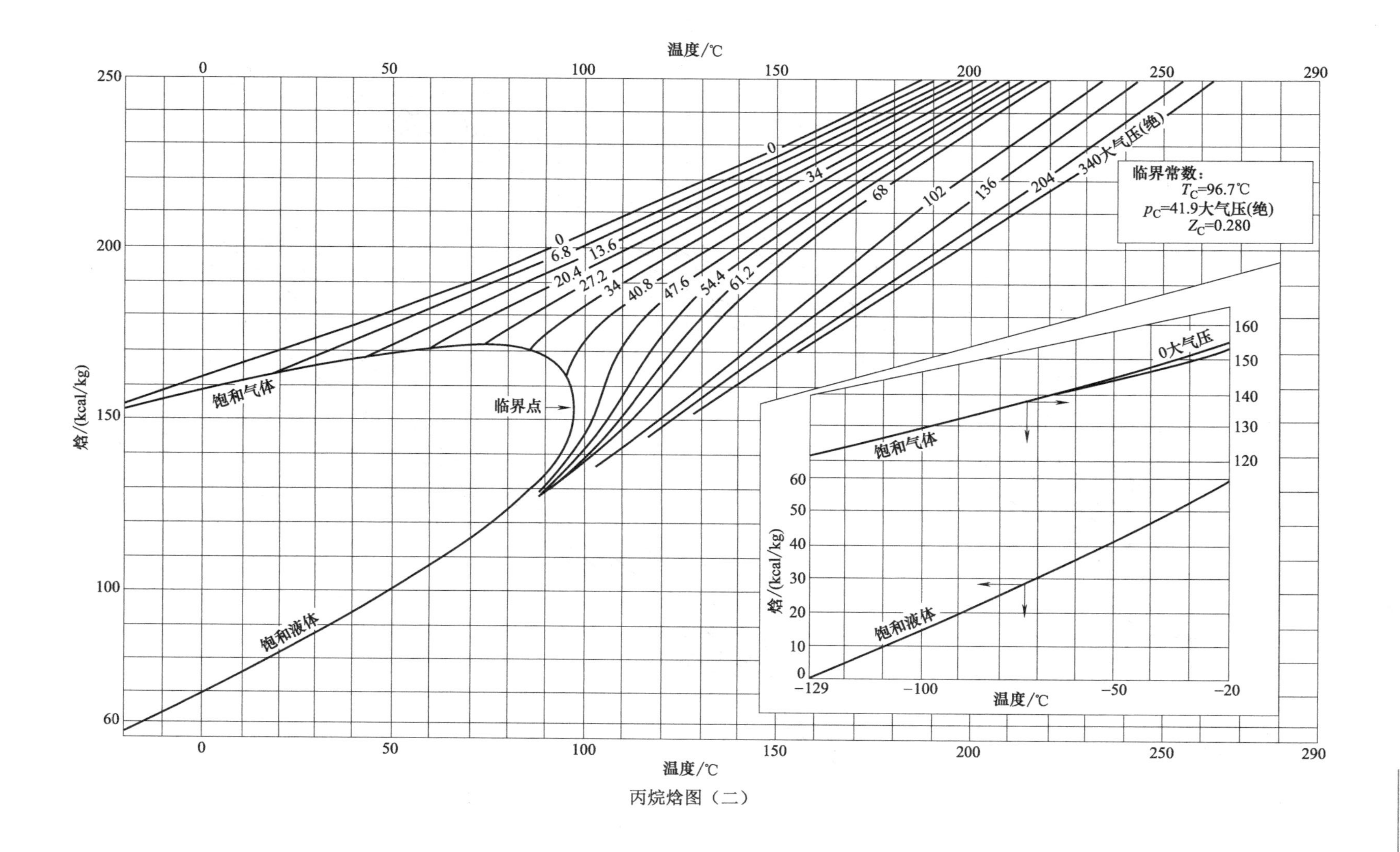

温度/℃
焓/(kcal/kg)
0
6.8
13.6
20.4
27.2
34
40.8
47.6
54.4
61.2
0
34
68
102
136
204
340大气压(绝)
临界常数：
T_C=96.7℃
p_C=41.9大气压(绝)
Z_C=0.280
饱和气体
临界点
饱和液体
0大气压
饱和气体
饱和液体
焓/(kcal/kg)
温度/℃
温度/℃

丙烷焓图（二）

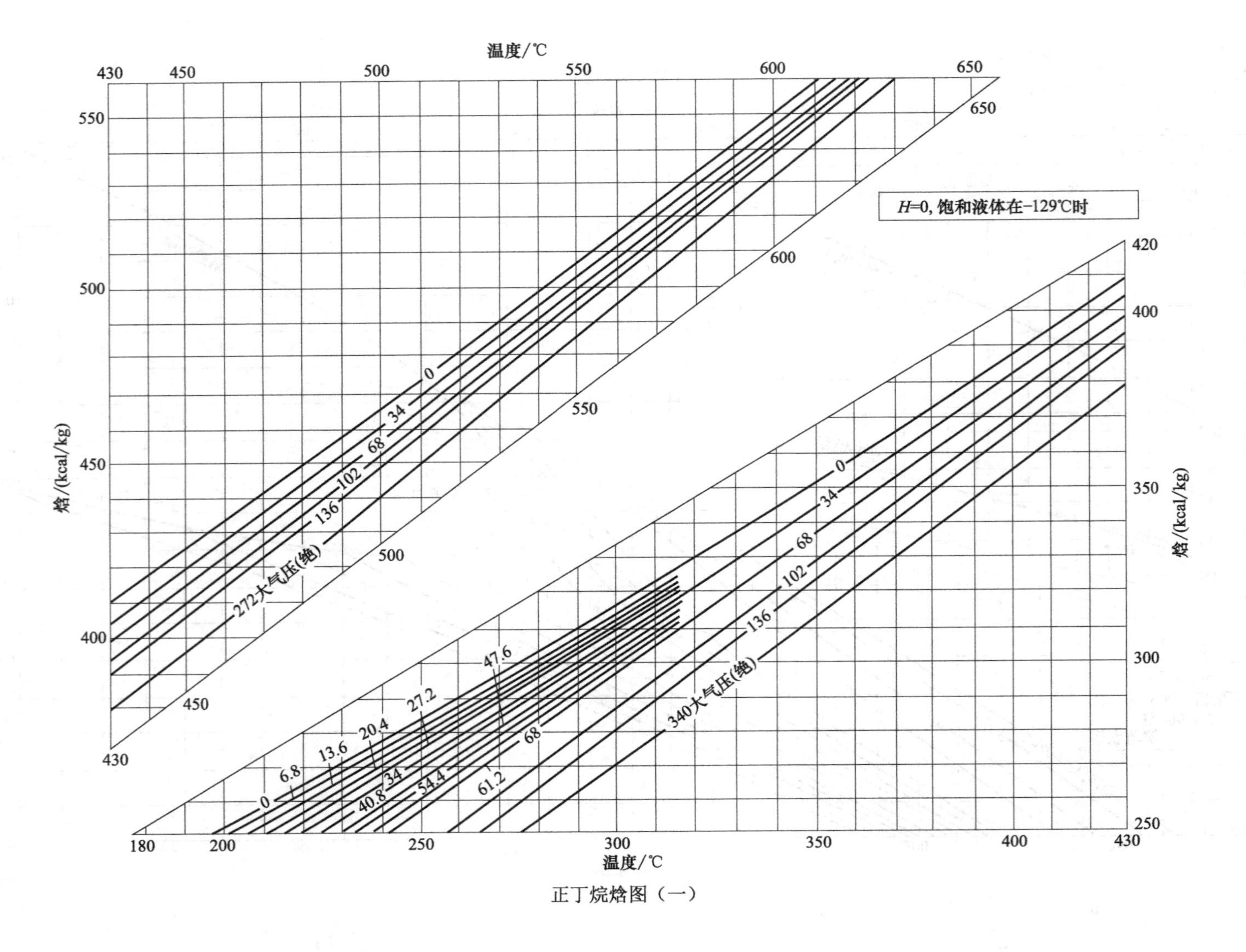

正丁烷焓图（一）

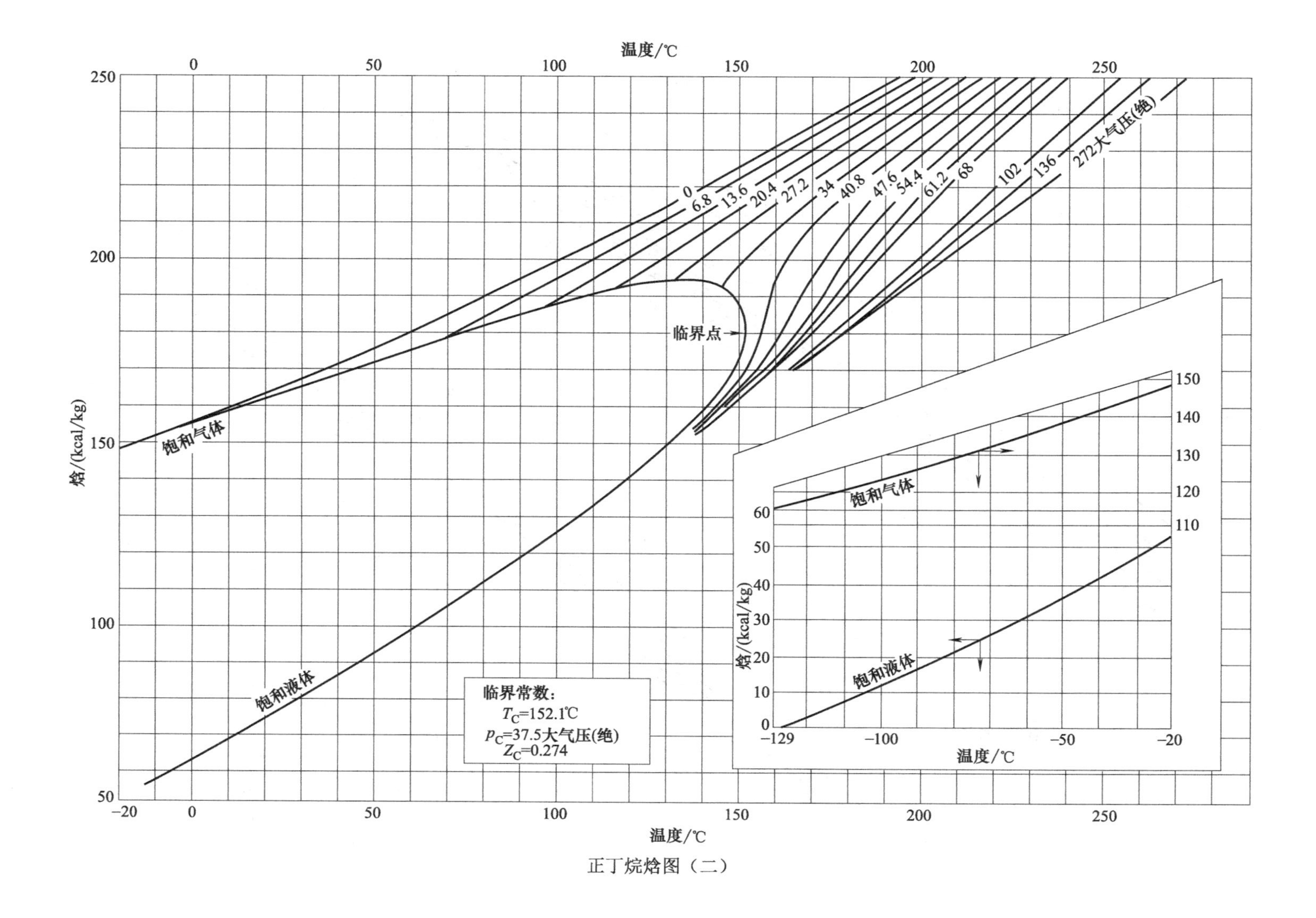

温度/℃
焓/(kcal/kg)
0
6.8
13.6
20.4
27.2
34
40.8
47.6
54.4
61.2
68
102
136
272大气压(绝)
临界点
饱和气体
饱和液体
临界常数:
T_C=152.1℃
p_C=37.5大气压(绝)
Z_C=0.274

正丁烷焓图（二）

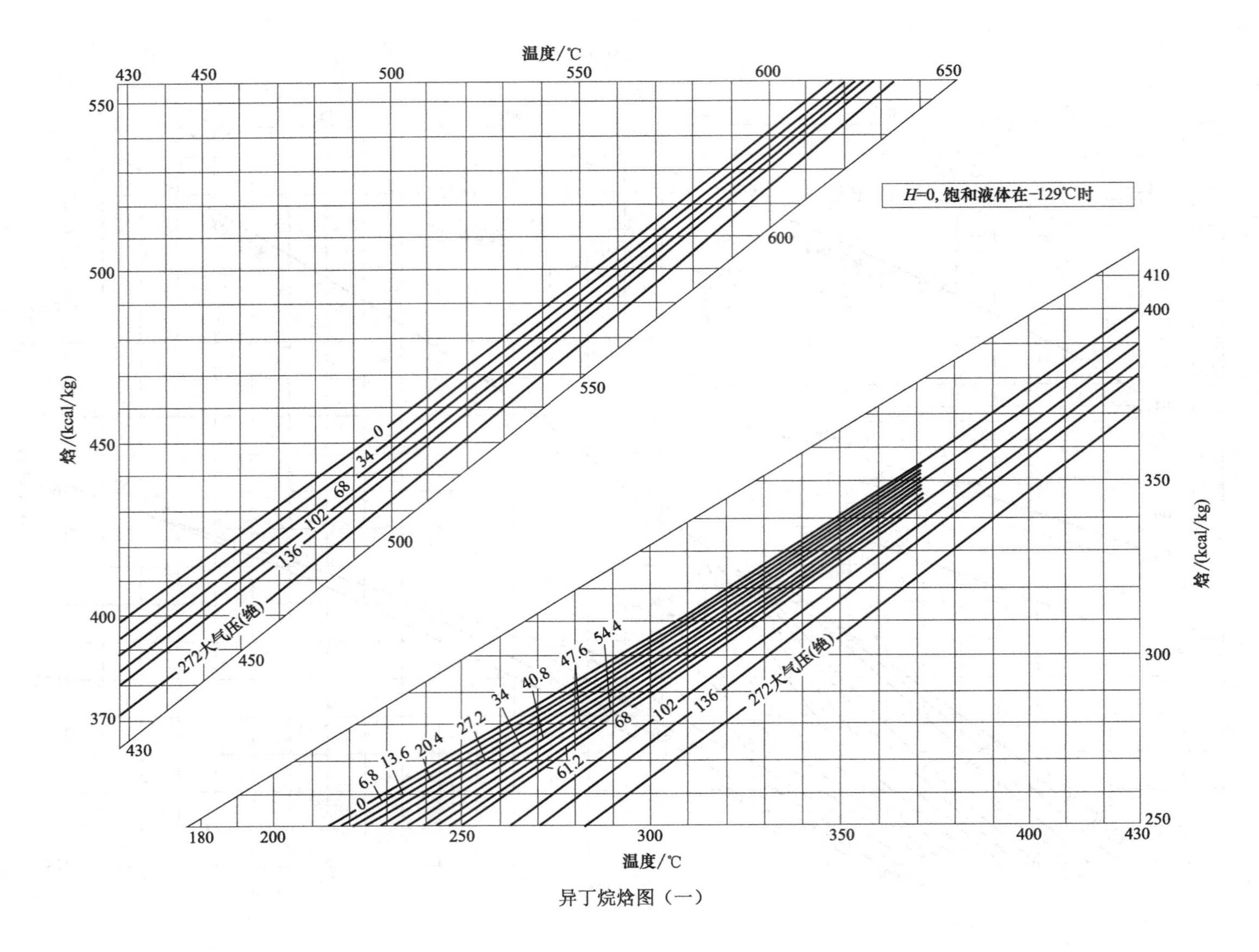
H=0，饱和液体在-129℃时
温度/℃
焓/(kcal/kg)
272大气压(绝)
136
102
68
34
0
61.2
54.4
47.6
40.8
27.2
20.4
13.6
6.8

异丁烷焓图（一）

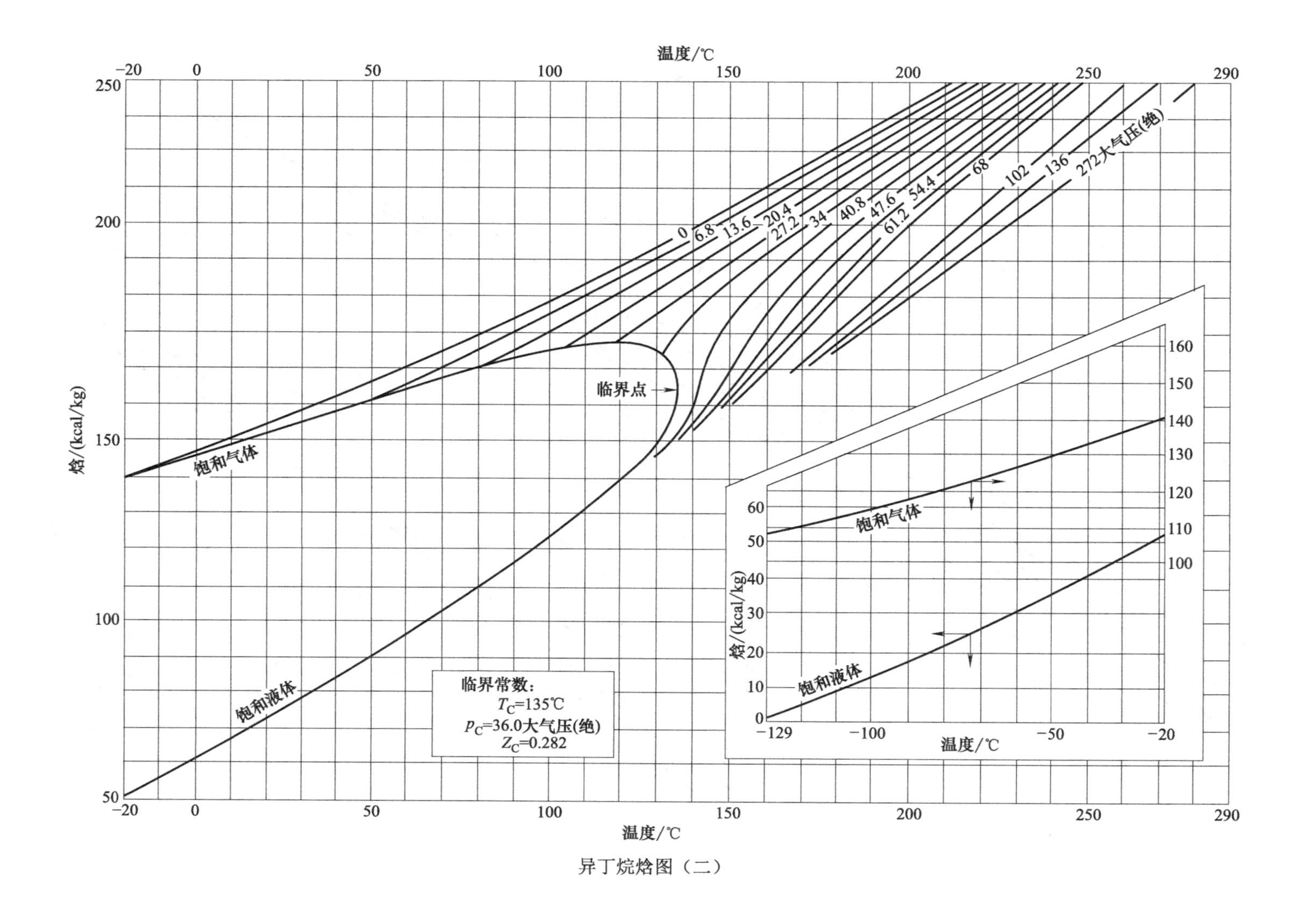
温度/℃
焓/(kcal/kg)
0
6.8
13.6
20.4
27.2
34
40.8
47.6
54.4
61.2
68
102
136
272大气压(绝)
临界点
饱和气体
饱和液体
临界常数:
T_C=135℃
p_C=36.0大气压(绝)
Z_C=0.282

异丁烷焓图（二）

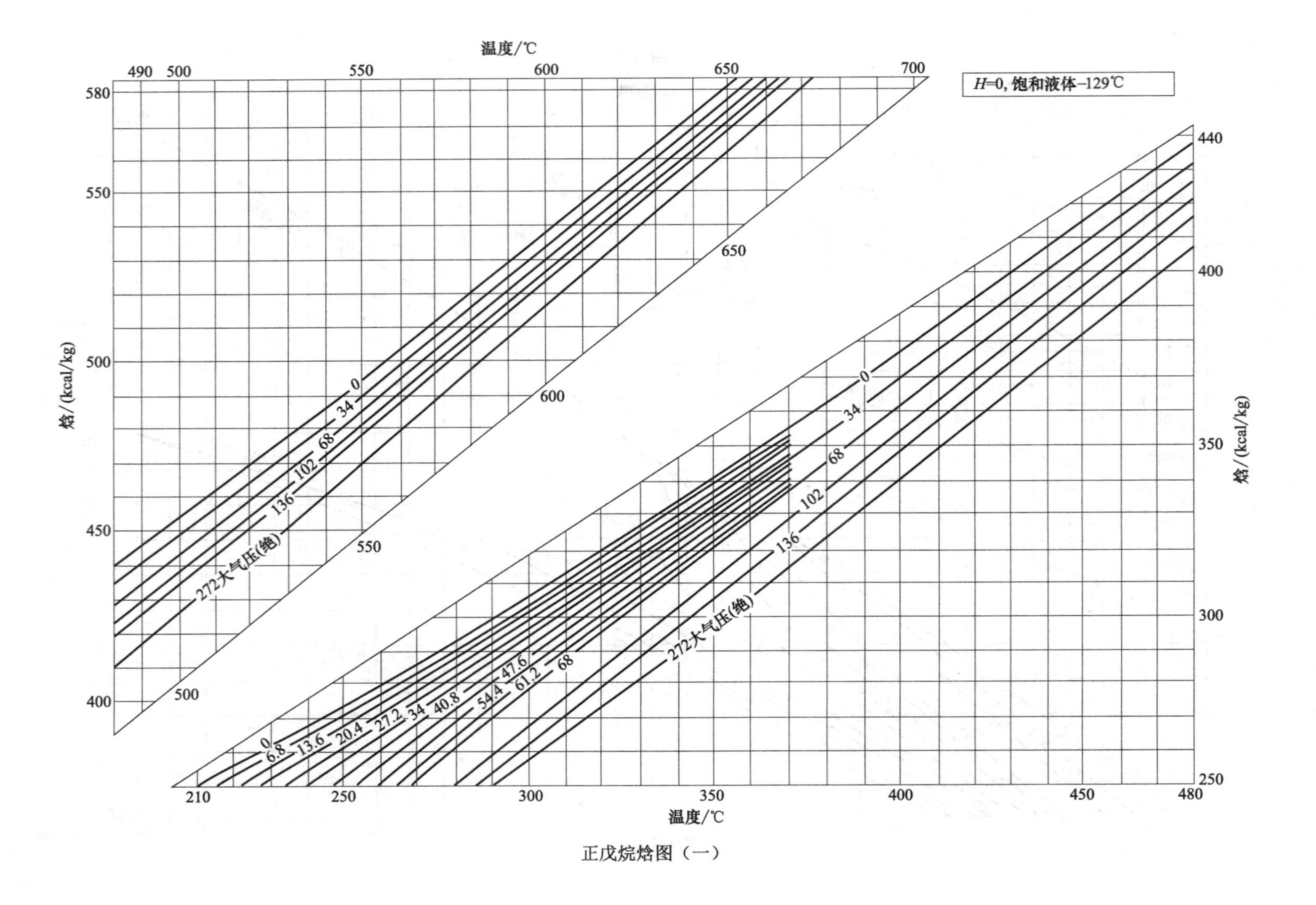

温度/℃
H=0，饱和液体-129℃
焓/(kcal/kg)
272大气压(绝)
136
102
68
34
0
61.2
54.4
47.6
40.8
27.2
20.4
13.6
6.8
温度/℃
焓/(kcal/kg)

正戊烷焓图（一）

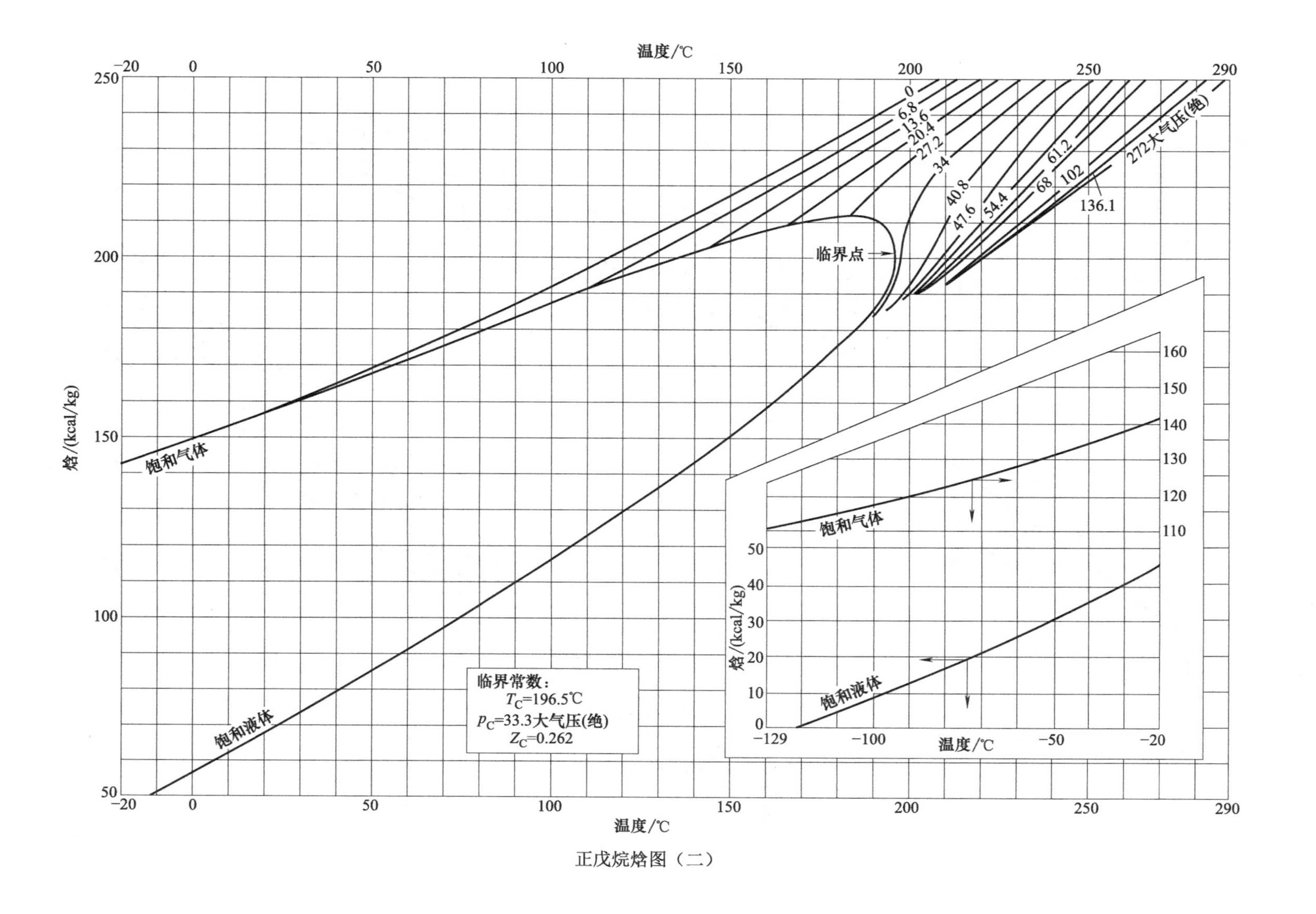
温度/℃
焓/(kcal/kg)
0
6.8
13.6
20.4
27.2
34
40.8
47.6
54.4
61.2
68
102
136.1
272大气压(绝)
临界点
饱和气体
饱和液体
临界常数:
T_C=196.5℃
p_C=33.3大气压(绝)
Z_C=0.262

正戊烷焓图（二）

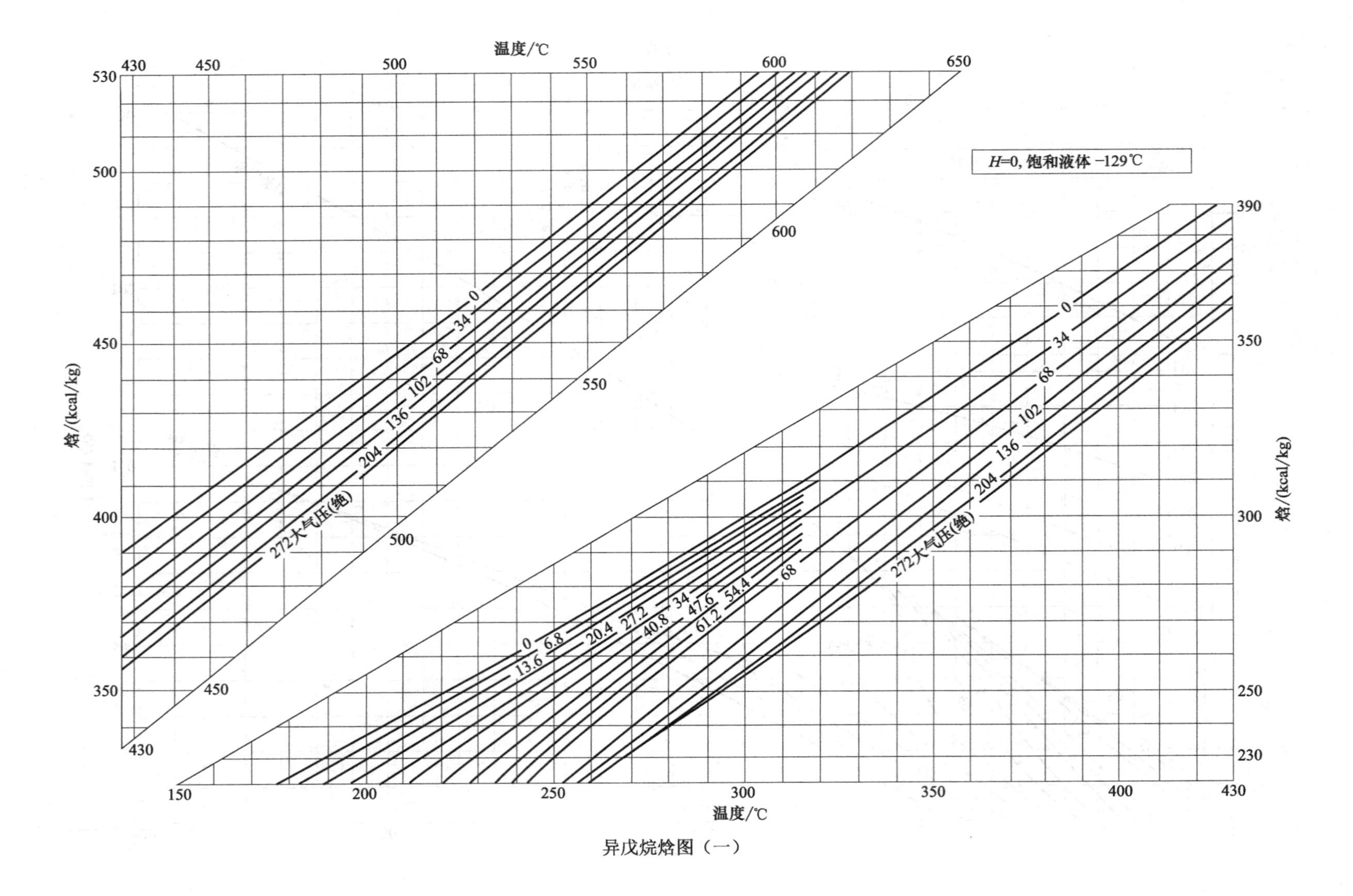
温度/℃
焓/(kcal/kg)
H=0，饱和液体 −129℃
0
34
68
102
136
204
272大气压(绝)
0
6.8
13.6
20.4
27.2
34
40.8
47.6
54.4
61.2
68
温度/℃

异戊烷焓图（一）

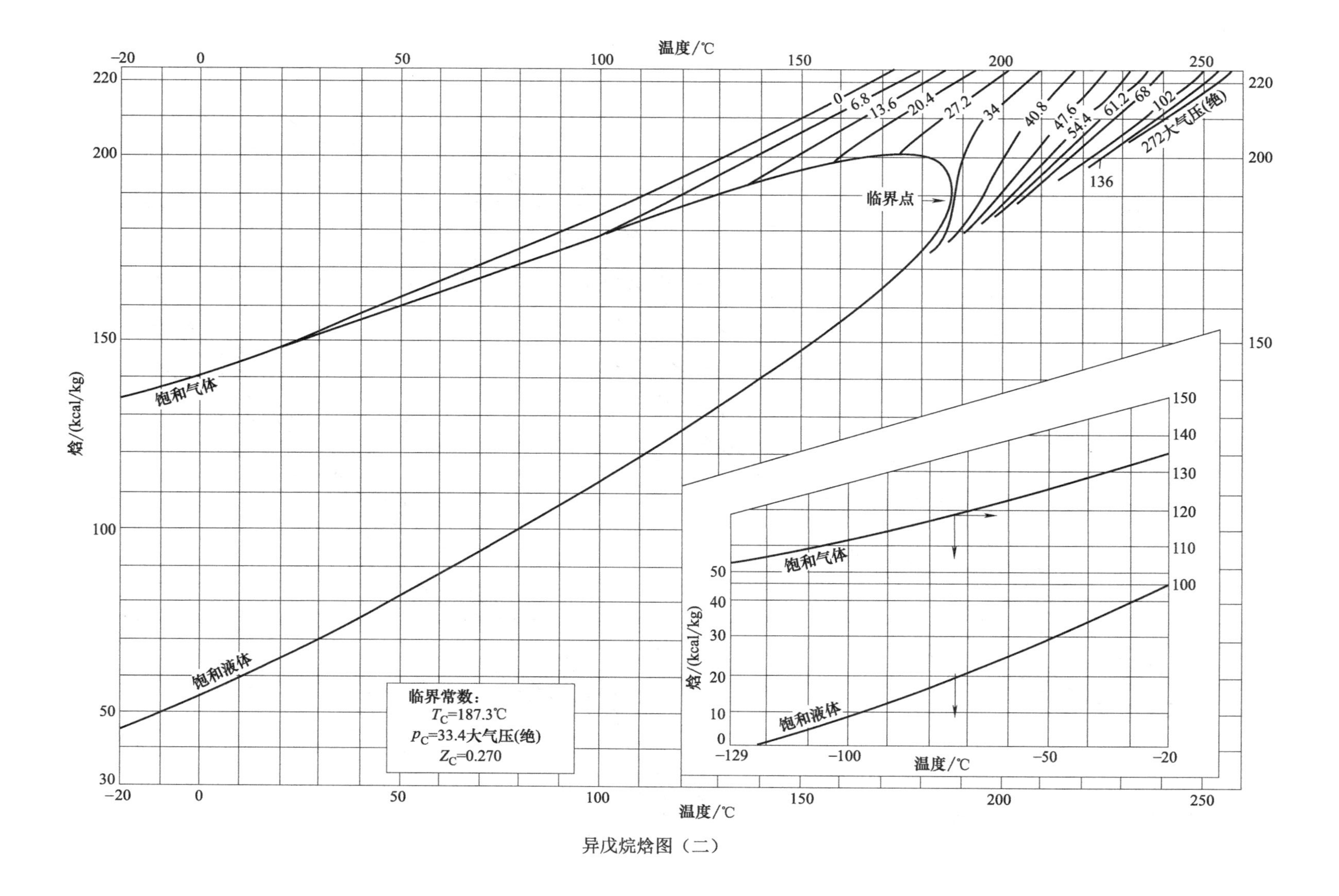
温度/℃
焓/(kcal/kg)
0
6.8
13.6
20.4
27.2
34
40.8
47.6
54.4
61.2
68
102
272大气压(绝)
136
临界点
饱和气体
饱和液体
临界常数：
T_C=187.3℃
p_C=33.4大气压(绝)
Z_C=0.270

异戊烷焓图（二）

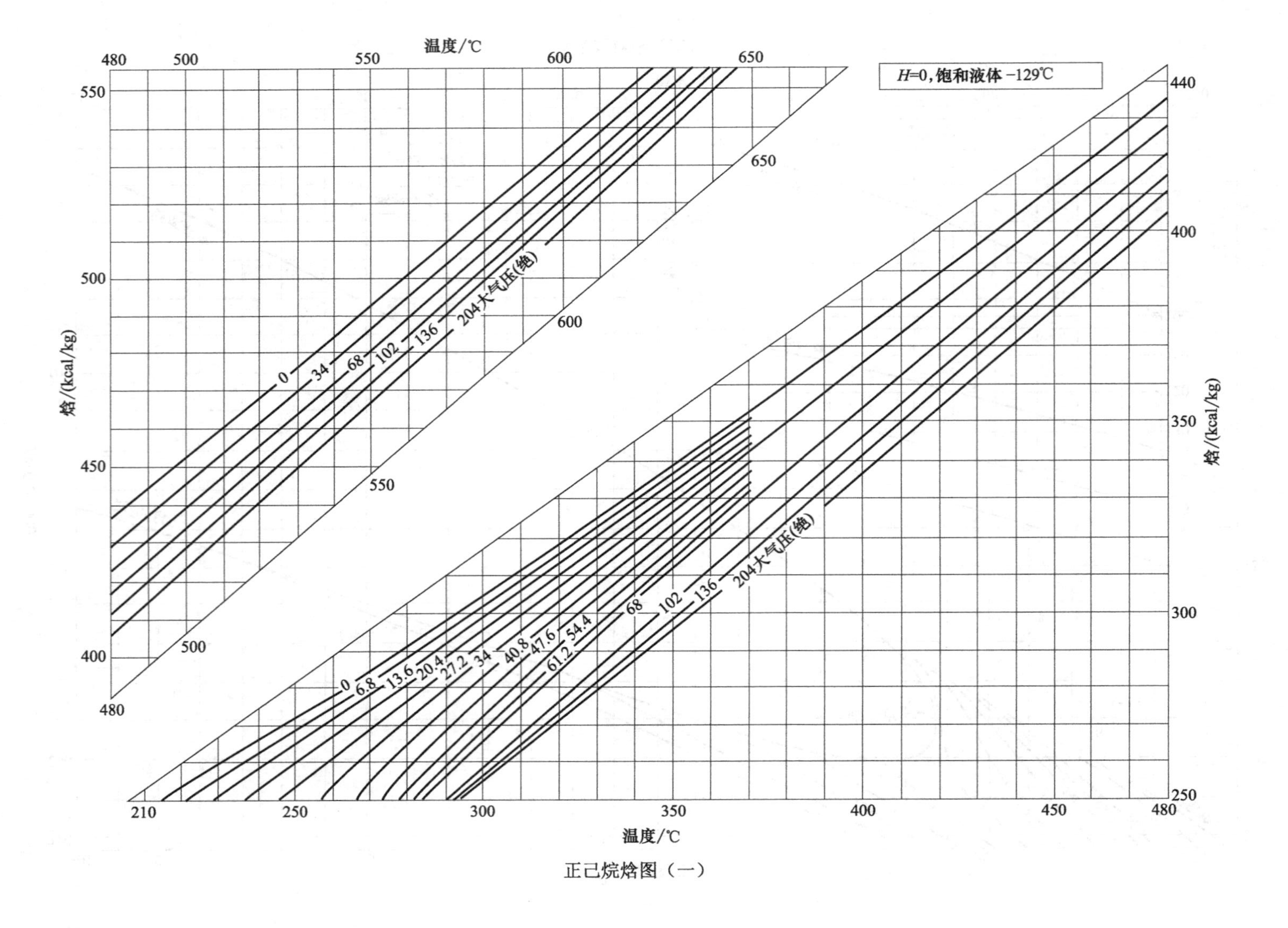
H=0，饱和液体 −129℃
温度/℃
焓/(kcal/kg)
0
34
68
102
136
204大气压(绝)
0
6.8
13.6
20.4
27.2
34
40.8
47.6
54.4
61.2
68
102
136
204大气压(绝)
温度/℃
焓/(kcal/kg)

正己烷焓图（一）

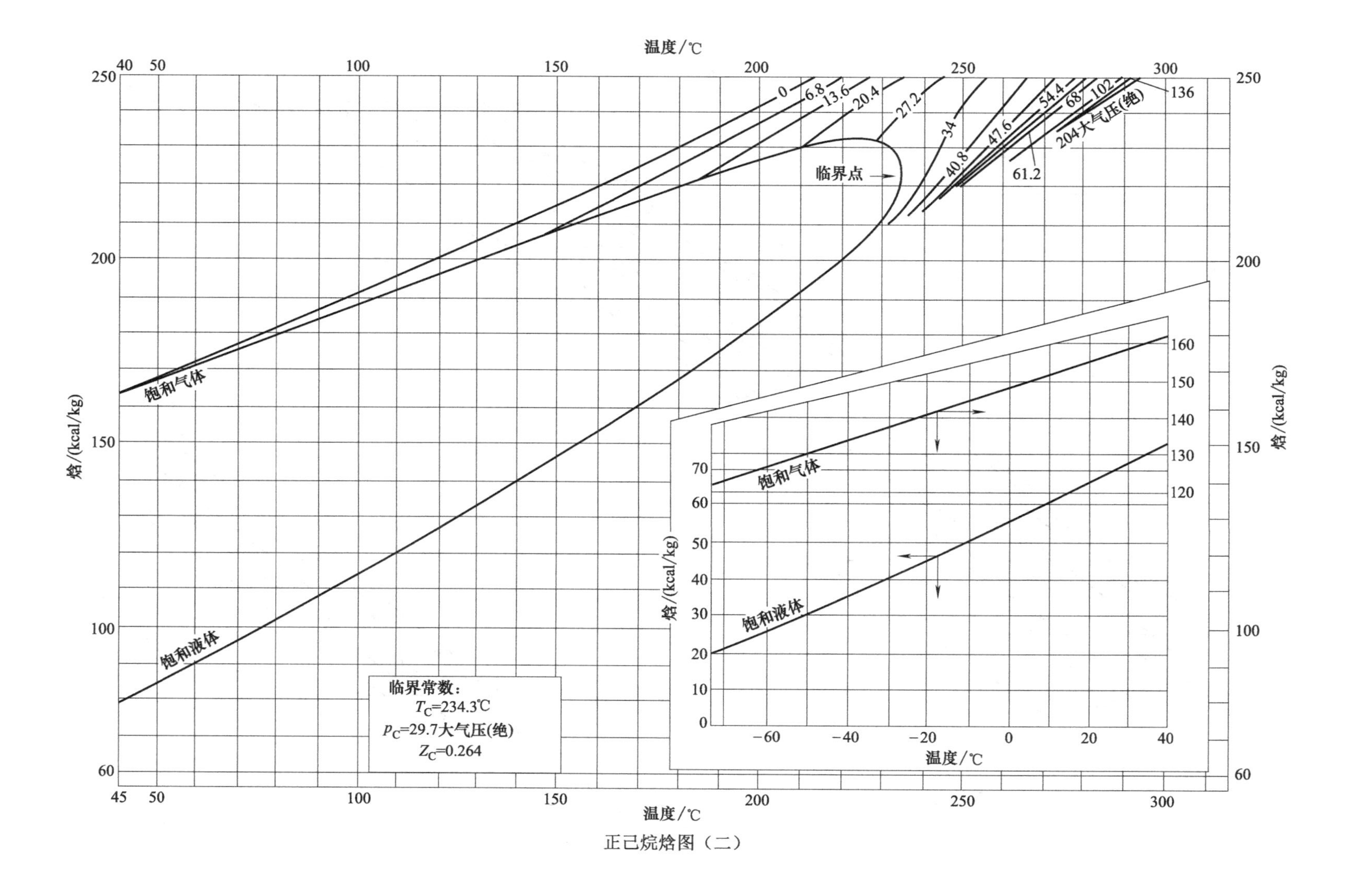

温度/℃
焓/(kcal/kg)
临界点
饱和气体
饱和液体
0
6.8
13.6
20.4
27.2
34
40.8
47.6
54.4
61.2
68
102
136
204大气压(绝)
临界常数：
T_C=234.3℃
p_C=29.7大气压(绝)
Z_C=0.264

正己烷焓图（二）

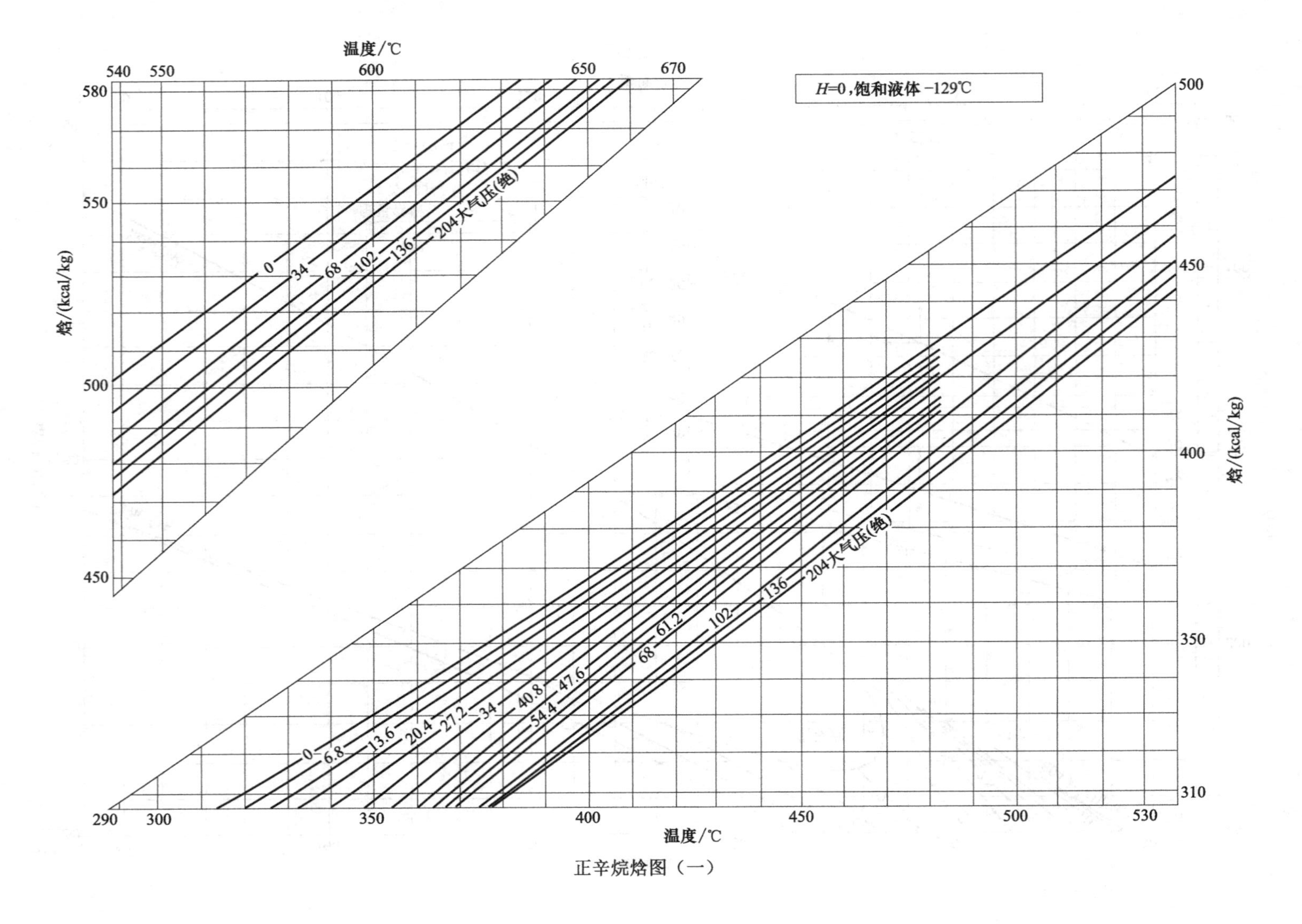

温度/℃
540
550
600
650
670
580
550
500
450
焓/(kcal/kg)
0
34
68
102
136
204大气压(绝)
H=0，饱和液体 -129℃
500
450
400
350
310
焓/(kcal/kg)
0
6.8
13.6
20.4
27.2
34
40.8
47.6
54.4
61.2
68
102
136
204大气压(绝)
290
300
350
400
450
500
530
温度/℃

正辛烷焓图（一）

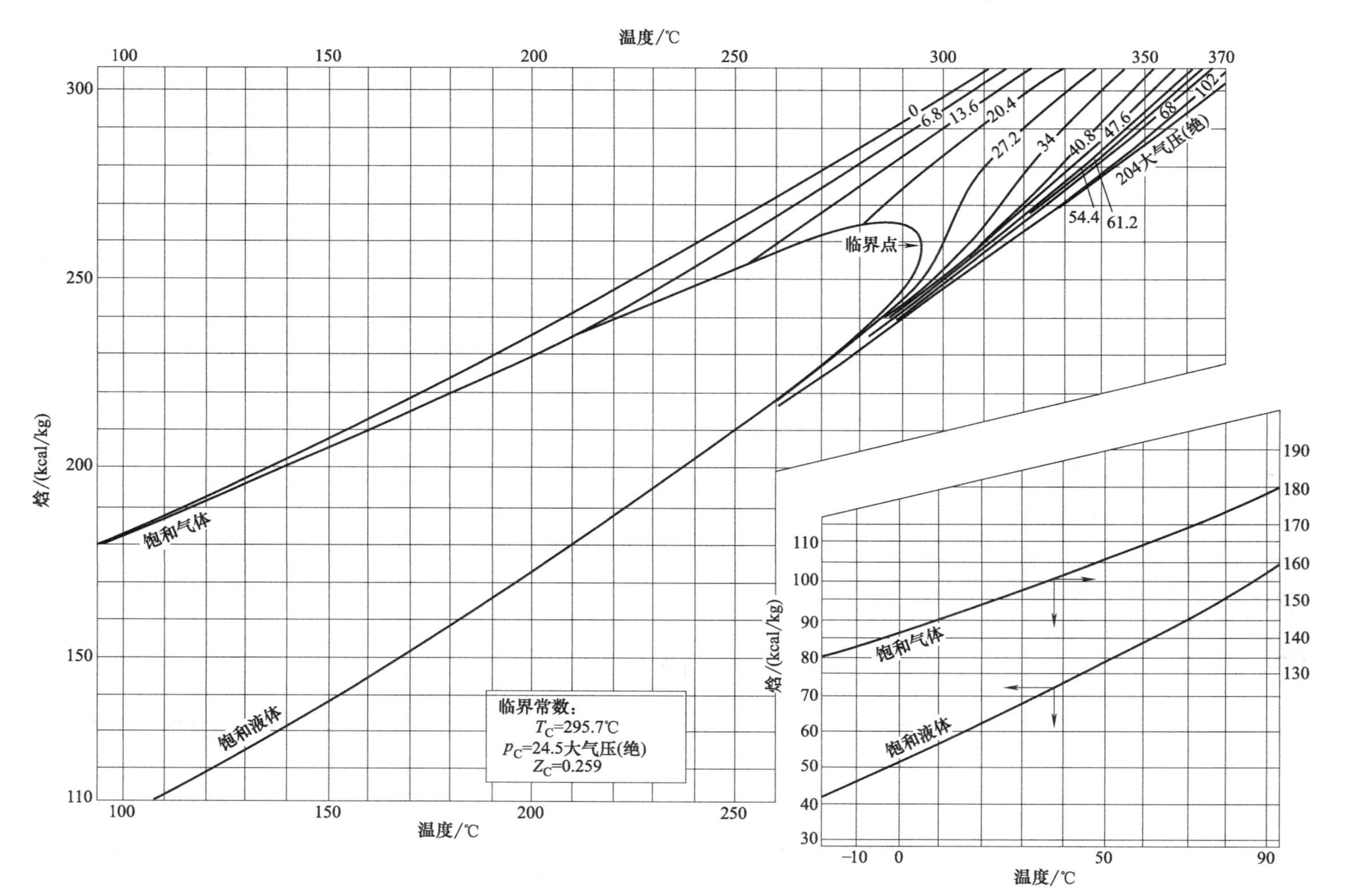
温度/℃
焓/(kcal/kg)
饱和气体
饱和液体
临界点
0
6.8
13.6
20.4
27.2
34
40.8
47.6
54.4
61.2
68
102
204大气压(绝)
临界常数:
T_C=295.7℃
p_C=24.5大气压(绝)
Z_C=0.259

正辛烷焓图（二）

附录3 误差函数表

$$\mathrm{erf}(x)=\frac{2}{\sqrt{\pi}}\int_0^x \exp(-y^2)\,\mathrm{d}y$$

x	erf(x)	x	erf(x)	x	erf(x)	x	erf(x)
0.00	0.000000	0.27	0.297418	0.54	0.554939	0.81	0.748003
0.01	0.011283	0.28	0.307880	0.55	0.563323	0.82	0.753811
0.02	0.022565	0.29	0.318283	0.56	0.571616	0.83	0.759524
0.03	0.033841	0.30	0.328627	0.57	0.579816	0.84	0.765143
0.04	0.045111	0.31	0.338908	0.58	0.587923	0.85	0.770668
0.05	0.056372	0.32	0.349126	0.59	0.595936	0.86	0.776190
0.06	0.067622	0.33	0.359279	0.60	0.603856	0.87	0.781440
0.07	0.078858	0.34	0.369365	0.61	0.611681	0.88	0.786687
0.08	0.090078	0.35	0.379382	0.62	0.619411	0.89	0.791843
0.09	0.101281	0.36	0.389330	0.63	0.627046	0.90	0.796908
0.10	0.112463	0.37	0.399206	0.64	0.634586	0.91	0.801883
0.11	0.123623	0.38	0.409009	0.65	0.642029	0.92	0.806768
0.12	0.134758	0.39	0.418739	0.66	0.649377	0.93	0.811564
0.13	0.145867	0.40	0.428392	0.67	0.656628	0.94	0.816271
0.14	0.156947	0.41	0.437969	0.68	0.663782	0.95	0.820891
0.15	0.167996	0.42	0.447468	0.69	0.670840	0.96	0.825424
0.16	0.179012	0.43	0.456887	0.70	0.677801	0.97	0.829870
0.17	0.189992	0.44	0.466225	0.71	0.684666	0.98	0.834232
0.18	0.200936	0.45	0.475482	0.72	0.691433	0.99	0.838508
0.19	0.211840	0.46	0.484655	0.73	0.698104	1.00	0.842701
0.20	0.222703	0.47	0.493745	0.74	0.704678	1.01	0.846810
0.21	0.233522	0.48	0.502750	0.75	0.711156	1.02	0.850838
0.22	0.244296	0.49	0.511663	0.76	0.717537	1.03	0.854784
0.23	0.255023	0.50	0.520500	0.77	0.723822	1.04	0.858650
0.24	0.265700	0.51	0.529244	0.78	0.730010	1.05	0.862436
0.25	0.276326	0.52	0.537899	0.79	0.736103	1.06	0.866144
0.26	0.286900	0.53	0.546464	0.80	0.742101	1.07	0.869773

续表

x	erf(x)	x	erf(x)	x	erf(x)	x	erf(x)
1.08	0.873326	1.45	0.959695	1.82	0.989943	2.19	0.998046
1.09	0.876803	1.46	0.961054	1.83	0.990347	2.20	0.998137
1.10	0.880205	1.47	0.962373	1.84	0.990736	2.21	0.998224
1.11	0.883533	1.48	0.963654	1.85	0.991111	2.22	0.998308
1.12	0.886788	1.49	0.964898	1.86	0.991472	2.23	0.998388
1.13	0.889971	1.50	0.966105	1.87	0.991821	2.24	0.998464
1.14	0.893082	1.51	0.967277	1.88	0.992156	2.25	0.998537
1.15	0.896124	1.52	0.968413	1.89	0.992479	2.26	0.998607
1.16	0.899096	1.53	0.969516	1.90	0.992790	2.27	0.998674
1.17	0.902000	1.54	0.970536	1.91	0.993090	2.28	0.998738
1.18	0.904837	1.55	0.971623	1.92	0.993378	2.29	0.998799
1.19	0.907608	1.56	0.972628	1.93	0.993656	2.30	0.998857
1.20	0.910314	1.57	0.973603	1.94	0.993923	2.31	0.998912
1.21	0.912956	1.58	0.974547	1.95	0.994179	2.32	0.998966
1.22	0.915534	1.59	0.975462	1.96	0.994426	2.33	0.999016
1.23	0.918050	1.60	0.976348	1.97	0.994664	2.34	0.999065
1.24	0.920505	1.61	0.977207	1.98	0.994892	2.35	0.999111
1.25	0.922900	1.62	0.978038	1.99	0.995111	2.36	0.999155
1.26	0.925236	1.63	0.978843	2.00	0.995322	2.37	0.999197
1.27	0.927514	1.64	0.979622	2.01	0.995525	2.38	0.999237
1.28	0.929734	1.65	0.980376	2.02	0.995719	2.39	0.999275
1.29	0.931899	1.66	0.981105	2.03	0.995906	2.40	0.999311
1.30	0.934008	1.67	0.981810	2.04	0.996086	2.41	0.999346
1.31	0.936063	1.68	0.982493	2.05	0.996258	2.42	0.999379
1.32	0.938065	1.69	0.983531	2.06	0.996423	2.43	0.999411
1.33	0.940015	1.70	0.983790	2.07	0.996582	2.44	0.999441
1.34	0.941914	1.71	0.984407	2.08	0.996734	2.45	0.999469
1.35	0.943762	1.72	0.985003	2.09	0.996880	2.46	0.999497
1.36	0.945561	1.73	0.985578	2.10	0.997021	2.47	0.999523
1.37	0.947312	1.74	0.986135	2.11	0.997155	2.48	0.999547
1.38	0.949016	1.75	0.986672	2.12	0.997284	2.49	0.999571
1.39	0.950673	1.76	0.987190	2.13	0.997407	2.50	0.999593
1.40	0.952285	1.77	0.987691	2.14	0.997525	2.51	0.999614
1.41	0.953852	1.78	0.988174	2.15	0.997639	2.52	0.999635
1.42	0.955376	1.79	0.988164	2.16	0.997741	2.53	0.999654
1.43	0.956857	1.80	0.989091	2.17	0.997851	2.54	0.999672
1.44	0.958297	1.81	0.989525	2.18	0.997957	2.55	0.999689

续表

x	erf(x)	x	erf(x)	x	erf(x)	x	erf(x)
2.56	0.999706	2.92	0.999964	3.28	0.99999649	3.64	0.999999736
2.57	0.999722	2.93	0.999965	3.29	0.99999672	3.65	0.999999756
2.58	0.999736	2.94	0.999968	3.30	0.99999694	3.66	0.999999773
2.59	0.999751	2.95	0.999970	3.31	0.99999715	3.67	0.999999790
2.60	0.999764	2.96	0.999972	3.32	0.99999734	3.68	0.999999805
2.61	0.999777	2.97	0.999973	3.33	0.99999751	3.69	0.999999820
2.62	0.999789	2.98	0.999975	3.34	0.99999768	3.70	0.999999833
2.63	0.999800	2.99	0.999977	3.35	0.999997838	3.71	0.999999845
2.64	0.999811	3.00	0.99997791	3.36	0.999997983	3.72	0.999999857
2.65	0.999822	3.01	0.99997926	3.37	0.999998120	3.73	0.999999867
2.66	0.999831	3.02	0.99998053	3.38	0.999998247	3.74	0.999999877
2.67	0.999841	3.03	0.99998173	3.39	0.999998367	3.75	0.999999886
2.68	0.999849	3.04	0.99998286	3.40	0.999998478	3.76	0.999999895
2.69	0.999858	3.05	0.99998392	3.41	0.999998583	3.77	0.999999903
2.70	0.999866	3.06	0.99998492	3.42	0.999998679	3.78	0.999999910
2.71	0.999873	3.07	0.99998586	3.43	0.999998770	3.79	0.999999917
2.72	0.999880	3.08	0.99999674	3.44	0.999998855	3.80	0.999999923
2.73	0.999887	3.09	0.99998757	3.45	0.999998934	3.81	0.999999929
2.74	0.999893	3.10	0.99998835	3.46	0.99999008	3.82	0.999999934
2.75	0.999899	3.11	0.99998908	3.47	0.999999077	3.83	0.999999939
2.76	0.999905	3.12	0.99998977	3.48	0.999999141	3.84	0.999999944
2.77	0.999910	3.13	0.99999042	3.49	0.999999201	3.85	0.999999948
2.78	0.999916	3.14	0.99999108	3.50	0.999999257	3.86	0.999999952
2.79	0.999920	3.15	0.99999160	3.51	0.999999309	3.87	0.999999956
2.80	0.999925	3.16	0.99999214	3.52	0.999999358	3.88	0.999999959
2.81	0.999929	3.17	0.99999264	3.53	0.999999403	3.89	0.999999962
2.82	0.999933	3.18	0.99999311	3.54	0.999999445	3.90	0.999999965
2.83	0.999937	3.19	0.99999356	3.55	0.999999485	3.91	0.999999968
2.84	0.999941	3.20	0.99999397	3.56	0.999999521	3.92	0.999999970
2.85	0.999944	3.21	0.99999436	3.57	0.999999555	3.93	0.999999973
2.86	0.999948	3.22	0.99999478	3.58	0.999999587	3.94	0.999999975
2.87	0.999951	3.23	0.99999507	3.59	0.999999617	3.95	0.999999977
2.88	0.999954	3.24	0.99999540	3.60	0.999999644	3.96	0.999999979
2.89	0.999956	3.25	0.99999570	3.61	0.999999670	3.97	0.999999980
2.90	0.999959	3.26	0.99999598	3.62	0.999999694	3.98	0.999999982
2.91	0.999961	3.27	0.99999624	3.63	0.999999716	3.99	0.999999983

参考文献

[1] 郭锴，唐小恒，周绪美. 化学反应工程 [M]. 第 2 版. 北京：化学工业出版社，2005.

[2] 王松汉. 石油化工设计手册 [M]. 第 1 卷. 北京：化学工业出版社，2002.

[3] 王松汉. 石油化工设计手册 [M]. 第 3 卷. 北京：化学工业出版社，2002.

[4] 史密斯 J M，范内斯 H C，阿博特 M M. 化工热力学导论 [M]. 刘洪来，陆小华，陈新志，等译. 北京：化学工业出版社，2002.

[5] 叶庆国. 分离工程 [M]. 北京：化学工业出版社，2009.

[6] 邓修，吴俊生. 化工分离工程 [M]. 北京：科学出版社，2000.

[7] 路德维希 E E. 化工装置实用工艺设计 [M]. 中国寰球工程公司，清华大学，天津大学，等译. 北京：化学工业出版社，2006.

[8] 张一安，徐心茹. 石油化工分离工程 [M]. 上海：华东理工大学出版社，1998.

[9] 程能林. 溶剂手册 [M]. 第 4 版. 北京：化学工业出版社，2008.

[10] 化学工程手册编辑委员会. 化学工程手册 [M]. 第 4 册. 北京：化学工业出版社，1989.

[11] 叶振华. 吸着分离过程基础 [M]. 北京：化学工业出版社，1988.

[12] 赵振国. 吸附作用应用原理 [M]. 北京：化学工业出版社，2005.

[13] 裘元焘. 基本有机化工过程及设备 [M]. 北京：化学工业出版社，1981.

[14] 许保玖. 当代给水与废水处理原理讲义 [M]. 北京：化学工业出版社，1980.

[15] 北京石油设计院. 石油化工工艺计算图表 [M]. 北京：烃加工出版社，1985.

[16] 时均，汪家鼎，余国宗，等. 化学工程手册 [M]. 第 2 版，上卷. 北京：化学工业出版社，2002.

[17] 上海石油集团上海工程有限公司. 塔器 [M]. 北京：化学工业出版社，2010.

[18] 国家中医药管理局上海医药设计院. 化工工艺设计手册 [M]. 上册. 北京：化学工业出版社，1996.

[19] 同济大学数学系. 线性代数 [M]. 第 5 版. 北京：高等教育出版社，2007.

[20] 周爱月. 化工数学 [M]. 北京：化学工业出版社，2001.

[21] 王松汉，何细藕. 乙烯工艺与技术 [M]. 北京：中国石化出版社，2008.

[22] 马沛生. 化工热力学 [M]. 北京：化学工业出版社，2005.

[23] 马沛生. 化工数据 [M]. 北京：中国石化出版社，2003.

[24] 张宇英，张克武. 分子热力学性质手册 [M]. 北京：化学工业出版社，2009.

[25] 宋海华. 精馏模拟 [M]. 天津：天津大学出版社，2009.

[26] SeaderJ D，HenleyE J. Separation Process Principles [M]. 北京：化学工业出版社，2002.

[27] 西德尔 J D，亨利 E J. 分离过程原理 [M]. 朱开宏，吴俊生，译. 上海：华东理工大学出版社，2007.

[28] 近藤精一，石川达雄，安部郁夫. 吸附科学 [M]. 李国希，译. 北京：化学工业出版社，2006.

[29] 井出哲夫. 水处理理论与应用 [M]. 张自杰，刘馨远，李圭白，等译. 北京：中国建筑工业出版社，1986.

参考文献